低温等离子体
在环境领域的应用

刘亚男 张 晗 张 艾 等著

化学工业出版社

·北京·

内容简介

《低温等离子体在环境领域的应用》以等离子体处理环境中有机污染物的研究成果为主要内容，介绍了低温等离子体的产生过程和机理，以及该技术在水处理和土壤修复方面的研究现状，给出了电晕放电、介质阻挡放电、辉光放电等多种放电的基本原理及对有机污染物的降解性能和机理。书中结合作者多年来的研究成果，展示了低温等离子体及其联用技术在环境领域的应用研究。全书共分为8章，内容涵盖：低温等离子体及低温等离子体联合生物法、吸附、催化等技术应用于印染废水、药物及个人护理品的降解，低温等离子体耦合微气泡技术对水中芳香及杂环化合物的降解，低温等离子体灭菌，低温等离子体修复污染土壤，低温等离子体对剩余污泥的预处理，等等。

本书可供污染控制技术等环境领域的科研人员、工程技术人员参考，也可供高等学校环境科学、环境工程及相关专业的师生参考。

图书在版编目（CIP）数据

低温等离子体在环境领域的应用/刘亚男等著. —北京：
化学工业出版社，2023.10
ISBN 978-7-122-43790-7

Ⅰ.①低… Ⅱ.①刘… Ⅲ.①低温-等离子体-有机污染物-
污染防治 Ⅳ.①X5

中国国家版本馆 CIP 数据核字（2023）第 128968 号

责任编辑：满悦芝　　　　　　　　　　　　文字编辑：范伟鑫　杨振美
责任校对：宋　玮　　　　　　　　　　　　装帧设计：张　辉

出版发行：化学工业出版社（北京市东城区青年湖南街 13 号　邮政编码 100011）
印　　装：三河市双峰印刷装订有限公司
787mm×1092mm　1/16　印张 18¾　字数 467 千字　　2023 年 11 月北京第 1 版第 1 次印刷

购书咨询：010-64518888　　　　　　　　　售后服务：010-64518899
网　　址：http://www.cip.com.cn
凡购买本书，如有缺损质量问题，本社销售中心负责调换。

定　　价：99.80 元

前言

随着社会经济的不断进步和城镇化的不断推进，由各种人类活动引发的环境污染问题也日益严峻。水和土壤是人类生存和生产活动重要的物质基础，过去多年大量工业及农业活动导致的废水废物排放、农药过度使用等都对生态系统造成了严重的破坏。目前，环境中有机污染物的污染问题较为突出。这些有机污染物分布广、种类多，且成分复杂，部分物质还具有持久性、生物积累性、远距离迁移性以及生物毒性，这些物质不仅会对水体和土壤等环境造成严重污染，还有可能通过食物链富集，进而对人类的健康造成严重威胁。污染物的高效降解是解决有机污染物环境污染问题的重要环节，因此，开发绿色、高效、快速的污染物治理技术对降低和清除有机污染物带来的危害具有重要意义。

低温等离子体技术是一种集物理、化学等综合作用于一体的新型处理技术。在电场的作用下放电区域内的气体或液体分子发生碰撞电离，产生具有强氧化性或还原性的活性粒子，同时伴随着紫外光、超声波、微波辐射及热效应等综合作用，可以促进一些在自然条件下难以进行的反应发生，在材料合成、杀菌、表面处理等领域均有广泛应用。近年来，低温等离子体技术在环境污染修复领域也逐渐得到重视，科研人员开展了大量研究。通过放电产生的大量活性粒子和多种物理化学效应很容易实现各种污染物的高效快速分解。与目前常用的污染物降解技术相比，该技术还具有对环境要求低、操作系统简单、无须额外添加药剂、不产生二次污染、处理时间短等优点。因此，利用低温等离子体技术治理和修复环境污染具有广阔的应用和发展前景，可以为环境污染治理领域提供一条新的思路。

本书结合作者多年来的研究成果，展示了低温等离子体技术及其耦合技术用于水体及土壤中各种有机污染物的治理研究。在水污染处理方面，本书介绍了低温等离子体以及低温等离子体与生物法、催化材料等耦合处理印染废水、药物及个人护理品的性能及机理研究；创新性地将微气泡技术与低温等离子体技术进行了耦合，以解决气体等离子体技术在气液传质方面的瓶颈问题，并将该技术应用于苯胺、消毒副产物、全氟化合物等有机污染物的降解研究。在土壤修复方面，本书详细介绍了介质阻挡放电和脉冲电晕放电对土壤中多环芳烃和全氟化合物等新型污染物的去除能力以及对土壤的改良作用。此外，本书还介绍了低温等离子体技术在灭菌以及污泥预处理方面的研究成果。本书可供等离子体技术、污染控制技术等领域的科研人员及工程技术人员参考，也可供高等学校环境科学、环境工程及相关专业的师生参阅。

本书的内容包括作者研究小组近年来的研究成果，获得了来自国家自然科学基金项目、上海市科委基础研究重点项目、上海市科委国际合作项目以及上海市自然科学基金等多方面的资助；同时还要感谢在本书编著过程中付出辛勤劳动的高小婷、张茵茵、赵婧怡、王前程等同学。本书参考了大量文献资料，在此向所有参考文献的作者们致以诚挚的谢意！

鉴于著者的时间和水平有限，书中难免会有疏漏和不足之处，敬请广大读者批评指正。

著者
2023 年 9 月

目 录

第1章　绪论 ·· 001

1.1　引言 ·· 001
1.2　低温等离子体放电过程及原理 ·································· 002
　1.2.1　等离子体的发生和性质 ·································· 002
　1.2.2　低温等离子体作用机理 ·································· 003
　1.2.3　低温等离子体技术研究现状 ·························· 003
1.3　应用于环境领域的低温等离子体技术 ················· 004
　1.3.1　电晕放电 ·· 005
　1.3.2　介质阻挡放电 ··· 005
　1.3.3　辉光放电 ·· 006
　1.3.4　滑动弧放电 ··· 007
　1.3.5　本课题组研究的低温等离子体技术的应用 ······ 008
参考文献 ··· 009

第2章　低温等离子体处理印染废水 ······················· 013

2.1　引言 ·· 013
2.2　实验部分 ·· 014
　2.2.1　药品及仪器设备 ·· 014
　2.2.2　实验装置 ·· 016
　2.2.3　实验分析方法 ··· 017
2.3　密封式介质阻挡放电体系降解偶氮染料的研究 ······ 020
　2.3.1　密封式介质阻挡放电体系降解活性艳红 X-3B 的性能研究 ······ 021
　2.3.2　密封式介质阻挡放电体系降解活性艳红 X-3B 的机理 ······ 022
　2.3.3　密封式介质阻挡放电技术耦合 SBR 工艺处理实际印染废水 ······ 026
2.4　双介质阻挡放电体系降解活性黑 KN-B 的研究 ······ 028
　2.4.1　双介质阻挡放电体系降解活性黑 KN-B 的性能研究 ······ 029
　2.4.2　双介质阻挡放电体系降解活性黑 KN-B 的机理 ······ 029
　2.4.3　双介质阻挡放电技术耦合 SBR 工艺处理实际印染废水 ······ 034
2.5　金属催化耦合介质阻挡放电降解活性艳蓝 X-BR 的研究 ······ 036
　2.5.1　纳米零价铁耦合介质阻挡放电降解活性艳蓝 X-BR ······ 036
　2.5.2　TiO_2 耦合介质阻挡放电降解活性艳蓝 X-BR ······ 039
　2.5.3　各种催化体系的催化性能比较 ····················· 042

  2.5.4 降解机理 ·· 043

 2.6 介质阻挡放电降解水中苯酚的研究 ······································ 046

  2.6.1 双介质阻挡放电体系降解苯酚的效果 ······················· 046

  2.6.2 单介质阻挡放电体系降解苯酚的效果 ······················· 048

  2.6.3 单双介质阻挡放电效果对比 ··································· 049

  2.6.4 苯酚的降解路径 ··· 049

 2.7 本章小结 ··· 050

 参考文献 ··· 051

第3章 低温等离子体处理水中药物及个人护理品 ················ 054

 3.1 引言 ··· 054

 3.2 实验部分 ··· 056

  3.2.1 药品及仪器设备 ··· 056

  3.2.2 实验装置 ··· 057

  3.2.3 实验分析方法 ··· 057

 3.3 介质阻挡放电降解水中卡马西平的研究 ······························· 058

  3.3.1 原位放电与异位放电对水中卡马西平去除的性能研究 ······ 059

  3.3.2 原位放电与异位放电产生的活性物质特性研究 ············ 060

  3.3.3 卡马西平的降解机理研究 ··································· 062

 3.4 介质阻挡放电降解水中碘普罗胺的研究 ······························· 065

  3.4.1 雾化等离子体和介质阻挡放电对水中碘普罗胺去除的性能研究 ··· 067

  3.4.2 介质阻挡放电对水中碘普罗胺去除的影响因素探究 ········ 068

  3.4.3 碘普罗胺的降解机理研究 ··································· 069

  3.4.4 SBR 模拟工艺处理等离子体工艺处理前后的碘普罗胺废水 ··· 074

 3.5 介质阻挡放电降解水中糖皮质激素的研究 ···························· 076

  3.5.1 介质阻挡放电对水中糖皮质激素去除的性能研究 ·········· 077

  3.5.2 介质阻挡放电对水中糖皮质激素去除的影响因素探究 ······ 078

  3.5.3 糖皮质激素的降解机理研究 ··································· 082

  3.5.4 介质阻挡放电耦合过氧化钙技术降解水中糖皮质激素 ······ 088

 3.6 本章小结 ··· 094

 参考文献 ··· 095

第4章 低温等离子体处理水中芳香及杂环化合物 ·············· 101

 4.1 引言 ··· 101

 4.2 实验部分 ··· 102

  4.2.1 药品及仪器设备 ··· 102

  4.2.2 实验装置 ··· 103

  4.2.3 实验分析方法 ··· 103

 4.3 介质阻挡放电耦合微气泡降解水中苯胺的研究 ···················· 105

  4.3.1 介质阻挡放电对水中苯胺去除的性能研究 ················ 106

  4.3.2 苯胺的降解路径 ··· 109

4.4 等离子体耦合微气泡降解水中消毒副产物的研究 ····················· 110

  4.4.1 等离子体耦合微气泡对水中二氯乙酸去除的性能研究 ········· 111

  4.4.2 二氯乙酸的降解路径 ·· 112

4.5 介质阻挡放电耦合微气泡活化过硫酸盐降解阿特拉津的研究 ····· 114

  4.5.1 介质阻挡放电耦合微气泡对过硫酸盐活化及阿特拉津去除的性能研究 ··· 114

  4.5.2 阿特拉津的降解路径 ·· 117

4.6 等离子体耦合微气泡降解水中全氟化合物的研究 ····················· 119

  4.6.1 等离子体耦合微气泡对水中全氟辛酸去除的性能研究 ········· 120

  4.6.2 全氟辛酸的降解路径 ·· 121

4.7 等离子体耦合微气泡降解水中污染物的常见影响因素 ·············· 124

  4.7.1 放电功率 ··· 124

  4.7.2 溶液 pH ·· 125

  4.7.3 共存离子 ··· 129

4.8 等离子体耦合微气泡降解水中污染物的机理 ·························· 134

  4.8.1 等离子体的作用 ·· 134

  4.8.2 微气泡的耦合作用 ··· 139

4.9 本章小结 ··· 143

参考文献 ··· 143

第 5 章 低温等离子体处理水中大肠杆菌 ·········· 152

5.1 引言 ··· 152

5.2 实验部分 ·· 153

  5.2.1 药品及仪器设备 ·· 153

  5.2.2 实验装置 ··· 154

  5.2.3 实验分析方法 ·· 154

5.3 介质阻挡放电杀灭大肠杆菌的研究 ··· 156

  5.3.1 低温等离子体杀灭水中大肠杆菌的性能研究 ····················· 156

  5.3.2 介质阻挡放电杀灭水中大肠杆菌的影响因素 ····················· 160

  5.3.3 介质阻挡放电杀灭水中大肠杆菌的机理研究 ····················· 164

  5.3.4 介质阻挡放电抑制小球藻生长的研究 ······························· 172

5.4 本章小结 ·· 173

参考文献 ··· 174

第 6 章 低温等离子体修复石油类污染土壤 ········ 177

6.1 引言 ··· 177

6.2 实验部分 ·· 178

  6.2.1 实验材料 ··· 178

  6.2.2 药品及仪器设备 ·· 178

  6.2.3 实验装置 ··· 179

　　　6.2.4　实验及分析方法 ……………………………………………… 181
　6.3　脉冲电晕放电修复芴污染土壤的研究 …………………………… 184
　　　6.3.1　脉冲电晕放电对土壤中芴去除的性能研究 ………………… 184
　　　6.3.2　芴的降解机理研究 …………………………………………… 186
　6.4　低温等离子体修复菲污染土壤的研究 …………………………… 188
　　　6.4.1　低温等离子体对土壤中菲去除的性能研究 ………………… 188
　　　6.4.2　菲的降解机理研究 …………………………………………… 192
　6.5　低温等离子体修复芘污染土壤的研究 …………………………… 201
　　　6.5.1　低温等离子体对土壤中芘去除的性能研究 ………………… 201
　　　6.5.2　芘的降解机理研究 …………………………………………… 202
　6.6　低温等离子体修复汽油污染土壤的研究 ………………………… 203
　　　6.6.1　低温等离子体对土壤中汽油去除的性能研究 ……………… 204
　　　6.6.2　汽油的降解机理研究 ………………………………………… 205
　　　6.6.3　处理后土壤安全性和肥力分析 ……………………………… 210
　6.7　脉冲电晕放电修复石油污染土壤的研究 ………………………… 212
　　　6.7.1　脉冲电晕放电对土壤中石油去除的性能研究 ……………… 212
　　　6.7.2　石油的降解机理研究 ………………………………………… 213
　6.8　等离子体修复污染土壤的常见影响因素 ………………………… 215
　　　6.8.1　污染物初始浓度 ……………………………………………… 215
　　　6.8.2　土壤初始 pH ………………………………………………… 216
　　　6.8.3　土壤含水率 …………………………………………………… 218
　　　6.8.4　气体流量 ……………………………………………………… 219
　6.9　本章小结 …………………………………………………………… 220
　参考文献 ………………………………………………………………… 221

第7章　低温等离子体修复新型污染物污染土壤 ……………… 226

　7.1　引言 ………………………………………………………………… 226
　7.2　实验部分 …………………………………………………………… 227
　　　7.2.1　实验材料与仪器 ……………………………………………… 227
　　　7.2.2　实验分析方法 ………………………………………………… 227
　7.3　介质阻挡放电修复对硝基苯酚污染土壤的研究 ………………… 228
　　　7.3.1　介质阻挡放电对土壤中对硝基苯酚去除的性能研究 ……… 228
　　　7.3.2　对硝基苯酚的降解机理研究 ………………………………… 229
　7.4　低温等离子体修复全氟辛酸污染土壤的研究 …………………… 233
　　　7.4.1　低温等离子体对土壤中全氟辛酸去除的性能研究 ………… 233
　　　7.4.2　PFOA 的降解机理研究 ……………………………………… 236
　　　7.4.3　土壤毒理性研究 ……………………………………………… 240
　7.5　低温等离子体修复新型污染物污染土壤的影响因素 …………… 243
　　　7.5.1　污染物初始浓度 ……………………………………………… 243
　　　7.5.2　土壤初始 pH …………………………………………………… 244

7.5.3　气体流量 ……………………………………………………… 245

7.5.4　常见离子 ……………………………………………………… 246

7.6　本章小结 ………………………………………………………… 247

参考文献 ……………………………………………………………… 248

第8章　低温等离子体耦合过氧化钙预处理剩余污泥促进消化产酸 …… 252

8.1　引言 ……………………………………………………………… 252

8.2　实验部分 ………………………………………………………… 254

8.2.1　实验材料 ………………………………………………………… 254

8.2.2　药品及仪器设备 ………………………………………………… 255

8.2.3　实验装置 ………………………………………………………… 256

8.2.4　实验分析方法 …………………………………………………… 256

8.3　DBD/CaO_2 耦合预处理污泥的协同效应 …………………………… 258

8.3.1　DBD/CaO_2 耦合对污泥增溶的协同效应 ……………………… 259

8.3.2　DBD/CaO_2 耦合对污泥厌氧消化水解产酸的协同效应 ……… 262

8.4　DBD/CaO_2 耦合预处理污泥的协同效应机制 ……………………… 265

8.4.1　CaO_2 促进 DBD 污泥预处理效果的机制 ……………………… 265

8.4.2　DBD 促进 CaO_2 污泥预处理效果的机制 ……………………… 266

8.4.3　羟基自由基在 DBD/CaO_2 耦合预处理污泥过程中的作用 …… 268

8.4.4　DBD/CaO_2 耦合预处理污泥对微生物的影响 ………………… 268

8.5　DBD/CaO_2 耦合预处理污泥的工艺优化 …………………………… 272

8.5.1　预处理过程中 CaO_2 投加量和放电功率的优化 ……………… 272

8.5.2　厌氧消化过程中 CaO_2 投加量和放电功率的优化 …………… 274

8.6　DBD/CaO_2 耦合预处理对污泥脱水减量、污染物去除及碳源回收的影响 …… 277

8.6.1　预处理对污泥脱水的影响 ……………………………………… 277

8.6.2　预处理对污泥中有机物和重金属的影响 ……………………… 278

8.6.3　预处理对污泥厌氧消化过程减量及产酸的影响 ……………… 282

8.7　本章小结 ………………………………………………………… 286

参考文献 ……………………………………………………………… 287

第1章

绪论

1.1 引言

物质的状态通常有固体、液体、气体三种，而等离子体则被当成物质的第四种状态。气体被不同程度地电离后，原子会被分离为带正电的正离子和带负电的自由电子，其他或以激发态原子或分子存在，或仍为中性粒子，或转变为活性自由基，整个体系的电性仍为中性，因此称其为等离子体。等离子体有高温和低温两种状态，高温是指整个体系中的自由电子、正负离子及中性粒子温度很高且相等，温度一般超过 5×10^4 K，处于平衡状态。而低温是指虽然整个体系中的电子温度大大高于正负离子和中性粒子温度，能达到 10^4 K，但电子存在的时间十分短暂，而离子和中性粒子远远低于电子温度，处于非平衡状态。等离子体可以通过气体放电、射线辐照、光电离等方式产生，根据放电属性可分为电晕放电、火花放电、辉光放电、电弧放电、流注放电等，根据放电结构可分为沿面放电、介质阻挡放电、滑动弧放电、射流放电等，根据激励源可分为脉冲放电、交流放电、直流放电、射频放电等。

等离子体技术已应用于焊接、切割、喷涂、单晶生长、薄膜生产、臭氧合成等。如今，等离子体技术应用于环境保护的研究已逐渐开展，例如低温等离子体用于碳氧化物转化、硫化合物分解、有机废物的处理及废气脱氮和脱硫等。等离子体技术是一种新发展起来的技术，它依靠巨大的电压、电流使体系温度上升并形成强大的电场，电子由于外电场的作用瞬间获得大量能量进而转变为高能电子，这些高能电子与空气中的一些分子或原子发生非弹性碰撞实现能量传递并使其发生电离，生成具有较高氧化还原电位的活性粒子。高能电子或活性粒子攻击有机大分子，导致有机化合物分子结构受到破坏，实现对有机物的氧化降解，具有无二次污染、没有选择性等特点，适合处理难降解的有机污染物及需要特殊处理的污染物。低温等离子体在废气处理方面的研究包括烟气的脱氮脱硫、有机化合物的氧化、颗粒物的去除等，在水处理方面的研究包括对苯酚、氯酚、各种染料、苯己酮、硝基苯酚、硝基苯等污染物的处理以及焦化废水、味精废水的预处理等。近年来，低温等离子体用于土壤修复方面的研究也逐渐兴起。

1.2　低温等离子体放电过程及原理

1.2.1　等离子体的发生和性质

等离子体是由部分电子被剥夺后的原子及原子团被电离后产生的正负离子组成的离子化气体状物质，它是物质除气态、液态和固态三种状态之外的第四种状态。当施加某些特定能量如电能或电磁辐射等能量时，等离子体就会产生。图 1-1 为物质存在的四种状态的示意图。等离子体由英国物理学家威廉·克鲁斯（William Crookes）在 1879 年发现，美国科学家欧文·朗缪尔（Irvin Langmuir）和汤克斯（Tonks）在 1928 年首次将"等离子体"一词引入物理学。当空气被加以电压时，空气中的分子能够发生分解和电离，生成离子、电子和中性粒子组成的混合体。等离子体广泛存在于宇宙中，并存在于日常生活中。

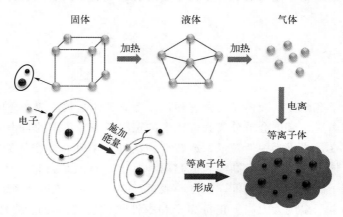

图 1-1　气态、液态、固态和等离子体

根据产生方式，等离子体可以分为自然等离子体和人工等离子体。自然等离子体广泛存在于宇宙中，如闪电、极光、恒星等都是以等离子体状态存在的。人工等离子体则是通过外加能量来激发形成，如常见的日光灯、霓虹灯、电弧焊等。

根据系统温度，等离子体可以分为高温等离子体和低温等离子体。高温等离子体也称完全热平衡等离子体，其中气体几乎完全电离，电子、离子和中性粒子温度相当，体系处于热力学平衡状态，温度一般在 5×10^4 K 以上，主要应用于受控热核反应研究方面。低温等离子体又可以分为热等离子体和冷等离子体。热等离子体也叫局部热平衡等离子体，此类等离子体的特点是气体高度电离，整个体系达到部分平衡，即电子、离子和中性粒子的温度局部相等，温度在 2000～5000 K，通常应用于冶金、切割和焊接等需要高温处理的工艺。冷等离子体电离度很低（＜10%），电子温度远大于离子温度，体系处于热力学非平衡状态，温度一般较低，常见的气体放电产生的等离子体一般都属于该类。

根据所处的状态，等离子体可以分为热平衡等离子体和非热平衡等离子体。对于热平衡等离子体而言，其气体压力较高，且需要输入较高的电能来维持其高温状态；其温度也极高，可超过 10^4 K。热平衡等离子体在工业上多用于高温表面喷镀、难熔材料的焊接与切割等，也可用于工业固废、医疗固废和低放射性固废等危险废物的裂解、焚烧等处理。对于非热平衡等离子体而言，其电子温度一般可达 $10^4 \sim 10^5$ K，而离子温度（接近室温）远远低于电子温度，因此非热平衡等离子体也被称为低温等离子体（non-thermal plasma，NTP）。

　　本书中所指的低温等离子体即为非热平衡等离子体。相对而言，低温等离子体在常温常压的操作条件下即可激发，反应条件较为温和，且体系中的电子又具有足够高的能量与物质发生碰撞，因此在近年来得到了广泛的研究。

1.2.2　低温等离子体作用机理

　　低温等离子体通常可以通过气体放电产生，其形成通常需要具备两个因素：①激发并维持放电生成等离子体；②引发物理化学反应。通过高压电源向反应空间注入能量时，脉冲电流集聚能量导致反应体系的温度迅速上升，从而在高压和接地两极间形成放电通道。同时，两个电极之间存在高强度的电场，可以使体系内的电子获得大量能量，从而转变为高能电子。这些高能电子与空气中的氧气、氮气等分子或原子发生非弹性碰撞实现能量传递使其发生电离，放电通道内就形成稠密的等离子体。

　　低温等离子体主要包含电子、正负离子、呈激发态的原子和自由基等。低温等离子体技术对污染物的降解主要是通过目标物质在放电过程中直接被降解和被生成的自由基等物质氧化或还原这两个途径。在放电过程中，等离子体激发出的活性物质会和各种污染物进行反应，导致污染物大分子发生断键和开环反应变成小分子，这一系列链反应可以提高难降解物质的可生化性，并最终促进有机污染物转化为二氧化碳和水，从而达到降解污染物的目的。此外，放电过程中还会产生紫外光、冲击波和热等，这些条件也会促进污染物的降解。相比于化学修复技术、物理修复技术和生物修复技术，低温等离子体技术具有处理效果好、处理时间短、无需添加化学试剂、无二次污染、在常温常压下可操作等优点，因此在环境修复领域引起了广泛重视。

1.2.3　低温等离子体技术研究现状

　　低温等离子体的操作范围很广泛，在放电过程中产生大量的活性粒子，包括各类自由基（如 $\cdot OH$、$\cdot HO_2$、$\cdot O_2^-$、$\cdot NO_2$、$\cdot NO$ 等）、电子（e^-）和分子（如 O_3、H_2O_2 等）。这些活性粒子化学性质活泼，可以与各类有机污染物发生氧化还原反应。此外，体系也能产生紫外光、热、冲击波等物理效应，多种物理化学作用可协同去除废水中的有机污染物。因此该技术在水处理、杀菌消毒方面受到了广泛关注。近年来，采用低温等离子体处理染料废水、农药、杀虫剂、药物及个人护理品等都取得了良好的处理效果。然而气相等离子体放电产生的活性粒子无法直接与液相中的污染物接触，而是需要穿过气液界面，进入液相主体后再与污染物发生反应，这一过程必然会削弱活性粒子对污染物的作用。气液传质以及能量效率问题一直是限制低温等离子体水处理技术进一步发展的瓶颈。因此，不少研究通过改良等离子体反应器或利用气液混合放电的方式来解决这一问题。例如，Shang 等人设计了一种双室气液相介质阻挡放电反应器，由气相放电室和气液相放电室串联组成。结果表明，与单室放电反应器相比，双室介质阻挡放电反应器对苯的去除效率提高了 19%。Wang 等人通过气液分层式降膜反应器处理含硫废水，废水以液膜的形式流过放电区域，液膜流的形式加速了气液界面表面更新，强化了气液传质，从而更有利于废水的氧化脱硫。Kobayashi 等人采用两种类型的雾化式等离子体放电反应器处理靛胭脂废水溶液。结果表明，当溶液以液滴的形式在反应器中发生放电时更有利于靛胭脂的脱色。尽管这些方式可以在一定程度上改善气液传质的问题，但效果有限，气液传质问题依然存在。为此本课题组构建了等离子体耦合微气泡的体系。微气泡（$d < 50 \, \mu m$）是一种肉眼不可见的微型气泡。微气泡不仅具有体积小的特质，还具有一些不同于普通大气泡的特殊性质，例如水中停留时间长、气液传质能力强、生成羟基自由基等。微气泡特殊性质的研究与应用具有广泛的意义，同时，此项技术正逐渐成为水污染处理方法中新的研究方向。

近年来，土壤污染防治日益引起人们的重视，2016 年《土壤污染防治行动计划》的出台更是说明了国家对污染土壤修复工作的重视。现有的物理、化学、生物等土壤修复技术仍然需要克服诸多缺点，在此基础上，低温等离子体技术为土壤修复指出了新的方向。低温等离子体土壤修复涉及石油、农药、多环芳烃、多氯联苯、药物等多种有机污染物。但是低温等离子体技术的研究尚不全面，尤其是反应过程中活性粒子的反应作用机理以及污染物的降解机理还未十分明确。低温等离子体修复污染土壤的过程很复杂，与电子的平均能量、电子密度、污染物的分子性质和浓度等多种因素有关。低温等离子体技术应用于土壤污染物处理，主要是利用放电过程中产生的活性粒子所具有的强氧化性，活性粒子或直接产生于土壤表面，或通过引入的方式被导入土壤，与其中的污染物接触，从而使其被氧化分解。低温等离子体技术用于处理土壤污染物的优点如下：等离子体技术属干式工艺，能耗低，满足节能和环保的要求；耗时较短，效率较高；对所处理的土壤无严格要求，具有普适性；可处理形状不规则的土壤，材料表面处理的均匀性好；处理的温度低。因此，低温等离子体技术是一种具有良好发展及应用前景的有机类污染土壤修复技术。在处理过程中，一方面，具有强氧化性的各种活性自由基和活性分子能够与土壤中的污染物发生反应，对其进行降解；另一方面，各种高能粒子处于活化状态，随时可能形成新的活性自由基和活性分子，补充已经消耗了的氧化性物质。此外，伴随等离子体产生的紫外光、冲击波等也能促进污染物的分解。以上三种条件下，土壤中的污染物可以被高速率、高效率地去除。

1.3　应用于环境领域的低温等离子体技术

对于处于热平衡状态的高温等离子体而言，其严格的淬火要求、极高的等离子体温度和对激发源的低选择性等问题导致了高温等离子体的适用性有限。而处于非热平衡状态的低温等离子体在常温常压的操作条件下即可激发，反应条件温和。激发低温等离子体的大部分电能主要用来激发高能电子，而高能电子通过和气体分子的碰撞、电离和解离等作用产生能净化污染物的各种活性粒子。同时激发低温等离子体所需的设备要求不高，维护成本也比高温等离子体低，这使其在处理工业和汽车尾气排放的挥发性有机污染物（VOCs）方面得到了广泛应用。此外，利用低温等离子体处理污染水体也在近年得到了广泛的研究。当前，电晕放电、介质阻挡放电、辉光放电和滑动弧放电等是低温等离子体产生的主要放电方式，而电晕放电、介质阻挡放电是本课题组常常研究的两种放电等离子体，因此本书着重介绍对这两种形式的等离子体放电在水处理和土壤修复方面的研究，其他放电形式则简要介绍。

1.3.1　电晕放电

电晕放电（corona discharge）是产生低温等
离子体的一种方式，通常发生于不同种电极产生
的不均匀电场中，它产生的条件是：①有足够高
的气体压强——通常在一个大气压以上；②电极
间有合适的电压——足够高但不能产生击穿作
用，通常为几千伏以上；③电极附近有合适的电
场强度——能够局部击穿接近电极表面的气体；
④电场分布很不均匀。图 1-2 为常见的电晕放电
的示意图。

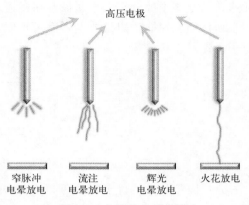

图 1-2　电晕放电示意图

由于电晕放电需要充分利用电场的不均匀
性，因此电极的形状会对放电产生较大的影响，
通常使用不对称的电极诸如针-板电极和针-针电极等。电晕放电的区域可分为电离区域（也
称电晕层或起晕层）和外围区（也称迁移区），两个区域电场强度的极不均匀导致了其放电
的差异。电离区域是指曲率半径较小的电极附近的薄层，此处电场强度很高，因而是发生电
离过程的主要区域，该区域的电离过程伴随着明显的亮光；外围区是指电离区域外部的空
间，由于该区域的电场强度较小，不足以发生电离现象，电流的传导通过带电粒子的迁移运
动来实现。

电晕放电电能的提供方式有直流、交流和脉冲，其中脉冲可分为正脉冲和负脉冲两种情
况，在脉冲电源下产生的放电称为脉冲电晕放电。脉冲电晕放电具有节能的特点，它的供电
电源是高压脉冲电源，该电源产生的脉冲电压具有上升前沿陡峭、宽度较小的特点。电压施
加于电极之间后，可使电极附近气体局部放电，放电过程中离子的迁移率远远小于电子，可
以将其当成静止的，因此高压脉冲放电能够使电子获得更多的能量，产生大量的等离子体。
在电晕放电中，脉冲电晕相比其他放电形式具有能量效率高、活性粒子浓度高、电子密度大
的特点。Sahni 等人用脉冲电晕放电对 $2,2',4,4'$-四氯联苯废水进行处理并取得了较好的去
除效率，并且发现铁盐的添加也有利于 Fenton 反应的发生从而提升降解效果。Yoshida 等
人利用中试规模的脉冲电晕放电等离子体反应器对垃圾焚烧炉排出的二噁英和 NO_x 进行处
理，在能源效率（标准状态下）为 $2.9 \sim 6.1\,W \cdot h/m^3$ 时，二噁英的去除率为 $75\% \sim 84\%$，
NO 转化为 NO_2 的效率约为 93%，高达 90% 的 NO_x 被还原为氮气。Wang 等人利用脉冲电
晕放电对五氯苯酚、对硝基苯酚等污染的土壤进行修复，并对其降解机理进行了讨论。

1.3.2　介质阻挡放电

在单侧或双侧电极表面添加绝缘介质，在电压的作用下，在绝缘介质中间或绝缘介质与
电极之间发生的放电称为介质阻挡放电（dielectric barrier discharge，DBD）。它主要分为单
介质阻挡放电（SDBD）和双介质阻挡放电（DDBD）两种放电形式。图 1-3 为介质阻挡放
电示意图。其放电基本原理是：在电极两端施加电压，当电压足够高时，会在反应器内部形
成电场，并促进阴极附近产生的电子向阳极加速运动，这些运动中的高速电子会与放电区域
内的气体分子发生碰撞，引发一系列链反应并产生电子雪崩，发生雪崩的电子进入阳极附

近，而带正电的原子仍在阴极附近，因此在放电区域内部产生两个电场，一个是在电极两端施加的电场，另一个为电子移动过程中产生的电场，自由电子在两个电场的作用下进一步被加速，与空气中的分子发生碰撞，在碰撞过程中产生活性粒子，并伴随紫外光、微波辐射等一系列作用。在介质阻挡放电发生过程中，介质起到稳定放电状态的作用，避免了由于带电粒子高速运动碰撞产生火花。

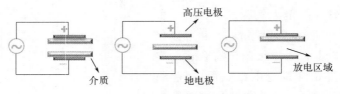

图 1-3　介质阻挡放电示意图

介质阻挡放电的优点在于可以在较宽的条件范围内进行放电，其适用的大气压范围广泛。当在电极两端施加的电压逐渐增高时，电极间的放电区域内会产生放电细丝，这些细丝不规律地分布在放电区域内，称作微放电。单独的微放电持续时间很短，仅存在于 10 ns 以内，但由于电极间电流密度较大，可以在反应区域持续均匀地放电。在放电过程中反应器内会产生具有强氧化作用的活性自由基，这些自由基与污染物分子发生碰撞反应，将污染物分解成小分子量、低毒性的化合物。

介质阻挡放电最早在工业生产臭氧（O_3）方面有所应用，当气体经过电极间隙时，交流高压电源放电就可以生成臭氧。随着 DBD 的深入研究，目前该技术已应用于半导体蚀刻、材料表面改性、高功率 CO_2 激光器等。相比其他放电形式，DBD 的装置成本低，对电源的适配性强，能量利用率较高，能持续稳定地放电，最主要的优点是安全系数高，使得其在水处理和土壤修复领域得到越来越广泛的研究。介质阻挡放电技术对有机污染物的降解效果受电源和反应器的影响。电源的性能确定后如果要提高降解效果，就需要研究反应器结构、操作条件等因素。为减少电极腐蚀、提高能量利用效率，DBD 反应器的组装成为了研究热点。

1.3.3　辉光放电

辉光放电（glow discharge）是一种特殊的直流放电过程，它可以由电晕放电过程转变而来。Pai 等人利用大气压下的针-针纳秒脉冲放电反应器实现了电晕放电和辉光放电之间的转变。研究表明，随着放电电压的上升，放电状态也发生改变，从最初的电晕放电转变成辉光放电。研究还发现电极间距离、放电频率和放电气氛的预热温度都会影响转变过程。辉光放电的两种主要反应器形式是接触式辉光放电和浸没式辉光放电。辉光放电反应器通常以钨棒、铂丝或者不锈钢作为电极，当在电极两端施加一定的电压时，电极表面的水蒸气中的水分子被激发或解离，随后在电场的作用下与周围气体撞击形成等离子体。图 1-4 为辉光放电的示意图。

研究表明辉光放电适合处理水体中的各种有机污染物，如染料、芳烃、消毒副产物（三氯乙酸、溴仿等）、抗生素等。与电晕放电相比，辉光放电可以在高盐度的废水中稳定运行。高锦章等人发现辉光放电可以快速地去除结晶紫，同时结晶紫的去除率随着电解质浓度的增加而增加。白敏冬和余忆玄等人通过气相辉光放电生成·OH，并成功应用于有机物和藻类去除。对于接触式辉光放电电解（contact glow discharge electrolysis，CGDE），其在阳极上

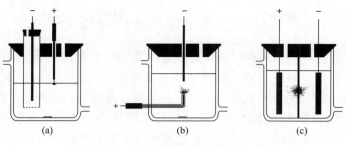

图 1-4 辉光放电示意图

放电比在阴极放电时更稳定，因此大多数的研究主要集中在阳极上放电的 CGDE。Tochikubo 等人报道了在辉光放电过程中·OH 生成量随着电流的增加而增大，同时当放电电流为 1mA 时，阳极的·OH 生成量为阴极·OH 生成量的 2.2 倍。基于 CGDE 具有非法拉第效应的特点，Sengupta 等人开发了 H 型的 CGDE 反应器，而 Gao 等人则进一步证实了该反应器在大水量有机污染物去除方面具有一定的应用潜力。

1.3.4 滑动弧放电

滑动弧放电（gliding arc discharge）是一种兼具高温等离子体和低温等离子体特性的放电形式，被认为是一种极具创新性的等离子体放电形式。其工作原理主要是通过在电极间通入气流，在电极间最窄处形成电弧来进行放电。与电晕放电相比，滑动弧放电可以在高功率条件下运行，以保证更多的活性粒子生成。图 1-5 为滑动弧放电的示意图。

刘亚纳等人采用滑动弧放电等离子体技术处理印染废水的化学需氧量（COD）。研究表明废水中总有机物含量（TOC）和 COD 的降解过程符合一级反应速率模型。而在碱性条件下，HCO_3^- 和 CO_3^{2-} 的存在不利于 COD 去除。Burlica 等人比较了位于水面上两电极和三电极结构的滑动弧放电等离子体的性能。研究表明，电极结构对水溶液的电导率和 pH 基本上没有影响；在空气、氮气和氧气放电气氛下，O_3 和 H_2O_2 均未被检出。然而进一步研究发现，利用喷头将处理的溶液喷洒到放电区域，有助于传质增强，使得 H_2O_2 产量增加，这一

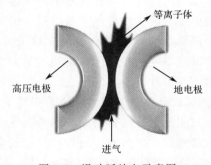

图 1-5 滑动弧放电示意图

发现为以后反应器的设计和优化提供了参考。杨昭评估了滑动弧放电等离子体活化过硫酸盐对含苯酚废水的处理效果。研究发现，过硫酸盐的加入明显增大了水相的电导率，使得放电击穿电压降低的同时放电电弧的电流强度得到增加，提高了·OH 和·SO_4^- 的产率，从而促进了苯酚的降解。但过硫酸盐的剂量过高，反而使得苯酚的去除率降低，因此在实际应用中应当考虑对过硫酸盐的投加量进行优化。

气体滑动弧放电（gas gliding arc discharge）通常被用于废水处理中，而其所用的气体中水分一般较高。Krishna 等人使用滑动弧放电降解盐酸维拉帕米，并利用直读光谱仪和液相色谱-质谱法证实了 O 和·OH 是降解过程中的主要作用活性粒子。值得注意的是，无论在何种气氛下工作，该类反应器中基本很难检测出 O_3 和 H_2O_2。一方面，气体中的水蒸气会抑制 O_3 的形成；另一方面，·OH 在该反应器中并不能有效地合成 H_2O_2。

1.3.5 本课题组研究的低温等离子体技术的应用

低温等离子体作为一种新型的污染修复技术，在近年来受到了广泛关注，放电过程中产生的大量活性物质、紫外辐射、冲击波等可以实现污染物的高效降解。本课题组从 2012 年开始从事低温等离子体环境修复方面的研究。在土壤修复方面，课题组采用介质阻挡放电等离子体和脉冲电晕放电等离子体对芘、菲、芴等多环芳烃污染土壤进行修复，研究电气参数、气体参数和土壤参数对芘、菲、芴污染土壤修复效果的影响，并计算了不同体系下各种污染物降解的能量效率。此外，以土壤中的全氟辛酸等新型有机污染物作为目标污染物，验证了介质阻挡放电等离子体和电晕放电等离子体对其去除的能力。对反应过程进行动力学研究，通过调节放电气氛以及放电过程中的各项参数优化放电方式，加速反应进程，并尽可能降低反应过程中的能耗。研究发现，等离子体对于这些难去除的污染物表现出良好的去除效果，并且对土壤改良具有积极作用。

在水处理方面，本课题组以印染废水、药物及个人护理品等作为目标污染物，采用介质阻挡放电等离子体技术进行降解处理。通过优化反应器结构、调整放电参数等形式提高该技术对目标污染物的降解效率；同时考察了溶液性质、水基质等对等离子体降解污染物的影响，由此探讨低温等离子体技术对各类污染废水降解的可行性，为该技术应用到实际生产生活中提供科学依据和指导。此外，通过等离子体耦合过氧化钙的手段，实现了对水中糖皮质激素的高效去除。

在改善等离子体的气液传质方面，创新性地构建了等离子体/微气泡耦合体系。等离子体在与微气泡耦合处理水中污染物时，表现出良好的处理效果，为改善等离子体水处理过程当中的气液传质提供了新思路。以苯胺模拟废水作为目标污染物，设计了一种螺旋式介质阻挡耦合微气泡（DBD/MBs）放电反应器进行后续实验研究。在动力学和能量效率方面探讨此反应器降解苯胺废水的可行性，为该技术在实际中的应用提供科学依据和理论基础。同时，根据计算，微气泡在介质阻挡放电等离子体放电过程中的粒径应该 $>30~\mu m$。利用脉冲针-板放电和微气泡耦合技术实现了持久性有机污染物全氟辛酸（PFOA）的有效降解，为开发用于全氟化合物处理的低温等离子体设备积累了经验。设计了一种 DBD/MBs 活化过硫酸盐系统，并对水中阿特拉津进行降解，优化了操作条件，研究了水中常见的阴、阳离子，腐殖酸以及实际水体对阿特拉津去除效果的影响。还对微气泡的传质作用、过硫酸盐的活化机制以及阿特拉津的降解机理进行了研究。研究发现，等离子体产生的热和电子对活化过硫酸盐和去除污染物有积极意义，同时也进一步证明了微气泡的存在对去除效率的改善效果。此外，在去除水中二氯乙酸的研究中，发现了微气泡的存在对·OH 的产率有极大的促进作用。

除此以外，还研究了低温等离子体在消毒灭菌以及预处理剩余污泥方面可能的应用。研究发现，空气等离子体产生的含氮和含氧的活性物质，以及由氮氧化物产生的其他活性物质，如由二氧化氮和氢氧化物产生的 ONOOH，对细菌的失活起着更重要的作用。放电后，大肠杆菌似乎更加萎缩和模糊，细胞最终破裂，并且部分细胞粘在一起。研究了介质阻挡放电耦合 CaO_2 污泥预处理技术对污泥破解及厌氧消化水解产酸的影响，同时考虑其对污泥中重金属和有机污染物的影响。研究发现，利用该耦合技术预处理污泥能够促进污泥细胞的破壁增溶，并且 DBD/CaO_2 耦合预处理污泥具有协同作用。同时，DBD/CaO_2 耦合技术可以有效减少污泥中的致病性细菌、有毒有机物、重金属的含量，并提高污泥的水解产酸效果。关于这些研究的具体工作将在后面章节详细介绍。

参考文献

[1] Burlica R，Kirkpatrick M J，Locke B R. Formation of reactive species in gliding arc discharges with liquid water [J]. Journal of Electrostatics，2006，64 (1)：35-43.

[2] Chen J H，Davidson J H. Ozone production in the negative DC corona：The dependence of discharge polarity [J]. Plasma Chemistry and Plasma Processing，2003，23 (3)：501-518.

[3] Cui Y Q，Cheng J S，Chen Q，et al. The types of plasma reactors in wastewater treatment [J]，IOP Conference Series-Earth and Environmental Science. 2018，208 (1)：012002.

[4] Fang Z，Lin J，Xie X，et al. Experimental study on the transition of the discharge modes in air dielectric barrier discharge [J]. Journal of Physics D：Applied Physics，2009，42 (8)：085203.

[5] Fridman A，Chirokov A，Gutsol A. Non-thermal atmospheric pressure discharges [J]. Journal of Physics D：Applied Physics，2005，38 (2)：R1-R24.

[6] Gao J Z，Wang X Y，Hu Z A，et al. Plasma degradation of dyes in water with contact glow discharge electrolysis [J]. Water Research，2003，37 (2)：267-272.

[7] Gupta S B. Investigation of a physical disinfection process based on pulsed underwater corona discharges [M]. Karlsruhe：Forschungszentrum Karlsruhe，2007.

[8]   Huczko A. Plasma chemistry and environmental protection：Application of thermal and non-thermal plasmas [J]. Czechoslovak Journal of Physics，1995，45 (12)：1023-1033.

[9] Itikawa Y，Mason N. Cross sections for electron collisions with water molecules [J]. Journal of Physical and Chemical Reference Data，2005，34 (1)：1-22.

[10] Jiang B，Zheng J，Liu Q，et al. Degradation of azo dye using non-thermal plasma advanced oxidation process in a circulatory airtight reactor system [J]. Chemical Engineering Journal，2012，204-206：32-39.

[11] Jiang B，Zheng J T，Qiu S，et al. Review on electrical discharge plasma technology for wastewater remediation [J]. Chemical Engineering Journal，2014，236：348-368.

[12] Joshi A A，Locke B R，Arce P，et al. Formation of hydroxyl radicals，hydrogen peroxide and aqueous electrons by pulsed streamer corona discharge in aqueous solution [J]. Journal of Hazardous Materials，1995，41 (1)：3-30.

[13] Joshi R P，Thagard S M. Streamer-like electrical discharges in water：Part Ⅱ. Environmental applications [J]. Plasma Chemistry and Plasma Processing，2013，33 (1)：17-49.

[14] Khuntia S，Majumder S K，Ghosh P. Catalytic ozonation of dye in a microbubble system：Hydroxyl radical contribution and effect of salt [J]. Journal of Environmental Chemical Engineering，2016，4 (2)：2250-2258.

[15] Kim H H. Nonthermal plasma processing for air-pollution control：A historical review，current issues，and future prospects [J]. Plasma Processes and Polymers，2004，1 (2)：91-110.

[16] Kobayashi T，Sugai T，Handa T，et al. The effect of spraying of water droplets and location of water droplets on the water treatment by pulsed discharge in air [J]. IEEE Transactions on Plasma Science，2010，38 (10)：2675-2680.

[17] Kogelschatz U. From ozone generators to flat television screens：History and future potential of dielectric-barrier discharge [J]. Pure and Applied Chemistry，1999，71 (10)：1819-1828.

[18] Krishna S，Maslani A，Izdebski T，et al. Degradation of Verapamil hydrochloride in water by gliding arc discharge [J]. Chemosphere，2016，152：47-54.

[19] Li S P，Ma X L，Jiang Y Y，et al. Acetamiprid removal in wastewater by the low-temperature plasma

using dielectric barrier discharge [J]. Ecotoxicology and Environmental Safety，2014，106：146-153.

[20]　Liu Y N，Shen X，Sun J H，et al. Treatment of aniline contaminated water by a self-designed dielectric barrier discharge reactor coupling with micro-bubbles：Optimization of the system and effects of water matrix [J]. Journal of Chemical Technology and Biotechnology，2019，94（2）：494-504.

[21]　Liu Y N，Wang C H，Huang K L，et al. Degradation of glucocorticoids in water by dielectric barrier discharge and dielectric barrier discharge combined with calcium peroxide：Performance comparison and synergistic effects [J]. Journal of Chemical Technology and Biotechnology，2019，94（11）：3606-3617.

[22]　Liu Y N，Wang C H，Shen X，et al. Degradation of glucocorticoids in aqueous solution by dielectric barrier discharge：Kinetics，mechanisms，and degradation pathways [J]. Chemical Engineering Journal，2019，374：412-428.

[23]　Lou J，Lu N，Li J，et al. Remediation of chloramphenicol-contaminated soil by atmospheric pressure dielectric barrier discharge [J]. Chemical Engineering Journal，2012，180：99-105.

[24]　Magureanu M，Piroi D，Mandache N B，et al. Degradation of pharmaceutical compound pentoxifylline in water by non-thermal plasma treatment [J]. Water Research，2010，44（11）：3445-3453.

[25]　Mu R W，Liu Y N，Li R，et al. Remediation of pyrene-contaminated soil by active species generated from flat-plate dielectric barrier discharge [J]. Chemical Engineering Journal，2016，296：356-365.

[26]　Ogata A，Miyamae K，Mizuno K，et al. Decomposition of benzene in air in a plasma reactor：Effect of reactor type and operating conditions [J]. Plasma Chemistry and Plasma Processing，2002，22（4）：537-552

[27]　Ognier S，Rojo J，Liu Y N，et al. Mechanisms of pyrene degradation during soil treatment in a dielectric barrier discharge reactor [J]. Plasma Processes and Polymers，2014，11（8）：734-744.

[28]　Pai D Z，Lacoste D A，Laux C O. Transitions between corona，glow，and spark regimes of nanosecond repetitively pulsed discharges in air at atmospheric pressure [J]. Journal of Applied Physics，2010，107（9）：093303.

[29]　Reddy P M K，Raju B R，Karuppiah J，et al. Degradation and mineralization of methylene blue by dielectric barrier discharge non-thermal plasma reactor [J]. Chemical Engineering Journal，2013，217：41-47.

[30]　Redolfi M，Makhloufi C，Ognier S，et al. Oxidation of kerosene components in a soil matrix by a dielectric barrier discharge reactor [J]. Process Safety and Environmental Protection，2010，88（3）：207-212.

[31]　Rong S P，Sun Y B，Zhao Z H. Degradation of sulfadiazine antibiotics by water falling film dielectric barrier discharge [J]. Chinese Chemical Letters，2014，25（1）：187-192.

[32]　Sahni M，Finney W C，Locke B R. Degradation of aqueous phase polychlorinated biphenyls（PCB）using pulsed corona discharges [J]. Journal of Advanced Oxidation Technologies，2005，8（1）：105-111.

[33]　Sen G，Susanta K. Contact glow discharge electrolysis：A novel tool for manifold applications [J]. Plasma Chemistry and Plasma Processing，2017，37（4）：897-945.

[34]　Sengupta S K，Singh R，Srivastava A K. A study on the origin of nonfaradaic behavior of anodic contact glow discharge electrolysis：The relationship between power dissipated in glow discharges and nonfaradaic yields [J]. Journal of the Electrochemical Society，1998，145（7）：2209-2213.

[35]　Shang K F，Zhang Q，Lu N，et al. Evaluation on a double-chamber gas-liquid phase discharge reactor for benzene degradation [J]. Plasma Science and Technology，2019，21（7）：075502.

[36]　Sun B，Sato M，Clements J S. Optical study of active species produced by a pulsed streamer corona

discharge in water [J]. Journal of Electrostatics，1997，39（3）：189-202.

[37]　Sunka P，Babicky V，Clupek M，et al. Potential applications of pulse electrical discharges in water [J]. Acta Physica Slovaca，2004，54（2）：135-145.

[38]　Tang S F，Yuan D L，Rao Y D，et al. Persulfate activation in gas phase surface discharge plasma for synergetic removal of antibiotic in water [J]. Chemical Engineering Journal，2018，337：446-454.

[39]　Tochikubo F，Shimokawa Y，Shirai N，et al. Chemical reactions in liquid induced by atmospheric-pressure dc glow discharge in contact with liquid [J]. Japanese Journal of Applied Physics，2014，53（12）：126201.

[40]　Wang Q C，Zhang A，Li P，et al. Degradation of aqueous atrazine using persulfate activated by electrochemical plasma coupling with microbubbles：Removal mechanisms and potential applications [J]. Journal of Hazardous Materials，2021，403（213）：124087.

[41]　Wang T C，Lu N，Li J，et al. Degradation of pentachlorophenol in soil by pulsed corona discharge plasma [J]. Journal of Hazardous Materials，2010，180（1）：436-441.

[42]　Wang T C，Qu G，Li J，et al. Depth dependence of p-nitrophenol removal in soil by pulsed discharge plasma [J]. Chemical Engineering Journal，2014，239：178-184.

[43]　Wang T C，Qu G，Li J，et al. Transport characteristics of gas phase ozone in soil during soil remediation by pulsed discharge plasma [J]. Vacuum，2014，101：86-91.

[44]　Wang X P，Li Z J，Lan T，et al. Sulfite oxidation in seawater flue gas desulfurization by plate falling film corona-streamer discharge [J]. Chemical Engineering Journal，2013，225：16-24.

[45]　Wang X Y，Zhou M H，Jin X L. Application of glow discharge plasma for wastewater treatment [J]. Electrochimica Acta，2012，83：501-512.

[46]　Yao J W，Zhan J X，Yan Z H，et al. Study on sterilization of escherichia coli in water by dielectric barrier discharge [J]. Technology of Water Treatment，2018，44（4）：31-35.

[47]　Yoshida K，Yamamoto T，Kuroki T，et al. Pilot-scale experiment for simultaneous dioxin and NO_x removal from garbage incinerator emissions using the pulse corona induced plasma chemical process [J]. Plasma Chemistry and Plasma Processing，2009，29（5）：373-386.

[48]　Zhan J X，Liu Y N，Cheng W Y，et al. Remediation of soil contaminated by fluorene using needle-plate pulsed corona discharge plasma [J]. Chemical Engineering Journal，2018，334：2124-2133.

[49]　Zhan J X，Zhang A，Heroux P，et al. Remediation of perfluorooctanoic acid（PFOA）polluted soil using pulsed corona discharge plasma [J]. Journal of Hazardous Materials，2020，387：121688.

[50]　Zhan J X，Zhang A，Heroux P，et al. Gasoline degradation and nitrogen fixation in soil by pulsed corona discharge plasma [J]. Science of the Total Environment，2019，661：266-275.

[51]　Zhang H，Liu Y N，Cheng X，et al. Degradation of phenol in water using a novel gas-liquid two-phase dielectric barrier discharge plasma reactor [J]. Water Air and Soil Pollution，2018，229（10）：314.

[52]　Zhao J Y，Zhang A，Heroux P，et al. Remediation of diesel fuel polluted soil using dielectric barrier discharge plasma [J]. Chemical Engineering Journal，2021，417：128143.

[53]　白敏冬，李海燕，满化林，等. 基于常规饮用水工艺羟基自由基处理高藻水 [J]. 环境工程学报，2017，11（9）：4897-4902.

[54]　曾咪，孙岩洲，潘萍. 介质阻挡放电和介质阻挡电晕放电的特性比较 [J]. 电工材料，2008（1）：43-45.

[55]　陈海红，骆永明，滕应，等. 重度滴滴涕污染土壤低温等离子体修复条件优化研究 [J]. 环境科学，2013，34（1）：302-307.

[56]　陈君杨. 低温等离子体协同磷酸铋及过硫酸盐去除水中结晶紫 [D]. 合肥：合肥工业大学，2017.

[57]　丁凝，谢兆倩. 电晕放电等离子体性质研究 [J]. 广东化工，2011，38（4）：119-120.

[58]　冯景伟，郑正，孙亚兵，等. 介质阻挡放电对水中敌草隆的降解研究 [J]. 环境化学，2008，27（4）：

422-426.

[59]　高锦章，马东平，郭晓，等.辉光放电等离子体处理阳离子染料结晶紫废水 [J].应用化学，2007，24 (5)：534-539.

[60]　刘道清，季学李.低温等离子体技术及在空气污染控制中的应用 [J].四川环境，2004，23 (3)：1-4.

[61]　刘芳.电晕放电等离子体灭菌的实验研究 [D].广州：广东工业大学，2007.

[62]　刘亚纳，司岸恒，田辉，等.滑动弧等离子体降解印染废水的影响研究 [J].环境科学与技术，2010，33 (7)：146-149.

[63]　龙千明，刘嫒，范洪波，等.低温等离子体催化处理甲苯气体 [J].化工进展，2010，29 (7)：1350-1357.

[64]　秦祖赠，刘自力，王燕华，等.TiO_2 催化高压脉冲放电等离子体降解 2，4-二硝基苯酚 [J].化工环保，2009，29 (3)：203-206.

[65]　邵强.等离子体技术及其在"三废"处理中的应用 [J].石油化工安全环保技术，2007，23 (6)：51-55.

[66]　邵涛，章程，王瑞雪，等.大气压脉冲气体放电与等离子体应用 [J].高电压技术，2016，42 (3)：685-705.

[67]　王利娟.等离子体概念、分类及基本特性 [J].宜宾学院学报，2009，9 (6)：41-43.

[68]　王肖静.放电等离子体激活过硫酸盐降解水中有机污染物 [D].大连：大连理工大学，2017.

[69]　熊明辉，王定勇，陈玉成.等离子体技术处理环境污染物进展 [J].云南环境科学，2006，25 (3)：23-25.

[70]　徐学基，诸定昌.气体放电物理 [M].上海：复旦大学出版社，1996.

[71]　杨丹凤，袭著革.低温等离子体技术及其应用研究进展 [J].中国公共卫生，2002，18 (1)：111-112.

[72]　杨昭.过硫酸盐气液两相滑动弧放电等离子体处理有机废水的研究 [D].西安：西安理工大学，2018.

[73]　余忆玄，白敏冬，杨小桐，等.高藻饮用水系统中羟基自由基降解诺氟沙星 [J].中国环境科学，2018，38 (12)：4545-4550.

[74]　左安友，袁作彬，翁祝林，等.等离子体对材料表面作用机理分析 [J].湖北民族学院学报（自然科学版），2008，26 (2)：173-178.

低温等离子体处理印染废水

2.1 引言

纺织印染工业作为我国具有优势的民族传统产业，发展至今已有一个多世纪的历史，在我国的区域经济发展、社会就业的扩大等方面起到了重要的作用。但是每年由纺织印染工业排放的大量工业废水也逐渐成为我国主要的水体污染源。相关资料显示，我国印染厂每年约有 6.5 亿吨的污水排放量，每天印染废水排放量约 $3 \times 10^6 \sim 4 \times 10^6$ m³，占纺织印染工业废水总排放量的 80%。

印染废水的组成千差万别，但由于都含有大量染料，因此会带来严重的色度污染，高的色度会给人类造成视觉的不适。此外，染料的色度会使水体对太阳光有较强的吸收，导致水体透光率降低，影响受纳水体的正常功能，妨碍水体的自净作用，影响到生态系统中各级消费者的生长，并最终导致整个生态系统多样性的下降。印染废水中的有机污染物绝大多数是苯系、萘系、蒽醌系以及苯胺、硝基苯、酚类等物质，这些成分是具致癌、致突变、致畸变作用的"三致"有机物。研究表明，染料在厌氧状态下，芳香族化合物苯环上的氢被卤素、硝基、胺基取代以后会生成毒性更强的多苯环取代化合物，这些物质在环境中更不容易被微生物分解矿化，其在环境中积累将会对生物及人类健康造成很大危害。近年来，随着染料工业的发展和印染加工技术的进步，染料朝着抗光解、抗氧化及抗生物降解的方向发展，染料的化学结构稳定性大大提高，再加上新型助剂的不断应用，难生化降解的有机污染物大量进入印染废水中，大大增加了废水的处理难度，传统的印染废水处理工艺已经难以满足排放的标准要求。因此，难降解印染废水的处理成为工业污水处理中的难点，也是当前国内外水污染控制领域亟须解决的一大难题。

此外，作为印染废水中的有机污染物之一，酚类化合物具有很强的毒性，可以不经过肝脏解毒直接进入血液循环，并与细胞中的蛋白质反应生成不溶性蛋白质从而使细胞失去活性，严重时可导致体内某些组织损伤和坏死，甚至中毒。经常饮用含酚类物质的水会觉得头晕、发生贫血，严重时可引发各种神经系统疾病。水生生物也会受酚类物质的影响发生变异。水中含酚浓度达到 $0.1\sim0.2$ mg/L 时就会导致鱼类中毒；当浓度高于 1 mg/L 时，鱼类将不能正常繁殖；而当浓度达到 $6.5\sim9.3$ mg/L 时，鱼类便会大量死亡。另外，酚对农作物也有一定的毒害，如果浓度达到 $50\sim100$ mg/L 的含酚废水流入农田，农作物就会减产甚至枯死。

现研究认为低温等离子体应用于水处理技术的基本原理是粒子非弹性碰撞及活性物质氧化污染物。在外加电场的作用下，产生游离基、电子、离子、紫外光和许多不同活性粒子，这些高能粒子攻击废水中的污染物分子，发生一系列复杂的物理化学反应，将复杂大分子污染物转变为简单小分子物质，或使其毒性降低转变为低毒害或无毒物质。本章采用低温等离子体技术及其耦合技术对印染废水进行降解处理，并探究其降解机理，从而评估低温等离子体技术用于处理印染废水的可行性。

2.2　实验部分

2.2.1　药品及仪器设备

实验所用的主要药品如表 2-1 所示。

表 2-1　主要实验药品

药品名称	规格	购买厂家
活性黑 KN-B 染料	≥55％纯度	美国 Sigma-Aldrich 公司
活性艳蓝 X-BR 染料	≥55％纯度	美国 Sigma-Aldrich 公司
活性艳红 X-3B 染料	≥55％纯度	美国 Sigma-Aldrich 公司
高纯水	595mL	杭州娃哈哈集团有限公司
盐酸	AR[①]	国药集团化学试剂有限公司
硫酸	AR	平湖化工药剂厂
醋酸	AR	平湖化工药剂厂
磷酸	AR	国药集团化学试剂有限公司
30％过氧化氢	AR	国药集团化学试剂有限公司
氢氧化钠	AR	国药集团化学试剂有限公司
乙酸钠	AR	上海市四赫维化工有限公司
亚硝酸钠	AR	国药集团化学试剂有限公司
氯化钠	AR	国药集团化学试剂有限公司
磷酸氢二钠	AR	国药集团化学试剂有限公司
磷酸氢钠	AR	国药集团化学试剂有限公司
乙二胺四乙酸二钠	AR	上海文昱生化科技有限公司

续表

药品名称	规格	购买厂家
一水合硫酸锰	AR	国药集团化学试剂有限公司
十二烷基硫酸钠	AR	国药集团化学试剂有限公司
碳酸钠	AR	上海文昱生化科技有限公司
碳酸氢钠	AR	上海凌峰化学试剂有限公司
硫代硫酸钠	AR	国药集团化学试剂有限公司
靛蓝二磺酸钠	AR	美国 Sigma-Aldrich 公司
硫酸钠	AR	国药集团化学试剂有限公司
过硫酸钾	AR	国药集团化学试剂有限公司
草酸钛钾	AR	国药集团化学试剂有限公司
硝酸钾	AR	国药集团化学试剂有限公司
重铬酸钾	AR	国药集团化学试剂有限公司
磷酸二氢钾	AR	国药集团化学试剂有限公司
三氯化铁	AR	国药集团化学试剂有限公司
硫酸亚铁	AR	国药集团化学试剂有限公司
七水合硫酸亚铁	AR	国药集团化学试剂有限公司
硫酸亚铁铵	AR	国药集团化学试剂有限公司
纳米二氧化钛	≥99%纯度	百灵威科技公司
纳米零价铁	≥99%纯度	美国 Sigma-Aldrich 公司
无水硫酸铜	AR	国药集团化学试剂有限公司
硫酸银	AR	国药集团化学试剂有限公司
无水吡啶	AR	国药集团化学试剂有限公司
邻菲啰啉	AR	国药集团化学试剂有限公司
甲醇	色谱纯（HPLC）	美国 TEDIA 试剂公司
叔丁醇	AR	国药集团化学试剂有限公司
二氯甲烷	色谱纯（HPLC）	国药集团化学试剂有限公司
盐酸羟胺	AR	国药集团化学试剂有限公司
弧菌菌种	NRRL number B-11177	美国 SDI 公司
渗透调节液	DeltaTox®	美国 SDI 公司
葡萄糖	AR	国药集团化学试剂有限公司
稀释液	DeltaTox®	美国 SDI 公司
六甲基二硅氮烷	AR	国药集团化学试剂有限公司
三甲基氯硅烷	AR	国药集团化学试剂有限公司

① 分析纯。

实验所用的主要仪器如表 2-2。

表 2-2　主要实验仪器

仪器名称	型号	购买厂家
等离子体电源	CTP-2000K	南京苏曼电子有限公司
等离子体反应釜	DBD-100B	南京苏曼电子有限公司
等离子体反应器	DBD-50	南京苏曼电子有限公司
数字存储示波器	TDS2012B	美国 Tektronix 有限公司
接触调压器	TDGC2-1	浙江正泰电器股份有限公司
无源高压探头	P6015A	美国 Tektronix 有限公司
无源电流探头	P6021A	美国 Tektronix 有限公司
摇床	SPH-2102C	上海世平实验设备有限公司
微波炉	EG823EE2-PS	广东美的微波炉制造有限公司
电磁搅拌器	85-1 磁力搅拌器	上海梅颖浦仪器仪表制造有限公司
电子天平	AR114 型	奥豪斯国际贸易有限公司
抽气泵	JF-2401	劲丰电子有限公司
恒流泵	BT-100	上海青浦沪西仪器厂
恒温水浴锅	DK-8D 型	上海森信实验仪器有限公司
恒温调速回转式摇床	DKY-Ⅰ型	上海杜科自动化设备有限公司
pH 计	SJ-3F	上海雷磁仪器有限公司
总有机碳分析仪	TOC-V$_{CPH}$	日本岛津公司
气相色谱-质谱联用仪	QP-2010	日本岛津公司
双光束紫外-可见分光光度计	TU-1810	北京普析通用
电导率仪	FE30	瑞士 METTLER TOLEDO 公司
生化需氧量测定仪	BODTrak Ⅱ型	美国 HACH 公司
生物毒性测试仪	Deltatox 便携式	美国 SDI 公司
红外光谱仪	TENSOR 27	德国 BRUKER 公司
离子色谱仪	ICS-90	美国 DIONEX 公司
超声波仪器	SK3300LH	上海科导超声仪器有限公司
溶解氧测定仪	LDOTM 便携式	美国 HACH 公司

2.2.2　实验装置

实验装置由高压等离子体电源、等离子体放电反应器、电气监测系统和气体输送装置等部分组成。

2.2.2.1　高压等离子体电源

本章所使用的高压等离子体电源型号为 CTP-2000K，它可以将实验室配电系统交流电

（220 V/50 Hz）转换成高压高频交流电（最大值可至 60 kV/20 kHz），在大气压下以及各种气体气氛中产生稳定的介质阻挡放电、电弧放电和辉光放电。电源上配有高压输出电压和电流检测接口以及输入电压电流显示屏。输入电压及输入功率可由接触调压器（型号为 TDGC2-1）调节，同时接触调压器具有保护电源、体积小、质量轻、使用方便、运行稳定性能可靠和波形不失真等特点。具体参数如下：输出电压 0～40 kV；频率选择范围 1～100 kHz；频率可调范围 0～30％；频率设定范围 0～100％；功率 500 W。

2.2.2.2　等离子体放电反应器

放电反应器是放电实验装置的重要组成部分之一，本章主要采用了三种类型的放电反应器，分别为密封式介质阻挡放电反应器、板式介质阻挡放电反应器和管式介质阻挡放电反应器。各反应器介绍详见 2.3～2.6 节。

2.2.2.3　电气监测系统

实验中放电电压和电流通过数字存储示波器（型号为 Tektronix TDS2012B）测量，测定过程中高压端连接衰减比为 1000∶1 的无源高压探头（Tektronix P6015A），接地端采用衰减比为 10∶1 的无源电流探头并联两个 0.22 μF 的电容进行测定，放电功率可由李萨如图形法进行计算，系统运行过程中某一时刻的波形示意图如图 2-1 所示。

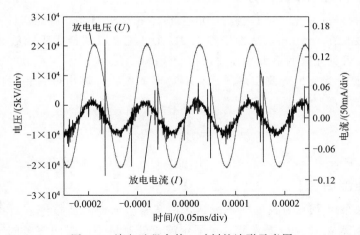

图 2-1　放电过程中某一时刻的波形示意图

2.2.2.4　气体输送装置

气体输送装置由高压气瓶和流量计组成，实验中所用气体由高压气瓶经减压阀输入放电反应器中，气体流量则由体积流量计调控。

2.2.3　实验分析方法

2.2.3.1　放电功率及能量密度测定

放电过程中放电电压等电气参数可由数字示波器直接测量读出，放电功率及能量密度则可由李萨如图形法经计算得出，本实验中通过在电极间施加高压使高压经过分压器从而测得分压器电压信号以及附加电容两端的电压信号，同时由附加电容测得放电时输出电荷量，将这些信号分别输送到数字存储示波器的 X-Y 轴上即可得到一条闭合的曲线，闭合曲线内的面积与一个放电周期内所消耗的能量成正比，通过曲线面积及电容频率等参数即可计算出放电功率，能量密度则可进一步通过放电时间及处理液量计算得出，计算公式如下：

$$I = C_N \frac{dU_N}{dt} \tag{2-1}$$

$$P_T = \frac{1}{T} \int_0^T P(t) \, dt = \frac{C_N}{T} \int_0^T V \frac{dU_N}{dt} \, dt = f C_N S \tag{2-2}$$

$$ED = \frac{P_T T}{V} \tag{2-3}$$

$$EE = \frac{P_T}{P_0} \times 100\% \tag{2-4}$$

式中，P_T 为放电功率，W；P_0 为输入功率，W；C_N 为附加电容，本实验中所用电容规格为 $0.22\ \mu F$；U_N 为电容两端的瞬时电压，kV；I 为通过电极的电流，A；f 为电源频率，Hz；S 为李萨如图形的面积，m^2；T 为放电时间，min；V 为处理液量，L；ED 为放电时间 T 内的能量密度（energy density），J/L；EE 为放电时间 T 内的能量效率（energy efficiency），%。

2.2.3.2　染料去除率计算方法

将染料用紫外-可见分光光度计进行 $200 \sim 900\ nm$ 全程扫描，可知活性黑 KN-B 在可见光区的最大吸收波长在 600 nm，活性艳红 X-3B 在可见光区的最大吸收波长在 537 nm 处，活性艳蓝 X-BR 在可见光区的最大吸收波长在 599 nm。

采用紫外-可见分光光度计测定降解后染料的吸光度，计算出染料相对应的浓度，根据下式计算染料的去除率（η）。

$$\eta = \frac{C_0 - C_t}{C_0} \times 100\% \tag{2-5}$$

式中，η 为染料去除率，%；C_0 为初始浓度，mg/L；C_t 为降解后的浓度，mg/L。

2.2.3.3　色度测定

染料的脱色效果以染料的脱色率来衡量，将实验所取样品适量倒入石英比色皿中，用 TU-1810 型双光束紫外-可见分光光度计在固定波长处测量不同时间溶液的吸光度，从而计算出脱色率。

2.2.3.4　COD_{Cr} 测定

化学需氧量（COD_{Cr}）是指在一定条件下，用强氧化剂处理含有机物水时所消耗氧化剂的量，COD_{Cr} 的测定采用微波密封消解法。取 5 mL 水样置于消解罐中，准确加入 5 mL 重铬酸钾标准溶液和 5 mL H_2SO_4-Ag_2SO_4 试剂摇匀，立即封盖并旋紧压密，防止低沸点有机物逸出。将消解罐放置于微波炉中，关紧炉门，接通电源，设定消解时间进行消解。消解完毕后，将消解罐取出，冷却至室温后，将消解罐内的反应液转移至 150 mL 三角锥形瓶中，用水将消解罐和密封盖上的残留液清洗一并转入锥形瓶。随后加入 2 滴试亚铁灵指示剂并摇匀，用硫酸亚铁铵标准溶液回滴，溶液由黄色经蓝绿色变为红褐色即为终点。同时做空白试验，根据硫酸亚铁铵标准溶液用量计算出 COD_{Cr} 值。

$$COD_{Cr} = \frac{(V_0 - V_1) \times C \times 8 \times 1000}{V} \tag{2-6}$$

式中，C 为硫酸亚铁铵标准溶液的浓度，mol/L；V_0 为滴定空白时硫酸亚铁铵标准溶液用量，mL；V_1 为滴定水样时硫酸亚铁铵标准溶液用量，mL；V 为水样的体积，mL；8 是氧（1/2O）的摩尔质量，g/mol；COD_{Cr} 为化学需氧量，mg/L。

2.2.3.5　BOD_5 测定

生化需氧量（BOD_5）采用美国 HACH 公司的 BODTrak Ⅱ 型生化需氧量测定仪测定。用 1 mol/L 的 NaOH 和 HCl，将待测样品的 pH 调节到 7.00 左右，再进行 BOD_5 测定。

2.2.3.6　TOC 测定

总有机碳（TOC）采用日本岛津 TOC-V_{CPH} 型总有机碳分析仪测定，炉温 680 ℃。先用 2 mL 水样润洗管路，然后进样 2 mL 测定，一般分析测定两次取平均值，如果两次结果的相对标准偏差超过 2%，进行第三次测定，然后取最接近两个结果的平均值。

2.2.3.7　电导率的测定

采用 FE30 型电导率仪测定溶液的电导率，取样品 10 mL 放入小烧杯中，用蒸馏水和水样分别冲洗电极头部一次，然后将电极浸入水样中，待读数稳定后，读出溶液的电导率。

2.2.3.8　pH 的测定

采用标定过的 pHSJ-3F 型酸度计，测定溶液的 pH，将实验所取样品 10 mL 放入小烧杯中，用蒸馏水冲洗电极头部，再用水样清洗一次，然后将电极浸入水样中，待读数稳定后，记录数据。

2.2.3.9　液相中 H_2O_2 的测定

液相中的 H_2O_2 采用钛盐分光光度法测定。在酸性条件中，过氧化氢与钛离子形成橙色络合物过钛酸，颜色深浅与样品中过氧化氢的含量成正比。取一定量待测样品于 50 mL 具塞比色管中，分别加入 5 mL 的 0.04 mol/L 草酸钛钾溶液和 10 mL 的 4.8 mol/L 硫酸，用蒸馏水稀释定容至 50 mL，在最大吸收波长 400 nm 处用 1 cm 比色皿测定吸光度，再根据标准曲线计算出相应的 H_2O_2 的浓度。

2.2.3.10　液相中 O_3 的测定

采用靛蓝二磺酸钠分光光度法测定。在 pH<3 的磷酸-磷酸氢二钠缓冲溶液中，臭氧可以使靛蓝二磺酸钠溶液褪色，且褪色程度与臭氧含量呈线性关系。首先向 10 mL 具塞比色管中加入 5 mL 靛蓝二磺酸钠吸收液，再用移液管准确量取含臭氧水样 5 mL，边加入比色管边振荡，待溶液颜色由深蓝色变为浅蓝色时停止加样，读取水样的加入量，用磷酸-磷酸氢二钠缓冲溶液稀释至 10 mL，用 1 cm 比色皿，以水为参比，测定 610 nm 波长处的吸光度，并与空白对比，根据以同样方法得到的标准曲线计算水中臭氧浓度。

2.2.3.11　红外光谱（IR）分析

由于染料降解产物的浓度较低，难以通过红外光谱检测到降解中间产物，因此将染料残液进行富集烘干测定。取反应 10 min 后的水样 200 mL，加入过量 $BaCl_2$ 以除去 SO_4^{2-}，再经 0.45 μm 滤膜过滤，滤液在 50 ℃下旋转蒸发浓缩至 1 mL 左右（真空度 0.098～0.01 MPa），40 ℃下将浓缩液和染料烘干 12 h，采用德国 BRUKER TENSOR 27 型红外光谱仪，用 KBr 压片法测定。

2.2.3.12　离子色谱（IC）分析

采用美国 DIONEX ICS-90 型离子色谱仪测定，操作条件如下：阴离子交换色谱柱

AS14（250 mm×4mm）；淋洗液为 3.5 mmol/L Na$_2$CO$_3$/ 1.0 mmol/L NaHCO$_3$；再生液为 50 mmol/L H$_2$SO$_4$；流速为 1.2 mL/min；进样量为 1 mL；高纯氮气压缩气瓶输出压力为 0.2 MPa，淋洗液瓶压力为 6 psi❶。

2.2.3.13　气-质联用（GC-MS）测定

GC（气相色谱）分析条件参数如下：采用 DB5-MASS 石英毛细管柱（25 m×0.32 mm）；载气 He 50.0 cm/s；每次进样量 1.0 μL，分流比 1：10；进样口 250 ℃；柱温 50 ℃（5 min），然后 10 ℃/min 升温至 160 ℃（保持 2 min），5 ℃/min 升温至 300 ℃，25 ℃/min 升温至 310 ℃（保持 10 min）。

MS（质谱）分析条件参数如下：EI（电子轰击源）电子源，电子能量 70 eV，电子源温度 320 ℃；电子倍增器电压 1170 V；扫描范围（m/z）30～700 。所出峰根据 NIST 数据库中的图谱进行物质匹配，从而确定反应产物。

2.2.3.14　液相中 Fe^{2+}、Fe^{3+} 浓度的测定

液相中的 Fe^{2+}、Fe^{3+} 采用邻菲啰啉比色法测定。亚铁离子（Fe^{2+}）在 pH＝3～9 时与邻菲啰啉生成稳定的橙红色络合物，橙红色络合物的吸光度与浓度的关系符合朗伯-比尔定律，应用此反应可用比色法测定铁。若用还原剂盐酸羟胺把三价铁离子（Fe^{3+}）还原为亚铁离子，则此法还可测定水中总铁的含量。

分别吸取铁标准溶液 0.00 mL、1.00 mL、2.00 mL、4.00 mL、6.00 mL、8.00 mL、10.00 mL 于 7 支 50 mL 比色管中，依次分别加入 10％盐酸羟胺溶液 1 mL（测定 Fe^{2+} 时不需加入），加入 5 mL 醋酸-醋酸铵缓冲溶液，加入 0.1％邻菲啰啉溶液 5 mL，摇匀；放置 15 min 显色后，在 510 nm 波长处，用 1 cm 比色皿，以蒸馏水作为参比，测定各溶液的吸光度，进而得出 Fe^{2+}、Fe^{3+} 浓度。

2.3　密封式介质阻挡放电体系降解偶氮染料的研究

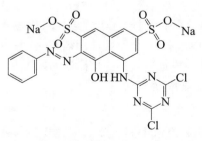

图 2-2　X-3B 化学结构式

本节以典型偶氮染料——活性艳红 X-3B 为研究对象。其化学结构式见图 2-2。活性艳红 X-3B 常用于棉和黏胶纤维的浸渍、卷染和扎染，染色产品色泽鲜艳，可单色使用，也可拼色使用，还可用于染锦纶和羊毛，为 X 型红色活性染料的重要品种。

研究中所用的介质阻挡放电反应装置如图 2-3 所示，由等离子体电源、DBD 反应器、恒流泵、气泵、气冷装置五部分组成。其中，DBD 反应器是一个密封装置，正中间有一块玻璃观察窗，用于观察两电极间的放电情况，外壳材料为不锈钢。两个电极由不锈钢及陶瓷制成，通空气，在正负极板间形成介质阻挡放电模式。

---

❶ 1 psi＝6894.757 Pa。

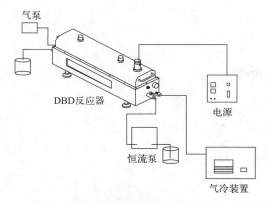

图 2-3　介质阻挡放电反应装置示意图

2.3.1　密封式介质阻挡放电体系降解活性艳红 X-3B 的性能研究

为了考察反应装置的性能，实验比较了不同放电功率下活性艳红 X-3B 的去除情况。实验条件如下：溶液初始浓度为 100 mg/L，溶液体积为 250 mL，初始 pH 值为 6.6，电导率为 140.7 μS/cm，气体流速为 400 L/h，进水流速设定为 60 mL/min。输入功率见表 2-3，实验结果如图 2-4 所示。

表 2-3　输入电压电流对应的输入功率

序号	输入电压/V	输入电流/A	输入功率/W
1	100	1.80	180
2	110	2.00	220
3	120	2.10	252
4	130	2.05	267

由图 2-4 可知，介质阻挡放电对活性艳红 X-3B 有较好的去除效果，在相同的处理时间内，其去除率随输入功率的增加而增大；在同一输入功率条件下，随着时间的推移，活性艳红 X-3B 的去除率也逐渐增大。当处理时间少于 6 min 时，不同的输入功率下活性艳红 X-3B 的去除率均小于 60%，去除率相差不明显，且反应 3 min 与反应 6 min 的去除率也相差很小。而当反应时间为 9 min 时，输入功率为 180 W 条件下，活性艳红 X-3B 的去除率达到 66.57%；输入功率为 267 W 的条件下，其去除率达到了 82.65%，比前者提高了 16.08 个百分点。

这主要是因为在前 3 min，只有 180 mL 的溶液发生反应，部分难降解物质还未得到降解。到 6 min 时，所有溶液都经历了一次降解反应，活性艳红 X-3B 与等离子体反应器产生的活性物质反应而生成较易降解的物质，这使得后续的反应降解速率大大加快。当反应进行到 15 min 时，输入功率为 180 W 条件下活性艳红 X-3B 的去除率已经达到了 80% 以上，而当输入功率增加到 267 W 时，其去除率可达 95%。并且从图的总体趋势可以看出，输入功率越大，活性艳红 X-3B 的去除率越高。这是因为输入功率变大，注入反应器的能量增加，引起自由电子雪崩的速度提升、能量增加，导致电子轰击的能力、气体解离和电离能力增强，产生的·OH、O_3、H_2O_2 等各种活性物质数量增加。此外，紫外光强度也会增强，从

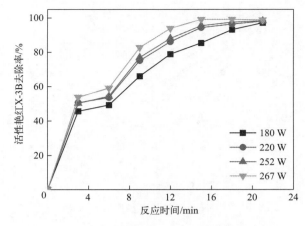

图 2-4   输入功率对 X-3B 去除率的影响

而促进活性艳红 X-3B 的去除率迅速提高。

反应进行到 18 min 后，在四个不同的输入功率下，活性艳红 X-3B 的去除率都达到了 95％以上，接近 100％，溶液由红色变为无色，大部分活性艳红 X-3B 染料分子发生降解，如果再增大输入功率，会有 NO_x 生成，反而造成 O_3 等活性物质生成量减少。

2.3.2   密封式介质阻挡放电体系降解活性艳红 X-3B 的机理

2.3.2.1   活性粒子分析

介质阻挡放电等离子体法降解有机物的机理包括物理、化学的协同作用。紫外光辐射、强电场作用、冲击波等是主要的物理作用；化学过程主要包括各种强氧化性活性物质的作用，包括·OH、·O_2^-、·H、H_2O_2、·HO_2、O_3 等的作用，其中最重要的是·OH、O_3 和 H_2O_2 三种活性物质的氧化作用。表 2-4 为活性物质氧化还原电位。

表 2-4   活性物质的氧化还原电位

活性物质	F_2	·OH	·O_2^-	O_3	H_2O_2	·HO_2
氧化还原电位/eV	3.03	2.80	2.42	2.07	1.78	1.70

（1）羟基自由基（·OH）的作用

从表 2-4 可以看出，·OH 的氧化还原电位为 2.80 eV，其氧化能力仅次于 F_2。O_3 与液相中的有机物的反应速率常数范围在 $10^5 \sim 10^6$ mol/s，·OH 的反应速率常数范围在 $10^8 \sim 10^{10}$ mol/s，因此·OH 有更强的氧化性，能有效地降解难生物降解的有机物。

本实验通过加入不同浓度的·OH 捕获剂——叔丁醇（TBA），并与未添加 TBA 的活性艳红 X-3B 溶液去除效果进行比较，探究·OH 对活性艳红 X-3B 去除的影响，结果如图 2-5 所示。TBA 的加入抑制了活性艳红 X-3B 的降解，而且随着浓度的增大，其抑制作用越强。当加入 3 mol/L TBA 反应 3 min 后，活性艳红 X-3B 的去除率下降了 14.99％；随着反应的进行，当反应发生 21 min 后，其去除效率也只有 86.03％，表明 TBA 的抑制效果明显。这主要是因为 TBA 是典型的·OH 抑制剂，能够高效率捕获放电过程中产生的·OH，使得与活性艳红 X-3B 反应的活性粒子数量减少，从而降低活性艳红 X-3B 的去除率。同时也可以看出，·OH 是介质阻挡放电降解活性艳红 X-3B 的主要氧化性物质。

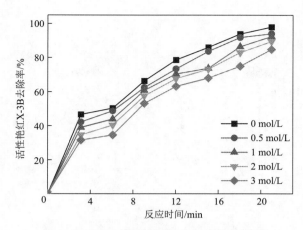

图 2-5 TBA 对活性艳红 X-3B 去除的影响

（2）H_2O_2 的作用

H_2O_2 的产生主要来自放电过程中对水的电离。为了考察密封式介质阻挡放电体系在放电过程中产生的 H_2O_2 对活性艳红 X-3B 去除的影响，采用钛盐分光光度法测定蒸馏水和 X-3B 溶液中 H_2O_2 的产生量，结果如图 2-6 所示。随着放电时间的增加，无论是蒸馏水还是活性艳红 X-3B 溶液中，H_2O_2 的浓度均呈上升趋势。但是，在相同的反应时间内，活性艳红 X-3B 染料溶液中 H_2O_2 的浓度比蒸馏水空白溶液中低，表明在介质阻挡放电过程中有 H_2O_2 生成，且活性艳红 X-3B 的分解过程消耗了部分 H_2O_2。

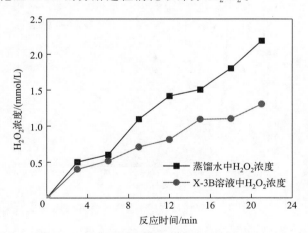

图 2-6 X-3B 去除过程中产生 H_2O_2 的量

（3）臭氧（O_3）的作用

O_3 是一种强氧化剂，其氧化还原电位为 2.07 eV，氧化能力次于 F_2、·OH 和 ·O_2^-。为了考察 O_3 在活性艳红 X-3B 分解过程中的作用，采用靛蓝二磺酸钠分光光度法对蒸馏水空白溶液和活性艳红 X-3B 溶液中 O_3 的量进行测定，实验结果如图 2-7 所示。

放电过程中，活性艳红 X-3B 溶液和蒸馏水空白溶液的 O_3 浓度随放电时间的增加均呈上升趋势。同时在相同的放电时间内，活性艳红 X-3B 溶液中 O_3 的浓度要低于空白溶液中 O_3 的浓度。这是因为 O_3 参与了活性艳红 X-3B 染料分子的分解过程，体系内的一部分 O_3 被消耗了。这一结果也表明 O_3 在降解活性艳红 X-3B 中起到了一定的氧化作用。

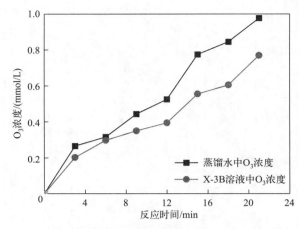

图 2-7 X-3B 去除过程中产生 O_3 的量

2.3.2.2 活性艳红 X-3B 降解历程

（1）降解过程中 UV-Vis 分析

为了分析活性艳红 X-3B 的降解程度及降解过程中结构的变化，对反应液样本进行紫外-可见吸收光谱（UV-Vis）扫描，研究 DBD 等离子体反应器降解活性艳红 X-3B 的历程。光谱变化如图 2-8 所示。

彩图

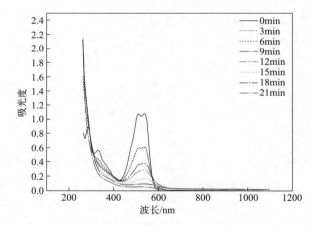

图 2-8 处理过程中 UV-Vis 光谱变化

根据图 2-8 并结合有机波谱分析理论可知，活性艳红 X-3B 的全波长扫描曲线中有 5 个特征吸收峰：在紫外区有三个特征峰，236 nm 处为苯环的特征吸收峰，329 nm 处为萘环结构的特征吸收峰，介于两者之间的 285 nm 处为三嗪基团的特征吸收峰；在可见光区，512 nm 处是活性艳红 X-3B 中—N═N—键的特征吸收峰，537 nm 处是苯环和萘环形成8-萘酚-3,6-二磺酸大共轭生色体系的吸收峰。

从图 2-8 可以看出，随着等离子体放电反应的进行，活性艳红 X-3B 在可见光区的特征吸收峰减弱非常明显。在反应进行到 3 min 时，512 nm 和 537 nm 处的特征吸收峰已经下降几乎一半；当反应进行到 21 min 时，两个特征吸收峰已经全部消失，说明此时活性艳红X-3B 分子结构中作为生色基团的偶氮双键基本被全部破坏。活性艳红 X-3B 的偶氮基团化学性质活泼，容易吸收能量发生电子跃迁，使局部结构活化，释放出 N_2，造成与偶氮基团连接的碳原子的不稳定,进而促进 N—C 键断开,导致活性艳红 X-3B 溶液褪色。同时,随着反应进行,紫外区的 236 nm、285 nm 和 329 nm 处的三个特征吸收峰也消失了,说明苯环、三嗪基团和萘环也受到破坏并发生了开环反应。

综合以上分析可知,等离子体降解活性艳红 X-3B 染料是一个逐步氧化的反应过程,主要通过生成强氧化性的·OH 等活性粒子直接攻击染料分子的生色体系,导致染料分子结构的不断变化从而使溶液逐渐褪色。但是要清楚地阐明活性艳红 X-3B 的降解机制还需对其降解产物进行准确定性和定量分析。

(2) 降解过程中 IC 分析

活性艳红 X-3B 染料在降解过程中可能会产生 SO_4^{2-}、NO_3^-、Cl^- 等离子,因此为进一步了解活性艳红 X-3B 的降解途径,测定了活性艳红 X-3B 降解过程中离子的产生情况,结果如图 2-9 所示。

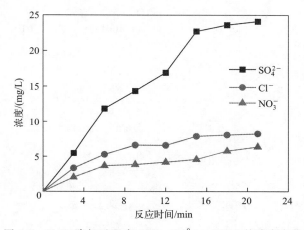

图 2-9　X-3B 降解过程中 Cl^-、SO_4^{2-}、NO_3^- 的浓度变化

实验中活性艳红 X-3B 的初始浓度为 100 mg/L,根据分子式计算,SO_4^{2-}、NO_3^- 和 Cl^- 浓度分别为 31.2 mg/L、60.45 mg/L 和 11.53 mg/L。随着反应时间的推移,SO_4^{2-} 和 Cl^- 浓度不断增加,反应 21 min 后,SO_4^{2-} 和 Cl^- 浓度分别达到了 24.18 mg/L 和 8.36 mg/L,与理论浓度值非常接近;而 NO_3^- 浓度仅有 6.48 mg/L,与理论浓度值相差甚远。活性艳红 X-3B 分子结构中的 N 主要来自氨基、偶氮键和三嗪基团,其中作为生色基团的偶氮键容易受到·OH 的攻击,从而使 N 以 N_2 的形式被消耗掉;同时,三嗪基团很稳定且不易分解,所以溶液中的 NO_3^- 主要来自分子中的氨基。SO_4^{2-} 是活性艳红 X-3B 降解产物中最主要的离子,其来源为 X-3B 分子中的萘环基团,放电产生的强氧化性活性粒子攻击萘环基团使连接在萘环上的磺酸基发生氧化反应,形成 SO_4^{2-}。另外,活性艳红 X-3B 中的 C—Cl 键较长,原子间成键较弱,键能较小,易于发生断裂,因此大部分氯原子脱除生成 Cl^-。

(3) 活性艳红 X-3B 降解路径

根据 UV-Vis、IC 等实验分析,并结合前人研究结果,推测介质阻挡放电降解活性艳红 X-3B 染料的降解路径如图 2-10 所示。活性艳红 X-3B 染料分子结构中的生色基团最先被破坏,与萘环相连的 N—C 键发生断裂,使活性艳红 X-3B 分解为苯基二氮烯和 1-三嗪氨基-3,6-二磺酸钠-8-萘酚-7-氧自由基。苯基二氮烯上仍有 N═N 双键,N—C 键继续被氧化断裂,降解为苯自由基和 N_2,·OH 再与苯自由基结合产生苯酚,之后经过一系列复杂的反应,

最终矿化成 H_2O 和 CO_2；1-三嗪氨基-3,6-二磺酸钠-8-萘酚-7-氧自由基再被氧化降解成复杂的中间产物，最终矿化为 NO_3^-、SO_4^{2-}、Cl^-、H_2O 和 CO_2 等。

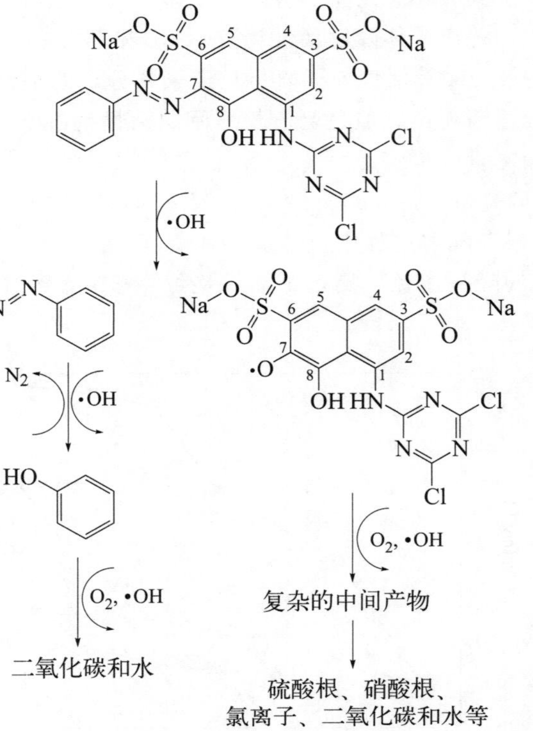

图 2-10   活性艳红 X-3B 的降解路径

2.3.3   密封式介质阻挡放电技术耦合 SBR 工艺处理实际印染废水

实际印染废水具有色度大、成分复杂等特点，导致等离子体放电技术对实际印染废水的处理效果并不是很理想。传统的生化法是目前最经济、最清洁、应用最广泛的污水处理方法。随着染料工业的发展，染料越来越复杂，单一技术难以实现印染废水的达标排放，因此考虑将等离子体法与生化法相结合，寻求两者的有效结合，为工业应用提供理论依据和指导。

印染废水取自上海市某印染厂初沉池的出口处，废水呈红色，含有偶氮染料、活性染料以及助剂、浆料和无机盐等物质。将废水放置一星期，待水质稳定后，测定水质结果如表 2-5 所示。

表 2-5   实际印染废水性质

项目	pH	COD_{Cr}/(mg/L)	BOD_5/(mg/L)	TOC/(mg/L)
数值	7.6	215	47	52

等离子体工艺：取 250 mL 实际印染废水置于锥形瓶中，通过 DBD 反应器的进水口注入反应器。接通电源，实验输入的电压为 100 V，电流为 1.8 A，液体流速为 60 mL/min，气体流速为 400 L/h。

序批式活性污泥法（SBR）工艺：SBR 反应池有效容积为 500 mL，材质为有机玻璃；进水 15 min，曝气 8 h，沉淀 30 min，排水 15 min，运行周期为 9 h；运行参数如表 2-6 所示。

将取自上海市某印染厂膜生物反应器（MBR）池内的污泥作为 SBR 工艺所用的活性污泥，逐步增加印染废水，并以 C∶N∶P＝ 100∶5∶1 的比例加入 KH_2PO_4 和 NH_4Cl 以及其他营养物质，对活性污泥驯化 20 d，得到优势菌种。

表 2-6　SBR 模拟工艺运行参数

项目	数据
曝气阶段溶解氧(DO)/(mg/L)	1～2
混合液悬浮固体(MLSS)/(mg/L)	1500～2000
污泥回流比	污泥产量很低，未考虑

为了找到 DBD 处理和生化处理的最佳结合点，生化处理选用 SBR 工艺，实验分为 4 个方案：①生化处理 8 h；②等离子体处理 21 min；③等离子体处理 21 min 后，再生化处理 8 h；④生化处理 8 h 后，再用等离子体处理 21 min。处理前后实际印染废水 TOC 变化如表 2-7 所示。

表 2-7　实际印染废水 TOC 的变化

处理方法	初始值/(mg/L)	处理后/(mg/L)	TOC 去除率/％
先等离子体处理 21 min	52.90	39.77	24.82
后生化处理 8 h	39.77	20.12	49.41
总处理效果 1	—	—	61.97
先生化处理 8 h	52.90	13.68	74.14
后等离子体处理 21 min	13.68	11.58	15.35
总处理效果 2	—	—	78.11

印染废水溶液的 TOC 初始值为 52.90 mg/L。由表 2-7 知，单独采用等离子体降解 21 min 后，溶液 TOC 降至 39.77 mg/L，TOC 去除率仅为 24.82％。而经单独生化处理 8 h 后，溶液的 TOC 可降至 13.68 mg/L，TOC 的去除率高达 74.14％。主要是由于废水本身的 TOC 浓度不高，同时原始印染废水的可生化性不是特别差，因此经过生化处理后也有较高的去除率。废水 8 h 生化处理的处理效果要明显优于等离子体处理 21 min 的效果。

另外，当采用方案③时，废水的 TOC 去除率为 61.97％。印染废水经过等离子体处理 21 min 后，TOC 去除率仅为 24.82％；同时根据可生化性研究，废水经过等离子体处理 21 min 后可生化性比未处理印染废水的可生化性差。因此，等离子体处理 21 min 后的废水再经生化处理 8 h，TOC 去除率仅为 49.41％，明显低于未经处理的印染废水直接进行生化处理 8 h 的 TOC 去除率。当采用方案④进行处理时，体系的 TOC 总去除率高达 78.11％。印染废水经过生化处理 8h 后，TOC 去除率已经达到 74.14％，高于等离子体处理后再经生化处理的效果。废水再经过等离子体技术深度处理 21 min 后，TOC 进一步下降至 11.58 mg/L，处理效果非常好。通过比较，等离子体技术用于深度处理的废水 TOC 去除率仅为 15.35％，要低于该技术作为废水预处理的 TOC 去除率（24.82％），主要是由于印染废水经过生化处理后，基本能生物降解，易降解的物质大都被去除了，等离子体处理的物质大多为难降解物质，因此，TOC 去除率有所降低，但是两者相差不大，所以等离子体技术用于废水的深度处理是可行的。

实验表明，DBD 处理和生化处理的最佳结合方案为：废水先经驯化好的污泥生化处理 8 h，再用等离子体技术深度处理 21 min。从经济上分析，如果单独采用 DBD 处理，消耗电能较多；如果单独采用生化处理，运行周期较长。因而，将两种处理方法进行合理的工艺安排，可以有效地处理实际印染废水，达到较好的处理效果。

2.4　双介质阻挡放电体系降解活性黑 KN-B 的研究

本节以实验室配制的活性黑 KN-B 模拟废水为处理对象。KN-B 属于萘系磺化偶氮染料，分子中含有两个偶氮键和一个萘环，结构稳定，难生物降解，化学结构式如图 2-11 所示。本节利用双介质阻挡放电技术降解 KN-B 染料，推导 KN-B 可能的降解途径，揭示 KN-B 的降解机理，为采用介质阻挡放电技术降解偶氮染料提供科学依据。

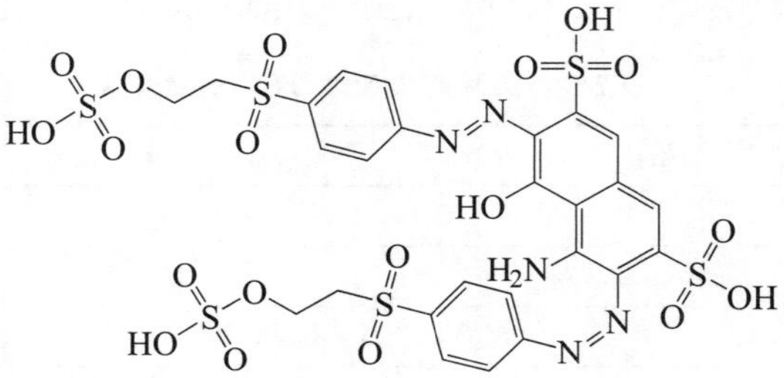

图 2-11　KN-B 化学结构式

本节所用双介质阻挡放电实验装置如图 2-12 所示，该装置主要由四部分组成，分别为等离子体电源（CTP-2000K）、数字存储示波器（TDS2012B，Tektronix）、DBD-50 反应器以及 DBD-100B 反应釜。

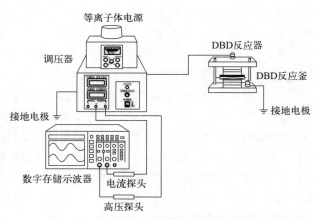

图 2-12　双介质阻挡放电实验装置示意图

DBD-50 反应器由高压极和接地电极组成，两者均由不锈钢板构成。DBD-100B 反应釜为石英玻璃皿，上面用圆形石英玻璃片覆盖，在正负极板间形成双介质阻挡放电模式。反应皿由空心凹槽（内直径：外直径：槽深＝60 mm：95 mm：8 mm）和盖板（厚度为 2 mm）

组成，槽两端各有一个开口，可进行液体循环流动或气体交换。

2.4.1 双介质阻挡放电体系降解活性黑 KN-B 的性能研究

在输入功率分别为 45 W、60 W 和 75 W（电压为 65 V）的条件下，考察不同放电功率下 KN-B 染料的去除情况，结果如图 2-13 所示。双介质阻挡放电对 KN-B 染料有较好的脱色效果，去除率随放电功率的增加而增大。当放电时间为 6 min 时，电源功率为 45 W 条件下，KN-B 的去除率仅为 72.63%；而当放电功率增大到 75 W 时，在相同的条件下，KN-B 去除率可达 96.51%。可见增大功率可以有效提高 KN-B 染料的去除率。但是，当放电时间超过 8 min 时，75 W 和 60 W 条件下 KN-B 的去除率相差却很小，这主要是因为当输入功率达到一定数值时，放电产生的等离子体浓度达到一个临界点，这个临界点的等离子体数量已经足够氧化 KN-B 染料分子，再增大输入功率，KN-B 的去除率增加得小。从能量利用率角度考虑，过大的输入功率是不可取的。

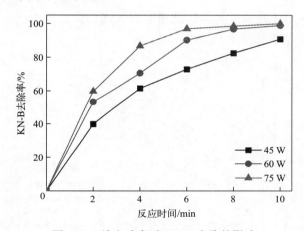

图 2-13　放电功率对 KN-B 去除的影响

2.4.2 双介质阻挡放电体系降解活性黑 KN-B 的机理

2.4.2.1 活性粒子分析

部分研究表明，介质阻挡放电过程中产生的主要活性物质为·OH，另外还有少量的 O_3 和 H_2O_2。因此，本节分别考察这三种物质在降解过程中的作用。为了考察介质阻挡放电过程中产生的 O_3 和 H_2O_2 对 KN-B 的降解作用，对溶液中 O_3 和 H_2O_2 的量进行了测定，结果如图 2-14 所示。无论是在蒸馏水还是在 KN-B 模拟废水中，随着放电时间的增加，溶液中的 O_3 浓度都逐渐增高。但是，在时间相同的条件下，蒸馏水空白样中的 O_3 浓度明显高于模拟废水。这主要是由于 O_3 经气相传递到液相后，参与了液相中有机物的氧化反应，促进液相中 O_3 的消耗。这也说明 O_3 在 KN-B 染料的降解过程中起到了一定作用。

此外，放电过程中 H_2O_2 的浓度呈现先上升后下降的趋势，但是在放电时间相同的条件下，KN-B 模拟染料废水中 H_2O_2 的浓度比蒸馏水空白的低，这主要是因为 H_2O_2 能够加速溶液中的 O_3 分解为活性更强的·OH 的反应，进而促进降解反应的进行，而且 H_2O_2 在紫外线（UV）的存在下又会进一步分解为·OH，进而与水溶液中的 KN-B 发生反应。

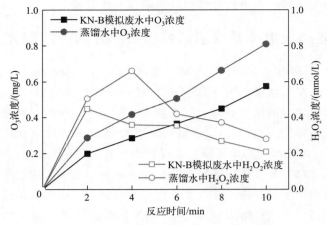

图 2-14 KN-B 去除过程中产生 O_3 和 H_2O_2 的量

因此，为了探究·OH 在 KN-B 降解过程中的作用，同样也在溶液中加入 TBA 考察其对 KN-B 去除的影响，结果如图 2-15 所示。

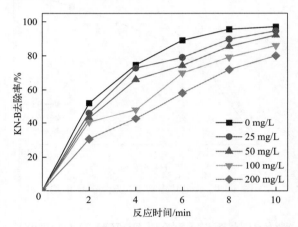

图 2-15 添加 TBA 对 KN-B 去除的影响

由图 2-15 可知，TBA 的加入抑制了 KN-B 染料的降解，且浓度越大抑制作用越强。放电 10 min 后，添加 200 mg/L TBA 的 KN-B 的去除率相比空白样下降了 19.6 个百分点。推测原因是体系中产生的·OH 被 TBA 捕获，导致整个自由基链反应都受到影响，并进而影响活性粒子与 KN-B 的反应。由此可以看出，·OH 是降解 KN-B 的主要氧化性物质。

2.4.2.2 KN-B 降解历程

（1）降解过程中 UV-Vis 的分析

为了考察 KN-B 染料降解的程度及结构的变化，对 60 W 放电处理前后的溶液进行 UV-Vis 分析，实验结果如图 2-16 和图 2-17 所示。由图 2-16 可知，KN-B 的紫外-可见光谱图中具有 4 个特征吸收峰，600 nm 处为生色基团偶氮键形成的吸收峰，312 nm 处为萘环的吸收峰，254 nm 处是苯环的吸收峰，390 nm 处为苯环、萘环以及偶氮键形成的共轭体系吸收峰。随着反应的进行，600 nm 处的特征峰减弱得较快，反应 10 min 时，该吸收峰已完全消失，推测原因是·OH 攻击染料的偶氮基团，打破 KN-B 的 π 共轭结构，从而造成 KN-B 溶液脱色。此时 254 nm 和 390 nm 附近苯环等基团的吸收峰也有所减弱，但没有完全消失，说明 10 min 的反应仍然不能破坏所有的萘环和苯环结构，这主要是因为苯环和萘环的开环反应比偶氮键的断裂更困难。但是随着反应时间的增加，这些吸收峰逐渐减小，表明 KN-B 降解的中间产物发生了进一步降解。

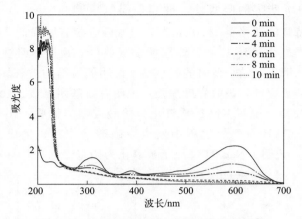

图 2-16　处理过程中全波长扫描吸光度变化

另外，可以发现，KN-B 即使在降解后在 200～230 nm 左右仍有很强的末端吸收，这可能是各类中间产物的强吸收。同时，在降解过程中偶氮键的吸收峰发生了 10 nm 的蓝移，说明染料分子中有给电子性质的助色基团（如磺酸基）脱落，生色基上的电子云密度下降，从而引起最大吸收波长向短波方向移动。

图 2-17 反映的是特征峰 600 nm、254 nm 和 312 nm 处的吸光度随时间的变化。由图中可以发现，312 nm 和 600 nm 处的吸光度随着时间的增加都呈下降的趋势，其原因是萘环和—N＝N—被降解，10 min 后—N＝N—被完全降解，而 312 nm 处还有明显的吸收，说明萘环还存在；254 nm 的吸光度呈现先上升后下降的趋势，这主要是由于随着 KN-B 的降解，萘环被开环生成新的苯环，因此 254 nm 处的吸光度会增大，而随着反应的进行，苯环结构进一步遭到破坏，故吸收峰也在逐渐降低，但反应 10 min 后 254 nm 处还存在明显的吸收峰，表明苯环没有被彻底降解。KN-B 染料分子结构中的偶氮键和萘环结构是可生化性低的最主要原因，而放电氧化技术对这两种基团均具有较好的降解效果，可显著提高 KN-B 废水的可生化性。

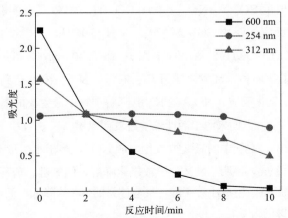

图 2-17　KN-B 去除过程中 600 nm、254 nm 和 312 nm 的吸光度变化

（2）降解过程中 IR 的分析

为进一步了解 KN-B 染料的降解机理，对处理前后的 KN-B 染料溶液进行了红外分析，实验结果如图 2-18 所示。处理前后的谱图发生了明显变化。处理后在 3170 cm^{-1} 处出现明显的—NH$_2$ 伸缩振动所产生的吸收峰，推测是偶氮双键（N =N）断裂生成胺基结构；1590 cm^{-1} 处萘环的特征峰迁移至 1670 cm^{-1}，且吸收强度有所降低，说明萘环主体结构部分被打破；1450 cm^{-1} 处为苯环 C =C 伸缩振动吸收峰，说明苯环主体结构没有被破坏；1490 cm^{-1} 处的吸收峰消失，结合此时的脱色结果说明偶氮结构被破坏；1360 cm^{-1} 处为与苯环连接的 C—N 特征吸收峰，吸收轻度加强，说明有新基团生成；1060 cm^{-1} 为羧酸或酯的 C—O 伸缩振动吸收峰，说明 KN-B 被氧化为羧酸或酯类物质；1050 cm^{-1} 处 R—SO$_3^-$ 的吸收峰消失，说明 KN-B 在降解过程中发生脱磺酸基作用，生成 SO$_4^{2-}$；882 cm^{-1} 为—NO$_2$ 的特征吸收峰，说明 KN-B 的 N 原子被氧化为硝基。

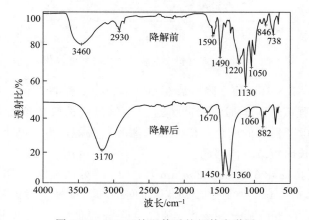

图 2-18　KN-B 处理前后的红外光谱图

由此可知，在双介质阻挡放电降解 KN-B 染料的过程中，N =N 双键首先被破坏，随之苯环结构（特征峰 254 nm）和萘环结构（特征峰 312 nm）也相继遭到破环，萘环和苯环开环并断链，生成小分子酸，这与 UV-Vis 光谱分析结果是一致的。

（3）降解过程中 IC 的分析

为进一步了解放电降解 KN-B 的过程，利用离子色谱测定 KN-B 降解产物中的离子。在 KN-B 的降解产物中发现了 SO$_4^{2-}$、NO$_3^-$、CH$_3$COOH、C$_2$O$_4^{2-}$，实验结果如图 2-19 所示。

随着反应的进行，反应体系中 SO$_4^{2-}$、NO$_3^-$、CH$_3$COOH、C$_2$O$_4^{2-}$ 的浓度不断增大；放电 10 min 时，C$_2$O$_4^{2-}$ 和 CH$_3$COOH 的浓度分别达到 5.40 mg/L 和 0.92 mg/L，C$_2$O$_4^{2-}$ 和 CH$_3$COOH 的产生说明了萘环和苯环发生了开环、断链；SO$_4^{2-}$ 浓度达到 5.64 mg/L，说明萘环和苯环上的磺酸基发生了氧化反应；NO$_3^-$ 是 KN-B 降解产物中最主要的离子，放电 10 min 后其浓度达到 617.16 mg/L，NO$_3^-$ 一方面来源于活性粒子进攻偶氮键（N =N），使其断裂形成 NO$_3^-$，另一方面，在高压放电过程中，空气中的氮气被氧化生成 NO$_x$，溶于水后形成 NO$_3^-$。SO$_4^{2-}$、NO$_3^-$、CH$_3$COOH、C$_2$O$_4^{2-}$ 等的形成，说明 KN-B 分子被氧化降解，偶氮键、苯环结构和萘环结构均遭到破环，萘环和苯环开环并断链，生成小分子酸，反应体系的 pH 值降低，而电导率上升。

（4）KN-B 降解产物的分析

采用 GC-MS 测定了等离子体降解 KN-B 的中间产物，如表 2-8 所示。分子量为 281 和

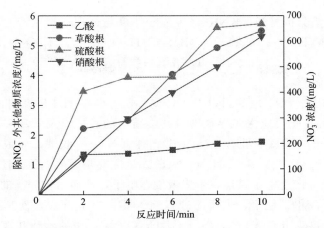

图 2-19　KN-B 染料处理过程中 SO_4^{2-}、NO_3^-、CH_3COOH、$C_2O_4^{2-}$ 的浓度变化

349 被认为是 KN-B 降解初级阶段的产物，可能是由于·OH 攻击 KN-B 分子两侧的偶氮键而生成的；分子量为 349 是 2,3,8-三氨基-8-硝基-4,7-二磺酸基-1-萘酚，分子式为 $C_{10}H_{11}O_7N_3S_2$；分子量为 281 是磺酰基-乙基-磺酸基-对苯胺，分子式为 $C_8H_{11}O_6NS_2$。此分析可进一步证明等离子体氧化 KN-B 的断键位置是与萘环相连的 N＝N 键。分子量为 311 对应的是 2,3,8-三氨基-8-硝基-4,7-二磺酸基-1-萘酚中氨基被氧化的产物，分子式为 $C_8H_9O_8NS_2$；分子量为 142 可能是 1,3-丁二烯-1,4-二羧酸，分子式为 $C_6H_6O_4$；分子量为 190 对应的可能是环酮类物质，分子式为 $C_{10}H_6O_4$；分子量为 60 对应的可能是乙酸，分子式为 $C_2H_4O_2$。这四种物质是 KN-B 继续氧化的中间产物。

表 2-8　GC-MS 检测到的 KN-B 降解产物

编号	分子式	分子量	化学结构式	反应时间 4 min	反应时间 10 min
1	$C_2H_4O_2$	60	HO—C(=O)—CH₃	√	√
2	$C_8H_{11}O_6NS_2$	281	H₂N—⟨苯环⟩—SO₂CH₂CH₂OSO₃H	√	
3	$C_2H_6O_4S$	126	HO—S(=O)(=O)—CH₂CH₂OH		√
4	$C_{10}H_{11}O_7N_3S_2$	349	⟨萘环 OH,NH₂,NH₂,NH₂,HO₃S,SO₃H⟩	√	
5	$C_8H_9O_8NS_2$	311	O₂N—⟨苯环⟩—SO₂CH₂CH₂OSO₃H	√	
6	$C_6H_6O_4$	142	⟨—COOH, —COOH⟩		√
7	$C_{10}H_6O_4$	190	⟨环酮结构⟩		√

根据 GC-MS 图谱分析可知，KN-B 在等离子体氧化处理过程中产生了很多离子峰，其分子式分别为 $C_2H_4O_2$、$C_8H_{11}O_6NS_2$、$C_2H_6O_4S$、$C_{10}H_{11}O_7N_3S_2$、$C_8H_9O_8NS_2$、$C_6H_6O_4$、$C_{10}H_6O_4$，与 UV-Vis、IR、IC 谱图基本符合。

（5）KN-B 的降解路径

由 UV-Vis 光谱图、红外光谱图以及 GC-MS 分析得出 KN-B 染料的可能降解路径如图 2-20 所示。染料的氧化反应主要导致染料共轭结构的破坏以及苯环和萘环的开环。介质阻挡放电过程中产生的·OH 首先攻击 KN-B 结构中 N＝N 双键，导致染料结构分解，偶氮键断裂，生成 $C_8H_{11}O_6NS_2$ 和 $C_{10}H_{11}O_7N_3S_2$。这主要是因为偶氮基团是 KN-B 的生色基团，易于吸收紫外光并产生电子跃迁，生成激发态电子，从而活化分子的局部结构，使与偶氮基团相连的碳原子变得不稳定，进而促进 N＝N 键的首先开裂，使其生色基团结构遭到破坏。然后，·OH 再攻击 $C_8H_{11}O_6NS_2$、$C_{10}H_{11}O_7N_3S_2$ 中的苯环共轭结构，由此产生苯环类化合物和萘环类物质，继续降解得到环酮类物质和醌类物质，KN-B 最终被降解为丁烯二酸、乙酸、顺丁烯二酸。

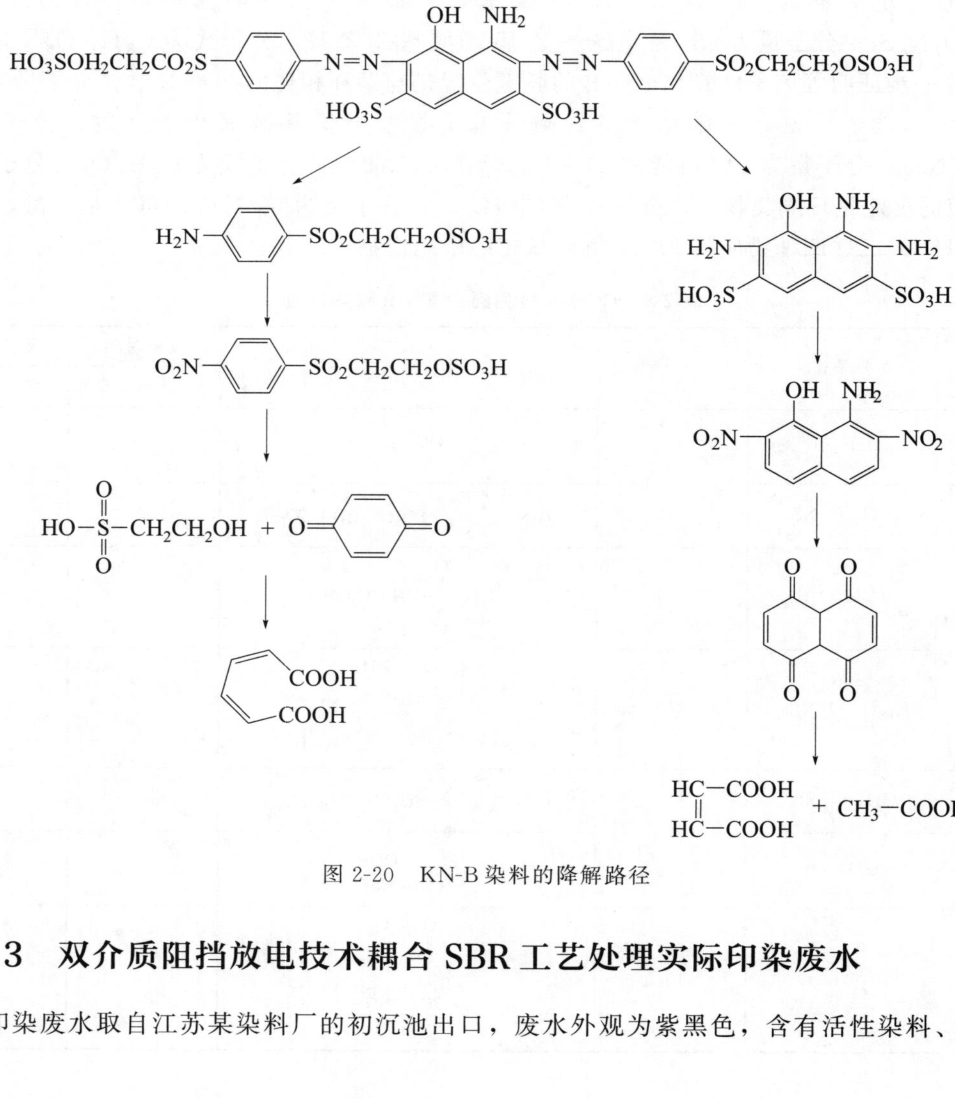

图 2-20   KN-B 染料的降解路径

2.4.3　双介质阻挡放电技术耦合 SBR 工艺处理实际印染废水

印染废水取自江苏某染料厂的初沉池出口，废水外观为紫黑色，含有活性染料、酸性染料等染料成分以及浆料、助剂及无机盐类。废水在室温下放置半个月，水质达到稳定，测定的水质如表 2-9 所示。废水的 COD_{Cr} 值为 723 mg/L，TOC 值高达 1128 mg/L，而 BOD_5/COD_{Cr} 值仅为 0.196，属于高浓度、可生化性较差的废水，故不能直接进行生化处理。

表 2-9　实际印染废水性质

项目	pH	色度/倍	COD_{Cr}/(mg/L)	BOD_5/(mg/L)	TOC/(mg/L)	电导率/(μS/cm)
数值	7.8	1240	723	142	1128	1345

对 DBD-100B 反应釜中 10 mL 初始印染废水进行放电处理。接通直流电源，实验使用电源的输出频率为 (9.4±0.3) kHz，加在负载上的高压值为 (16.66±0.18) kV，输入电压为 65 V 时，输入功率为 60 W。

实验用的 SBR 反应池有效容积为 0.36 L（60 mm×60 mm×100 mm），材质为有机玻璃。运行周期设为 4 h，进水 30 min，曝气 7.5 h，沉淀 30 min，滗水 30 min（如果滗水时间不足 30 min，则剩余时间为闲置时间），运行参数如表 2-10 所示。

表 2-10　SBR 模拟工艺运行参数

项目	数据
曝气阶段 DO/(mg/L)	1~2
MLSS/(mg/L)	3500~4000
污泥回流比	污泥产量很低，未考虑
滗水深度/mm	30

SBR 所用的活性污泥取自某印染废水处理厂 MBR 池内，对新取来的活性污泥通过逐步提高印染废水的浓度，根据 C∶N∶P= 100∶5∶1 的比例，加入 NH_4Cl 和 KH_2PO_4，同时加入适量的碳酸钙将 pH 值调至 7.0 左右，从而得到优势菌种。驯化 15 天后，向 SBR 反应池中加入待处理的印染废水。

为了充分发挥等离子体技术在深度处理废水以及提高废水可生化性方面的优势，对双介质阻挡放电处理 10 min 的出水进行 SBR 生化处理，结果如表 2-11 所示。与单独的双介质阻挡放电技术相比，耦合工艺的色度去除率能由 89.13% 提高到 95.25%，COD_{Cr}、BOD_5 的去除率达到了 89.29% 和 54.55%。这主要是因为等离子体放电过程产生的活性物质能与废水中难生物降解污染物反应，将其转化为易生物降解的有机物，在去除废水中有机物的同时，还可显著改善废水的可生化性。而 SBR 工艺在低负荷废水处理方面又具有优势，使得等离子体处理过的染料废水经 SBR 工艺处理后得到了很好的处理效果。由此可见，用等离子体工艺预处理实际印染废水是可行的。

表 2-11　耦合工艺的降解效果　　　单位：%

处理方法	色度	COD_{Cr}	BOD_5	TOC
等离子体处理	89.13	58.50	16.13	25.26
生化处理	6.12	30.79	38.42	52.40
总处理效果	95.25	89.29	54.55	77.66

2.5   金属催化耦合介质阻挡放电降解活性艳蓝 X-BR 的研究

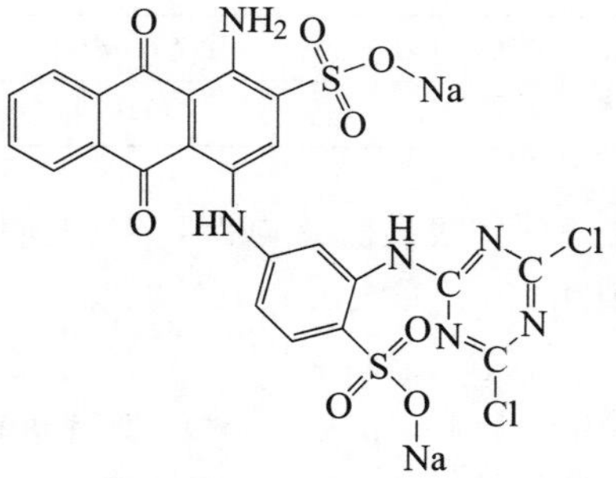

图 2-21   X-BR 化学结构式

活性艳蓝 X-BR 是一种典型的蒽醌染料，化学结构式如图 2-21 所示。生色结构为蒽醌结构，除此之外还有三嗪结构、苯环和萘环。蒽醌类活性染料以其色泽鲜艳、固色率高、染色牢固等特点，成为目前发展最快的一种染料。蒽醌染料废水具有水量大、色度高和成分复杂等特点，由于芳香结构不易被破坏，其可生化性很差，而且毒性强，pH 值波动大，组分变化大，因此此类废水成为化工废水处理的难点。本节采用与 2.4 节相同的介质阻挡放电反应体系对活性艳蓝 X-BR 模拟染料废水进行降解研究，在研究的过程中加入催化剂，探究其在染料降解过程中的催化效果。

取一定质量的催化剂置于 150 mL 锥形瓶中，加入配制好的 100 mL 浓度为 200 mg/L 的活性艳蓝染料溶液，将锥形瓶迅速置于恒温摇床内，在 25 ℃、130 r/min 的条件下反应一段时间，使催化剂和溶液达到吸附平衡，去除催化剂在和介质阻挡放电耦合时对染料吸附的影响。将经过吸附处理的染料溶液作为待处理试样，每次从中取 10 mL 溶液盛到反应釜中进行放电处理。随后将反应过后的试样在 12000 r/min 条件下离心 10 min，再经过 0.45 μm 滤膜过滤后，得到最终样品。

2.5.1   纳米零价铁耦合介质阻挡放电降解活性艳蓝 X-BR

纳米零价铁（nZVI）是纳米材料中性能较好的一种物质，具有比表面积大的性能。nZVI 在水溶液中腐蚀析出 Fe^{2+}，这些 Fe^{2+} 能够和放电过程中产生的 H_2O_2 发生 Fenton 反应，不仅能够产生·OH，还能加速溶液中的 O_3 分解，从而更好地降解染料。

2.5.1.1   nZVI 的催化效果

在装置电压为 65 V、电流为 0.92 A、反应时间为 10 min 的条件下，研究不同 nZVI 的投加量对染料的去除效果。当 nZVI 的投加量在 0.5 g/L 以下时，活性艳蓝 X-BR 的去除率随着 nZVI 的投加量增多而提高，去除率从未添加催化剂的 86.7% 提高到 92.7%，如图 2-22 所示。nZVI 及其腐蚀析出的 Fe^{2+} 和放电过程中产生的 H_2O_2 发生类 Fenton 反应，进而将 H_2O_2 转化为·OH、OH^- 等，主要反应如式(2-7)~式(2-9)，这些物质均具有较强的氧化性，与反应器中产生的 O_3 发生一系列反应，从而提高了 X-BR 的去除率。但是，当 nZVI 的投加量增加到 1 g/L 时，活性艳蓝 X-BR 的去除率开始下降。这是因为当 Fe^{2+} 的浓度过高时，Fe^{2+} 会与·OH 或 H_2O_2 发生反应，被氧化成 Fe^{3+}，Fe^{3+} 可能会与染料降解产生的酸性中间产物反应，生成一些橙红色的络合物沉淀，这些沉淀很难被降解；而且 Fe^{2+} 无法被恢复，导致其催化作用消失，从而影响了 X-BR 的去除率。反应过程如式(2-10)~式(2-12)。

$$Fe^0 + 2H^+ \longrightarrow Fe^{2+} + H_2 \tag{2-7}$$

$$Fe^0 + H_2O_2 \longrightarrow Fe^{2+} + 2OH^- \tag{2-8}$$

$$Fe^{2+} + H_2O_2 \longrightarrow Fe^{3+} + \cdot OH + OH^- \tag{2-9}$$

$$2Fe^{2+} + H_2O_2 + 2H^+ \longrightarrow 2Fe^{3+} + 2H_2O \tag{2-10}$$

$$Fe^{2+} + \cdot OH \longrightarrow Fe^{3+} + OH^- \tag{2-11}$$

$$Fe^{3+} + H_2O_2 \longrightarrow [FeOOH]^{2+} + H^+ \tag{2-12}$$

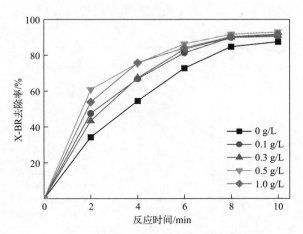

图 2-22   投加 nZVI 对 X-BR 去除的影响

2.5.1.2   反应过程中 H_2O_2 浓度的变化

为了证明 nZVI 在介质阻挡放电的过程中主要是发生了类 Fenton 反应，测定了反应过程中体系产生的 H_2O_2 的浓度，结果如图 2-23 所示。在不含染料的情况下，介质阻挡放电产生的 H_2O_2 的浓度随着时间的变化逐渐增大，而在降解活性艳蓝 X-BR 时，H_2O_2 的浓度呈现先上升后下降的趋势，这主要是因为 H_2O_2 分解成了活性更强的 $\cdot$OH 用于 X-BR 的降解；而在投加催化剂 nZVI 后，体系中产生的 H_2O_2 的浓度明显低于未投加催化剂时的浓度，这充分说明反应中 nZVI 析出的 Fe^{2+} 与 H_2O_2 发生了类 Fenton 反应，促进了 H_2O_2 的分解，产生了更多的 $\cdot$OH，从而强化了活性艳蓝 X-BR 的降解。

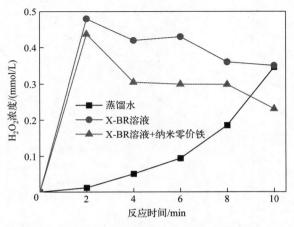

图 2-23   X-BR 降解过程中 H_2O_2 的产生量

2.5.1.3 Fe²⁺和 nZVI 催化效果的比较

为了更直观地考察 nZVI 对介质阻挡放电体系的催化贡献，对投加 nZVI 与投加 Fe²⁺ 的催化效果进行比较。图 2-24 为单独投加 Fe²⁺ 时活性艳蓝 X-BR 的去除效果。从图中可以看出，投加 Fe²⁺ 作为催化剂与投加 nZVI 的效果基本相同，当投加 Fe²⁺ 的浓度小于 0.03 mmol/L 时，X-BR 的去除率随着 Fe²⁺ 浓度的增大而升高，而当 Fe²⁺ 的投加浓度高于 0.03 mmol/L 时，Fe²⁺ 的投加反而对 X-BR 的去除起到抑制作用。

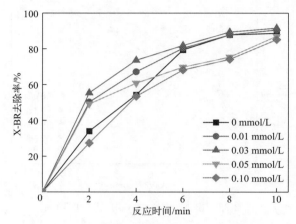

图 2-24 单独投加 Fe²⁺ 对 X-BR 去除的影响

选择 nZVI 和 Fe²⁺ 的最佳投加量进行比较，如图 2-25 所示，整个反应过程中 nZVI 的催化效果都要优于 Fe²⁺。这主要是因为，nZVI 具有一个 Fe²⁺ 不可比拟的优势，即 nZVI 自身可以与反应过程中产生的 H_2O_2 和 Fe^{3+} 发生反应，从而为反应的发生源源不断地提供 Fe²⁺。这一结论由图 2-26 所示的处理过程中 Fe²⁺ 浓度的变化也可以看出，在 nZVI 存在的催化反应中，Fe²⁺ 浓度随着反应的进行不断增大，而仅添加 Fe²⁺ 的催化反应中 Fe²⁺ 的浓度则随着时间的推移逐渐减小。因此，nZVI 的催化效果要好于 Fe²⁺，这与 Weng 等得出的结论相似。

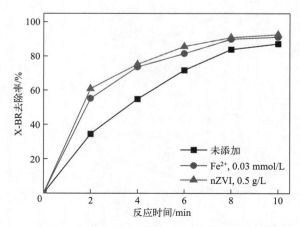

图 2-25 投加 nZVI 和 Fe²⁺ 对 X-BR 去除效果的比较

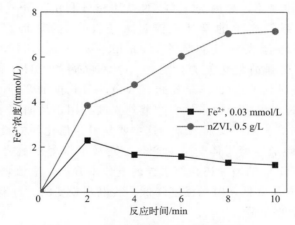

图 2-26　处理过程中 Fe^{2+} 浓度的变化

2.5.2　TiO_2 耦合介质阻挡放电降解活性艳蓝 X-BR

为了能充分利用等离子体放电过程中产生的紫外光，考虑向模拟染料废水中投加半导体材料纳米二氧化钛（TiO_2）催化剂。纳米 TiO_2 具有稳定性高、耐光腐蚀、无毒的特点，在处理过程中不产生二次污染，且对 pH 值、温度等要求较低，在反应过程中作为光催化剂可以有效利用放电产生的紫外光。在 TiO_2 反应过程中，一方面会发生光催化反应，强化污染物的降解；另一方面，在介质阻挡放电过程中，放电可以使反应物分子获得能量，产生的高温也有利于催化剂发生化学吸附，促进反应的进行。因此将纳米 TiO_2 和介质阻挡放电结合到一起，能够提高染料的降解效果。

2.5.2.1　TiO_2 的催化效果

如图 2-27 所示，当 TiO_2 的投加量为 0.2 g/L、0.4 g/L、0.6 g/L 和 0.8 g/L 时，反应 10 min 后 X-BR 的去除率分别为 90.2%、92.41%、93.3% 和 91.6%，均比未投加催化剂时的效果好。可以看出 TiO_2 对介质阻挡放电降解 X-BR 具有促进作用，当投加 0.6 g/L TiO_2 时，去除率比未投加时提高了 6.6 个百分点。但当投加量超过 0.6 g/L 时，TiO_2 开始对反应起抑制作用。

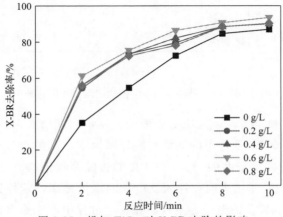

图 2-27　投加 TiO_2 对 X-BR 去除的影响

之所以会产生这种现象，是因为 TiO_2 的投加充分利用了介质阻挡放电产生的紫外光。当介质阻挡放电系统产生的紫外光能量大于 TiO_2 的禁带宽度时，价带（valence band，VB）上的电子被激发跃迁到导带（conduction band，CB），在价带上产生空穴（h^+）。光生空穴具有很强的氧化能力，能将其表面吸附的 OH^- 和 H_2O 氧化成 $\cdot OH$，从而降解 X-BR，反应过程见式(2-13)和式(2-14)，因此投加 TiO_2 能够提高 X-BR 的去除效率。随着投加量逐渐增多，越来越多的紫外光被利用，从而产生更多的 $\cdot OH$。然而当 TiO_2 投加量过多时，去除率反而下降，这主要是因为催化剂的投加量过大造成溶液中的悬浮颗粒过多，阻碍了等离子体通道的产生，对放电辐射的流光产生散射，降低了紫外光的透射性；同时 TiO_2 的增加还会使水样的电导率升高，电流增大，从而使得高压电极与接地电极之间的电压降低，电场强度降低，放电现象变弱，抑制了 $\cdot OH$ 的产生，最终导致 X-BR 的去除效率下降。

$$TiO_2 + h\nu \longrightarrow e_{CB}^- + h_{VB}^+ \tag{2-13}$$

$$OH^- + h_{VB}^+ \longrightarrow \cdot OH \tag{2-14}$$

2.5.2.2　放电功率对 TiO_2 催化效果的影响

为了探究放电功率对 TiO_2 催化效果的影响，在电压为 65 V、电流为 0.92 A、TiO_2 投加量为 0.6 g/L、处理时间为 10 min 的条件下，考察了不同放电功率下 X-BR 染料的去除情况。从图 2-28 可以看出，随着放电功率的升高，X-BR 的去除率也逐渐提高。当放电功率为 60 W 时，添加 TiO_2 后 X-BR 的去除率从未添加时的 86.6% 进一步提高到了 93.3%；当放电功率分别为 40 W、50 W 和 60 W 时，添加 TiO_2 与未添加时的去除率相比，分别提高了 3.5、4.4 和 6.6 个百分点。以上结果表明随着电压的增大，TiO_2 的催化效果逐渐增强。

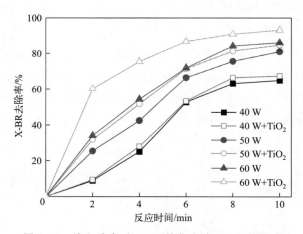

图 2-28　放电功率对 TiO_2 催化去除 X-BR 的影响

另外，通过计算可知，随着输入功率的增大，能量密度增大，反应进行 10 min 后，放电功率 40 W、50 W 和 60 W 条件下的能量密度分别为 2.4×10^5 J/L、30×10^5 J/L 和 3.6×10^5 J/L，可以看出随着能量密度的增大，X-BR 的去除率逐渐提高，因此高电压有助于 X-BR 分解。同时，当放电功率增大时，注入反应器的能量提高，紫外光的辐射能力增强，能够加速在 TiO_2 表面生成较多的电子、空穴，在反应过程中产生更多的活性物质，从而提高了 X-BR 的去除率。

2.5.2.3　类 Fenton-TiO₂ 催化的效果

（1）Fe^{2+} 构成的类 Fenton 体系

投加不同浓度 Fe^{2+} 对 X-BR 去除效果的影响如图 2-29 所示。实验条件如下：TiO_2 为最佳投加量 0.6 g/L，Fe^{2+} 的投加浓度分别为 0.1 mmol/L、0.25 mmol/L、0.5 mmol/L 和 1 mmol/L，电压为 65 V，电流为 0.92 A，处理时间为 10 min。实验中设两组对照组，一组单纯介质阻挡放电对 X-BR 进行降解，不投加任何催化剂，即空白组，另一组为介质阻挡放电并投加 TiO_2 催化剂。

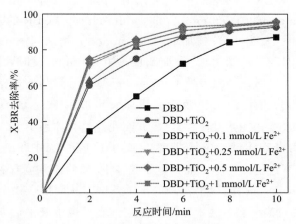

图 2-29　Fe^{2+} 浓度对 X-BR 去除的影响

从图中可以看出，在 Fe^{2+} 的投加量低于 0.5 mmol/L 的条件下，增加 Fe^{2+} 的投加量，X-BR 的去除率也随之升高；当 Fe^{2+} 的投加量为 0.5 mmol/L 时，X-BR 的去除率可达到 95.8%，高于单独 DBD 处理和 DBD/TiO_2 处理的去除率。同样，反应速率常数比单纯 DBD 处理和 DBD/TiO_2 处理提高了 41.2% 和 9%。但是，当 Fe^{2+} 的投加量大于 0.5 mmol/L 时，去除率开始出现下降的趋势，但是对反应依然有一定的促进作用。

研究表明当类 Fenton 反应与 UV/TiO_2 结合时，可发生三类氧化反应：①Fenton 试剂自身反应生成·OH 等活性物质降解污染物；②TiO_2 本身的光催化效应产生·OH，催化反应物的降解；③类 Fenton 反应在紫外线的照射下产生大量·OH，进而使 TiO_2 表面羟基化，促进光氧化反应的发生。本实验同样遵循上述反应过程，加入的 Fe^{2+} 和介质阻挡放电过程中产生的 H_2O_2 发生类 Fenton 反应，产生大量·OH，同时和 TiO_2 形成协同作用，共同促进染料 X-BR 的降解，产生·OH 过程的方程式如下：

$$Fe^{2+} + H_2O_2 \longrightarrow Fe^{3+} + OH^- + \cdot OH \tag{2-15}$$

$$Fe^{3+} + H_2O_2 \longrightarrow Fe^{2+} + \cdot OOH + H^+ \tag{2-16}$$

$$Fe^{3+} + \cdot OOH \longrightarrow Fe^{2+} + O_2 + H^+ \tag{2-17}$$

$$Fe^{3+} + H_2O \xrightarrow{h\nu} Fe^{2+} + H^+ + \cdot OH \tag{2-18}$$

$$TiO_2 + h\nu \longrightarrow TiO_2 + h^+ + e^- \tag{2-19}$$

$$h^+ + H_2O \longrightarrow \cdot OH + H^+ \tag{2-20}$$

$$h^+ + OH^- \longrightarrow \cdot OH \tag{2-21}$$

当 Fe^{2+} 的投加量过多时，反而对反应起到了负面作用，出现这种现象的原因主要有以下几个方面：首先，过量 Fe^{2+} 作为电子给体，可能会与 X-BR 染料分子竞争反应过程中产生的·OH 或者空穴，从而阻碍 X-BR 的降解；其次，Fe^{2+} 浓度过大时，就有更多机会捕获高能电子，影响等离子体通道的产生，进而影响活性物质的产生和紫外光的辐射，导致 TiO_2 的光催化性能降低；最后，高浓度 Fe^{2+} 可能被 TiO_2 表面的光生电子还原成零价铁，减弱了 TiO_2 的电子与空穴分离效率，在很大程度上削弱了其光催化性能。

（2）Fe^{3+} 构成的类 Fenton 体系

投加不同浓度 Fe^{3+} 对 X-BR 去除效果的影响如图 2-30 所示。与 Fe^{2+} 的影响相似，随着 Fe^{3+} 投加量的增加，X-BR 的去除率呈现先升后降的趋势。当 Fe^{3+} 投加量分别为 0.1 mmol/L、0.25 mmol/L、0.5 mmol/L 和 1 mmol/L 时，X-BR 的去除率分别为 93.6%、95.1%、96.5% 和 94.4%。当 Fe^{3+} 投加量由 0.5 mmol/L 增加到 1 mmol/L 时，X-BR 的去除率由 96.5% 下降到 94.4%。当 Fe^{3+} 投加浓度为 0.5 mmol/L 时，反应速率常数比单纯 DBD 反应和 DBD 与 TiO_2 耦合反应提高了 48.5% 和 19%，提高的程度也比其他浓度要大。

Fe^{3+} 和 H_2O_2 结合发生类 Fenton 反应，可以看出加入 Fe^{3+} 的类 Fenton 反应和 TiO_2 相结合的处理效果也较好。这主要是因为：一方面在此复合体系中 Fe^{3+} 是有效的电子受体，能俘获 TiO_2 表面的激发态电子而被还原，提高了反应系统中 Fe^{2+} 的浓度并进而产生·OH，促进反应的顺利进行；另一方面，电子受体 Fe^{3+} 的还原也有利于抑制 TiO_2 光催化过程中电子-空穴对的复合，提高 TiO_2 本身的量子效率，从而增强整个系统光解有机物的效果。但是，当投加浓度过高时会发生一系列副反应，在反应溶液中逐渐形成 $[Fe(OH)]^{2+}$，而 $[Fe(OH)]^{2+}$ 吸收的光谱范围恰好在紫外波长范围（290～400 nm）内，因而会降低照射到 TiO_2 表面的紫外光强度，导致 X-BR 的去除率降低，阻碍反应的正常进行。

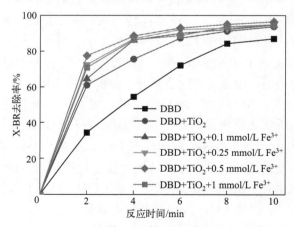

图 2-30　Fe^{3+} 浓度对 X-BR 去除的影响

2.5.3　各种催化体系的催化性能比较

从表 2-12 可知，X-BR 去除率、TOC 去除率和反应速率常数的变化呈正相关，这三者的变化反映了催化效果的好坏，可以看出，各催化体系与空白对照组相比的催化性能顺序为：

$$DBD + TiO_2 + Fe^{3+} > DBD + TiO_2 + Fe^{2+} > DBD + TiO_2 > DBD + nZVI > DBD$$

从投加非均相催化剂来说，在介质阻挡放电体系中加入 TiO_2 催化剂效果要好于 nZVI，主要是因为：TiO_2 能够利用反应中放出的紫外光激发电子-空穴的分离，提高效率，并且可重复利用；nZVI 要靠析出的 Fe^{2+} 与反应中生成的过氧化氢发生反应，但析出的 Fe^{2+} 浓度较小，H_2O_2 利用率较低，且 nZVI 易被氧化，反应不稳定，不能重复利用。从非均相和均相的混合型来讲，$Fe(Ⅲ)$ 光催化体系的性能优于 $Fe(Ⅱ)$ 光催化体系，且比单独投加非均相催化剂的催化效果要好。这主要是由于混合型的催化体系不仅结合了非均相催化降解污染物的性能，并且能够通过均相催化剂再次利用反应中产生的少量剩余活性物质，如 H_2O_2、O_3 等，生成瞬间的强活性自由基，从而强化污染物的去除。

不同体系均具有其优缺点：非均相催化剂可能在催化能力上相对弱于均相催化剂，但是其最大的优点是容易固液分离，而且 TiO_2 等类型的非均相催化剂还可以重复利用，催化剂的性能变化不大；混合催化体系利用非均相和均相两个方面的优势，能够分解产生更多的长寿命的活性物质，提高性能，但是均相催化剂难分离与不能重复利用问题仍不可避免。

因此，对于不同的反应体系，应该采取不同的催化体系：若在降解过程中会产生较多的长寿命的活性物质如 H_2O_2 和 O_3 等，可以辅助投加 nZVI 或者采用混合体系，产生 Fenton 或类 Fenton 反应促进降解；若采用能产生强烈的紫外光辐射的体系，则可以投加 TiO_2 等光催化剂，充分利用光能，提高能量利用率和反应速率。

表 2-12　各种催化体系的催化性能与机理的比较

催化体系	最佳工艺参数	X-BR 去除率/%	TOC 去除率/%	$k/\min^{-1}$	催化机理
DBD	电压 65 V,电流 0.92 A, 反应时间 10 min	86.7	16.7	0.2122	电极之间以高压电场激发产生高活性强氧化性的粒子降解有机物
DBD+nZVI	电压 65 V,电流 0.92 A, 反应时间 10 min,nZVI 投加量 0.5 g/L	92.8	18.0	0.2614	利用 nZVI 本身及其析出的 Fe^{2+} 与放电过程中产生的 H_2O_2 发生类芬顿反应,提高去除率
DBD+TiO_2	电压 65 V,电流 0.92 A, 反应时间 10 min,TiO_2 投加量 0.6 g/L	93.3	21.0	0.2646	利用介质阻挡放电体系中产生的紫外光和高压电场激发 TiO_2 产生的电子-空穴分离,产生更多羟基自由基,促进降解
DBD+TiO_2+Fe^{2+}	电压 65 V,电流 0.92 A, 反应时间 10 min,TiO_2 投加量 0.6 g/L,Fe^{2+} 投加量 0.5 mmol/L	95.8	25.2	0.2997	主要是芬顿反应与 TiO_2 光催化相结合,反应过程中发生电子的传递和 Fe^{2+} 与 Fe^{3+} 的转化
DBD+TiO_2+Fe^{3+}	电压 65 V,电流 0.92 A, 反应时间 10 min,TiO_2 投加量 0.6 g/L,Fe^{3+} 投加量 0.5 mmol/L	96.5	28.4	0.3151	主要是在体系中发生类芬顿反应,Fe^{2+} 自 Fe^{3+} 转化而来是由于紫外光催化还原作用和等离子体激发 TiO_2 产生的光生电子的还原作用

2.5.4　降解机理

2.5.4.1　降解过程中 UV-Vis 的分析

为了考察并比较四种催化体系对 X-BR 染料的降解过程及过程中染料结构的变化情况，在电流为 0.92 A、电压为 65 V 的实验条件下对四种体系处理 10 min 后的溶液进行 UV-Vis 分析，以单独介质阻挡放电 10 min 后的 X-BR 全波长扫描作为对照，结果如图 2-31 所示。

X-BR 在 237 nm、299 nm、375 nm 和 599 nm 处共有四个吸收峰,分别对应苯环、三嗪结构、萘环和蒽醌基团的特征吸收峰,反应 10 min 后可以看出 599 nm 处的吸收峰基本消失,这与溶液的脱色变化趋势完全一致,说明染料分子中的生色基团蒽醌基团被打断和破坏,脱色效果明显。在 200~380 nm 区间的特征峰也有明显的降低,说明苯环、三嗪结构、萘环也部分遭到了破坏,发生了开环反应,但是可以看出,降解效果并不明显,尤其是苯环,基本没有遭到破坏,这正可以解释此反应体系 TOC 去除效果不理想的现象,大部分苯环和萘环并不能被打断形成小分子物质,完全矿化的比例很低,因此 TOC 的去除率不高(最高不超过 30%)。

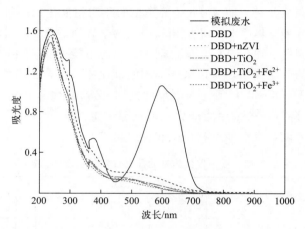

图 2-31   反应 10 min 后全波长 UV-Vis 光谱

图中的六条曲线分别表示染料降解前、单纯 DBD 体系、DBD＋nZVI、DBD＋TiO$_2$、DBD＋TiO$_2$＋Fe^{2+} 和 DBD＋TiO$_2$＋Fe^{3+} 降解 10 min 后的全波长光谱,从图中也可以看出四种催化体系对染料的降解过程和染料的结构变化基本相似,只是某些特征峰有些不同。可以看出由类 Fenton 试剂（Fe^{3+}）和 TiO$_2$ 形成的混合体系的降解效果要更明显,特别是生色基团蒽醌结构的特征峰基本消失,说明断键效果明显。

2.5.4.2   降解过程中 IC 的分析

为了进一步分析四种催化体系对 X-BR 染料的降解过程,利用离子色谱测定了 X-BR 降解产物中的离子。在 X-BR 的降解产物中发现了 Cl$^-$、NO$_3^-$、SO$_4^{2-}$,结果如图 2-32～图 2-34 所示。随着反应的进行,反应体系中的各离子浓度不断增大。放电 10 min 后,Cl$^-$ 的浓度均达到了 20 mg/L 以上,说明 X-BR 这类蒽醌染料中的 N—H 键首先受到攻击而开裂,分解为小分子的蒽醌结构和三嗪结构,小分子的三嗪结构再次受到·OH 的攻击使得氯原子从结构上脱落,从而生成 Cl$^-$ 和苯胺结构。在放电 10 min 后,五种体系中 SO$_4^{2-}$ 浓度均升至 100 mg/L 以上,说明 X-BR 降解生成的三嗪结构与—NH 之间发生断键加氢反应,生成了氨基磺酸,氨基磺酸受·OH 进攻,氧化分解成为 SO$_4^{2-}$ 和苯胺,因此导致 SO$_4^{2-}$ 的浓度升高。NO$_3^-$ 是 X-BR 降解产物中最为主要的离子,单独使用介质阻挡放电降解处理 10 min 后,其浓度就达到了 580 mg/L,使用混合体系降解时,其浓度甚至达到了 868 mg/L。NO$_3^-$ 一方面来源于活性粒子进攻氮杂环和硝基化合物（含 N＝O）,使其断裂形成 NO$_3^-$,另一方面在高压放电的过程中,空气中的氮气被氧化生成 NO$_x$,NO$_x$ 溶入氧化性的溶液后形成 NO$_3^-$。

Cl$^-$、NO$_3^-$、SO$_4^{2-}$ 等离子的形成,说明了 X-BR 分子被氧化降解,蒽醌生色基团、苯环结构和萘环结构均遭到破环。与单独使用介质阻挡放电体系相比，四种催化体系随着催化效果的提升，三种离子的浓度逐渐升高，这说明催化效果越好，对于染料的破坏程度越大，染料中的蒽醌结构、三嗪结构、苯环以及萘环等在未加催化剂时不能被打断的键也能得到很好的降解。这与上述 X-BR 去除率、TOC 去除率和 UV-Vis 的结果一致。

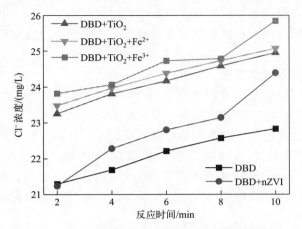

图 2-32　X-BR 染料降解过程中 Cl^- 的浓度变化

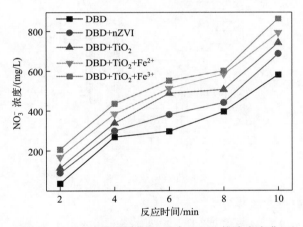

图 2-33　X-BR 染料降解过程中 NO_3^- 的浓度变化

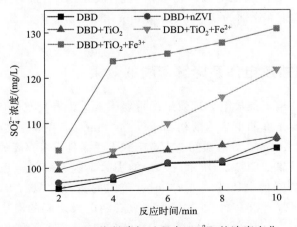

图 2-34　X-BR 染料降解过程中 SO_4^{2-} 的浓度变化

2.6 介质阻挡放电降解水中苯酚的研究

本节采用高频交流电源配合自制双介质阻挡放电（DDBD）和单介质阻挡放电（SDBD）反应器处理苯酚模拟废水，对其降解效果进行对比。双介质阻挡放电和单介质阻挡放电实验装置如下所述。

（1）双介质阻挡放电实验装置

双介质阻挡放电实验装置示意图如图 2-35 所示。该系统主要包括等离子体电源、自制双介质阻挡放电反应器、数字存储示波器、高压探头、电流探头、空气泵和流量计。高压探头和电流探头分别把放电过程中的电压信号引入示波器，从而可以计算功率和能量效率。双介质阻挡放电反应器由两个同轴圆柱形石英玻璃管组成，放电间隙 2 mm，内管外径 15 mm，外管内径 19 mm，外管外壁和内管内壁镀有惰性金属电极，镀层高度 10 cm，外管外壁与高压电源相连，内管内壁接地。连接流量计的气泵与反应器底端的进气口相接，控制气体流量并将气体鼓入。

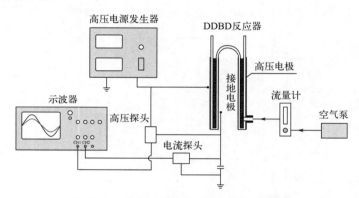

图 2-35 双介质阻挡放电实验装置示意图

（2）单介质阻挡放电实验装置

单介质阻挡放电实验装置示意图如图 2-36 所示。SDBD 反应器结构与 DDBD 反应器结构相似，不同的是 DDBD 的接地电极在内管内壁，而 SDBD 的接地电极在内管外壁。内管外径 15 mm，当外管内径分别为 17 mm、18 mm 和 19 mm 时，放电间隙分别为 1 mm、1.5 mm 和 2 mm。

2.6.1 双介质阻挡放电体系降解苯酚的效果

放电参数是影响等离子体放电处理效果的重要因素。为考察双介质阻挡放电体系对苯酚的降解效果，设置实验条件如下：苯酚初始浓度 100 mg/L，溶液初始 pH＝5.9，溶液体积 20 mL，气体流量 60 mL/min，处理时间 60 min。在上述条件下考察峰值电压（9.6～10.6 kV）对苯酚降解的影响，结果如图 2-37 所示。苯酚的去除率随着峰值电压的增大而升高。经过 60 min 的放电处理，当峰值电压为 9.6 kV 时，苯酚的去除率只有 8.33％；当电压增大到 10.6 kV 时，去除率升高至 35.71％。这是由于只有两电极之间的电压达到一定值时，系统才会产生等离子体通道。当两电极之间的电压比较低时，等离子体放电未完全形成，产生

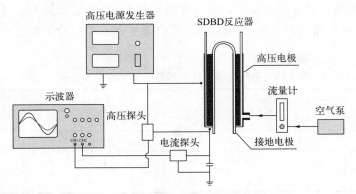

图 2-36　单介质阻挡放电实验装置示意图

的活性粒子很少，因此对污染物的去除效果较差。电压升高，内部空间的电场强度随之增强，电子能量及数量大幅度地提高，高能电子与水中有机污染物分子的碰撞概率也大大提高。随着分子的激发、解离和电离以及紫外辐射强度的提高，·OH 等活性粒子的产生速度加快，因此污染物的去除率大幅提升。

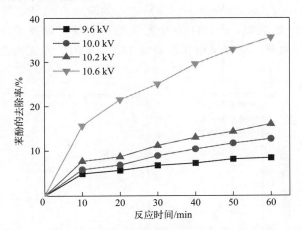

图 2-37　双介质阻挡放电过程中峰值电压对苯酚去除的影响

　　然而单纯通过增大电压来提高污染物的去除率也是不现实的。表 2-13 为不同电压下的能量密度与苯酚去除率。随着电压的增大，能量密度增大，但能量效率降低，溶解性活性粒子（例如 O_3）可能已经达到饱和，同时更多的能量转化为热能而散失，致使污染物降解速率提高缓慢，而且输入电压超过 10.6 kV 时，放电现象不稳定。

表 2-13　不同电压下的能量密度与苯酚去除率

峰值电压/kV	能量密度/(J/L)	苯酚去除/%
9.6	1256.60	8.33
10.0	2033.19	12.30
10.2	2157.51	15.87
10.6	2404.79	35.71

　　不同的峰值电压下，苯酚的反应动力学拟合参数如表 2-14 所示。从表中可以看出，不同峰值电压下 DDBD 降解苯酚的过程符合一级动力学拟合，而且相关系数 R^2 都在 0.9 以

上。随着电压的升高，反应速率加快；当峰值电压从 9.6 kV 增大到 10.6 kV 时，反应速率常数由 0.0008 min^{-1} 增大到 0.0055 min^{-1}，提高近 6 倍，可见峰值电压对苯酚降解的影响很大。

表 2-14　不同峰值电压下苯酚一级反应动力学参数

峰值电压/kV	速率方程	k/min^{-1}	R^2
9.6	$\ln(c_0/c_t)=0.0008t+0.0416$	0.0008	0.9928
10.0	$\ln(c_0/c_t)=0.0016t+0.0386$	0.0016	0.9857
10.2	$\ln(c_0/c_t)=0.0020t+0.0552$	0.0020	0.9877
10.6	$\ln(c_0/c_t)=0.0055t+0.1244$	0.0055	0.9925

2.6.2　单介质阻挡放电体系降解苯酚的效果

为了考察峰值电压对单介质阻挡放电体系降解苯酚效果的影响，分别施加 15.2 kV、16.4 kV 和 17.6 kV 的电压，电极间距为 1 mm，结果如图 2-38 所示。反应时间 30 min，当峰值电压分别为 15.2 kV、16.4 kV 和 17.6 kV 时，苯酚的去除率分别为 11.49%、13.62% 和 63.9%。当峰值电压较低时，SDBD 的发光现象不明显，等离子体通道尚未完全形成，达不到较好的苯酚去除效果。当峰值电压提高到 17.6 kV 时，发光现象明显，苯酚去除率大幅度提高。

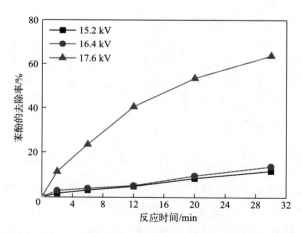

图 2-38　单介质阻挡放电过程中峰值电压对苯酚降解的影响

通过分析不同峰值电压下苯酚的动力学拟合情况，由表 2-15 可知，不同峰值电压下 SDBD 降解苯酚的过程符合一级动力学拟合。随着电压的升高，苯酚的反应速率加快，电压为 17.6 kV 时的反应速率常数是 15.2 kV 时的 8.7 倍。

表 2-15　不同峰值电压下苯酚一级反应动力学参数

峰值电压/kV	速率方程	k/min^{-1}	R^2
15.2	$\ln(c_0/c_t)=0.0037t+0.0102$	0.0037	0.9985
16.4	$\ln(c_0/c_t)=0.0042t+0.0167$	0.0042	0.9837
17.6	$\ln(c_0/c_t)=0.0321t+0.0932$	0.0321	0.9887

2.6.3　单双介质阻挡放电效果对比

图 2-39 比较了单、双介质阻挡放电对苯酚的去除效果。由图 2-39（a）可知，DDBD 和 SDBD 对苯酚的去除率均随峰值电压的增大而增大。不同的是，SDBD 的起始电压较高，稳定放电的最大电压也较高，因此苯酚去除率较高。这可能是因为 SDBD 的接地电极与水直接接触，电极放电产生的热量可以直接向水中传导，这既解决了电极散热问题，也增强了苯酚的热解，所以电极可承受的电压增大，苯酚去除率升高。由图 2-39（b）可知，无论是 SDBD 还是 DDBD，当能量密度增大时，苯酚的去除率均随之升高，当 SDBD 的能量密度分别为 1513.84 J/L、1539.65 J/L 和 1663.72 J/L 时，苯酚去除率分别为 11.49%、13.62% 和 63.90%。与 DDBD 相比，SDBD 可以利用更高的能量密度实现更高的苯酚去除率。经过 30 min 放电处理，SDBD 对苯酚的去除率最高为 63.9%，能量密度是 1663.72 J/L；而 DDBD 的去除率最高为 25%，能量密度是 1202.40 J/L。

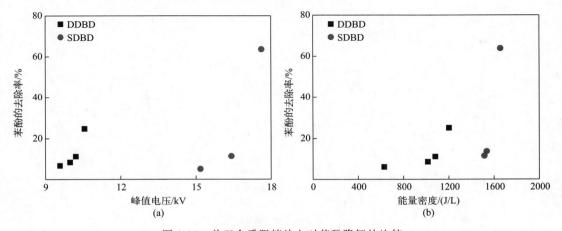

图 2-39　单双介质阻挡放电对苯酚降解的比较

2.6.4　苯酚的降解路径

通过 GC-MS 检测单介质阻挡放电降解苯酚的产物，分别考察了放电处理 12 min 和 30 min 的苯酚溶液的产物，检测到的主要产物如表 2-16 所示。

表 2-16　GC-MS 检测到的苯酚降解产物

编号	分子式	分子量	名称	化学结构式	反应时间 12 min	反应时间 30 min
1	C_6H_6O	94.11	苯酚	OH	√	
2	$C_2H_2O_4$	90.04	乙二酸	HO—C(=O)—C(=O)—OH	√	
3	$C_3H_4O_4$	104.03	丙二酸	HO—C(=O)—CH₂—C(=O)—OH	√	√

放电 12 min 后检测到苯酚以及小分子酸（丙二酸、乙二酸）。可见，经过 12 min 的放电处理，一部分苯酚已经发生开环反应生成小分子物质，也有一部分未被氧化。而放电 30 min 之后，只检测到丙二酸，此时苯酚已经完全被氧化开环。结合 Hoeben、Joshi 等人的研究，推测介质阻挡放电降解苯酚的途径是：·OH 先氧化苯酚生成邻苯二酚和对苯二酚，这是因为苯酚邻位和对位的电子云密度较大，所以 ·OH 首先进攻邻位和对位，而间位的电子云密度较小，被氧化的概率也小；之后进一步氧化成邻苯二醌和对苯二醌，然后发生开环反应生成乙二酸、丙二酸等小分子有机物和小分子无机物，最终降解为二氧化碳和水。降解路径如图 2-40 所示。

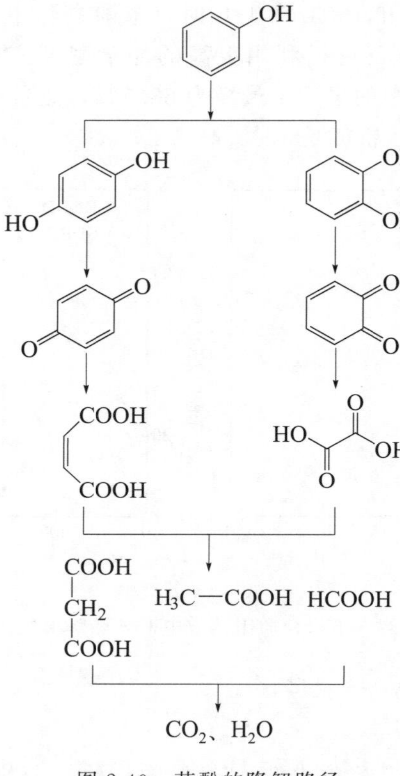

图 2-40　苯酚的降解路径

2.7　本章小结

本章主要采用介质阻挡放电反应器对印染废水进行处理，选取活性艳红 X-3B、双偶氮染料——KN-B 和 X-BR、苯酚为目标污染物，分析最佳功率、降解机理和降解路径等，采用介质阻挡放电技术与 SBR 耦合工艺处理实际印染废水，以期在应用等离子体技术处理难降解印染废水工业化方面取得进展，得到的主要结论如下。

① X-3B 的去除率随着输入功率的增大而提高。利用 UV-Vis、IC 分析，通过添加捕获剂考察了 ·OH 在降解中的作用，也考察了 H_2O_2 及 O_3 的作用。经过 DBD 处理后，X-3B 结构中的—N ═N—基本上被破坏，萘环、苯环和三嗪基团也被活性粒子攻击而发生降解。

DBD 处理和生化处理的最佳结合方案为先进行生化处理，再进行等离子体处理，将等离子体技术作为深度处理技术较为适宜。在高能量密度下，等离子体技术可以很好地改善废水的可生化性，适于作为废水的前处理技术；而在低能量密度下，废水的可生化性反而变差，不利于生化处理，等离子体技术更适合作为废水的深度处理技术。

② KN-B 的去除率随着输入电压和输入功率的增大而提高。降解前后 UV-Vis 分析表明，萘环（312 nm）和—N＝N—（600 nm）对应的吸光度随着时间的推移都呈下降趋势，苯环（254 nm）对应的吸光度呈现先上升后下降的趋势；反应 10 min 后—N＝N—被完全降解，KN-B 黑色褪去，而萘环和苯环还不能完全被降解；双介质阻挡放电降解 KN-B 染料，N＝N 双键首先被破坏，随之苯环结构（254 nm）和萘环结构（312 nm）也相继遭到破环，萘环和苯环开环并断链，生成小分子酸。IR 和 GC-MS 分析表明，·OH 首先攻击电子云密度较大的偶氮基团，使其生色基团结构遭到破坏；在降解 KN-B 的过程中，·OH 是主要的氧化性物质，H_2O_2 和 O_3 均参与了液相中有机物的氧化反应。采用介质阻挡放电技术和 SBR 耦合工艺的色度去除率能由 89.13% 提高到 95.25%，COD_{Cr}、BOD_5 去除率分别达到了 89.29% 和 54.55%，耦合工艺处理效果明显优于单独的介质阻挡放电等离子体技术。

③ 通过在 DBD 体系中加入不同催化剂催化降解 X-BR，可以得出四种催化体系的催化效果顺序为：$DBD+TiO_2+Fe^{3+}>DBD+TiO_2+Fe^{2+}>DBD+TiO_2>DBD+nZVI$。从 UV-Vis 和反应过程中 SO_4^{2-}、NO_3^-、Cl^- 三种离子的浓度变化可以看出，X-BR 在降解过程中蒽醌生色基团首先断裂，吸收峰基本消失，继而苯环、萘环、三嗪结构受到攻击破坏，但是破坏效果不明显；四种催化体系催化效果越好，特征峰降低得越明显，反应过程中 SO_4^{2-}、NO_3^-、Cl^- 的浓度越高。

④ 无论是单介质阻挡放电还是双介质阻挡放电，峰值电压越高，能量密度越大，苯酚的去除率越高，不同的是，相比 DDBD，SDBD 稳定放电的最大电压较高，可以利用更高的能量密度实现更高的苯酚去除率。通过对介质阻挡放电产生的活性物质（·OH、O_3）的定性、定量检测，证明·OH 是介质阻挡放电降解苯酚的主要活性物质，O_3 参与了苯酚的降解过程。通过 GC-MS 探讨了苯酚的降解产物以及降解途径。介质阻挡放电能够破坏苯酚的结构，使其氧化开环生成乙二酸、丙二酸等小分子有机物和小分子无机物，最终降解为二氧化碳和水。

参考文献

[1] An G J，Sun Y F，Zhu T L，et al. Degradation of phenol in mists by a non-thermal plasma reactor [J]. Chemosphere，2011，84（9）：1296-1300.

[2] Babuponnusami A，Muthukumar K. Removal of phenol by heterogenous photo electro Fenton-like process using nano-zero valent iron [J]. Separation and Purification Technology，2012，98：130-135.

[3] Bader H，Hoigné J. Determination of ozone in water by the indigo method [J]. Water Research，2013，15（4）：449-456.

[4] Constapel M，Schellenträger M，Marzinkowski J M，et al. Degradation of reactive dyes in wastewater from the textile industry by ozone：Analysis of the products by accurate masses [J]. Water Research，2009，43（3）：733-743.

[5]   Dojčinović B P，Roglić G M，Obradović B M，et al. Decolorization of reactive textile dyes using water falling film dielectric barrier discharge [J]. Journal of Hazardous Materials，2011，192（2）：763-771.

[6]   Fujishima A，Rao T N，Tryk D A. Titanium dioxide photocatalysis [J]. Journal of Photochemistry and Photobiology C：Photochemistry Reviews，2000，1（1）：1-21.

[7]   Hoeben W F L M，van Veldhuizen E M，Rutgers W R，et al. The degradation of aqueous phenol solutions by pulsed positive corona discharges [J]. Plasma Sources Science and Technology，2000，9（3）：361-369.

[8]   Joshi A A，Locke B R，Arce P，et al. Formation of hydroxyl radicals，hydrogen peroxide and aqueous electrons by pulsed streamer corona discharge in aqueous solution [J]. Journal of Hazardous Materials，1995，41（1）：3-30.

[9]   Kritikos D E，Xekoukoulotakis N P，Psillakis E，et al. Photocatalytic degradation of reactive black 5 in aqueous solutions：Effect of operating conditions and coupling with ultrasound irradiation [J]. Water Research，2007，41（10）：2236-2246.

[10]   Magureanu M，Piroi D，Mandache N B，et al. Degradation of pharmaceutical compound pentoxifylline in water by non-thermal plasma treatment [J]. Water Research，2010，44（11）：3445-3453.

[11]   Méndez-Martínez A J，Dávila-Jiménez M M，Ornelas-Dávila O，et al. Electrochemical reduction and oxidation pathways for reactive black 5 dye using nickel electrodes in divided and undivided cells [J]. Electrochimica Acta，2012，59（138）：140-149.

[12]   Mitadera M，Spataru N，Fujishima A. Electrochemical oxidation of aniline at boron-doped diamond electrodes [J]. Journal of Applied Electrochemistry，2004，34（3）：249-254.

[13]   Panizza M，Cerisola G. Electro-Fenton degradation of synthetic dyes [J]. Water Research，2009，43（2）：339-344.

[14]   Plum A，Braun G，Rehorek A. Process monitoring of anaerobic azo dye degradation by liquid chromatography-diode array detection continuously coupled to membrane filtration sampling modules [J]. Journal of Chromatography A，2003，987（1/2）：395-402.

[15]   Shi J W，Bian W J，Yin X L. Organic contaminants removal by the technique of pulsed high-voltage discharge in water [J]. Journal of Hazardous Materials，2009，171（1/2/3）：924-931.

[16]   Tang S F，Lu N，Li J，et al. Improved phenol decomposition and simultaneous regeneration of granular activated carbon by the addition of a titanium dioxide catalyst under a dielectric barrier discharge plasma [J]. Carbon，2013，53：380-390.

[17]   Tezuka M，Iwasaki M. Oxidative degradation of phenols by contact glow discharge electrolysis [J]. Denki Kagaku Oyobi Kogyo Butsuri Kagaku，1997，65（12）：1057-1060.

[18]   Weng C H，Lin Y T，Chang C K，et al. Decolourization of direct blue 15 by Fenton/ultrasonic process using a zero-valent iron aggregate catalyst [J]. Ultrasonics Sonochemistry，2012，20（3）：970-997.

[19]   Wu F，Deng N S，Hua H L. Degradation mechanism of azo dye C. I. reactive red 2 by iron powder reduction and photooxidation in aqueous solutions [J]. Chemosphere，2000，41（8）：1233-1238.

[20]   Zhao W R，Shi H X，Wang D H. Kinetics of the reaction between ozone and cationic red X-GRL [J]. Chinese Journal of Chemical Engineering，2003，11（4）：388-394.

[21]   Zhong W Y. Photocatalytic decolorization characteristics of various dyes with different structures [J]. Toxicological & Environmental Chemistry，1999，70（1/2）：67-79.

[22]   陈颖.高压放电等离子体对水中偶氮染料活性红 195 的去除研究 [D].南京：南京大学，2011.

[23]   丰娇，吴耀国，张娜.零价铁-Fenton 试剂体系降解有机污染物的研究进展 [J].化工环保，2012，32（5）：413-418.

[24]   龚宜，罗汉金，韦朝海.直接红染料的臭氧脱色与中间产物研究 [J].环境工程学报，2009，3（3）：

409-412.

[25] 洪俊明，洪华生，熊小京. 生物法处理印染废水研究进展 [J]. 现代化工，2005，7（S1）：98-100，105.

[26] 黄芳敏，王红林，严宗诚，等. 介质阻挡放电等离子体对亚甲基蓝的降解 [J]. 环境科学与技术，2010，33（2）：35-38.

[27] 姜成春，庞素艳，马军，等. 钛盐光度法测定 Fenton 氧化中的过氧化氢 [J]. 中国给水排水，2006，22（4）：88-91.

[28] 刘茹，屠新，白淑娟，等. 微波密封消解法快速测定 COD 技术应用研究 [J]. 中国水利，2004（19）：40-42.

[29] 刘相伟. 工业含酚废水处理技术的现状与进展 [J]. 工业水处理，1998，18（2）：4-6.

[30] 陆泉芳，俞洁. 辉光放电等离子体处理有机废水研究进展 [J]. 水处理技术，2007，33（1）：9-15.

[31] 王方铮. 水中脉冲流光放电协同 TiO_2 光催化降解苯酚 [D]. 大连：大连理工大学，2006.

[32] 王喜全，胡筱敏，马英群，等. 内电解-Fenton 氧化法降解活性艳蓝 X-BR 机理 [J]. 化工环保，2010，30（6）：482-486.

[33] 王勇. 滑动弧等离子体降解氯苯类有机污染物的实验研究 [D]. 杭州：浙江大学，2013.

[34] 吴勇民，李甫，黄咸雨，等. 含酚废水处理新技术及其发展前景 [J]. 环境科学与管理，2007，32（3）：150-153.

[35] 邢核，田春荣，王怡中. 废水中染料的 TiO_2 光催化氧化降解机理研究现状 [J]. 上海环境科学，2001，20（2）：63-65.

[36] 杨运平，唐金晶，方芳，等. $UV/TiO_2/Fenton$ 光催化氧化垃圾渗滤液的研究 [J]. 中国给水排水，2006，22（7）：34-37，41.

[37] 詹豪强，田禾. 萘酚偶氮染料光化学氧化及其降解机理研究进展 [J]. 染料工业，1997，34（2）：7-12.

[38] 郑第. Fenton 试剂降解偶氮染料活性艳红 X-3B 的实验研究 [D]. 武汉：中国地质大学，2008.

[39] 朱亮. 介质阻挡常压等离子体去除 NO 的实验研究 [D]. 上海：东华大学，2009.

第3章

低温等离子体处理水中药物及个人护理品

3.1 引言

　　药物及个人护理品（pharmaceuticals and personal care products，PPCPs）是一类用于个人健康或个人护理，抑或是用于促进禽畜生长、改善健康的产品，主要包括两大类：一类是药物，例如消炎止痛药、抗生素、抗菌药、降血脂药、类固醇和镇静剂等；另一类是个人护理用品，包括香料、化妆品、染发剂、发胶和洗发水等。随着人口密度的持续上升和人们生活水平的不断提高，PPCPs 的消耗量也逐年增加。调查表明，目前全世界有超过 4000 种不同的药物被用于人类及动物的疾病治疗和预防以及畜牧、水产养殖等领域。尽管 PPCPs 的广泛应用给人类带来了诸多便利，但其大量使用后被排放到环境中也会对环境造成潜在威胁。近年来，随着调查的深入，人们在地表水、地下水、饮用水、污水处理厂出水、污泥以及沉积物中均检测出了不同浓度的 PPCPs，而 PPCPs 具有很强的生物活性，因此即使是 ng/L 浓度级别的 PPCPs，也会对整个生态系统造成危害。另外，由于其具有可生物累积性、微生物毒性效应、环境激素毒性以及"三致"作用，环境中广泛存在的 PPCPs 经过迁移和扩散，并通过食物链或其他途径最终进入生物体和人体内并进行富集，从而会对生物体和人体健康造成危害。

　　环境中 PPCPs 的主要来源是工业和医疗废水的直接或间接排放。美国的一项全国性调查显示，接收 PPCPs 生产企业排放废水的污水处理厂出水 PPCPs 浓度相较一般的污水处理厂会高出 10～1000 倍。同时由于许多抗生素在人体或动物肠道内无法被完全吸收代谢，剩余的药物则经过管网收集后排入污水处理厂，而传统城市污水处理工艺无法完全去除污水中的痕量 PPCPs，因此污染物便随着污水处理厂出水释放到环境中，对受纳水体造成持续的污染。此外 PPCPs 也可能吸附在污泥介质中，然后通过污泥填埋或土地利用的处理处置过程引入土壤环境。

通常 PPCPs 在环境中的检出浓度大多在 ng/L 至 μg/L 范围内，世界各地未经处理的城市污水中抗生素的浓度在 $1 \sim 303500$ ng/L 之间。同时制药厂、农场废水及垃圾填埋场渗滤液中抗生素的浓度相比城市污水还要高得多。在城市污水中，检出频率最高的抗生素包括环丙沙星（ciprofloxacin）、磺胺甲噁唑（sulfamethoxazole）、红霉素（erythromycin）、四环素（tetracycline）等。虽然 PPCPs 在环境中的浓度多为痕量水平，一般不会产生急性毒性作用，但水体或土壤中的生物长期暴露于含有 PPCPs 的环境中，通过食物链不断富集，其生命体正常生殖代谢将产生不可逆的影响，例如生殖损伤、致癌、致突变等。同时高浓度抗生素的暴露会导致超级耐药细菌的出现。

PPCPs 的毒性一般取决于生命体的类型、生长阶段、暴露时间及污染物浓度等因素。例如 Mathias 等人发现克林雷氏鲶（*Rhamdia quelen*）在 14 天的环境浓度布洛芬暴露下，肾脏的抗氧化系统受到了影响，同时其血液中的白细胞数量明显降低。Fu 等人发现三氯生（TCS）及其衍生物暴露会导致斑马鱼胚胎氮代谢、能量代谢和脂肪酸合成的紊乱。Wang 等人研究了四种非甾体抗炎药（NSAIDs）对藻类的抑制作用，暴露于 NSAIDs 时，藻类的光合作用减弱，呼吸速率降低，同时参与光合电子传递的基因表达下调，碳素同化与光呼吸代谢作用被抑制。PPCPs 在生物体内蓄积并通过生物放大效应影响人类，最终可能对人类内分泌系统、生殖系统、免疫系统及神经系统产生不利影响。

目前，常用于去除水中 PPCPs 的方法主要包括吸附法、膜分离法、光化学降解法以及电化学法等。吸附法是常用于去除环境中污染物的一种方法，这种方法主要是通过废水与多孔固体接触，使废水中的污染物在多孔物质的表面处浓缩而被去除。对于 PPCPs 的去除，常见的吸附剂有碳基材料包括生物炭/活性炭、石墨烯、碳纳米管等，以及各类黏土材料包括膨润土、沸石、凹凸棒石等。同时一些生物材料、分子印迹聚合物材料以及改性的工业废弃物等也被运用于高效吸附剂的制备。例如 Lawal 等人研究了离子液体改性蒙脱石材料对四种 PPCPs 的吸附性能，对 100 mg/L 的磺胺甲噁唑、四环素、萘啶酸和氯霉素的吸附容量分别可达到 901.32 mg/L、841.00 mg/L、527.35 mg/L、435.12 mg/L。李娜娜等人考察了不同氧化石墨烯（GO）配比的纳滤膜对利血平、诺氟沙星和盐酸四环素的去除效果。结果表明，GO 改性后的聚酰胺（PA）膜（GO-TFC 膜）对于水中 PPCPs 的去除表现出良好的膜分离效果。尽管物理方法去除效果较好，但污染物仅仅是从一个相转移到另一个相中，而不是被降解；同时，这类方法还存在吸附剂及膜材料成本高、处理后浓缩废液的安全处理等问题。一些基于 $\cdot OH$ 和 $\cdot SO_4^-$ 的方法，如 Fenton 法、UV/光催化体系法以及电化学法等，具有广泛的适用性并能有效去除水中的 PPCPs。Wang 等人通过制备 FeO_y/S-g-C_3N_4 材料催化过氧单硫酸盐（PMS）降解磺胺甲噁唑，90 min 内可达到 100% 的污染物去除率，TOC 降低了 43.9%。伊学农等人采用紫外/氯联合体系降解水中的萘普生，在 30 min 内相较单独 UV 照射，萘普生的去除效率提高了 92 个百分点。但是，有些方法需要投加高剂量的化学药剂或昂贵的材料，同时也会产生二次污染等问题。

低温等离子体技术作为一种新型高级氧化技术被越来越多地应用到环境领域，并被认为是一种有前途的水处理技术。当向放电体系内施加能量时，体系内的电子受外电场的冲击获得大量能量从而转变为高能电子。这些高能电子与空气中的氧气、氮气等分子或原子发生非弹性碰撞实现能量传递从而使其发生电离，并生成具有较高氧化还原电位的活性粒子，如 O_3、H_2O_2、自由基（$\cdot OH$、$\cdot HO_2$、$\cdot H$、$\cdot O$ 等）和离子（O_2^-、O_2^+、O_3^-）等，同时，这一过程中还伴随着强电场、紫外光辐射、微波辐射、高温热解等综合作用。相比于其他处理技术，低温等离子体除了处理效果好外，还有处理时间短、无须添加化学试剂、不会产生二次污染、操作简单、对环境要求较低、在常温常压下即可进行等优点。刘行浩等人采用气液相等离子体处理水中的四环素，在 25 min 内四环素的去除效率可达 89.8%。Li 等人采用液膜 DBD 技术去除水中的布洛芬。结果表明，随着输入功率的提高，布洛芬的去除率逐渐提高。当输入功率为 95 W 时，布洛芬去除率和动力学常数分别达到 96.1% 和 0.090 min^{-1}。因此，本章拟采用低温等离子体技术对具有代表性的药物活性物质——卡马西平、碘化造影剂——碘普罗胺以及新型的 PPCPs——糖皮质激素进行处理，以探究该技术去除 PPCPs 的效果和机理，从而探讨等离子体技术用于去除水中 PPCPs 的可行性。

3.2　实验部分

3.2.1　药品及仪器设备

实验所用主要药品如表 3-1 所示，实验和测定所需其余的药品与第 2 章相同。

表 3-1　主要实验药品

药品名称	规格	购买厂家
碘普罗胺	≥97.9%纯度	拜耳医药保健有限公司
卡马西平	AR	美国 Sigma-Aldrich 公司
氟轻松	≥98%纯度	美国 Sigma-Aldrich 公司
曲安奈德	99%纯度	美国 Sigma-Aldrich 公司
丙酸氯倍他索	＞98%纯度	美国 Sigma-Aldrich 公司
双(三甲基硅烷基)三氟乙酰胺(BSTFA)	AR	美国 Sigma-Aldrich 公司
磷酸二氢钠	AR	威达优尔贸易(上海)有限公司(VWR)
硝酸钠	AR	国药集团化学试剂有限公司
七水合硫酸钴	AR	国药集团化学试剂有限公司
六水合硫酸镍	AR	国药集团化学试剂有限公司
二水合草酸	AR	国药集团化学试剂有限公司
乙酸	CP	国药集团化学试剂有限公司
腐殖酸	AR	上海阿拉丁生化科技股份有限公司
过氧化钙	AR	上海阿拉丁生化科技股份有限公司

实验所用的等离子体放电装置及部分测定所用仪器均与第 2 章相同，其余仪器如表 3-2 所示。

表 3-2　主要实验仪器

仪器名称	型号	购买厂家
空气泵	AP-004	西龙
光电发射光谱仪	BRC112E	美国泰克公司
臭氧发生器	ZYT16G	上海卓一电子有限公司

仪器名称	型号	购买厂家
光谱仪	Quest X	美国必达泰克（BWTEK）公司
超高效液相色谱仪	Agilent 1100， Agilent 1200， Agilent 1290	安捷伦科技有限公司
超高效液相色谱仪	UltiMate 3000	赛默飞世尔科技有限公司
混合四极正交加速飞行时间质谱仪	PE SCEX API 3000	珀金埃尔默仪器有限公司
高分辨率四极杆飞行时间质谱仪	Agilent 6540	安捷伦科技有限公司
气相色谱质谱联用仪	Focus GC-DS Ⅱ	赛默飞世尔科技有限公司

3.2.2　实验装置

实验装置由高压等离子体电源、等离子体放电反应器、电气监测装置和气体输送装置等部分组成。具体介绍详见第 2 章 2.2.2 节。

3.2.3　实验分析方法

3.2.3.1　卡马西平及其降解产物测定

卡马西平的浓度采用紫外光谱仪进行在线监测，检测波长为 285 nm。芳香族化合物检测波长为 254 nm。卡马西平降解产物通过液相色谱-质谱联用（LC-MS）和气相色谱-质谱联用（GC-MS）进行测定。

LC-MS 分析条件参数如下：高效液相色谱测定以水（A）和乙腈（B）作为流动相；A 在 15 min 内从 90% 线性下降到 50%，保持 10 min，然后在 15 min 内上升到 90%，总运行时间为 40 min，流速为 0.7 mL/min，色谱柱温度为 25 ℃。HP1000 自动进样器的参数如下：注射器尺寸为 100 μL，进样量为 25 μL，样品流速为 200 μL/min。质谱采用混合四极正交加速飞行时间质谱仪（PE SCEX API 3000），该质谱仪与以正离子和负离子模式运行的电喷雾电离接口一起使用，m/z 范围为 100～500。

GC-MS 分析条件参数如下：气相色谱仪型号为 Focus GC-DS Ⅱ Thermo Scientific，与一个四极杆质谱仪配套使用；含有 1 mL 衍生样品的试样以无分流模式（250 ℃）注入 CPSil 5 CB MS 毛细管柱（30 m×0.25 mm×0.25 μm）。气相色谱升温程序如下：50 ℃保持 1 min 后，以 10 ℃/min 的速度升至 300 ℃，并在 300 ℃ 保持 10 min。质谱是在电子电离模式（70 eV）下获得的。在全扫描模式（m/z 35～800，0.35 s/扫描）下进行分析，以获取每种衍生物的质谱。衍生化程序基于凯文的方法，用氮气和空气蒸发 200 mL 样品，然后加入 1 mL 吡啶和 1 mL BSTFA，从混合溶液中取出 250 μL 样品，在 70 ℃下加热 2 h。

3.2.3.2　碘普罗胺浓度测定

处理前后碘普罗胺的浓度通过高效液相色谱仪（HPLC，Agilent 1100）进行测定。分析条件参数如下：色谱柱为 Agilent ZORBAX Eclipse XDB-C$_{18}$ 柱（150 mm×4.6 mm×5 μm），以水（5 mmol/L 乙酸铵，pH=5.7）和乙腈作为流动相，比例为 93∶7，流速为 0.4 mL/min，柱温为 25 ℃，检测波长为 242 nm，进样量为 20 μL。

3.2.3.3   糖皮质激素及其中间产物测定

处理前后糖皮质激素的浓度通过超高效液相色谱仪（UHPLC，UltiMate 3000）进行测定，色谱柱为反向 C_{18} 色谱柱（4.6 mm×250 mm×5 μm，Agilent）。条件参数为以乙腈（A）和超纯水（B）作为流动相进行梯度洗脱，梯度洗脱程序如下：初始以 B 为流动相在72%下保持 3 min，然后在 1 min 内线性降至 40%，之后在 4 min 内线性降至 30%，随后在0.5 min 内线性降至 0%，最后 0%条件下保持 1.5 min。测试过程中柱温为 40 ℃，检测波长为 240 nm，流动相流速为 1 mL/min，进样量为 20 μL。三种糖皮质激素氟轻松、曲安奈德和丙酸氯倍他索的出峰时间分别在 6.2 min、7.6 min 和 8.7 min，该方法的检出限为 0.171 μmol/L。

降解过程中的中间产物利用超高效液相色谱仪（UHPLC，Agilent 1290）串联高分辨率四极杆飞行时间质谱仪（QTOF，Agilent 6540）进行分析测定。色谱分析柱为 Agilent Zorbax Extend-C_{18} 柱。UHPLC 分析条件参数如下：色谱分析柱为 Agilent Zorbax Extend-C_{18} 柱；采用乙腈（A）和超纯水（B）作为流动相进行梯度洗脱，同时流动相 B 以 0.1%乙酸酸化。梯度洗脱程序如下：初始以 B 在 98%条件下保持 2 min，然后在 5 min 内线性降低到 2%，再以 2%保持 2 min。质谱分析以负离子模式扫描，具体参数如下：雾化器压力控制为 60 psi❶，毛细管电压控制为 3000 V，碰撞诱导解离电压控制为 160 V，离子扫描范围（m/z）控制在 50～1700。

3.2.3.4   放电生成活性物质的测定

活性自由基因为其本身极强的氧化性在瞬间就可反应生成稳定的物质，所以本实验使用光电发射光谱仪（optical emission spectrometer，OES）对放电过程产生的活性自由基进行鉴定分析。通过 BRC112E 型在线光谱仪装置，用探头在线测量，同时连接电脑通过 BWSpec4 软件转换为电信号生成 OES 光谱图。

3.2.3.5   其他指标测定

实验中放电功率及能量密度测定以及其余指标测定〔COD_{Cr}、BOD_5、TOC、溶液中臭氧（O_3）浓度、过氧化氢（H_2O_2）浓度、pH、电导率、离子色谱、红外光谱〕方法均与第 2 章相同，具体测定方法详见第 2 章（2.2.3 节）。

3.3   介质阻挡放电降解水中卡马西平的研究

随着分析技术的发展和人们对环境的日益关注，环境中的微污染物越来越受到重视，其中药物活性化合物（pharmaceutically active compounds，PACs）在世界各地的水体中已经可以被检测到。虽然没有证据表明水中 PACs 对人体健康有不良影响，但一些 PACs 已被证明是潜在的内分泌干扰物质。卡马西平（carbamazepine，CBZ）是一种典型的 PACs，常作为抗癫痫药使用，全球每年的 CBZ 消耗量可达 1014 吨，其结构式如图 3-1 所示。与其他药物活性化合物相比，CBZ 在大多数水体中的浓度相对较高，一般可达 30～1100 ng/L。同

---

❶ 1 psi=6894.757 Pa。

时，CBZ 又是城市污水处理厂中最难生物降解的药物之一，因此为保证污水排放的安全性，需要采用新技术去除污水中的 CBZ。本节采用常规臭氧法（"异位"放电）和水面直接介质阻挡放电（"原位"放电）对 CBZ 废水进行处理，以比较两种工艺去除该物质的效能，同时分析两种放电系统下 CBZ 的降解机理。研究中所用的处理装置由高压等离子体电源、管式介质阻挡放电反应器、电气监测装置和气体输送装置等部分组成。该实验装置各部分连接方式如图 3-2 所示。

图 3-1　卡马西平化学结构式

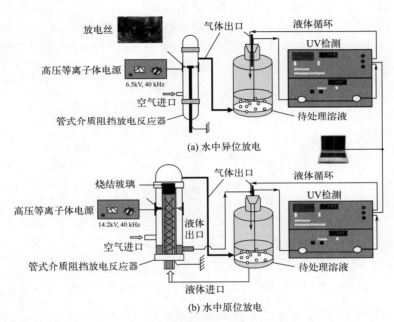

(a) 水中异位放电

(b) 水中原位放电

图 3-2　实验装置示意图

　　研究采用的反应器类型为管式介质阻挡放电反应器。反应器由两个外径分别为 8 mm 和 15.5 mm 的同心玻璃圆管组成。该管的末端是一块烧结玻璃，允许液体流动，并在其外表面形成一层薄膜。介质阻挡放电发生在两个玻璃管之间的环形空间中。高压电极由缠绕在外部玻璃管周围的铜黏合膜制成。接地电极是缠绕在内部玻璃管上的钨丝（直径 0.25 mm）。管的厚度分别为外管 2 mm、内管 1.5 mm。电极间隙为 2 mm。

3.3.1　原位放电与异位放电对水中卡马西平去除的性能研究

　　实验以 CBZ（20 mg/L）模拟废水作为处理对象，考察了异位放电和原位放电对 CBZ 的去除情况。在异位放电实验中，通入 1 L/min 的空气作为放电气源，放电发生在高压电极、玻璃管中心的金属盘和作为介质的玻璃管之间的气隙中。放电产生的活性物质（主要为 O_3）被鼓入盛有 CBZ 溶液的玻璃瓶中，玻璃瓶底部放置一块烧结玻璃使气体以微小气泡的形式分布，从而确保气体和待处理溶液之间的良好接触。在原位放电实验中，将待处理的 CBZ 溶液直接以 6 mL/min 的流速泵入 DBD 反应器中形成液膜放电，进气流速为 1 L/min。同时，将放电后的气体再次通入 CBZ 溶液中进行二次利用。

为比较两种工艺，需将两系统气体出口测量的臭氧浓度固定在 40 μL/L。因此，设置工艺的相关参数如下：异位放电实验中，注入系统的功率为 0.7 W，能量密度为 2.5×10^4 J/L；原位放电实验中，注入系统的功率为 12 W，此时体系能量密度为 4.3×10^5 J/L。结果表明，放电 3 min 后，原位放电处理 CBZ 的效率约为 67.2%，增加放电时间至 60 min 后，CBZ 的去除效率可提高至 90.7%。而在异位放电实验中，控制体系中臭氧的产生量与原位放电相同，CBZ 在水中的去除却非常迅速，反应 3 min 后 CBZ 去除率即可达到 100%。

另外，254 nm 的紫外吸光度已被广泛用于表征水中芳香族有机物的存在。如图 3-3 所示，在原位放电处理 CBZ 的过程中，水溶液在 254 nm 处的紫外吸光度在 60 min 内从 0.5 缓慢增加到 0.6，表明水中 CBZ 分子发生降解并生成了单芳香族化合物。而在异位放电处理过程中，水溶液在 254 nm 处的紫外吸光度在 6 min 内快速增加到 0.8，然后缓慢降低，在 60 min 后下降至 0.3。这表明除了生成单芳香族化合物外，水中的 CBZ 及其芳香族副产物发生了进一步降解。

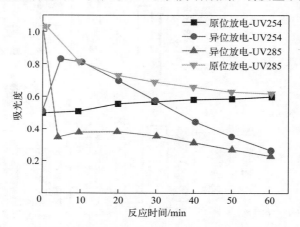

图 3-3   水中原位放电和异位放电对 CBZ 去除过程的吸光度变化

为了进一步考察 DBD 处理对 CBZ 的降解情况，对放电过程中溶液 TOC 的变化进行了测定。处理 60 min 后，异位放电处理 CBZ 溶液的 TOC 降低了 48.2%，而原位放电过程中溶液 TOC 仅去除 19.4%。由此说明，与高能量密度的原位放电处理相比，低能量密度的异位放电处理反而更有利于 CBZ 的降解。

3.3.2   原位放电与异位放电产生的活性物质特性研究

为了探究原位放电和异位放电的放电特性，测定了不同体系放电过程中产生的气相氮氧化物（NO_x）的含量。在异位放电过程中，NO_x（$NO + NO_2$）的浓度几乎可以忽略不计（低于 5 μL/L），但是在原位放电中 NO_x 的浓度达到了 50 μL/L。这主要是因为在原位放电过程中，为了引发放电和达到与异位放电相同的臭氧浓度，系统需要更高的能量，这不可避免地导致了更多 NO_x 的产生。正如 Kogelschatz 等人所假设的那样，当体系能量密度增大时，产生的 NO_x 也随之增加。实验还测定了放电过程溶液中 NO_3^- 和 NO_2^- 含量的变化，而其在溶液中的存在可以通过 NO_2 在水中的溶解来解释，如式（3-1）所示。

$$2NO_2 + H_2O \longrightarrow HNO_2 + H^+ + NO_3^- \tag{3-1}$$

由于 HNO_2 非常不稳定，根据溶液 pH 值的改变，HNO_2 会转化为 NO_3^- 和 NO，或溶解为 NO_2^-，如式（3-2）和式（3-3）所示。在水中有 O_3 存在的情况下，NO_2^- 也可以根据式（3-4）的反应被氧化为 NO_3^-。

$$3HNO_2 \longrightarrow H^+ + NO_3^- + H_2O + 2NO(g) \tag{3-2}$$

$$HNO_2 \Longrightarrow H^+ + NO_2^- \tag{3-3}$$

$$NO_2^- + O_3 \longrightarrow NO_3^- + O_2 \tag{3-4}$$

本研究测定了原位放电过程溶液中 NO_3^- 和 NO_2^- 的浓度变化情况，如图 3-4 所示。

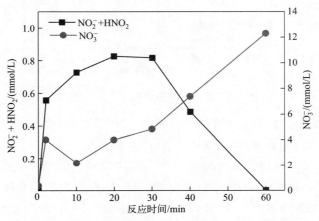

图 3-4 原位放电过程中 NO_2^- 和 NO_3^- 的浓度变化

溶液中 NO_3^- 的浓度在处理的 10 min 至 60 min 之间，从 2 mmol/L 逐渐增加到 12 mmol/L。NO_2^- 和 HNO_2 的浓度在反应开始时迅速增加，10 min 后达到约 0.8 mmol/L；然后在 10～30 min 内几乎保持稳定；30 min 后，浓度迅速下降，在 60 min 时几乎下降至 0 mmol/L。造成这种结果的原因可能是溶液 pH 值的降低。如图 3-5 所示，原位放电过程中溶液的 pH 值从 7.9 下降到 2.8，这主要是由于 NO_2 溶解导致水中产生了 H^+。HNO_2 是一种弱酸，其 pK_a 是 3.35，因此当 pH 下降时，游离的 NO_2^- 越来越少，从而导致溶液中不再生成 NO_2^-，而是通过反应［式（3-2）］转化为 NO_3^- 和 NO。

溶液中原本存在的 NO_3^- 浓度为 0.362 mmol/L，原位放电处理 60 min 后，溶液中 NO_3^- 的浓度可达到 12.269 mmol/L，而 H^+ 的浓度为 4.78 mmol/L（pH 为 2.32）。根据硝酸的结构式可以假定当硝酸解离时，产生相同物质的量浓度的水合氢离子和硝酸根离子。根据调查可知溶液中碳酸氢根离子（HCO_3^-）的浓度大约 4.07 mmol/L，因此在处理过程中，4.07 mmol/L 的 H^+ 与 HCO_3^- 反应生成 H_2O 和 CO_2。但是还有 3.42 mmol/L 的 H^+ 无法平衡。此外，如果假设 Cl^-、SO_4^{2-}、Ca^{2+}、K^+、Na^+ 和 Fe^{2+} 的浓度在处理过程中没有变化，则正负电荷之间的平衡（溶液的电中性）无法验证。计算结果显示，溶液中负电荷浓度为 13.6 mmol/L，而正电荷浓度仅为 9.6 mmol/L，表明溶液中存在新的阳离子。因此，为了进一步解释这一结果，提出了以下假设：在被水覆盖的金属电极表面可能发生了产生氢氧根离子（OH^-）和金属阳离子（M^{2+}）的电化学反应。以式（3-5）的氧化还原体系为例：

$$H_2O + 0.5O_2 + M \longrightarrow 2OH^- + M^{2+} \qquad (3\text{-}5)$$

式中，M 是金属。

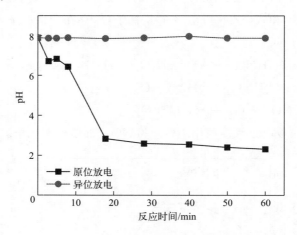

图 3-5 放电过程中溶液 pH 值的变化

另外，实验考察了异位放电过程中 $[NO_3^- + NO_2^-]$ 和溶液 pH 的变化。结果显示，处理 60 min 后，异位放电体系中 $[NO_3^- + NO_2^-]$ 的浓度仅为 1.02 mmol/L，并且在反应过程中 pH 值稳定在 8。在异位放电过程中产生与原位放电完全不同的结果，这主要是因为溶液中吸收的 NO_2 量太少，由于 HCO_3^- 的缓冲作用，溶液的 pH 值不会发生剧烈变化。在本实验中，CBZ 的浓度仅为 8.47×10^{-2} mmol/L，同时异位放电注入的功率仅为 0.7 W（能量密度为 2.5×10^4 J/L）。因此，在如此低能量密度的放电条件下，产生的 NO_x 的量也相对较少。即使所有 CBZ 分子都被氧化成酸性分子，酸性分子最多可以有 12 个酸性基团，仅为碳酸氢盐分子的 1/4。因此，在异位放电系统中溶液 pH 值并没有发生很大的变化。

3.3.3 卡马西平的降解机理研究

通过 GC-MS 和 LC-MS 对两种放电体系（原位放电和异位放电）降解 CBZ 的降解产物进行了分析。结果表明，与原位放电相比，异位放电中更容易检测到中间产物。鉴定的化合物列在表 3-3 中。

表 3-3 CBZ 降解中间产物

分子式	结构式	分子量	异位放电	原位放电
$C_{14}H_{11}NO_2$		225	√	
$C_{15}H_{10}N_2O_2$		250	√	

续表

分子式	结构式	分子量	异位放电	原位放电
$C_{15}H_{12}N_2O_2$		252	√	
$C_{15}H_{10}N_2O_3$		266	√	
$C_{15}H_{11}ClN_2O_4$		319		√
$C_{15}H_{12}N_2O_4$		284	√	
$C_{15}H_{12}N_2O_5$		300	√	√

在异位放电过程中，共鉴定了 6 种降解产物，喹唑啉基的官能团（环化后）和苯甲醛基或苯甲酸基的官能团均可以被检测到。其中 $C_{14}H_{11}NO_2$、$C_{15}H_{10}N_2O_2$、$C_{15}H_{10}N_2O_3$、$C_{15}H_{12}N_2O_4$ 和 $C_{15}H_{12}N_2O_5$ 在单独 O_3 处理或用 $Fe(\text{Ⅶ})$ 和 $Mn(\text{Ⅵ})$ 氧化 CBZ 的研究中也可以被检测和鉴定，其中 $C_{14}H_{11}NO_2$、$C_{15}H_{12}N_2O_4$ 和 $C_{15}H_{12}N_2O_5$ 可能是由 $C_{15}H_{10}N_2O_2$ 进一步氧化形成的。

在原位放电过程中仅检测到了 $C_{15}H_{12}ClN_2O_4$ 和 $C_{15}H_{12}N_2O_5$ 两种降解产物。$C_{15}H_{12}N_2O_5$ 通常可以在臭氧化处理中被检测到，它也在异位放电处理中被检测到。而对 $C_{15}H_{11}ClN_2O_4$ 进行质谱分析可以发现其碱基峰为 156，关键片段峰（m/z）为 43、57、71、97、121、135 和 141。在 156 和 141 处的两个片段可能含有一个氯基团。$C_{15}H_{11}ClN_2O_4$ 可能是 $C_{15}H_{12}N_2O_5$ 经过环化并被氯自由基攻击后形成的。由于自来水中含有游离氯，在氯化铁的催化作用下，在原位放电过程中形成的 ·Cl 会攻击芳香环结构。在实验过程中可以发现，溶液在异位放电过程中慢慢变成黄色，而在原位放电过程中立即变成黄色。这种颜色的变化可能表明溶液中含有硝基—NO_2 官能团的芳香族化合物的存在。

通过比较产生相同 O_3 量的原位放电和异位放电，可以发现异位放电在 CBZ 去除率、芳香族化合物和 TOC 去除方面更具有优势。在这种情况下，异位放电降解 CBZ 的途径主要是长寿命氧化剂 O_3 直接与 CBZ 分子反应并引发链反应从而有效氧化污染物及其中间产物。

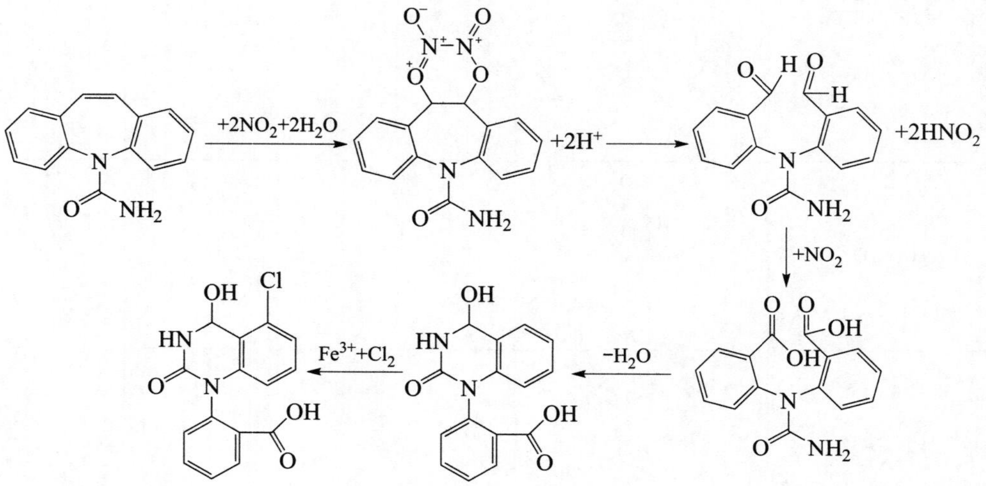

(a) NO₂氧化降解

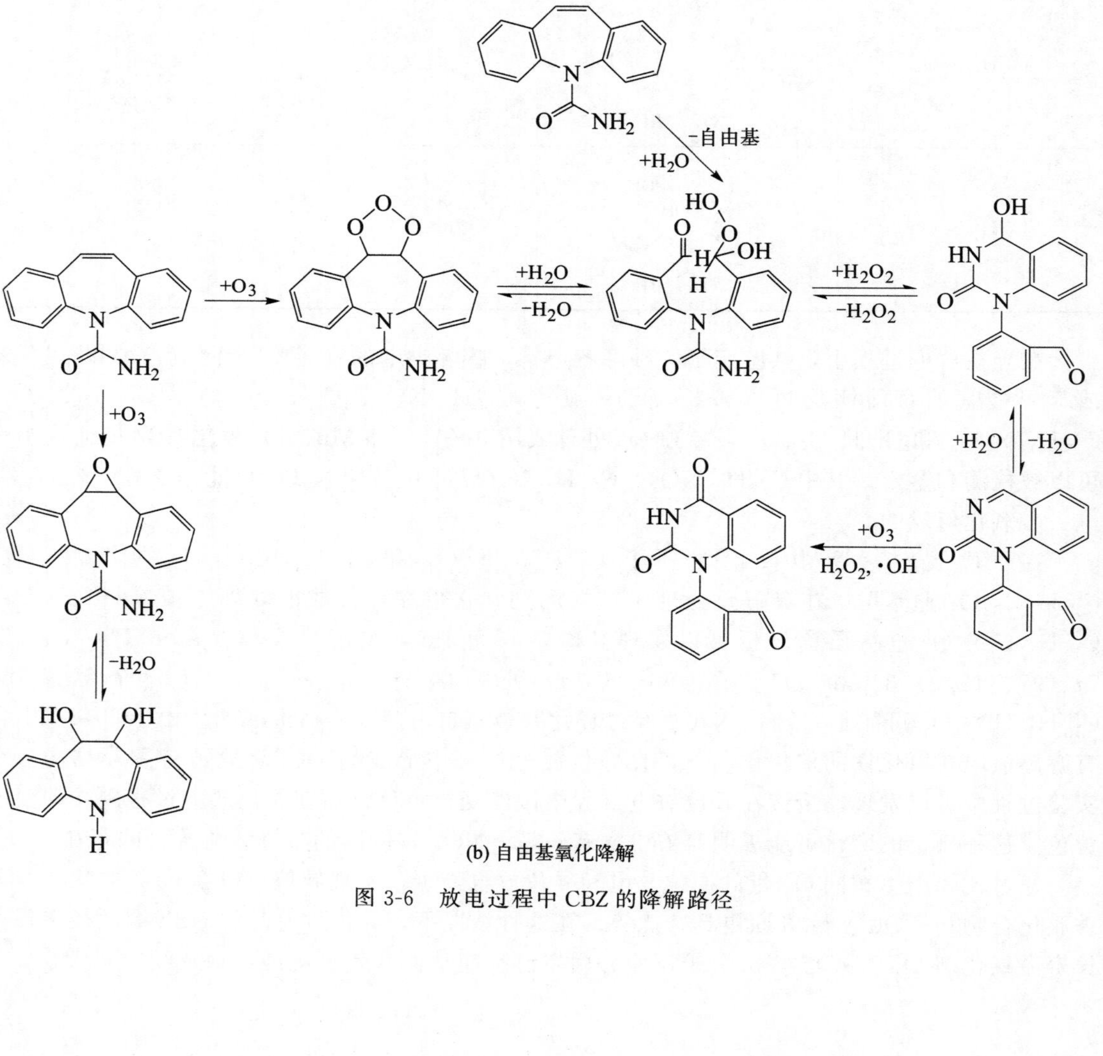

(b) 自由基氧化降解

图 3-6　放电过程中 CBZ 的降解路径

在原位放电过程中，由于使用了较高的输入能量，因此体系中产生了较高浓度的气态氮氧化物。事实上，当水膜覆盖接地电极时，需要施加更高的电压来引发放电，这一过程不仅产生 O_3，还产生氮氧化物。众所周知，在空气 DBD 中 NO_x 的形成也被称为"中毒效应"。氮氧化物包括 NO、NO_2、NO_3（由 NO_2 和 O_3 反应形成）和 N_2O_5（由 NO_3 和 NO_2 复合形成）。其中一些物种可能会促进 CBZ 的氧化。例如，NO_3 自由基可与许多有机物直接反应，NO_2^- 和 NO_3^- 可能被放电发出的紫外光光解，并产生 ·OH、·NO 或 ·NO_2 等自由基。氮氧化物显示出比 ·OH 更低的反应性和更高的选择性，而且氮氧化物会阻止或减缓 O_3 引发的链反应。

（1）直接与臭氧反应

$$NO_2^- + O_3 \longrightarrow NO_3^- + O_2 \qquad k=(5.83\pm0.04)\times10^5 \ \text{L/(mol·s)} \qquad (3\text{-}6)$$

（2）与羟基自由基反应

$$NO_2^- + \cdot OH \longrightarrow \cdot NO_2 + OH^- \qquad k=(6.6\sim10)\times10^9 \ \text{L/(mol·s)} \qquad (3\text{-}7)$$

原位放电中 O_3 与 NO_2^- 之间具有较高的反应速率，从而导致 O_3 与 CBZ 之间难以快速反应。放电 2 min 后，NO_2^- 和 CBZ 的浓度分别为 0.6 mmol/L 和 0.0847 mmol/L。经计算可知 NO_2^- 与 O_3 的反应速率比 CBZ 与 O_3 的反应速率高 13 倍。因此，在原位放电体系中，O_3 主要用于将 NO_2^- 氧化成 NO_3^-，几乎没有 O_3 可用于氧化目标污染物。而与 O_3 和 ·OH 相比，氮氧化物的氧化性并不高，因此处理 60 min 后溶液中仍存在一定量 CBZ。GC-MS 对氧化产物的分析也证明两种体系中主要的氧化途径是不同的。最后，提出了 CBZ 的氧化途径：在原位放电过程中，CBZ 被氮氧化物氧化，如 ·NO_2 自由基；而在异位放电中，CBZ 被臭氧或臭氧分解产生的自由基降解。降解路径如图 3-6 所示。

3.4　介质阻挡放电降解水中碘普罗胺的研究

造影剂（又称对比剂，contrast media）是为增强影像观察效果而被注入或服用后进入人体组织或器官的化学制剂。造影剂种类多样，目前使用的造影剂多为含碘制剂，其中的有机碘化物即为碘化造影剂（iodinated contrast media，ICM）。Daughton 等人在 1999 年的特别报告 "Pharmaceuticals and Personal Care Products in the Environment：Agents of Subtle Change?" 中指出，碘化造影剂在现代的医疗诊断中用量很大，全世界每年的用量超过 3000 吨，加之其在人体内 95% 以上未经新陈代谢即排出，以及城市污水处理厂对其没有去除效果，导致了碘化造影剂在环境中持续不断地积累。

碘普罗胺（iopromide，IPM）作为一种典型的 ICM，在国内市场的份额仅次于碘海醇，居第二位。其结构如图 3-7 所示。相关研究表明，常规污水处理厂工艺不能有效去除 IPM，即使臭氧工艺也很难将其去除。IPM 已经广泛存在于环境水体中，并将持久性地长期存在。有相关研究表明，IPM 等碘化造影剂的使用量达到了 200 g/d，而 90% 以上未经新陈代谢而被直接排出体外，这说明环境水体中 IPM 等碘化造影剂的含量仍在持续增长。欧盟"海神计划"对 PPCPs 中不同药物及个人护理品的代表物做了筛选，IPM 被选为 ICM 的代表物进行研究。表 3-4 为"海神计划"中对瑞士和德国的废水进水中 IPM 的预测质量浓度和检测质量浓度的比较。

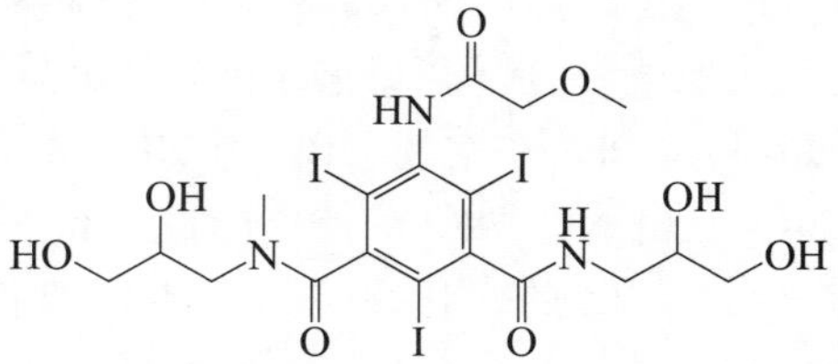

图 3-7   碘普罗胺化学结构式

表 3-4   瑞士和德国的废水进水中 IPM 的预测质量浓度和检测质量浓度比较

从尿液中排泄的未代谢的药物所占的比例/%	瑞士 [7.3×10⁶ 人，400L/(人·d)]			德国 [8.5×10⁷ 人，400L/(人·d)]		
	消费 (2000 年)/ (kg/年)	PEC STP 进水/ (ng/L)	MEC STP 进水/ (ng/L)	消费 (2000 年)/ (kg/年)	PEC STP 进水/ (ng/L)	MEC STP 进水/ (ng/L)
94	11000	10000	280～6730	64055	8300	7500

注：PEC——预测质量浓度，MEC——检测质量浓度；STP——污水处理厂。

本研究以典型 PPCPs 中 ICM 的代表物质碘普罗胺为研究对象，采用雾化等离子体和平板式双介质阻挡放电等离子体两种处理工艺，对等离子体降解 IPM 的效能及 IPM 的降解机理进行探究。研究中所用雾化等离子体装置和介质阻挡放电等离子体装置如图 3-8 所示。

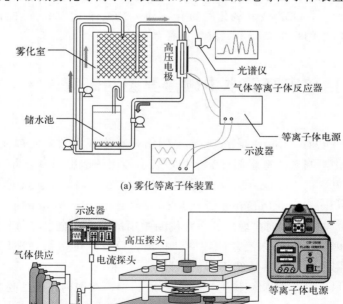

(a) 雾化等离子体装置

(b) 介质阻挡放电等离子体装置

图 3-8   实验装置示意图

雾化等离子体反应器是将溶液通过高压柱塞计量泵使其在雾化室内充分雾化，形成气溶胶，通过空气泵使空气进入雾化室与雾化形成的气溶胶充分混合，再通过抽气泵将气溶胶通过气体等离子体反应器进行放电处理（放电区域长度为 150 mm）。剩余气体由抽气打气两用泵打回储水池底部，通过微孔曝气盘使剩余气体中的 O_3 等氧化性气体更加均匀地扩散，作用于储水池中的目标化合物，充分利用尾气中具有氧化活性的物质。

本节所使用的介质阻挡放电反应器与第 2 章相同，反应器具体参数详见第 2 章 2.4 节。

3.4.1　雾化等离子体和介质阻挡放电对水中碘普罗胺去除的性能研究

实验以 IPM 模拟废水作为处理对象，考察了雾化等离子体工艺对 IPM 的去除效率。将 IPM 溶液在雾化室中充分雾化，以气溶胶的形式通过气体等离子体反应器，在放电区域将气溶胶中的 IPM 降解，并将剩余的 O_3 等活性物质通入储水池，继续氧化降解目标污染物。结果如图 3-9 所示。

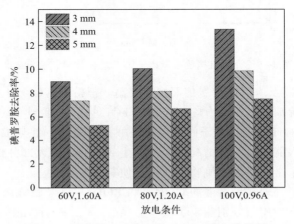

图 3-9　雾化等离子体工艺对 IPM 的去除效果

如图 3-9 所示，在雾化等离子体放电体系中，当放电间隙固定时，IPM 的去除率随输入电压的升高而升高。其原因是输入电压增大，容易达到帕邢定律中的最小击穿电压，形成等离子体通道，而等离子体通道内含有大量的活性基团物质，这些活性基团物质无选择性地与有机物结合并将其降解。当输入能量相同时，去除率随放电间隙的增大而减小。这主要是因为放电间隙增大，所需的最小击穿电压增大，即输入能量相同的条件下，间隙大的等离子体反应的微电子通道相对较少，形成的活性基团也相应减少，虽然间隙大可以使气溶胶在反应器中停留时间相对长一些，但二者之间不是简单的正比关系，所以输入电压电流相同的条件下，IPM 的去除率随放电间隙增大而减小。尽管增加电压和减小放电间隙可以提高 IPM 的去除率，雾化等离子体工艺对 IPM 的去除效果依然较差，处理 60 min 后，IPM 的去除率最高仅为 13.39%。

通过测定溶液 TOC，发现在反应过程中溶液 TOC 基本没有变化，说明 IPM 废水中有机物总量没有变化，即被去除的 IPM 只是某些键被打断，而没有发生矿化。这可能是由于气溶胶通过等离子体放电区域的速度较快，而大部分活性基团物质的半衰期是纳秒级的，未能充分接触反应，剩余气体中的 O_3 与 IPM 的反应系数又很小，即·OH 等活性物质降解 IPM 废水的原位反应没有实现，而异位反应的效果又较差。

在这种情况下，利用平板式双介质阻挡放电反应器对 IPM 废水进行原位放电处理，其去除效率随时间的变化如图 3-10 所示。实验过程中输入功率为 54 W，放电电压为 50 V。结果表明，随着反应时间的增加，IPM 的去除率逐渐提高。当反应时间为 8 min 时，IPM 的去除率已经达到 100%。随着反应时间的增加，输入反应体系中的能量迅速积累，从而使体系中的活性粒子不断增加和积累，这些活性粒子不断与溶液中的污染物反应，从而提高了去除效率。

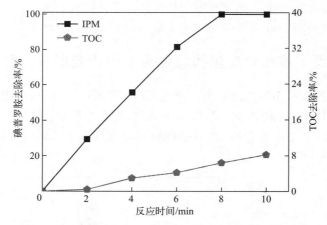

图 3-10   介质阻挡放电等离子体工艺对 IPM 的去除效果

尽管 IPM 去除率随反应时间的增加而快速提高，但溶液 TOC 的去除率却上升缓慢；反应 8 min 后，IPM 去除率已达到 100%，而溶液 TOC 去除率不到 9%，并且仍呈上升趋势。原因可能是 IPM 和·OH 等活性粒子间的反应是非扩散控制，并且 IPM 分子中各化学键的键能并不相同，在输入能量一定的情况下，所产生的活性粒子大部分作用于键能较低的化学键，使其断裂形成分子量较小的有机物，而不能使其完全矿化。

另外，实验测定了处理前后溶液的 COD_{Cr} 和 BOD_5，以考察等离子体工艺对 IPM 废水的可生化性是否有改善作用。分别测定了反应 0 min、8 min、10 min 的 IPM 注射液的稀释液的 COD_{Cr} 及 BOD_5，结果见表 3-5。经过等离子体处理后，目标溶液的 COD_{Cr} 去除率不到 6%；而处理后溶液的可生化性（B/C）却分别提高了 1800%、2720%，8 min 和 10 min 后 B/C 分别为 0.4207、0.6234（均大于 0.3），说明经过等离子体处理后，原先具有生物惰性的 IPM 废水同样可以被活性污泥等工艺生物降解，等离子体工艺可以在短时间内提高生物惰性物质的可生化性。

表 3-5   处理前后溶液的 COD_{Cr} 及 BOD_5

反应时间/min	COD_{Cr}/(mg/L)	BOD_5/(mg/L)	B/C
0	79.88	1.7673	0.0221
8	75.75	31.8654	0.4207
10	75.26	46.9145	0.6234

3.4.2   介质阻挡放电对水中碘普罗胺去除的影响因素探究

3.4.2.1   输入电压

在不同的输入功率、反应时间均为 10 min 的条件下，考察了不同输入电压对 IPM 去除的影响，结果如图 3-11 所示。

IPM 的去除率随输入电压增大先升高后下降，在输入电压为 50 V 时达到最高。当固定输入电压为 50 V，调整输入功率为 54 W 时，碘普罗胺的去除率在 8 min 内达到了 100%。

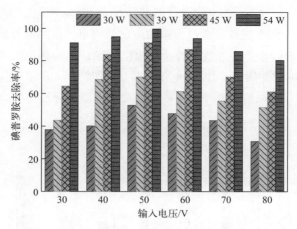

图 3-11　输入电压对 IPM 去除的影响

输入电压继续增大而去除率反而下降的原因是，输入电压过高时会浪费更多的能量在电路损耗上，而且输入电压越高会导致溶液温度上升越快，造成能量利用效率下降。另外，由放电现象也可以发现在输入电压为 50 V 时，介质阻挡放电现象较为稳定。

3.4.2.2　输入电流

在输入电压为 50 V、反应时间为 10 min 的条件下，考察了不同输入电流对 IPM 去除的影响，结果如图 3-12 所示。随着输入电流的增大，电源输出能量逐渐增加，IPM 的去除率也逐渐提高，当输入电流为 1.08 A 时，IPM 的去除率达到了 100%。

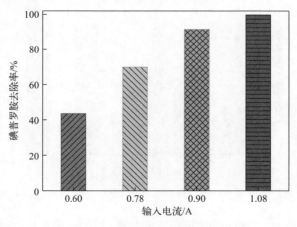

图 3-12　输入电流对 IPM 去除的影响

考虑到在输入电流为 1.08 A 时 IPM 已完全降解，若进一步提高输入电流不仅会使溶液温度上升加快，从而导致能量利用效率降低，也会使输出高压线产生的热量增加，造成能量损失，所以选择 1.08 A 为最佳功率输入电流。

3.4.3　碘普罗胺的降解机理研究

3.4.3.1　处理后溶液中 NO_3^- 的浓度

当利用低温等离子体技术处理 IPM 废水时，生成大量高能量的活性粒子，同时将空气

中的氮气氧化生成 NO_x，NO_x 溶入氧化性的溶液中后形成 NO_3^-，以 NO_3^--N 的形式存在于溶液中。废水中 NO_3^- 浓度过高，会给后续的生化处理单元增加额外的负荷，所以测定 IPM 废水中的 NO_3^- 可以为后续生化处理的参数选择提供依据，同时还可以考察等离子体能量利用情况。实验考察了相同输入功率不同输入电压条件下处理 10 min 和最佳输入电压电流条件下不同处理时间碘普罗胺废水处理前后 NO_3^- 浓度的变化，结果分别如图 3-13 和图 3-14 所示。

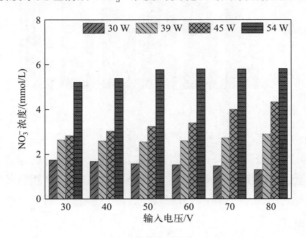

图 3-13　输入电压对 NO_3^- 浓度的影响

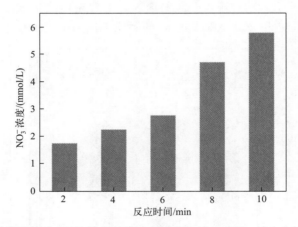

图 3-14　反应时间对 NO_3^- 浓度的影响（输入电压：50 V，输入电流：1.08A）

　　由图可知，NO_3^- 的浓度随反应时间和输入功率的增加而增大。相同输入功率不同输入电压下，NO_3^- 浓度的增大基本一致，而相同输入电压条件下，NO_3^- 浓度随输入功率的增加而增大。原因可能是随着输入能量的增加，有更多的能量可以使氮气被解离、电离从而生成 NO_x，溶于氧化性的水后形成更多 NO_3^-；另外，输入能量增加后，形成的高能量活性粒子也相应增多，这些粒子也会使 N_2 解离、电离。但是，测定发现：放电 8 min 和 10 min 后溶液中 NO_3^- 的浓度为 4.67 mmol/L 和 5.76 mmol/L，仅占 NO_3^- 理论最高浓度（90.06 mmol/L）的 5.2% 与 6.4%，且这些 NO_3^- 还包括 IPM 分子中含有的胺基被活性粒子氧化后形成的 NO_3^-，因此，随着输入能量的增加，生成的 NO_3^- 量虽有增加但增幅较小，说明大部分等离子体能量用于目标物质的降解。

3.4.3.2   处理后溶液中 I⁻ 的浓度

IPM 分子中含有 3 个 C—I 键，当活性粒子将 C—I 键断裂后，I 将以 I⁻ 的形式存在于溶液中。实验考察了介质阻挡放电处理 IPM 过程中 I⁻ 浓度的变化，结果如图 3-15 和图 3-16 所示。

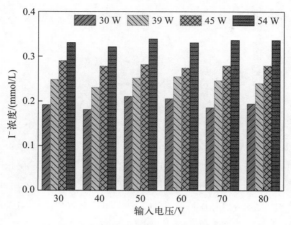

图 3-15   输入电压对 I⁻ 浓度的影响

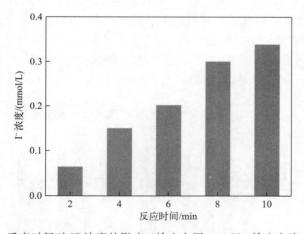

图 3-16   反应时间对 I⁻ 浓度的影响（输入电压：50 V，输入电流 1.08 A）

溶液中 I⁻ 的浓度随反应时间的增加而逐渐增大，这可解释为输入功率相同时，随着反应时间的增加，反应体系获得的能量就越多，等离子体放电产生的活性粒子也越多，IPM 受到活性粒子作用的概率增大，其分子中 C—I 键断裂形成 I⁻ 的量增多，溶液中 I⁻ 的浓度随之增大。反应 10 min 后，溶液中的 I⁻ 浓度达到 0.34 mmol/L，为 IPM 废水中 I⁻ 的理论最高浓度（0.38 mmol/L）的 89.5%，表明 IPM 得到有效降解。同时，溶液中 I⁻ 的浓度随输入功率的增大而增大，这主要是因为输入功率越大，相同时间内反应体系获得的能量也就越多，体系产生的活性粒子也越多，从而使 IPM 分子中的 C—I 键更容易受到攻击而发生断裂。

3.4.3.3   处理后溶液中 H_2O_2 的浓度

在本研究中，H_2O_2 主要通过水分子与高能电子或·H、·OH、·HO₂ 等活性物质反应生成，如式(3-8)～(3-11) 所示。

$$2 \cdot OH \longrightarrow H_2O_2 \tag{3-8}$$

$$\cdot H + O_2 \longrightarrow \cdot HO_2 \tag{3-9}$$

$$2 \cdot HO_2 \longrightarrow H_2O_2 + O_2 \tag{3-10}$$

$$\cdot H + \cdot HO_2 \longrightarrow H_2O_2 \tag{3-11}$$

另外，O_3 能与自由电子或 $\cdot H$ 反应生成强氧化性物质 $\cdot OH$，$\cdot OH$ 再生成 H_2O_2。

$$e^- + O_3 \longrightarrow \cdot O_3^- \tag{3-12}$$

$$\cdot H + O_3 \longrightarrow \cdot HO_3 \tag{3-13}$$

$$\cdot O_3^- + H^+ \longrightarrow \cdot HO_3 \tag{3-14}$$

$$\cdot HO_3 \longrightarrow \cdot OH + O_2 \tag{3-15}$$

考虑到双介质阻挡放电反应釜内空气量有限，可产生的 O_3 不多，所以 H_2O_2 主要通过式(3-8)～式(3-11) 中的自由基再复合产生，以式(3-8)为主，这是等离子体通道分布不均匀致使局部区域内自由基浓度过高所导致的。理论上 H_2O_2 可在波长 800 nm 以下的光中分解形成 $\cdot OH$，但 H_2O_2 只对 300 nm 以下的紫外光有强烈吸收，所以 H_2O_2 只在 UV-C（200～280 nm）波段产生大量的自由基。H_2O_2 在 UV-B（280～315 nm）和 UV-A（315～400 nm）波段也有自由基产生，但与 UV-C 波段相比则较少。通过光谱仪检测可知，等离子体放电时产生的紫外光大部分是 UV-A 和 UV-B 波段的，所以放电产生的紫外光分解 H_2O_2 的作用不强。另外，H_2O_2 在有催化剂存在时的分解活化能只有几十 kJ/mol，而其单独热分解活化能相对较高，为 220 kJ/mol。在本反应体系中没有催化剂存在，因此 H_2O_2 分解作用较弱。实验考察了介质阻挡放电处理 IPM 溶液过程中 H_2O_2 浓度的变化，以判断该反应体系中产生的等离子体通道是否均匀，结果如图 3-17 和图 3-18 所示。

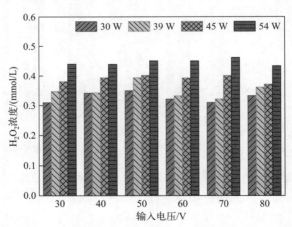

图 3-17   不同输入电压对溶液中 H_2O_2 浓度的影响

由图 3-17 可知，溶液中 H_2O_2 的浓度随输入功率的增加而增大。这主要是由于较高的输入功率将产生较大的折合场强，从而导致等离子体通道中的平均电子能量升高，在碰撞概率相同的条件下，与电子碰撞产生的自由基的量也相应增多，局部区域内自由基过多会复合生成更多 H_2O_2，而不同条件下 H_2O_2 浓度最大只有 0.45 mmol/L，说明双介质阻挡放电所产生的等离子体通道分布较均匀。

如图 3-18 所示，溶液中 H_2O_2 的浓度随时间而增加，若将 H_2O_2 的生成反应假设为零

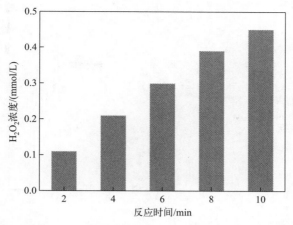

图 3-18　反应时间对 H_2O_2 浓度的影响（输入电压：50 V，输入电流：1.08A）

级反应，则反应中 H_2O_2 的表观产率（$k_{H_2O_2}$）即浓度对反应时间的斜率为 7.57×10^{-4} mmol/（L·s），这可以解释为 H_2O_2 是双介质阻挡放电等离子体作用过程的产物，其产生量由电源、反应器特性参数及工艺条件决定，当这些因素一定时，H_2O_2 的产率理论上是一个常数。

3.4.3.4　碘普罗胺的降解历程

双介质阻挡放电过程是气相放电和液相放电结合的气液放电过程。在气水混合界面，存在尺寸相对较大的水滴和由于挥发作用产生的水分子，而水分子、氮气分子、氧气分子的直径分别为 4.60 Å[1]、3.75 Å、3.61 Å，因此水分子的碰撞截面要大于氮气和氧气分子，碰撞概率也相应增大。而且水的电离能（12.59 eV）与氧气的（12.80 eV）相当，小于氮气的电离能（15.60 eV），激励能（7.60 eV）小于氧气的激励能（7.90 eV）。因此，由于空间水分子增多，电子和水分子碰撞电离产生的自由电子将增多。气水混合界面含有大量水滴和水分子，在放电过程中产生数量和种类更多的活性物质，如高能水合电子（e_{aq}^-）、氢自由基（·H）和羟基自由基（·OH）等。水分子的电负性较强，容易吸附电子而形成 H_2O^-。这些活性粒子可以与水中含有的有机或无机化合物发生化学反应，使其发生降解。

本研究采用 HPLC、傅里叶变换红外光谱仪（FTIR）等对介质阻挡放电去除碘普罗胺的机理作简单探究。IPM 在处理前和经 DBD 处理 10 min 的 HPLC 检测结果如图 3-19 所示。

经 DBD 处理 10 min 后，IPM 被降解为一种或多种化合物（记为 R），化合物 R 的出峰时间在 3~4 min。图中化合物 R 的峰面积远小于 IPM 的峰面积，而 TOC 结果却表明处理后的 IPM 溶液中仍含有原有机物总量的 90% 以上，这是因为不同物质有不同的最大紫外吸收波长，而在其他紫外波长下的吸收强度比较低，所以化合物 R 在 HPLC 分析条件中的紫外检测波长 242 nm 下的峰面积较小。另外，根据液相色谱理论，在 RP 柱条件下，极性物质的出峰时间比非极性和弱极性物质要早，而极性物质中极性大的小分子物质先出峰，所以可知化合物 R 为极性较大的小分子物质，但化合物 R 的定性定量分析有待进一步研究。

此外，将处理后的 IPM 溶液用双光束紫外可见分光光度计在 200~600 nm 进行光谱扫描，扫描结果如图 3-20 所示。化合物 R 的最大吸收波长在 200 nm 以下，由紫外光谱和分子

---

[1] 1 Å $= 10^{-10}$ m。

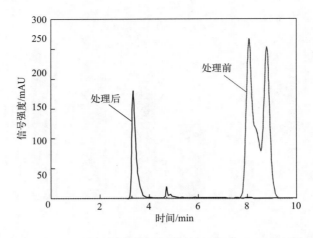

图 3-19   IPM 处理前后的高效液相色谱图

结构的关系可知，化合物 R 为饱和烃及其取代衍生物。结合 HPLC 检测结果可以推测，化合物 R 为小分子有机酸或醇等极性物质。

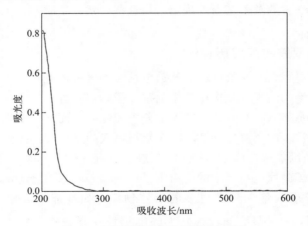

图 3-20   处理后的 IPM 溶液光谱图

　　处理前后 IPM 溶液的红外光谱如图 3-21 所示。碘与碳原子成键后，伸缩振动吸收峰的一般波数范围在 $500\ cm^{-1}$ 附近，但由于苯环及分子结构的影响，IPM 分子中 C—I 键的波数超越了此范围，在 $650\ cm^{-1}$ 附近。如图 3-21 所示，处理后的溶液中 C—I 键大大减少，表明经 DBD 处理后 C—I 发生了断键，IC 检测中检测到 I^- 的量为溶液中碘含量的 90% 以上也证明了这一结论。另外，在 $700\ cm^{-1}$ 左右，C—N 键的吸收减弱，说明 IPM 分子中的氨基被破坏，继而被氧化为 NO_3^-，IC 检测中所得的一部分 NO_3^- 即来源于此。

　　综上所述，介质阻挡放电等离子体在短时间处理 IPM 的过程中，放电生成的活性粒子可以将 IPM 分子中的 C—I、C—N 以及其他不饱和键等键能较低的化合键断裂，形成小分子极性化合物 R。

3.4.4　SBR 模拟工艺处理等离子体工艺处理前后的碘普罗胺废水

　　间歇式活性污泥法（sequencing batch reactor，SBR）又称序批式活性污泥法，是一种不同于传统活性污泥法的废水处理工艺。与传统连续式活性污泥工艺相比，SBR 工艺具有

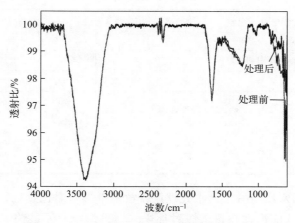

图 3-21　DBD 处理前后 IPM 溶液的红外光谱图

如下优点：①工艺流程简单，造价低，运行费用低；②在时间上具有理想的推流式反应器的特性；③污泥沉降性能良好，不易发生污泥膨胀；④对进水水质水量波动的适应性较好；⑤脱氮除磷效果良好；⑥可实现自动化控制。SBR 工艺在国内工业废水处理领域应用比较广泛，并且正在我国城镇污水处理厂中迅速推广，目前在建和设计中的相关设施遍布全国各地。SBR 工艺是一种高效、经济、管理简便、适用于中小水量污水处理的工艺，具有广阔的应用前景。

实验模拟 SBR 工艺对双介质阻挡放电等离子体工艺处理前后的 IPM 废水进行处理，因实验所用废水为蒸馏水稀释 IPM 注射液配制而得，没有大颗粒杂质，所以 SBR 模拟工艺中只考虑 SBR 反应池这一个处理单元，其尺寸为 $100\,mm\times100\,mm\times250\,mm$。SBR 模拟工艺运行周期设为 4 h，进水 1 h（进水 0.75 h 后开始曝气），曝气 1.75 h，沉淀 0.75 h，滗水 0.75 h（如果滗水时间不足 0.75 h，则剩余时间作为闲置时间）。SBR 模拟工艺所用活性污泥取自松江污水处理厂，工艺运行参数如表 3-6 所示。

表 3-6　SBR 模拟工艺运行参数

项目	数据
曝气阶段 DO/(mg/L)	1~2
MLSS/(mg/L)	3500~4000
污泥回流比	污泥产量很低，未考虑
滗水深度/mm	90

SBR 模拟工艺的进出水水质见表 3-7。从表 3-7 可以看出，双介质阻挡放电等离子体处理后的 IPM 废水经实验室 SBR 模拟工艺处理后，COD_{Cr} 的去除率达到了 90％以上，BOD_5 的去除率达到了 95％以上，总氮的去除率达到了 80％以上，与原水样的去除率相比，COD_{Cr}、BOD_5、总氮的去除率得到了大大提高，这是因为等离子体工艺将难以生物降解的 IPM 降解为易于生物降解的小分子有机物，将有机氮转化为 NO_3^--N，而 SBR 工艺在低负荷生活废水处理方面具有优势，特别是在脱氮除磷方面，使得等离子体处理后的 IPM 废水再经 SBR 工艺处理得到了很好的处理效果。

表 3-7　进出水水质

水样	项目	进水/(mg/L)	出水/(mg/L)	去除率/%	水样	项目	进水/(mg/L)	出水/(mg/L)	去除率/%
原水	COD_{Cr}	80.03	78.76	1.59	54W-50V	COD_{Cr}	72.30	6.84	90.54
	BOD_5	1.77	1.24	29.94		BOD_5	46.91	1.35	97.12
	总氮	5.31	4.93	7.16		总氮	80.60	14.22	82.36
54W-40V	COD_{Cr}	73.33	7.21	90.17	54W-60V	COD_{Cr}	71.94	7.19	90.01
	BOD_5	44.58	1.87	95.81		BOD_5	44.08	2.08	95.28
	总氮	74.86	12.09	83.85		总氮	81.20	15.12	81.38

将表 3-7 中进出水水质与城市污水处理厂排放标准进行对比发现，原水样虽已达到二级排放标准，但由于 IPM 的惰性和持久性对环境水体的影响，不能将其直接排放；等离子体处理后水样的 COD_{Cr} 已经达到二级标准，但 BOD_5 尚未达到二级标准，需要进一步处理；等离子体处理后的 IPM 废水经 SBR 工艺处理后，COD_{Cr}、BOD_5、总氮基本达到了城市污水处理厂的一级 A 排放标准，达到了回用水的基本要求，可用作城镇景观用水和一般回用水等。

此外，等离子体工艺处理中引入了 NO_3^-，导致 IPM 废水中总氮含量大大增加，高于常规生活污水中总氮含量（40～60 mg/L），但经 SBR 工艺处理后，总氮得到有效去除。这是因为 SBR 工艺在曝气阶段低 DO 水平下，好氧区中能够形成局部厌氧/微氧环境，同时菌胶团内部也能形成微观的厌氧/微氧环境，有利于好氧区同步硝化反硝化脱氮的进行。

3.5　介质阻挡放电降解水中糖皮质激素的研究

糖皮质激素（glucocorticoids，GCs）作为一类重要的内分泌干扰物，能够调节脊椎动物的能量代谢并影响脊椎动物的免疫功能和应激反应，几乎参与了人类和动物的所有生命活动。由于其重要的生理调节功能和药理性能，各种天然的及人工合成的糖皮质激素类药物（30 种以上）被大量应用于人类医疗及兽药，既可以有效治疗哮喘、支气管炎、风湿、关节炎、过敏、炎症性肠病、眼科疾病、皮肤病以及多种皮疹等人类疾病，又因为解热、抗炎和抗过敏等作用而常被用于治疗家畜的免疫性疾病、炎症反应等，成为畜牧业中广泛使用的药物之一。

GCs 主要通过人类和动物的排泄、养殖场牲畜的排泄、医院和制药厂等废水、废渣的排放三种途径进入水体环境。据统计，我国刚进入 21 世纪时 GCs 药物原料生产总量为 150 吨左右，之后产量每年递增，至 2007 年全年产量一度达到 300 吨。目前已经有部分研究显示 GCs 普遍存在于环境水体中，甚至在一些地区已达到很高的浓度水平。近年来一些研究表明 GCs 基本存在于各种环境水体中（地表水、地下水、城市污水处理厂进出水等）。极低浓度的 GCs 暴露就会导致生物出现一系列生理障碍，如免疫反应抑制、生长抑制和生理状况恶化等，进入水体环境的 GCs 会对生态系统和人体健康产生潜在的危害。然而，污水处理厂现有的传统生化处理工艺无法完全去除 GCs，甚至会进一步增大其对环境的风险。因此，有必要寻找一种有效的方法降解 GCs，从而控制环境中的 GCs 污染。

在众多糖皮质激素中，氟轻松（fluocinolone acetonide，FA）、曲安奈德（triamcinolone acetonide，TA）和丙酸氯倍他索（clobetasol propionate，CP）的活性最强（分别是地塞米松活性的38倍、71倍和2倍）。另外，曲安奈德已于近期被美国食品药品监督管理局规定为非处方药，预计用量及排放量会进一步增加。因此，本研究选择FA、TA和CP为目标污染物（结构式见图3-22），以介质阻挡放电技术（DBD）为主要处理技术，研究了DBD处理GCs的降解效果以及作用机理。本节所使用的介质阻挡放电反应器与第2章相同，反应器具体参数详见第2章2.4节。

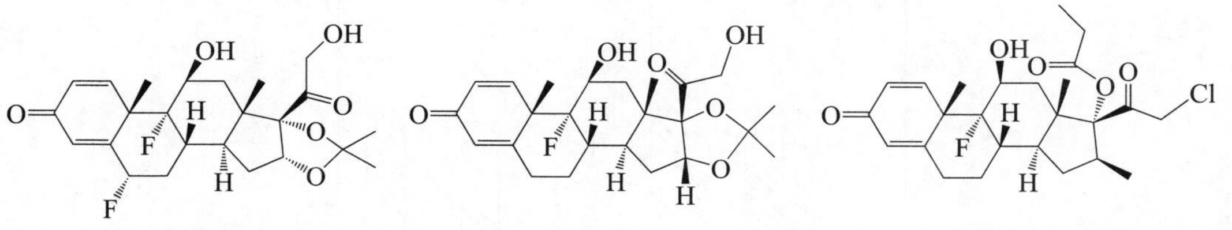

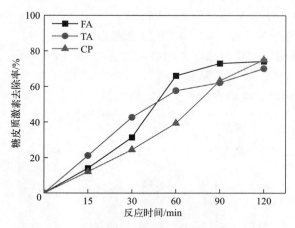

(a) 氟轻松   (b) 曲安奈德   (c) 丙酸氯倍他索

图 3-22 FA、TA 和 CP 的化学结构式

3.5.1 介质阻挡放电对水中糖皮质激素去除的性能研究

本实验配制 FA、TA 和 CP 的混合溶液，三种物质的初始浓度均为 50 mg/L，考察了 DBD 去除 FA、TA 和 CP 的效果，结果如图 3-23 所示。在放电功率为 45.2 W 的条件下，糖皮质激素的去除率随反应时间的增加逐渐提高；当反应时间为 120 min 时，FA、TA 和 CP 的去除率分别为 74.11%、70.10% 和 75.04%，表明介质阻挡放电可以有效去除溶液中的 GCs。

图 3-23 DBD 去除 FA、TA 和 CP 的效果

另外，为了考察 DBD 对这三种物质的矿化程度，对处理前后溶液的电导率和 TOC 进行了测定，结果如图 3-24 所示。溶液电导率随时间的变化先升高后降低并在之后基本保持稳定，TOC 随时间变化一直降低。电导率的升高一方面是因为放电过程中产生的 H_2O_2、NO_3^-、NO_2^- 以及电子等活性粒子的影响，另一方面可能是由 FA、TA 和 CP 氧化分解成小分子物质和碎片离子而造成的。电导率在 30 min 达到最高并随后逐渐降低并维持在一定范

围内，可能是由于活性粒子和污染物迅速反应而被消耗掉，加上 FA、TA 和 CP 的中间产物被进一步矿化，最后被矿化为二氧化碳和水。而 TOC 一直降低也进一步表明矿化过程一直在进行，在 60 min 左右降低迅速也表明在此阶段 GCs 的矿化程度较强，与电导率变化情况也相吻合。

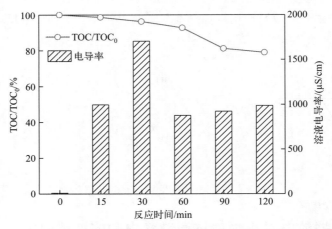

图 3-24　降解过程中电导率和总有机碳的变化

3.5.2　介质阻挡放电对水中糖皮质激素去除的影响因素探究

3.5.2.1　放电功率

在 FA、TA 和 CP 初始浓度均为 50 mg/L，溶液初始 pH 值为 6.8 的条件下，考察了不同放电功率下 DBD 去除这三种物质的效果。如图 3-25 所示，FA、TA 和 CP 的去除率均随放电功率的增大而升高。当放电功率为 58.2 W 时，三种物质的去除率均可达到 80% 以上；而当放电功率为 35.9 W 时，FA、TA 和 CP 的去除率仅分别为 12.2%、44.9% 和 67.4%。这主要是因为放电功率的增大使得放电区域电场强度增大，而电场强度的增大又促进了反应器内电子雪崩速度和强度的提升，从而产生了大量高能电子和活性自由基，提高了 FA、TA 和 CP 的去除率。同时放电功率的增大也可以促进气体分子的解离、电离和激发等强烈

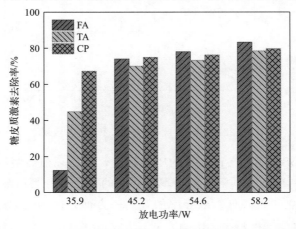

图 3-25　放电功率对 FA、TA 和 CP 去除的影响

的物理效应，从而产生更多臭氧、氮氧化物等活性物质。

此外，实验过程中同时计算得出了不同放电功率下的能量密度和能量效率，结果如表3-8所示。

表 3-8　不同功率条件下的能量密度和能量效率计算值

输出功率/W	输入功率/W	反应时间/min	能量密度/(J/L)	能量效率/%
35.9	36	120	5.17×10^7	99.72
45.2	48	120	6.51×10^7	94.17
54.6	60	120	7.86×10^7	91.00
58.2	72	120	8.37×10^7	80.83

由不同功率条件下能量密度和能量效率的计算值可知，随着放电功率的增大，能量密度逐渐增大，而能量效率却逐渐减小。原因可能是放电功率增大时，能量输入增大使得放电区域的能量密度增大，活性物质产生得更多，污染物降解效果更明显，但是能量密度越大，导致放电过程中微放电强度增大，非弹性碰撞更剧烈，也会使得部分能量以热能的方式损耗而导致反应系统能量效率降低。

3.5.2.2　溶液初始 pH

考虑到不同水体 pH 大小不一，且不同溶液 pH 会对 DBD 过程产生不同的影响，通过调节溶液初始 pH 为 3.3、4.6 和 8.0，探究了不同溶液 pH 对 FA、TA 和 CP 去除效果的影响，结果如图 3-26 所示。

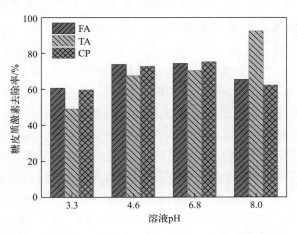

图 3-26　溶液初始 pH 对 FA、TA 和 CP 去除的影响

当输入功率为 45.2 W，溶液初始 pH 在 3.3～8.0 范围内变化时，FA 和 TA 的去除效果变化明显，CP 的去除率波动较小，但其变化规律与 FA 一致。对于 FA 和 CP，酸性和碱性条件均抑制其降解，且酸性越强抑制作用越明显。当不调节 pH（pH 为 6.8）时，FA 和 CP 在放电处理 120 min 后去除率分别为 74.11% 和 75.04%，而当 pH 为 4.6 和 3.3 时，FA 的去除率降低到 73.55% 和 60.54%，CP 的去除率降低到 72.47% 和 59.60%，原因可能是酸性条件下放电过程中更容易产生 H_2O_2 而不是·OH，而 H_2O_2 的氧化能力和反应速率都远远低于·OH。当 pH 为 8.0 时，FA 和 CP 的去除率分别降低到 65.11% 和 62.09%，这可能是因为碱性条件下，过量的 OH^- 会捕获放电过程中产生的·OH，同时碱性条件下产

生的 H_2O_2 更容易分解从而使得整个污染物去除过程受到抑制。酸性条件下 TA 的去除率变化规律和 FA、CP 一致，但碱性条件下 TA 去除率反而较高，原因可能是碱性条件影响了 TA 本身的物理化学性质。TA 在碱性条件下溶解度较低，溶液中可观察到 TA 絮状物存在，测定前经滤膜过滤而被去除最终导致 TA 去除率变高。

3.5.2.3　常见无机阴离子的影响

以 SO_4^{2-}、HCO_3^-、Br^- 和 Cl^- 四种常见无机阴离子的钠盐为添加剂，考察了这四种阴离子在不同浓度梯度条件（0 mmol/L、5 mmol/L、10 mmol/L 和 20 mmol/L）下对 FA、TA 和 CP 去除效果的影响，结果如图 3-27 所示。SO_4^{2-}、HCO_3^- 和 Br^- 在不同浓度条件下对 FA 和 TA 的去除均有明显的抑制作用，且对 FA 的抑制作用远远高于 TA。Br^- 在较高浓度下对 CP 的去除有一定的促进作用，与 Cl^- 的实验结果较为一致，同时 Cl^- 对 FA 存在一定程度的抑制作用。

整体上来说，SO_4^{2-}、HCO_3^- 降低了介质阻挡放电对 FA、TA 和 CP 的去除效果，原因可能是 SO_4^{2-} 和 HCO_3^- 均是·OH 捕获剂，通过和·OH 快速反应而消耗放电过程中产生的·OH，同时反应后对应生成的·CO_3^- 和·SO_4^- 的氧化能力也均低于·OH 的氧化能力，最终导致 FA、TA 和 CP 的去除率降低。Br^- 和 Cl^- 对 FA 的去除抑制作用较强，但对 CP 的去除则有一定的促进作用，对 TA 则呈现不同的实验结果，Br^- 依旧表现出抑制作用，但抑制作用减弱，Cl^- 促进去除 TA 且促进作用比 CP 更强。这可能是因为 Br^- 和 Cl^- 会和污染物竞争反应过程中产生的·OH 而使 FA 和 TA 去除率降低，但是 Cl^- 反应后生成的·Cl、·Cl_2^- 以及 HClO 等都是氧化性强的活性粒子，可以补偿失去的·OH 促进反应。

3.5.2.4　常见金属阳离子的影响

如图 3-28 所示，不同浓度的 Mn^{2+} 和 Ni^{2+} 对 FA、TA 和 CP 基本都有促进作用；Fe^{2+} 的促进作用先随着浓度的升高而降低，最后可能呈现抑制作用；Co^{2+} 的促进/抑制作用随着浓度的升高而增强/减弱。Mn^{2+} 和 Ni^{2+} 的添加提高了 FA、TA 和 CP 的去除率，而且去除率在一定浓度范围内变化不大。原因可能是在该浓度范围内 Mn^{2+} 和 Ni^{2+} 的催化效应起主导作用，促进了反应过程中·OH 的产生从而提高了污染物的去除率；同时 Mn^{2+} 可以和氧气反应生成 Mn^{3+} 从而催化污染物的降解。Fe^{2+} 在较低浓度下促进作用较明显，随着浓度升高促进效果降低。原因可能是较低浓度的 Fe^{2+} 加入反应液能与 DBD 过程中产生的 H_2O_2 形成 Fenton 试剂而促进·OH 的产生，同时放电过程中产生的紫外光可以将 $[Fe(OH)]^{2+}$ 还原为 Fe^{2+} 并产生·OH；而当 Fe^{2+} 浓度过高时会增大 Fe^{2+} 和·OH 的反应概率形成 Fe^{3+} 和 OH^-，从而抑制了·OH 的产生。

Co^{2+} 在较低浓度下对 FA 和 TA 有轻微的抑制作用，随着浓度升高，抑制作用减弱，最后促进 FA、TA 和 CP 的降解。原因可能是 Co^{2+} 在较低浓度下会直接和反应物作用形成复杂的络合物而降低了污染物的去除效率；而当浓度升高时，Co^{2+} 与 H_2O_2 发生类 Fenton 反应催化加速了 FA、TA 和 CP 的去除。

3.5.2.5　常见有机物的影响

腐殖酸（humic acid，HA）和草酸（oxalic acid，OX）作为地表水或地下水中常见的有机物，被认为是天然有机物的代表。通过向反应液中加入不同浓度的 HA 或 OX 探究不同有机物对 FA、TA 和 CP 去除效果的影响，结果如图 3-29 所示。

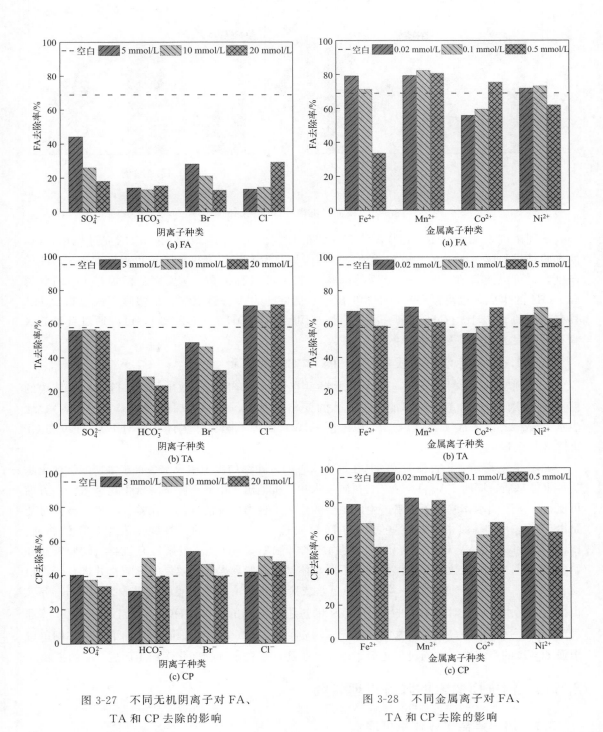

图 3-27　不同无机阴离子对 FA、
TA 和 CP 去除的影响

图 3-28　不同金属离子对 FA、
TA 和 CP 去除的影响

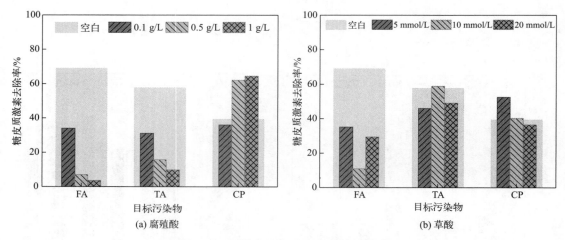

图 3-29　不同有机物对 GCs 去除的影响

不同浓度下 HA 对 FA 和 TA 均有一定的抑制作用，对 CP 具有一定的促进作用，OX 的实验结果与腐殖酸一致。出现这种现象可能是因为 HA 等有机物既可以引发促进·OH 的产生，也可以捕获消耗·OH。Ma 等人指出 HA 可以直接和 O_3 反应从而促进 O_3 的分解和·OH 的生成，也可以和·OH 发生反应从而终止自由基链反应。王曦曦等人也指出 HA 具有较高的氧/碳比（O/C）和一些光活性基团（—COOH、—OH 等），可以通过自身的吸收和吸附促进双氯芬酸钠的降解。

3.5.2.6　实际水体基质中 FA、TA 和 CP 的去除

考虑到实际水体中各种离子及有机物的共存情况，介质阻挡放电技术去除实际水体中的糖皮质激素的性能和效率均可能发生显著的变化，因此，进一步探究了矿泉水（MW）、地表水（SW）、自来水（TW）、二沉池出水（EW）四种不同实际水体基质对 FA、TA 和 CP 去除效果的影响。

如图 3-30 所示，FA、TA 和 CP 在地表水中的去除率均优于矿泉水、自来水、二沉池出水三种水体基质，同时 FA、TA 和 CP 在矿泉水和二沉池出水中的去除率均低于超纯水。一方面可能是由于不同水体基质条件下产生的主要活性粒子种类以及活性等存在差异，另一方面可能是由于其他水体基质中存在某些可以与 DBD 处理过程中产生的活性粒子发生反应的物质。López Peñalver 等人曾通过计算不同活性物质的抑制率与 pH 值、溶解性有机物、碳酸氢盐和硝酸盐含量之间的函数关系来评估四种不同水体基质对四环素降解效果的影响，并进一步得出地表水中 e_{aq}^- 和·OH 的抑制率均低于地下水或废水的结论，与本实验结果一致。Zhang 等人也指出不同水体成分对 CaO_2 技术去除 TA 的过程有不同的影响，HCO_3^-、Cl^- 和 SO_4^{2-} 等通过竞争反应过程中的羟基自由基或其他活性物质抑制了 TA 的去除，而 HA 和 PO_4^{3-} 等则可以增强 H_2O_2 的稳定性，并通过促进吸附以及产生活性氧粒子等物理化学作用促进 TA 的去除。

3.5.3　糖皮质激素的降解机理研究

3.5.3.1　等离子体作用机理

为了进一步检验 DBD 处理过程中各种活性粒子的存在情况，利用 OES 对自然通风条件下的放电情况进行了检测，结果如图 3-31 所示。从标准光电发射光谱图可以明确对应找出

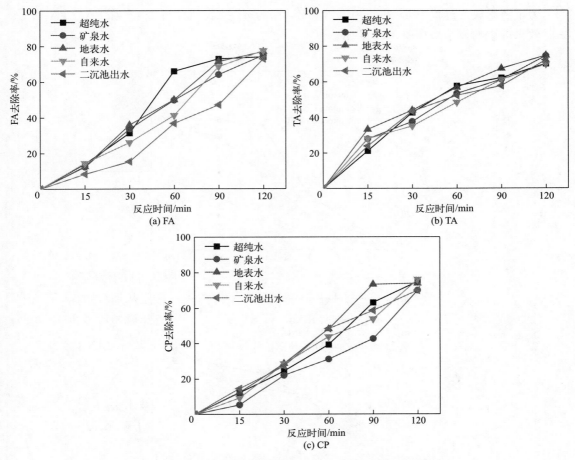

图 3-30　不同实际水体基质对 FA、TA 和 CP 去除的影响

放电过程可能产生的活性物质种类，主要分析测定了 200～900 nm 波长范围内的谱图，对应可知生成的活性粒子主要有 OH（A-X）、NH（A-X）、N$_2$（C-B）、N$_2^+$、H 等，以羟基自由基和含氮自由基为主。

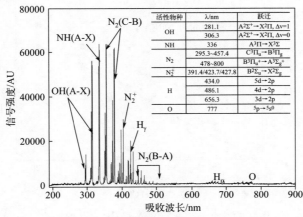

图 3-31　介质阻挡放电自然通风条件下的发射光谱图

（1）电子（e⁻）的作用

为了考察放电过程中 e⁻ 的作用，以 NaNO₃ 为 e⁻ 捕获剂分析了 e⁻ 对 FA、TA 和 CP 去除效果的影响，结果如图 3-32 所示。

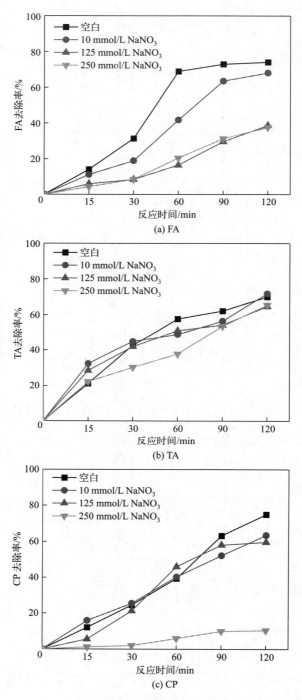

(a) FA

(b) TA

(c) CP

图 3-32　电子对 FA、TA 和 CP 去除的影响

由图 3-32 可知，e^- 清除对 FA 的去除效果影响最大，其次是 TA、CP，同时 FA、TA 和 CP 的去除率基本都随着 NO_3^- 浓度的增大而降低，在较高的 NO_3^- 浓度下，FA 和 CP 的去除率明显下降，TA 的去除率也有一定程度的降低。在不添加 NO_3^- 时，120 min 后 FA、TA 和 CP 的去除率分别为 74.11%、70.10% 和 75.04%；而当 NO_3^- 浓度为 250 mmol/L 时，放电 120 min 后 FA 和 CP 的去除率仅为 37.68% 和 10.44%，TA 的去除率也降低到 65.46%。这种差异性可能来自 FA、TA 和 CP 分子结构和化学性质的不同：与烯烃双键相连或与芳香环相连的吸电子取代基以及有机物分子含有更多卤素原子都可以大大增强电子与目标物的反应性。因此添加 NO_3^- 对 FA 去除率影响最大。Wang 等人和 Song 等人均指出 e^- 既可以以其自身较高的还原电位（-2.9 V）直接和污染物反应而降解污染物，又可以通过电子轰击、解离等作用引发更多其他活性粒子的产生，与实验结果相对吻合。

（2）羟基自由基（·OH）的作用

Sun 等人深入报道了等离子体放电过程中能够产生紫外光和活性粒子，并通过其光学特性实验验证了羟基自由基、氢自由基以及氧自由基的存在。为了考察 DBD 过程中产生·OH 的作用，以 TBA 为·OH 捕获剂进行了一系列实验，结果如图 3-33 所示。添加 TBA 后 FA、TA 和 CP 的去除明显受到抑制，且去除率均随着 TBA 浓度的升高而降低。当不添加 TBA 时，处理 120 min 后 FA、TA 和 CP 去除率分别为 74.11%、70.10% 和 75.04%。当添加 250 mmol/L 的 TBA 后，三种物质的去除率明显降低，分别为 10.44%、40.57% 和 16.17%。这主要是因为 TBA 可以快速和·OH 反应而使得自由基链反应不能连续进行，导致与 FA、TA 和 CP 反应的活性粒子减少，从而降低了 FA、TA 和 CP 的去除率，该实验结果与其他文献的实验结论也是一致的。

（3）臭氧（O_3）的作用

O_3 是放电过程中最常见的长寿命活性物质，因此，向 FA、TA 和 CP 溶液通入 O_3 来分析 O_3 的单独作用，结果见图 3-34。由图 3-34 可以看出，O_3 对 TA 和 CP 均有明显的降解效果，对 FA 则基本上没有去除作用。O_3 气体流量为 0.4 L/min，分别处理 120 min 后，TA 和 CP 的去除率可达到 72.60% 和 59.41%，FA 的去除率则只有 4.23%。这可能是因为 TA、CP 和 FA 的物理及化学性质存在一定差异。一方面 TA、CP 的水溶性相对 FA 较低，在通入 O_3 气体时部分 TA 和 CP 会因为气泡的浮选作用而被去除，另一方面 TA 和 CP 更容易和 O_3 发生反应而被去除。

（4）紫外光（UV）的作用

通过紫外灯单独照射含有 FA、TA 和 CP 溶液的反应皿，进一步考察了单独 UV 照射对 FA、TA 和 CP 去除效果的影响，结果如图 3-35 所示。UV 对 FA、TA 和 CP 的去除效果与 O_3 较为相似，对 TA 和 CP 的去除率较高，分别可达到 58.81% 和 46.63%，而对 FA 则相对较低，只有 7.62%。这可能是因为 FA 和 TA、CP 的物理及化学性质不同，UV 优先和 TA、CP 进行反应而使 TA 和 CP 的去除率相对 FA 较高。可以看出 UV 单独作用是可以去除 GCs 的，该实验结果与 Jia 等人所报道的 UV 可以去除 GCs 的结论也是一致的。

（5）温度的作用

通常在放电过程中会有一部分能量以热能的方式散发损耗而使反应器温度升高，温度的变化可能会引起放电过程污染物的物理化学性质发生改变。经测定，放电处理后溶液的温度可上升至 55.4 ℃，因此通过控温实验考察了温度对 GCs 去除的影响。由图 3-36 可以看出，

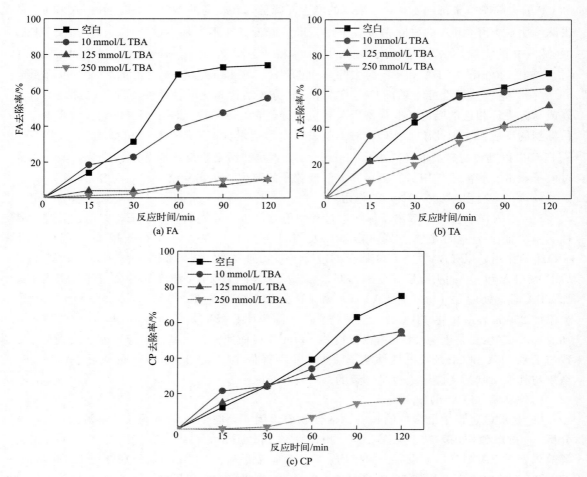

图 3-33　羟基自由基对 FA、TA 和 CP 去除的影响

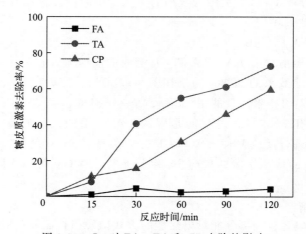

图 3-34　O_3 对 FA、TA 和 CP 去除的影响

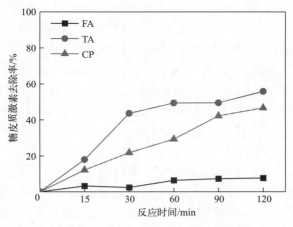

图 3-35 紫外光对 FA、TA 和 CP 去除的影响

温度对 FA、TA 和 CP 的去除率具有一定影响，FA 的去除率随着温度的升高略有上升，而 TA 和 CP 去除率基本都是随着温度的升高而减小，且 22 ℃以上时 FA 和 CP 的去除率在 20% 以下，TA 去除率变化较大但也不超过 40%，这可能是因为随着温度的升高，FA、TA 和 CP 更容易溶解于水中，使得过膜损失的部分更少，最终使 FA、TA 和 CP 的去除率反而更低。当控制体系温度为 60 ℃时（此时温度条件与放电过程的体系温度最为相近），CP 的去除率几乎可以忽略，FA 和 TA 的去除率也没有超过 20%。由以上结果可以看出升高温度对 FA 的去除有轻微促进作用，但在一定程度上会抑制 TA 和 CP 的降解。

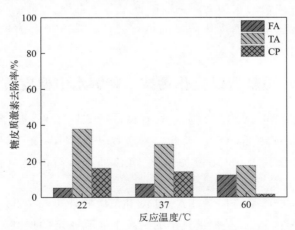

图 3-36 温度对 FA、TA 和 CP 去除效果的影响

3.5.3.2 FA、TA 和 CP 的降解产物及路径

迄今为止对 DBD 降解 FA、TA 和 CP 的中间产物鲜有报道，因此本研究通过 UHPC-QTOF 分析了在放电功率为 45.2 W 且不调节 pH 的条件下分别放电处理 15 min、30 min、60 min、90 min 和 120 min 后的溶液样品。通过分析鉴定出 8 种 FA 降解产物、7 种 TA 降解产物和 8 种 CP 降解产物。由鉴定出的中间产物信息以及相应的结构离子色谱图和分子、碎片离子质谱图，进一步推导了 FA、TA 和 CP 的降解路径，如图 3-37 所示。FA 的降解路径如图 3-37（a）所示，其中间产物 FA-P$_{468a}$ 由在环己烯酮结构中加入两个·OH 和分子内环化而产生，这种路径在卡马西平类 Fenton 氧化处理中也有报道；中间产物 FA-P$_{428}$ 是由

FA 被羟基自由基轰击氧化成相应的醛，而后醛基被氧化成相应的酮酸，然后通过羟基自由基取代和分子内质子的转移作用脱除环上氟原子并生成双键而形成的；类似地，FA 被羟基自由基轰击氧化成相应的醛，而后醛基被氧化成相应的酮酸，进一步经过酮酸脱羧作用、羟基取代氟原子以及在二烯基部分加入·OH（优先加入邻位和对位），最后生成了中间产物 FA-P$_{456}$、FA-P$_{468b}$ 和 FA-P$_{430}$；中间产物 FA-P$_{390}$ 则可由活性氧（ROS）粒子轰击 FA 的环己烯酮和二氧戊环结构使其开环形成；中间产物 FA-P$_{443}$ 和 FA-P$_{358}$ 则可由羟基自由基攻击氟原子、二烯烃部分加入·OH、环化以及脱除水分子等产生。TA 和 CP 氧化降解可能的产物结构及降解路径分别如图 3-37（b）和图 3-37（c）所示，这两种 GCs 的降解机理和路径与 FA 较为类似，主要通过·OH 和 HO$_2$· 等自由基轰击、质子转移以及脱羧脱水等作用形成不同的中间产物。对于 CP，·OH 同时也会攻击母体化合物的酯键导致裂解而生成酸和醇。总结来说，三种 GCs 的降解路径主要包括用羟基取代卤素原子、羟基氧化成酮酸、酮酸脱羧、加入·OH 或其他 ROS、分子内环化以及酯的水解。

FA、TA 和 CP 放电处理过程中这些中间产物在液相色谱质谱图上的峰面积随放电时间的变化如图 3-38 所示。大部分中间产物的浓度先随着时间的增加而增加然后基本保持不变，说明大部分中间产物比较稳定；FA-P$_{456}$，TA-P$_{472}$、TA-P$_{539}$ 和 TA-P$_{519}$，CP-P$_{358}$、CP-P$_{432}$ 和 CP-P$_{496}$ 等几种物质的浓度先增加后又明显下降，表明这几种物质为过渡中间产物，容易被进一步氧化降解。而 FA-P$_{443}$、FA-P$_{468b}$ 等几种物质在设定的 DBD 降解过程中浓度基本一直在增大，该类物质的性质有待进一步深入研究。此外，FA-P$_{468a}$、TA-P$_{472}$、CP-P$_{496}$ 等中间产物分别由母体化合物发生环氧化、酯基水解以及脱卤化等作用生成，这些分子结构的变化可大大降低产物的亲脂性，进而降低了分子毒性。因此，DBD 不仅可有效降解水中糖皮质激素，还可以降低糖皮质激素的生物毒性，是一种有前景的去除糖皮质激素的方法。

3.5.4 介质阻挡放电耦合过氧化钙技术降解水中糖皮质激素

由上述研究可知，DBD 对糖皮质激素具有良好的去除效果，而之前的研究表明 CaO$_2$ 也能够有效地氧化去除糖皮质激素，因此，本节初步探究了 DBD/CaO$_2$ 耦合去除糖皮质激素的效果。图 3-39 为不同 CaO$_2$ 投加量下 DBD 处理 60 min 时 FA、TA 和 CP 的去除情况。

如图所示，DBD/CaO$_2$ 耦合降解 FA、TA 和 CP 的效果与 CaO$_2$ 的投加量密切相关：FA、TA 和 CP 的去除在 CaO$_2$ 投加量较小的情况下受到一定的抑制，原因可能是 CaO$_2$ 反应产生的 H$_2$O$_2$ 捕获了·OH，使得反应体系中起主要作用的·OH 减少了；而随着 CaO$_2$ 投加量进一步提高，FA、TA 和 CP 的去除率升高，在 CaO$_2$ 投加量为 0.4 g/L 时，TA 和 CP 的去除率明显高于单独 DBD 处理，说明投加一定量 CaO$_2$ 可以促进 FA、TA 和 CP 的去除，原因可能是 CaO$_2$ 促进了系统内·OH 的产生。在此推测基础上，进一步测定了反应体系中·OH 的含量，结果如图 3-40 所示。不同 CaO$_2$ 投加量下 DBD/CaO$_2$ 耦合系统放电处理糖皮质激素时·OH 的产生量不同，呈现出先减后增的趋势。在 CaO$_2$ 投加量低于 0.04 g/L 时，·OH 含量随投加量增加逐步减少，而当 CaO$_2$ 投加量在 0.04～0.8 g/L 时，·OH 含量随投加量增加逐步增加，该变化趋势与同样条件下 FA、TA 和 CP 去除率变化趋势相吻合。

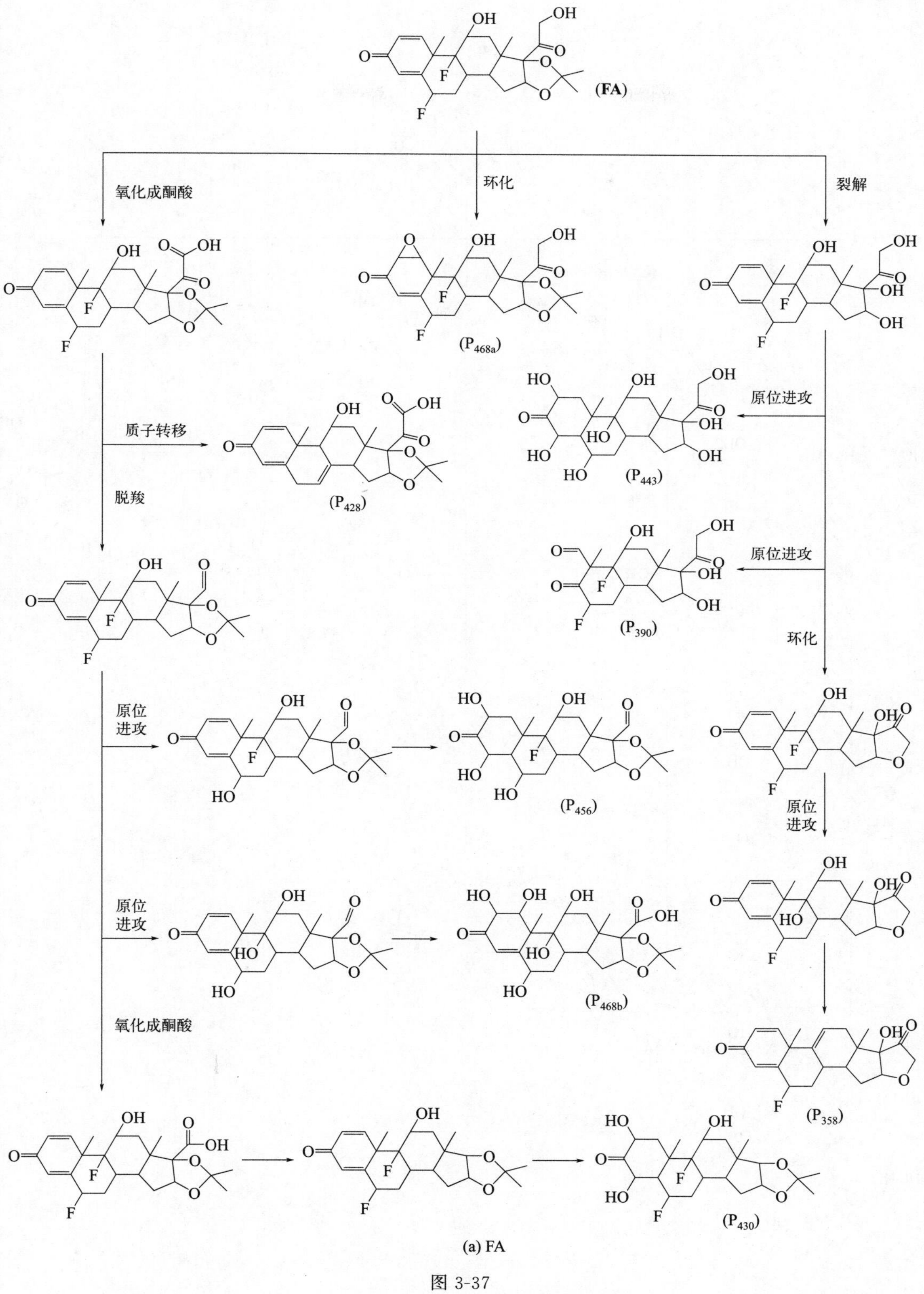

图 3-37

(b) TA

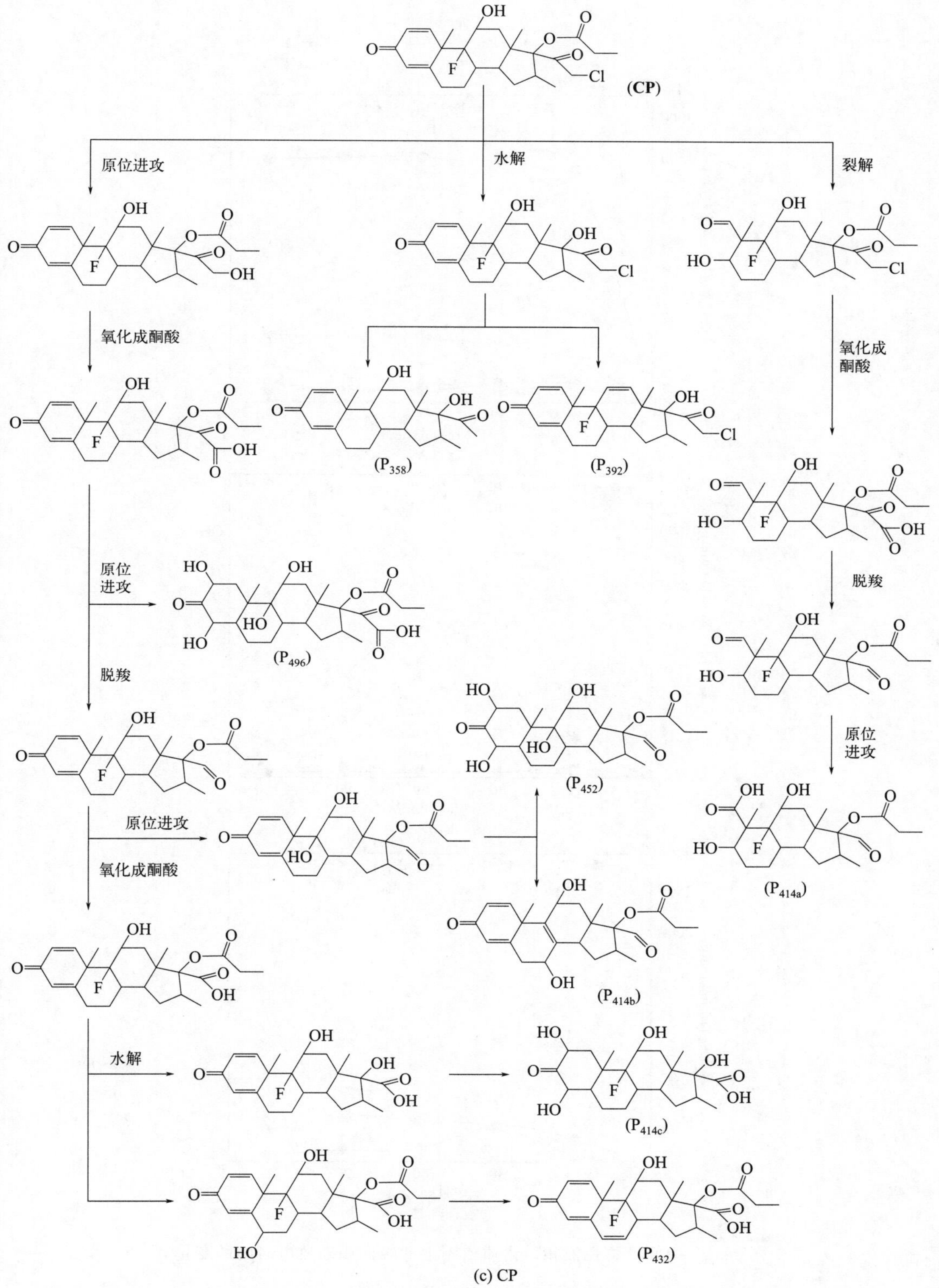

(c) CP

图 3-37　介质阻挡放电降解 FA、TA 和 CP 过程中可能的降解产物及路径

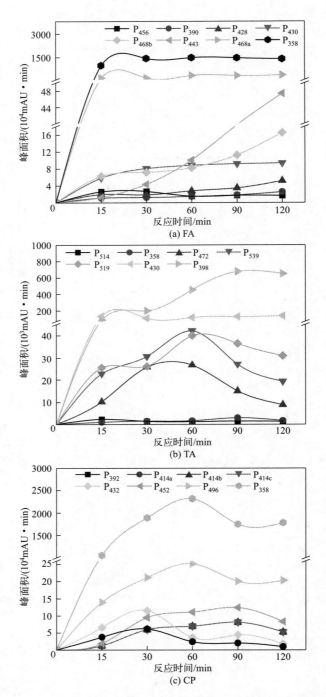

图 3-38　中间产物在液相色谱质谱图上的峰面积随放电时间的变化

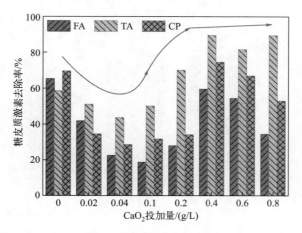

图 3-39　不同 CaO_2 投加量下 DBD 处理 60 min 时
糖皮质激素的去除效果

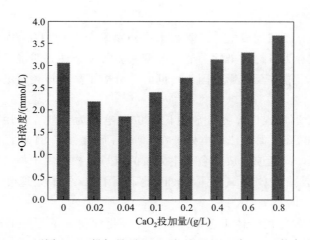

图 3-40　不同 CaO_2 投加量下 DBD 处理 60 min 时·OH 的产生量

　　进一步探究了在 CaO_2 投加量为 0.4 g/L、DBD 处理 60 min 的条件下，不同实际水体基质（地表水、自来水和二沉池出水）对 DBD/CaO_2 耦合去除糖皮质激素的影响。不同实际水体基质对 FA、TA 和 CP 去除率的影响相差不大，与单独 DBD 处理的实验结果相对一致，如图 3-41 所示。FA、TA 和 CP 在地表水中的去除效果最佳，去除率分别可达 77.1%、74.5% 和 75.4%；而在二沉池出水中最差，相对应的去除率分别为 64.8%、65.8% 和 66.7%。造成这种现象的原因可能是不同水体基质体系的物理化学性质存在差异，从而影响 DBD/CaO_2 耦合技术产生活性粒子的种类和数量，进一步导致 FA、TA 和 CP 的降解效果不同。由于地表水水样呈弱碱性，有利于反应过程中·OH 的生成，同时 Mg^{2+}、Ca^{2+} 等金属离子的存在可以通过加速催化氧化过程促进污染物的去除；而二沉池出水的电导率较高，使得 DBD 处理过程中较难形成强电场和等离子体通道，最终使·OH 等活性粒子的产生量降低。

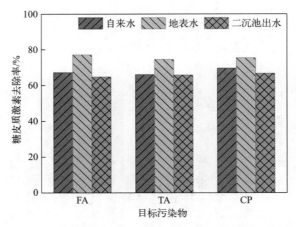

图 3-41　不同实际水体基质对 FA、TA 和 CP 去除效果的影响

3.6　本章小结

本章主要探讨了介质阻挡放电技术降解水中药物及个人护理品的可行性，以卡马西平、碘普罗胺和糖皮质激素为目标污染物，通过改变实验各项条件，明确了介质阻挡放电过程的最佳操作条件并探明了一些反应影响因素，同时也分析了降解该类污染物的作用机理和降解路径。结果表明：

① 在卡马西平处理过程中，异位放电比原位放电更为有效。在用异位放电处理 3 min 后，CBZ 去除率为 100%，而原位放电处理在 60 min 后仅去除 81% 的 CBZ。对气相和液相氮氧化物的测定表明，高能原位放电会产生大量的氮氧化物。由于与臭氧存在竞争，这些物种会降低 pH，并显著减缓 CBZ 氧化速率，因此采用 DBD 技术处理废水时，应避免硝酸盐的产生。

② 碘普罗胺废水经等离子体工艺处理后，可生化性得到了很好的改善，分析其原因是等离子体产生的高能电子、自由基等活性粒子使具有生物惰性的碘普罗胺分子发生断链或破环，生成较多易被生物降解的小分子物质，从而使 BOD_5 明显升高，可生化性明显改善。后续 SBR 模拟工艺的生化处理结果验证了双介质阻挡放电等离子体工艺可以在短时间内提高碘普罗胺废水可生化性的结论，出水水质基本达到了城市污水处理厂的一级 A 排放标准。

③ DBD 处理可以有效去除糖皮质激素（FA、TA 和 CP），其中羟基自由基在 GCs 降解中起重要作用，而其他活性物质[如溶剂化电子（e_{aq}^-）、臭氧（O_3）、过氧化氢（H_2O_2）]和紫外光（UV）光解也会导致 GCs 降解。使用四极杆飞行时间质谱（QTOF-MS）分析该过程中产生的中间体，共鉴定出 FA、TA 和 CP 的 23 种转化产物，涉及卤素原子被·OH 取代、羟基氧化为酮酸、酮酸脱羧、·OH 加成、分子内环化和酯的水解。另外，通过对 DBD/CaO_2 耦合技术操作及影响因素的分析，发现 DBD/CaO_2 耦合技术对 FA、TA 和 CP 的去除效果优于单独 DBD 技术，CaO_2 可以促进 DBD 处理过程中·OH 的产生。不同水体基质条件下，DBD/CaO_2 耦合对 FA、TA 和 CP 去除率波动不大（去除率变化 FA<14%、TA<23%、CP<11%），表明 DBD/CaO_2 耦合联用技术可适用于大多数水体基质。

参考文献

[1] Adeleye A S，Xue J，Zhao Y X，et al. Abundance，fate，and effects of pharmaceuticals and personal care products in aquatic environments [J]. Journal of Hazardous Materials，2022，424（Part B）：127284.

[2] Akmehmet Balcıoğlu I，Ötker M. Treatment of pharmaceutical wastewater containing antibiotics by O_3 and O_3/H_2O_2 processes [J]. Chemosphere，2003，50（1）：85-95.

[3] An T C，Yang H，Song W H，et al. Mechanistic considerations for the advanced oxidation treatment of fluoroquinolone pharmaceutical compounds using TiO_2 heterogeneous catalysis [J]. Journal of Physical Chemistry A，2010，114（7）：2569-2575.

[4] Banaschik R，Lukes P，Jablonowski H，et al. Potential of pulsed corona discharges generated in water for the degradation of persistent pharmaceutical residues [J]. Water Research，2015，84：127-135.

[5] Bisceglia K J，Yu J T，Coelhan M，et al. Trace determination of pharmaceuticals and other wastewater-derived micropollutants by solid phase extraction and gas chromatography/mass spectrometry [J]. Journal of Chromatography A，2010，1217（4）：558-564.

[6] Bruggeman P，Schram D，González M Á，et al. Characterization of a direct dc-excited discharge in water by optical emission spectroscopy [J]. Plasma Sources Science & Technology，2009，18（2）：025017.

[7] Buxton G V，Greenstock C L，Helman W P，et al. Critical review of rate constants for reactions of hydrated electrons，hydrogen atoms and hydroxyl radicals（·OH/·O^-）in aqueous solution [J]. Journal of Physical and Chemical Reference Data，1988，17（2）：513-886.

[8] Carballa M，Omil F，Lema J M，et al. Behavior of pharmaceuticals，cosmetics and hormones in a sewage treatment plant [J]. Water Research，2004，38（12）：2918-2926.

[9] Chang H，Hu J Y，Shao B. Occurrence of natural and synthetic glucocorticoids in sewage treatment plants and receiving river waters [J]. Environmental Science & Technology，2007，41（10）：3462-3468.

[10] Chang H，Wan Y，Hu J Y. Determination and source apportionment of five classes of steroid hormones in urban rivers [J]. Environmental Science & Technology，2009，43（20）：7691-7698.

[11] Clara M，Strenn B，Gans O，et al. Removal of selected pharmaceuticals，fragrances and endocrine disrupting compounds in a membrane bioreactor and conventional wastewater treatment plants [J]. Water Research，2005，39（19）：4797-4807.

[12] Clara M，Strenn B，Kreuzinger N. Carbamazepine as a possible anthropogenic marker in the aquatic environment：Investigations on the behaviour of carbamazepine in wastewater treatment and during groundwater infiltration [J]. Water Research，2004，38（4）：947-954.

[13] Creusot N，Aït-Aïssa S，Tapie N，et al. Identification of synthetic steroids in river water downstream from pharmaceutical manufacture discharges based on a bioanalytical approach and passive sampling [J]. Environmental Science & Technology，2014，48（7）：3649-3657.

[14] Daughton C G，Ternes T A. Pharmaceuticals and personal care products in the environment：Agents of subtle change? [J]. Environmental Health Perspectives，1999，107（S 6）：907-938.

[15] Dlugokencky E J，Howard C J. Studies of NO_3 radical reactions with some atmospheric organic compounds at low-pressures [J]. Journal of Physical Chemistry，1989，93（3）：1091-1096.

[16] Dugandžić A M，Tomašević A V，Radišić M M，et al. Effect of inorganic ions，photosensitisers and scavengers on the photocatalytic degradation of nicosulfuron [J]. Journal of Photochemistry and Photo-

biology A：Chemistry，2017，336：146-155.

[17] Eaton A. Measuring UV-Absorbing organics-A standard method [J]. Journal American Water Works Association，1995，87（2）：86-90.

[18] Esplugas S，Bila D M，Krause L G，et al. Ozonation and advanced oxidation technologies to remove endocrine disrupting chemicals（EDCs）and pharmaceuticals and personal care products（PPCPs）in water effluents [J]. Journal of Hazardous Materials，2007，149（3）：631-642.

[19] Feng X，Croue J P，Legube B. Long-term ozone consumption by aquatic fulvic acids acting as precursors of radical chain reactions [J]. Environmental Science & Technology，1992，26（5）：1059-1064.

[20] Fu J，Tan Y X R，Gong Z，et al. The toxic effect of triclosan and methyl-triclosan on biological pathways revealed by metabolomics and gene expression in zebrafish embryos [J]. Ecotoxicology and Environmental Safety，2020，189：110039.

[21] Gai K. Plasma-induced degradation of diphenylamine in aqueous solution [J]. Journal of Hazardous Materials，2007，146（1/2）：249-254.

[22] García Einschlag F S，Felice J I，Triszcz J M. Kinetics of nitrobenzene and 4-nitrophenol degradation by UV irradiation in the presence of nitrate and nitrite ions [J]. Photochemical & Photobiological Sciences 2009，8（7）：953-960.

[23] Gartiser S，Brinker L，Erbe T，et al. Contamination of hospital wastewater with hazardous compounds as defined by § 7a WHG [J]. Acta Hydrochimica et Hydrobiologica，1996，24（2）：90-97.

[24] Gebhardt W，Schroder H F. Liquid chromatography-（tandem）mass spectrometry for the follow-up of the elimination of persistent pharmaceuticals during wastewater treatment applying biological wastewater treatment and advanced oxidation [J]. Journal of Chromatography A，2007，1160（1/2）：34-43.

[25] GlaxoSmithKline. FDA approves Flonase allergy relief for sale over-the-counter in the United States-European Pharmaceutical Review [EB/OL].（2014-07-25）[2021-08-16]. https：//www. europeanpharmaceuticalreview. com/news/26207/fda-approves-flonase-allergy-relief-sale-counter-united-states/.

[26] Halliwell B. Generation of hydrogen peroxide，superoxide and hydroxyl radicals during the oxidation of dihydroxyfumaric acid by peroxidase [J]. Biochemical Journal，1977，163（3）：441-448.

[27] Hu L H，Martin H M，Arcs-Bulted O，et al. Oxidation of carbamazepine by Mn（Ⅶ）and Fe（Ⅵ）：Reaction kinetics and mechanism [J]. Environmental Science & Technology，2009，43（2）：509-515.

[28] Hu Y M，Bai Y H，Li X J，et al. Application of dielectric barrier discharge plasma for degradation and pathways of dimethoate in aqueous solution [J]. Separation and Purification Technology，2013，120：191-197.

[29] Huang G Y，Ying G G，Liang Y Q，et al. Effects of steroid hormones on reproduction-and detoxification-related gene expression in adult male mosquitofish，Gambusia affinis [J]. Comparative Biochemistry and Physiology C-Toxicology & Pharmacology，2013，158（1）：36-43.

[30] Iqbal J，Gupta A，Husain A. Photochemistry of clobetasol propionate，a steroidal anti-inflammatory drug [J]. ARKIVOC，2006，11：91-98.

[31] Jia A，Wu S M，Daniels K D，et al. Balancing the budget：Accounting for glucocorticoid bioactivity and fate during water treatment [J]. Environmental Science & Technology，2016，50（6）：2870-2880.

[32] Jiang B，Zheng J T，Liu Q，et al. Degradation of azo dye using non-thermal plasma advanced oxidation process in a circulatory airtight reactor system [J]. Chemical Engineering Journal，2012，204-206：32-39.

[33] Kim K S，Yang C S，Mok Y S. Degradation of veterinary antibiotics by dielectric barrier discharge

plasma [J]. Chemical Engineering Journal, 2013, 219: 19-27.

[34] Kogelschatz U, Eliasson B, Hirth M. Ozone generation from oxygen and air: Discharge physics and reaction mechanisms [J]. Ozone-Science & Engineering, 1988, 10 (4): 367-377.

[35] Kovačević V V, Dojčinović B P, Jović M, et al. Measurement of reactive species generated by dielectric barrier discharge in direct contact with water in different atmospheres [J]. Journal of Physics D-Applied Physics, 2017, 50 (15): 155205.

[36] Krause H, Schweiger B, Schuhmacher J, et al. Degradation of the endocrine disrupting chemicals (EDCs) carbamazepine, clofibric acid, and iopromide by corona discharge over water [J]. Chemosphere, 2009, 75 (2): 163-168.

[37] Krishnan R Y, Manikandan S, Subbaiya R, et al. Removal of emerging micropollutants originating from pharmaceuticals and personal care products (PPCPs) in water and wastewater by advanced oxidation processes: A review [J]. Environmental Technology & Innovation, 2021, 23: 101757.

[38] Krugly E, Martuzevicius D, Tichonovas M, et al. Decomposition of 2-naphthol in water using a non-thermal plasma reactor [J]. Chemical Engineering Journal, 2015, 260: 188-198.

[39] Kugathas S, Williams R J, Sumpter J P. Prediction of environmental concentrations of glucocorticoids: The River Thames, UK, as an example [J]. Environment International, 2012, 40: 15-23.

[40] Lalone C A, Villeneuve D L, Olmstead A W, et al. Effects of a glucocorticoid receptor agonist, dexamethasone, on fathead minnow reproduction, growth, and development [J]. Environmental Toxicology and Chemistry, 2012, 31 (3): 611-622.

[41] Lawal I A, Moodley B. Fixed-bed and batch adsorption of pharmaceuticals from aqueous solutions on ionic liquid-modified montmorillonite [J]. Chemical Engineering & Technology, 2018, 41 (5): 983-993.

[42] Li S P, Ma X L, Jiang Y Y, et al. Acetamiprid removal in wastewater by the low-temperature plasma using dielectric barrier discharge [J]. Ecotoxicology and Environmental Safety, 2014, 106: 146-153.

[43] Li Y F, Sun J H, Sun S P. Mn^{2+}-mediated homogeneous Fenton-like reaction of Fe (Ⅲ)-NTA complex for efficient degradation of organic contaminants under neutral conditions [J]. Journal of Hazardous Materials, 2016, 313: 193-200.

[44] Li Y Y, Pan Y H, Lian L S, et al. Photosensitized degradation of acetaminophen in natural organic matter solutions: The role of triplet states and oxygen [J]. Water Research, 2017, 109: 266-273.

[45] Li Z, Wang Y W, Guo H, et al. Insights into water film DBD plasma driven by pulse power for ibuprofen elimination in water: Performance, mechanism and degradation route [J]. Separation and Purification Technology, 2021, 277: 119415.

[46] Lian L S, Yan S W, Yao B, et al. Photochemical transformation of nicotine in wastewater effluent [J]. Environmental Science & Technology, 2017, 51 (20): 11718-11730.

[47] Liu J L, Wong M H. Pharmaceuticals and personal care products (PPCPs): A review on environmental contamination in China [J]. Environ Int, 2013, 59: 208-224.

[48] Liu Q, Schurter L M, Muller C E, et al. Kinetics and mechanisms of aqueous ozone reactions with bromide, sulfite, hydrogen sulfite, iodide, and nitrite ions [J]. Inorganic Chemistry, 2001, 40 (17): 4436-4442.

[49] Liu S, Ying G G, Zhang R Q, et al. Fate and occurrence of steroids in swine and dairy cattle farms with different farming scales and wastes disposal systems [J]. Environmental Pollution, 2012, 170 (8): 190-201.

[50] Liu Y N, Zhu S F, Tian H, et al. Effect of inorganic ions on the oxidation of methyl violet with gliding arc plasma discharge [J]. Plasma Chemistry & Plasma Processing, 2013, 33 (4): 737-749.

[51] Locke B R，Shih K Y. Review of the methods to form hydrogen peroxide in electrical discharge plasma with liquid water [J]. Plasma Sources Science & Technology，2011，20 (3)：034006.

[52] López Peñalver J J，Gómez Pacheco C V，Sánchez Polo M，et al. Degradation of tetracyclines in different water matrices by advanced oxidation/reduction processes based on gamma radiation [J]. Journal of Chemical Technology and Biotechnology，2013，88 (6)：1096-1108.

[53] Ma J，Graham N J D. Degradation of atrazine by manganese-catalysed ozonation-influence of radical scavengers [J]. Water Research，2000，34 (15)：3822-3828.

[54] Ma J，Graham N J D. Degradation of atrazine by manganese-catalysed ozonation：Influence of humic substances [J]. Water Research，1999，33 (3)：785-793.

[55] Mack J，Bolton J R. Photochemistry of nitrite and nitrate in aqueous solution：A review [J]. Journal of Photochemistry and Photobiology A：Chemistry，1999，128 (1/3)：1-13.

[56] Mathias F T，Fockink D H，Disner G R，et al. Effects of low concentrations of ibuprofen on freshwater fish Rhamdia quelen [J]. Environmental Toxicology and Pharmacology，2018，59：105-113.

[57] McDowell D C，Huber M M，Wagner M，et al. Ozonation of carbamazepine in drinking water：Identification and kinetic study of major oxidation products [J]. Environmental Science & Technology，2005，39 (20)：8014-8022.

[58] Navarro-Castilla Á，Barja I，Olea P P，et al. Are degraded habitats from agricultural crops associated with elevated faecal glucocorticoids in a wild population of common vole (Microtus arvalis)？ [J]. Mammalian Biology，2014，79 (1)：36-43.

[59] Pan Y H，Cheng S S，Yang X，et al. UV/chlorine treatment of carbamazepine：Transformation products and their formation kinetics [J]. Water Research，2017，116：254-265.

[60] Phillips P J，Smith S G，Kolpin D W，et al. Pharmaceutical formulation facilities as sources of opioids and other pharmaceuticals to wastewater treatment plant effluents [J]. Environmental Science & Technology，2010，44 (13)：4910-4916.

[61] Piram A，Salvador A，Gauvrit J Y，et al. Development and optimisation of a single extraction procedure for the LC/MS/MS analysis of two pharmaceutical classes residues in sewage treatment plant [J]. Talanta，2008，74 (5)：1463-1475.

[62] Radjenovic J，Petrovic M，Barcelo D. Fate and distribution of pharmaceuticals in wastewater and sewage sludge of the conventional activated sludge (CAS) and advanced membrane bioreactor (MBR) treatment [J]. Water Research，2009，43 (3)：831-841.

[63] Ratanatamskul C，Chintitanun S，Masomboon N，et al. Inhibitory effect of inorganic ions on nitrobenzene oxidation by fluidized-bed Fenton process [J]. Journal of Molecular Catalysis A：Chemical，2010，331 (1/2)：101-105.

[64] Razavi B，Song W H，Santoke H，et al. Treatment of statin compounds by advanced oxidation processes：Kinetic considerations and destruction mechanisms [J]. Radiation Physics and Chemistry，2011，80 (3)：453-461.

[65] Rong S P，Sun Y B，Zhao Z H. Degradation of sulfadiazine antibiotics by water falling film dielectric barrier discharge [J]. Chinese Chemical Letters，2014，25 (1)：187-192.

[66] Singh R K，Babu V，Philip L，et al. Applicability of pulsed power technique for the degradation of methylene blue [J]. Journal of Water Process Engineering，2016，11：118-129.

[67] Song Z，Tang H Q，Wang N，et al. Reductive defluorination of perfluorooctanoic acid by hydrated electrons in a sulfite-mediated UV photochemical system [J]. Journal of Hazardous Materials，2013，262：332-338.

[68] Sun B，Sato M，Harano A，et al. Non-uniform pulse discharge-induced radical production in distilled

water [J]. Journal of Electrostatics，1998，43（2）：115-126.

[69] Sweeney A J，Liu Y A. Use of simulation to optimize NO$_x$ abatement by absorption and selective catalytic reduction [J]. Industrial & Engineering Chemistry Research，2001，40（12）：2618-2627.

[70] Ternes T A，Hirsch R. Occurrence and behavior of X-ray contrast media in sewage facilities and the aquatic environment [J]. Environmental Science & Technology，2000，34（13）：2741-2748.

[71] Ternes T A，Joss A，Siegrist H. Scrutinizing pharmaceuticals and personal care products in wastewater treatment [J]. Environmental Science & Technology，2004，38（20）：392A-399A.

[72] Van Der Linden S C，Heringa M B，Man H Y，et al. Detection of multiple hormonal activities in wastewater effluents and surface water，using a panel of steroid receptor CALUX bioassays [J]. Environmental Science & Technology，2008，42（15）：5814-5820.

[73] Wang H，Jin M K，Mao W F，et al. Photosynthetic toxicity of non-steroidal anti-inflammatory drugs （NSAIDs） on green algae Scenedesmus obliquus [J]. Science of the Total Environment，2020，707：136176.

[74] Wang S Z，Liu Y，Wang J L. Iron and sulfur co-doped graphite carbon nitride （FeO$_y$/S-g-C$_3$N$_4$） for activating peroxymonosulfate to enhance sulfamethoxazole degradation [J]. Chemical Engineering Journal，2020，382：122836.

[75] Wang T C，Ma T Z，Qu G Z，et al. Performance evaluation of hybrid gas-liquid pulse discharge plasma-induced degradation of polyvinyl alcohol-containing wastewater [J]. Plasma Chemistry and Plasma Processing，2014，34（5）：1115-1127.

[76] Wang T C，Qu G Z，Sun Q H，et al. Evaluation of the potential of p-nitrophenol degradation in dredged sediment by pulsed discharge plasma [J]. Water Research，2015，84：18-24.

[77] Wert E C，Rosario-Ortiz F L，Snyder S A. Using ultraviolet absorbance and color to assess pharmaceutical oxidation during ozonation of wastewater [J]. Environmental Science & Technology，2009，43（13）：4858-4863.

[78] Westerhoff P，Yoon Y，Snyder S，et al. Fate of endocrine-disruptor，pharmaceutical，and personal care product chemicals during simulated drinking water treatment processes [J]. Environmental Science & Technology，2005，39（17）：6649-6663.

[79] Zambonin P G，Signorile G. Irreversibility of the systems （Pt or Au） O$_2$，H$_2$O/OH$^-$ in molten nitrates at low hydroxide concentrations：Potentiometric findings and mechanistic considerations [J]. Journal of Electroanalytical Chemistry and Interfacial Electrochemistry，1972，35（1）：251-259.

[80] Zhang A，Shen X，Yin X Y，et al. Application of calcium peroxide for efficient removal of triamcinolone acetonide from aqueous solutions：Mechanisms and products [J]. Chemical Engineering Journal，2018，345：594-603.

[81] 卜庆伟，张鑫，余刚. 吸附法去除水中典型药物及个人护理品的研究进展 [J]. 环境工程，2021，39（2）：1-9.

[82] 郭文景. 地表水中糖皮质激素检测方法的建立和优化及其在北京市清河水体中的应用 [D]. 南京：南京师范大学，2015.

[83] 郝小龙. 高压脉冲等离子体放电技术催化降解有机污染物的研究 [D]. 杭州：浙江大学，2007.

[84] 何国祥，王毅翔. 造影剂药理学及临床应用 [M]. 上海：上海科学技术出版社，2002.

[85] 李娜娜，夏圣骥，赵玉，等. 氧化石墨烯（GO）改性聚酰胺复合膜去除 PPCPs 研究 [J]. 水处理技术，2017，43（3）：34-38.

[86] 刘丹，张连成，黄逸凡，等. 双杆介质阻挡放电降解酸性红 73 废水 [J]. 化工进展，2018，37（9）：3640-3648.

[87] 刘行浩，朱文秀，张凤琳，等. 气液相等离子体对水中四环素去除及机制研究 [J]. 工业水处理，

2022，42（2）：75-80.

[88]　鲁金凤，张勇，王静超，等.高级氧化技术降解水中药物及个人护理品的研究进展 [J].工业水处理，2011，31（3）：1-5.

[89]　沈晓艳.糖皮质激素及代谢产物的识别与污水处理厂中的环境行为研究 [D].北京：北京林业大学，2016.

[90]　王鸿，潘秋，王静花，等.环境皮质激素的危害与环境行为 [J].浙江工业大学学报，2016，44（2）：159-163.

[91]　王曦曦，张继彪，郑正，等.介质阻挡放电对水中双氯芬酸钠的降解 [J].环境化学，2010，29（4）：675-679.

[92]　许根慧，姜恩永，盛京.等离子体技术与应用 [M].北京：化学工业出版社，2006.

[93]　伊学农，方佳男，高玉琼，等.紫外线-氯联合高级氧化体系降解水中的萘普生 [J].环境工程学报，2019，13（5）：1030-1037.

[94]　张谷令，敖玲，胡建芳.应用等离子体物理学 [M].北京：首都师范大学出版社，2008.

[95]　赵青，刘述章，童洪辉.等离子体技术及应用 [M].北京：国防工业出版社，2009.

[96]　郑春开.等离子体物理 [M].北京：北京大学出版社，2009.

第 4 章

低温等离子体处理水中芳香及杂环化合物

4.1 引言

低温等离子体作为一种水处理技术，具有处理效率高、能效高、处理时间短、环境相容性好等优点。低温等离子体技术使用高压使两个电极之间的气体电离，产生一系列自由基（·OH、·HO$_2$、·O$_2^-$ 和·NO$_2$）、紫外光、超声波、热量、高能电子（e$^-$）和其他活性物质（O$_3$ 和 H$_2$O$_2$），用于污染物的降解。然而，传质效率通常成为控制低温等离子体反应器性能的主要因素。为提高传质效率而采取的措施包括减小液膜的厚度、将液体雾化成微小的液滴。本课题组尝试使用微气泡（microbubbles，MBs）有效提高 DBD 反应器中的转移效率。微气泡的定义为直径小于 50 µm 的气泡，它具有气液界面面积大、寿命长、表面带负电、浮力大、气体溶解度高、破裂瞬间产生·OH 等特点。这些都是其提高传质效率的优势。本课题组提出了一种创新的方式来诱导 MBs 内产生等离子体以降解苯胺。Shibata 等人提出了一种涉及空气 MBs 射流进行液体分解的方法。Wu 等人开发了一种等离子体激活的 MBs 射流，以增强水中活性物质的溶解。等离子体中的 MBs 辅助机制可能包括：①MBs 可以提高气液传质效率，因为 MBs 的界面面积大，停留时间长；②基于等离子体-电子德拜长度的长度尺度计算，发现在 DBD 反应器中 MBs 内部可以产生等离子体，因此 MBs 可以辅助等离子体的产生；③MBs 的存在减少了等离子体放电过程中对蒸发能量的需求，从而降低了等离子体处理过程中的能量需求。

到目前为止，等离子体和 MBs 技术的研究有限，也没有阐明具体的降解机制，尤其是对一些优先级水污染物的降解机制。因此假设将 MBs 集成到等离子体放电过程中，该耦合系统可以显著提高水中活性物质和污染物之间的传质效率，因为 MBs 可以诱导对流并促进放电过程中活性物质/污染物的混合。这项工作旨在为利用等离子体技术控制有机水污染提供重要的理论依据和技术参考。因此，本章讨论了几种低温等离子体技术耦合微气泡（non-thermal plasma combined with microbubbles treatment，NTP/MBs）的反应器，并考察其对苯胺、二氯乙酸、阿特拉津和全氟辛酸的降解性能及影响因素，提出可能涉及的机理。

4.2 实验部分

4.2.1 药品及仪器设备

实验所用的主要药品如表 4-1 所示。其余实验及测定所需的药品与前两章相同。

表 4-1 主要实验药品

药品名称	CAS 号	纯度	生产商
阿特拉津	1912-24-9	≥ 97%	梯希爱(上海)化成工业发展有限公司
过二硫酸盐	7727-21-1	> 99%	上海阿拉丁生化科技股份有限公司
二氯乙酸	79-43-6	AR	国药集团化学试剂有限公司
苯胺	62-53-3	AR	国药集团化学试剂有限公司
甲醇	67-56-1	HPLC	上海阿拉丁生化科技股份有限公司
乙腈	75-05-8	HPLC	上海阿拉丁生化科技股份有限公司
DMPO①	3317-61-1	AR	上海阿拉丁生化科技股份有限公司
TEMPO②	2564-83-2	AR	上海迈瑞尔化学技术有限公司
PFOA	335-67-1	96%	美国 Sigma-Aldrich 公司

① 5,5-二甲基-1-吡咯啉-N-氧化物，一种自由基捕获剂。

② 2,2,6,6-四甲基哌啶氧化物，一种自由基捕获剂。

实验所用的等离子体放电装置及部分测定所用仪器均与前两章相同，其余主要仪器如表 4-2 所示。

表 4-2 主要实验仪器

仪器名称	型号	购买厂家
恒温磁力搅拌器	X85-2S	上海梅颖浦仪器有限公司
电子顺磁共振波谱仪	EMXnano231	德国 BRUKER 公司
气相色谱仪	SDPTOP GC1120	上海舜宇恒平科学仪器有限公司
气相色谱质谱联用仪	QP-2010Ultra	岛津企业管理(中国)有限公司
离子色谱仪	ICS-1100	赛默飞世尔科技(中国)有限公司
	Dionex ICS-5000	
超高效液相色谱仪	Agilent 1290 Infinity Ⅱ	安捷伦科技有限公司
	UltiMate 3000	赛默飞世尔科技有限公司
	ACQUITY UPLC I-Class-Xevo G2-XS	岛津企业管理(中国)有限公司

续表

仪器名称	型号	购买厂家
高分辨率四极杆飞行时间质谱仪	Agilent 6540	安捷伦科技有限公司
	Agilent 7890B	
高压正负脉冲电源	P60KV-D-RSG	大连泰思曼科技有限公司
高压脉冲电源控制器	P60D-Ⅲ	大连泰思曼科技有限公司

4.2.2　实验装置

实验装置由高压等离子体电源、等离子体放电反应器、微气泡发生器、电气监测装置和气体输送装置等部分组成。具体介绍详见第 2 章 2.2.2 节。

4.2.3　实验分析方法

4.2.3.1　苯胺及其中间产物测定

苯胺类化合物采用 N-(1-萘基)乙二胺偶氮光度法测定。测定通常分为两步：一是重氮化反应，在酸性条件下，苯胺类化合物与亚硝酸钠反应生成重氮盐；二是偶合反应，重氮盐与 N-(1-萘基)乙二胺盐酸盐反应生成紫红色物质，其色度与苯胺类化合物的浓度成线性关系，符合朗伯-比尔定律，545 nm 处有最大吸收波长，利用分光光度计对水样进行吸光度测定，从而计算苯胺类化合物的含量。

苯胺降解过程中产生的中间产物利用气相色谱-质谱联用仪（GC-MS，QP-2010Ultra，日本岛津）进行鉴定。GC-MS 分析条件参数如下：氦气（纯度 99.999%）作为载气，采用 $20\,m \times 0.25\,mm \times 0.25\,\mu m$ 的石英毛细管柱（DB-5，J&W Scientific）以 1.0 mL/min 的流量分离化合物；初始温度设置为 40 ℃保持 3 min，随后以 15 ℃/min 的速度升温至 280 ℃并保持 10 min；离子源温度设置为 200 ℃；扫描模式为全扫描（$m/z=29\sim500$）。

4.2.3.2　二氯乙酸及其中间产物测定

二氯乙酸采用气相色谱（GC）进行测定。取 25 mL 的待测水样依次加入 5 g 氯化钠、2.5 mL 浓硫酸、6 mL 含内标物（1,2-二溴丙烷）浓度为 400 $\mu g/L$ 的甲基叔丁基醚后放入摇床于 250 r/min 条件下振荡 20 min 保证氯化钠充分溶解，再经过超声萃取 30 min。萃取后，提取上清液 3 mL 并加入 1 mL 硫酸-甲醇（1∶4）溶液，摇匀后于 50 ℃水浴锅中恒温衍生 2 h。然后加入 100 g/L 碳酸钠溶液摇匀至不再有气泡产生为止，提取 1 mL 上清液利用气相色谱仪（GC，SDPTOP GC1120）进行分析。GC 分析条件参数如下：使用电子捕获检测器（electron capture detector，ECD）进行检测，检测器温度为 300 ℃；以氦气作为载气，载气流量为 2.0 mL/min，尾吹气流量为 60 mL/min；进样量为 1 μL。升温程序如下：初始温度 45 ℃保持 8 min，再以 30 ℃/min 的速度升至 250 ℃保持 3 min。二氯乙酸的出峰时间为 4.5 min，1,2-二溴丙烷的出峰时间为 6.1 min。

二氯乙酸降解过程中产生的有机中间产物利用超高效液相色谱飞行时间质谱联用仪（UHPLC-QTOF，Agilent 6540，Agilent）进行分析测定，色谱分析柱为 Agilent Zorbax Extend-C_{18} 柱。使用具有安捷伦射流（AJS）电喷雾电离（ESI）源的高分辨率 Q-TOF 质谱仪（Aglient 6540 QTOF，美国）分析二氯乙酸中间体。超高效液相色谱（UHPLC）系统（Agilent 1290 Infinity Ⅱ）用于分离二氯乙酸中间体。QTOF 质谱仪在 TOF 质量扫描模式下负电喷雾电离中使用。采集 $m/z=50\sim1700$ 的高分辨率质谱，对 MS 参数进行特别优化，具体运行参数如下：雾化器气压 60 psi、毛细管电压 3000 V 和碎片电压 160 V。分析柱是安捷伦 Zorbax 延伸-C_{18} 色谱柱（2.1 mm×100 mm×1.8 μm）。注射体积为 20 μL，流量为 0.3 mL/min。用乙腈（A）和水（B）的梯度分离样品，两者都用 0.1% 乙酸酸化。梯度洗脱程序如下：初始以 B 在 98% 条件下保持 2 min，在 5 min 内线性还原至 2% B，然后保持 2 min。降解过程中产生的甲酸和乙酸离子通过离子色谱仪（Dionex ICS-5000）进行检测。通过离子色谱（IC，ICS-1100，Thermo）结合 AG11-HC 柱（4 mm×250 mm，Thermo）鉴定和测定有机酸和氯离子（Cl^-）。使用 20 mmol/L 的 KOH 水溶液作为流动相，流量为 1 mL/min，注射体积为 25 μL。

4.2.3.3　阿特拉津及其中间产物测定

阿特拉津（2-氯-4-乙氨基-6-异丙氨基-1,3,5-三嗪）采用配备有紫外光检测器的 UHPLC（UltiMate 3000）进行测定，检测波长为 225 nm。参数如下：流动相为甲醇和水（60/40，体积比），流量为 1 mL/min，样品的进样量为 20 μL，使用 ODS C_{18} 液相色谱柱（250 mm×4.6 mm×5 μm），温度设定为 35 ℃。在实验条件下，定量限为 0.02 mg/L。使用前，所有实际水样均通过 0.45 μm 过滤器进行真空过滤。

阿特拉津降解过程中产生的中间产物利用超高效液相色谱仪（ACQUITY UPLC I-Class-Xevo G2-XS）串联高分辨率四极杆飞行时间质谱仪（Agilent 7890B）进行分析测定。流动相由超纯水（0.1% 甲酸，A）和乙腈（0.1% 甲酸，B）组成，流量为 0.2 mL/min。色谱柱温度设置为 30 ℃。梯度洗脱程序如下：在前 15 min 内将 B 从 10% 线性升高至 60%，然后在 15~17 min 内线性升高至 95%，随后在 20.5 min 时返回到 10%。质量分析仪使用正离子模式电喷雾电离（ESI）在 $m/z=50\sim500$ 的范围内工作。仪器参数设置如下：毛细管电压 3.0 kV、段电压 135 V、温度 350 ℃、氮气流量 12 L/min、雾化器压力 35 psi。

4.2.3.4　PFOA 及中间产物测定

全氟辛酸（PFOA）和短链全氟羧酸（PFCAs）的测定使用 Waters 2695 HPLC，同时配备 Waters 3100 质谱（HPLC-MS）。HPLC-MS 使用的分析柱型号为 Agilent Eclipse XDB-C_{18}（2.1 mm×150 mm×3.5 μm），进样体积为 10 μL，流速为 0.3 mL/min，流动相分别为 2 mmol/L 乙酸铵（A）和乙腈（B）进行梯度分离。梯度洗脱程序如下：流动相 B 初始比例设置为 30%，并保持 1 min；在 2 min 时线性增长至 60%，保持 3 min；在第 6 min 时线性增长至 70%，并保持 3 min；最后 0.5 min 内降低至 30%，并保持 4.5 min。柱温设置为 35 ℃，质谱离子源于电喷雾负电离化，毛细管电压和锥孔电压分别设定为 -4.5 kV 和 35 V，源温和脱溶剂温度分别保持在 150 ℃ 和 450 ℃，脱溶剂气体流量为 500 L/h。

PFOA 的液相中间产物采用安捷伦 1290 UPLC/QTOF 6550（UHPLC-MS）进行测量，并配备了 Waters BEH C_{18} 柱（2.1 mm×50 mm×1.7 μm）。流动相由 Milli-Q 水（0.1% 甲酸，A）和甲醇（0.1% 甲酸，B）组成，流速为 0.3 mL/min。梯度洗脱程序如下：10% B 保持 1 min，然后在接下来的 8 min 内从 10% B 线性保持到 90% B，保持 3 min，在 0.1 min

内回到 10% B，保持 1 min。质谱分析仪采用负离子模式电喷雾电离（ESI）在 $m/z = 100 \sim 1500$ 的范围内运行。仪表参数设置如下：毛细管电压 3.2 kV；鞘气温度为 350 ℃；鞘气气体流量为 12 L/min。

PFOA 的气相副产物采用配备 SH-RTX-WAX 柱的 GCMS-QP2020（$60.0 \text{m} \times 250 \mu\text{m} \times 0.25 \mu\text{m}$）进行测定。升温程序如下：初始温度为 40 ℃ 保持 2 min，以 5 ℃/min 升温至 120 ℃，保持 3 min；随后以 10 ℃/min 升温至 240 ℃，保持 5 min。采用 He（99.999%）作为载气，流速为 1 mL/min。离子源为电子轰击离子化，在 $1.5 \sim 1090$ u（$1 \text{ u} \approx 1.660540 \times 10^{-27}$ kg）的范围内工作。

4.2.3.5　活性粒子的定性分析

本实验中通过光电发射光谱仪（optical emission spectrometer，OES）和电子自旋共振光谱仪（electron spin resonance，ESR）对放电过程中产生的活性粒子进行鉴定。OES 测定方法详见第 3 章（3.2.3.4 节）。

ESR 是基于不配对电子的磁矩开发出来的一种磁共振技术，其主要用于定性和定量检测物质原子或分子中所含的不配对电子。由于自由基具有不稳定的特性，需通过添加捕获剂使其与短寿命自由基反应，形成长寿命的自旋加合物。本研究采用 5,5-二甲基-1-吡咯啉-N-氧化物（DMPO）和 2,2,6,6-四甲基哌啶氧化物（TEMPO）作为羟基自由基（·OH）、硫酸根自由基（·SO_4^-）和过氧亚硝酸根（$ONOO^-$）的自旋捕获剂。

4.2.3.6　其他指标测定

实验中放电功率、能量密度测定以及其余指标测定（H_2O_2、TOC、pH、电导率、离子色谱）方法均与第 2 章相同，具体测定方法详见第 2 章（2.2.3 节）。

4.3　介质阻挡放电耦合微气泡降解水中苯胺的研究

由于工业发展越来越快，有机废水的排放量也日益增加。经验表明，社会总产值每增加 1%，相应的废水排放量就增加 0.26%；而工业总产值每增加 10%，废水排放量相应增加 0.17%。废水排放量增加，排到水体的污染物也就随之增多，水质便开始恶化。水污染问题已严重威胁到人类的生存。

苯胺废水是一种难处理的工业废水，来源很广，树脂厂、塑料厂、炼油厂、焦化厂、石油化工厂、合成纤维厂及绝缘材料厂是其主要的来源。苯胺是一种重要的化工原料，在染料、工业生产等诸多方面应用广泛。中国环境监测总站提出的"中国环境优先污染物黑名单"包含了 14 类 68 种主要控制污染物，其中有机物占 58 种，而其中苯胺、苯酚类及其他有毒的有机物废水排放量居化工行业废水排放量的第一位。苯胺会损害生物的中枢神经系统和其他脏器，而且苯胺类化合物还具有致癌作用。随着工业的发展，苯胺在市场上的需求量越来越大，因而进入环境的比例随之升高，对环境的毒害也会越来越大。所以，对苯胺类污染物进行治理，已经逐渐成为现阶段急需解决的问题。

本节采用高频交流电源配合自制双介质阻挡放电和单介质阻挡放电反应器对苯胺模拟废水进行降解，对降解效果进行对比。此外，气液两相放电等离子体降解污染物的关键是气相中产生的活性物质向液相传质的过程，而微气泡相较于普通大气泡在提高气液传质效率方面具有明显优势，因此本节以微气泡代替普通大气泡，以提高等离子体的传质效率从而提高对污染物的降解效率。研究中所用的介质阻挡放电实验装置如图 4-1 所示。

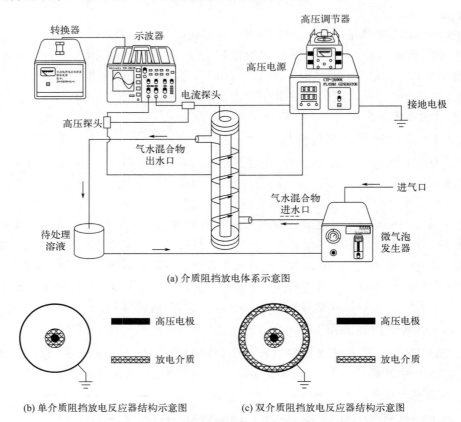

(a) 介质阻挡放电体系示意图

(b) 单介质阻挡放电反应器结构示意图　　　(c) 双介质阻挡放电反应器结构示意图

图 4-1　介质阻挡放电实验装置示意图

　　介质阻挡放电装置如图 4-1(a) 所示。该系统主要包括等离子体电源、单介质阻挡放电反应器、示波器、微气泡发生器、调压器。单介质阻挡放电反应器结构如图 4-1(b) 所示，该反应器由两根石英管同心放置构成，内径分别为 5 mm 和 17 mm，长 200 mm。细管外壁及粗管外壁附有双面导电铜箔胶带，连接等离子体电源正负极。距离上下 10 mm 处，分别制作两个宝塔连接口，下口进水，上口出水，达到布水均匀的目的。

　　双介质阻挡放电反应器结构如图 4-1(c) 所示。该反应器结构与单介质阻挡放电反应器相似，不同的是双介质阻挡放电反应器的放电电极分别在内管内壁和外管外壁。此外两个同心石英管之间用四氟橡胶条螺旋式缠绕隔出反应通道，目的是延长溶液在反应器放电区域的相对停留时间。

4.3.1　介质阻挡放电对水中苯胺去除的性能研究

4.3.1.1　单双介质阻挡放电去除水中苯胺效果对比

　　以苯胺（浓度为 10 mg/L）模拟废水为对象，比较单、双介质阻挡放电在不同放电时间的降解情况，结果如图 4-2 所示。结果表明，单、双介质阻挡放电对苯胺的去除率均随时间的增长而提高。不同的是，单介质阻挡放电在前 36 min 的去除效果要优于双介质阻挡放电，但在 36 min 后苯胺的去除率达到稳定；而双介质阻挡放电的去除效果在反应后期优于单介质阻挡放电，且在 60 min 达到稳定。这可能是由于单介质阻挡放电的电极与水直接接触，电极在放电过程中被氧化，电极上的金属铜被消耗，产生金属阳离子，形成类 Fenton 体系，所以在实验前半段反应效果较好。但是随着反应的进行，单介质阻挡放电电极消耗严重，承受电压减小，对比之下，没有电极消耗的双介质阻挡放电降解苯胺的效果更好。

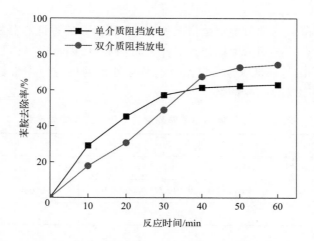

图 4-2　单双介质阻挡放电对苯胺去除的效果对比

4.3.1.2　双介质阻挡放电耦合微气泡去除苯胺的性能研究

本研究选用的双介质阻挡放电/微气泡（DDBD/MBs）耦合。技术是一种新型水处理技术，因此，在现有的条件下，在动力学及能量密度两方面对该技术进行对比分析实验，从而验证 DDBD/MBs 在处理苯胺废水方面的优势。实验先后利用 MBs、DDBD、DDBD/MBs 三个体系处理了 300 mL 浓度为 10 mg/L 的苯胺溶液各 60 min，各体系中苯胺去除率如图 4-3所示。结果表明，DDBS/MBs 的处理效果明显优于其他两者，即微气泡可以强化等离子体技术对污染物的降解。反应 60 min 后，苯胺在 MBs、DDBD 和 DDBD/MBs 耦合体系中的去除率分别是 28％、56％和 83％。

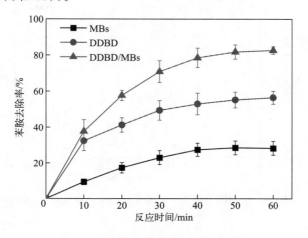

图 4-3　苯胺在不同体系中的去除率

在单独使用微气泡技术时，苯胺就有部分降解，这是由于微气泡缩小溃灭的瞬间可以产生局部的高温高压（温度可达 5000 K，压力可达 500 atm❶），这种高温、高压、高离子浓度的环境条件促使其附近水分子分解为自由基，进而降解苯胺。同时，微气泡还具有上升速度缓慢、在液体中存在时间长的特点。对于传统的气液两相放电，液相中的气体存在时间很短，会快速逸散到液体表面，大部分等离子体能量在液面散失。所以，将微气泡技术引入双介质阻挡放电中，可以提高其气液传质系数，因此 DDBD/MBs 体系的处理效果明显好于单独 DDBD 体系。

不同体系中苯胺降解的动力学拟合情况如表 4-3 所示，通过计算分析可知，不同体系中苯胺的降解过程均符合一级动力学拟合。双介质阻挡放电/耦合微气泡处理苯胺废水的反应速率常数为 0.0323 min^{-1}，是双介质阻挡放电单独处理的反应速率常数的 2 倍多，是微气泡单独处理的反应速率常数的 5 倍多。

表 4-3   不同体系中苯胺降解的一级反应动力学参数

体系	速率方程	k/min^{-1}	R^2
MBs	$\ln(c_0/c_t) = 0.0062t + 0.0265$	0.0062	0.9833
DDBD	$\ln(c_0/c_t) = 0.0152t + 0.0939$	0.0152	0.9682
DDBD/MBs	$\ln(c_0/c_t) = 0.0323t + 0.0933$	0.0323	0.9903

另外，通过计算不同体系的能量密度可以发现，DDBD 和 DDBD/MBs 两种体系随着能量密度的增大，苯胺的去除率逐渐增大，如图 4-4 所示。在输入功率相同的条件下，DDBD/MBs 体系处理苯胺的能量密度是 21532.29 J/L，而 DDBD 体系去除苯胺的能量密度是 16959.34 J/L，这说明耦合体系可以利用更高的能量密度实现更高的苯胺去除率。在能量密度为 16000 J/L 左右时，DDBD 体系的去除率达到瓶颈，而且低于相同条件下 DDBD/MBs 体系。这说明，随着注入能量的增加，活性粒子的产量逐渐增加，微气泡的引入增加了活性粒子与有机分子的碰撞机会从而使污染物去除率提高，进一步证明了 DDBD/MBs 耦合技术的优势。

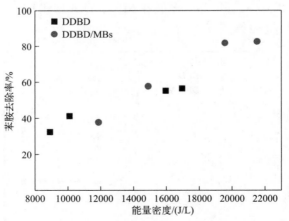

图 4-4   不同体系在不同能量密度下对苯胺去除的影响

❶ 1 atm = 101.325 kPa。

4.3.2 苯胺的降解路径

为了考察 DDBD/MBs 体系降解苯胺的路径，利用 GC-MS 对放电处理后的苯胺溶液进行检测，得到的降解产物如图 4-5 所示。

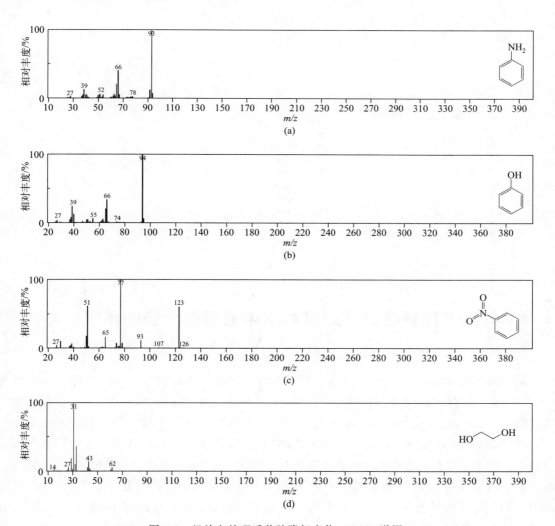

图 4-5 经放电处理后苯胺降解产物 GC-MS 谱图

放电后的溶液检测到了苯胺、苯酚、硝基苯和乙二醇。

通过实验及质谱图可以推测，双介质阻挡放电/耦合微气泡技术降解苯胺的降解路径如图 4-6 所示。·OH 首先攻击苯胺上的氨基，生成羟胺基团，羟胺基团被 O_3 等活性物质氧化生成苯酚和硝基苯。随着反应的进行，·OH 在攻击苯胺的过程中发生电子转移，苯胺受到攻击成为给电子基团，易发生对位取代反应，这是由于苯胺对位和间位的电子云密度比较大，进一步生成苯醌。最后，所有生成的中间产物在臭氧和羟基自由基的攻击下进一步矿化形成乙二酸和富马酸等开环碳链，最终以 CO_2 和 H_2O 的形式完成苯胺的降解。

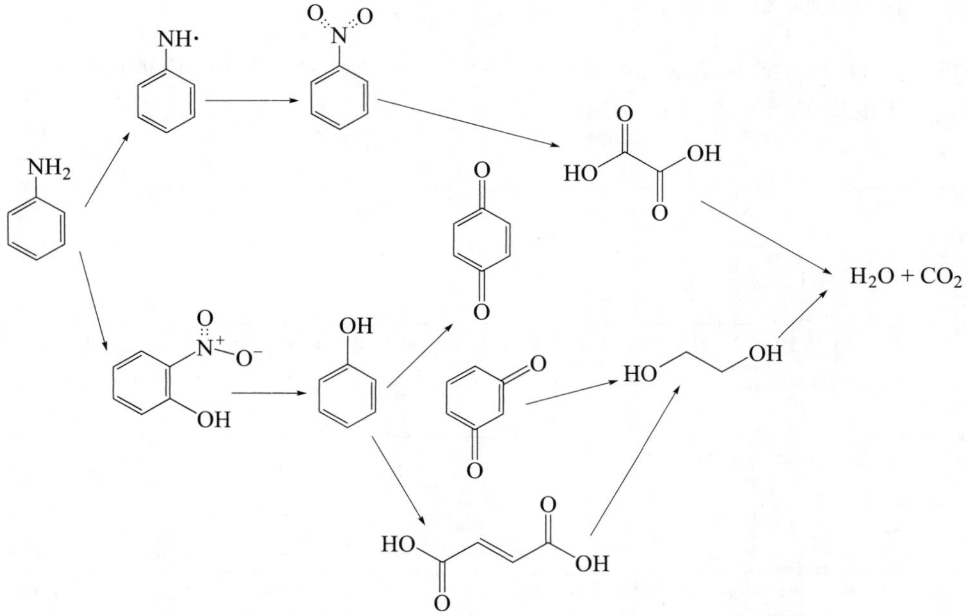

图 4-6　苯胺的降解路径

4.4　等离子体耦合微气泡降解水中消毒副产物的研究

消毒副产物（disinfection by-products）是消毒过程中消毒剂与水中含有的一些有机物（如腐殖酸、富里酸等）反应所产生的有机物。至今发现的消毒副产物已经多达百种，其中卤乙酸类（haloacetic acids，HAAs）是一类在羧酸上有一到三个卤素原子替代的物质，二氯乙酸（dichloroacetic acid，DCAA）是最典型的一种 HAAs，其广泛分布于饮用水与排水管网中。由于其潜在的健康风险，世界各国对饮用水中的 DCAA 浓度都做出了严格的限制。澳大利亚国家卫生和医学研究委员会将饮用水中 DCAA 的限值设定在 0.1 mg/L；我国《生活饮用水卫生标准》（GB 5749—2022）也将 DCAA 列入毒理控制指标，其限值为 0.05 mg/L。此外，饮用水厂出水在配水管网运输过程中 DCAA 浓度也会不断变化。杜向阳等人调研上海市黄浦区饮用水发现，丰水期 DCAA 在管网水和二次供水中浓度分别为（33.6±26.0）μg/L 和（46.0±39.2）μg/L。而程明等人指出管网中的余氯含量、季节温度及管材均会影响 DCAA 的生成量，高余氯含量、高温及管材腐蚀均会促进 DCAA 在配水管网中的合成。此外，游泳池消毒副产物由于可以通过皮肤接触的途径进入人体，从而带来健康风险，近年来也受到了广泛关注。Yang 等人报道了 DCAA 在不同国家游泳池中的均值在 4～1001 μg/L。施烨闻等人通过检测上海市夏季 18 处游泳池发现泳池水 DCAA 的浓度为 6.20～480.10 μg/L。

基于上述 DCAA 普遍存在于各类水体中的现状，大量研究已聚焦于其环境行为及生态毒理效应的系统性研究。虽然 HAAs 在环境中浓度一般低于三卤甲烷（THMs），但是 HAAs 的致癌风险性远高于 THMs, 如 DCAA 的致癌风险性约为 THMs 的 50 倍。Stacpoole 等人将小鼠长期暴露于 DCAA 中发现其潜在靶器官为肝脏、肾脏、神经系统及眼, 并诱使小鼠肝细胞损伤、肾占位病变及肝癌等病变发生。Parrish 等人则发现 DCAA 作为过氧化酶增殖剂可引发啮齿动物 DNA 损伤并诱发癌变。Hamidin 等人分析了 15 个国家人类流行病数据及 DCAA 暴露浓度, 发现其会诱发男性患膀胱癌及结肠癌, 并对婴儿发育有一定的影响。与此同时, 世界卫生组织 (World Health Organization, WHO) 也于 2017 年将其列入了 2B 类致癌物清单。因此, 寻找一种有效且可靠的方式来去除 DCAA 是十分迫切而必要的。

本研究设计了一种新型的低温等离子体耦合微气泡反应器, 研究了其对 DCAA 的去除性能, 并分析了在该实验体系下 DCAA 的降解机制。研究中所用的实验装置如图 4-7 所示, 其中反应器高压极与地极分别为扇形不锈钢盘与 Pt 电极。扇形不锈钢盘中央置有钢管, 用于进水, 其周边均匀分布六根不锈钢针组合形成高压端。

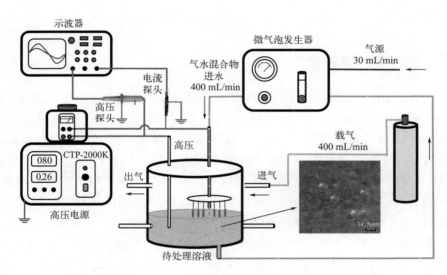

图 4-7　NTP/MBs 体系实验装置示意图

4.4.1　等离子体耦合微气泡对水中二氯乙酸去除的性能研究

图 4-8 显示了在单独的 NTP 反应器、单独的 MBs 反应器和 NTP/MBs 耦合系统中去除 DCAA 的情况。可以发现, 反应进行 120 min 后, NTP/MBs 处理的 DCAA 去除率可以达到 76% (0.012 min^{-1}), 而单独 NTP 和单独 MBs 处理的去除率分别仅为 54% (0.0014 min^{-1}) 和 9% (0.0068 min^{-1})。

由此可知, NTP 与 MBs 的耦合强化了二氯乙酸的去除。基于速率常数的协同因子 (SF) 的计算, 如式(4-1)所示。NTP 耦合 MBs 系统对 DCAA 的协同效应也得到了明确证实, 协同指数为 1.46。

$$SF = \frac{k_{NTP/MBs}}{k_{MBs} + k_{NTP}} \tag{4-1}$$

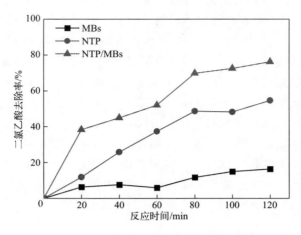

图 4-8   不同体系对 DCAA 的去除效率

4.4.2   二氯乙酸的降解路径

研究通过 IC、GC-MS 和 UHPLC-QTOF 对降解过程中产生的中间产物进行了鉴定，从而建立 NTP/MBs 体系降解 DCAA 的机制。

通过 IC 检测到了乙酸和甲酸，通过 GC-MS 确定了氯氧乙酸、氯乙酸和草酸三种中间产物，另外通过 UHPLC-QTOF 检测到了六种中间体，其中 P59（甲酸）与 IC 得到的结果一致。图 4-9 为鉴定到的中间体及 DCAA 的降解路径推测。基于以上鉴定的降解中间体，提出了由 ·OH、e^- 和活性氮自由基（RNS）诱导的 DCAA 的降解路径，如图 4-9（b）所示。DCAA 可被 e^-／·H 降解，通过脱氯反应生成氯乙酸。然后，氯乙酸可以通过 e^- 脱氯和 ·OH 脱羧转化为甲酸。同样，离子形式的 DCAA 可与 ·OH 反应生成 HCl_2COH，后者不稳定，可通过水解反应转化为甲酸。考虑到系统中存在 O_2，还提出了另一个由 ·OH 诱导的降解路径。根据式（4-2）～式（4-5）所示，氯氧乙酸作为羟基化产物，可以通过 ·Cl_2CCOOH（羟基化产物）与 O_2 反应生成，然后脱氯。另外，氨基和叠氮基对羟基的攻击产生 P_{103}。QTOF 也检测到了与硝基相关的副产物 P_{103}、P_{117} 和 P_{218}，表明在 NTP/MBs 放电期间产生了 RNS，并且 RNS 对目标化合物具有一定的氧化能力。此外，$ONOO^-$ 和 ·O_2^- 作为调节剂，可以协调各种物质的产生，例如 ·NO_2 和 ·OH。对 $ONOO^-$ 和 ·O_2^- 的抑制导致 ·NO_2 和 ·OH 的减少，从而阻碍 DCAA 的去除。

$$\cdot Cl_2CCOOH + O_2 \longrightarrow \cdot O_2(Cl_2)CCOOH \tag{4-2}$$

$$2 \cdot O_2(Cl_2)CCOOH \longrightarrow 2 \cdot O(Cl_2)CCOOH + O_2 \tag{4-3}$$

$$\cdot O(Cl_2)CCOOH \longrightarrow CO_2^- \cdot + H^+ + Cl_2CO \longrightarrow Cl(O)CCOOH + \cdot Cl \tag{4-4}$$

$$Cl(O)CCOOH + \cdot Cl \longrightarrow 中间体 \tag{4-5}$$

总体来说，与其他高级氧化技术（AOPs）相比，低温等离子体技术可以同时生成多种 ROS 和 RNS，如 ·OH、H_2O_2、·NO_2 和 $ONOO^-$，从而更有助于目标污染物的去除。NTP/MBs 体系降解 DCAA 的路径包括通过 ·OH 吸氢、e^- 脱氯、碳碳键断裂、与二氧化氮自由基反应以及氨基和叠氮基对 ·OH 的原位攻击。

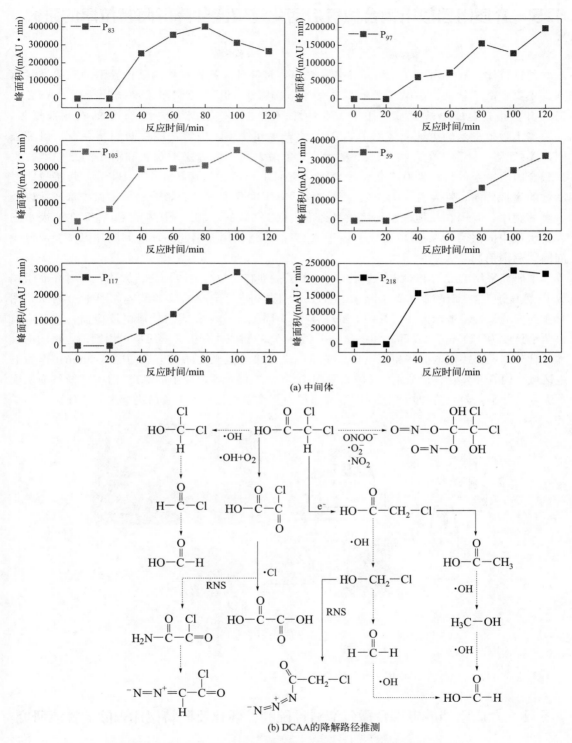

(a) 中间体

(b) DCAA的降解路径推测

图 4-9　UHPLC-QTOF 鉴定的中间体以及 DCAA 的降解路径推测

4.5   介质阻挡放电耦合微气泡活化过硫酸盐降解阿特拉津的研究

阿特拉津（atrazine，ATZ），又名莠去津，是一种广谱选择性内吸传导型的三嗪类除草剂，主要喷洒于甘蔗、高粱、玉米、果蔬等作物田地，用来控制与去除阔叶杂草。ATZ 于 1957 年上市，是最早被大量应用于农业的除草剂之一。根据美国 2016 年的农业部报告，60％本土种植玉米的土地上施用了 ATZ，地表水和饮用水中常常能检测到其存在。研究表明，ATZ 是一种剧毒化合物，已经被世界卫生组织列为内分泌干扰物和潜在的致癌物，也是联合国所规定的持久性有毒化学污染物（persistent toxic substances，PTS）。阿特拉津对动物的生理代谢、性发育和形态发育等方面均有不同程度的负面影响。为了保护水环境以及人类的健康，我国在《地表水环境质量标准》（GB 3838—2002）中规定了 ATZ 在地表水三大类水域中的限值为 0.003 mg/L。由于 ATZ 的广泛使用而引起的环境问题和人类健康风险问题，逐渐引起了人们的重视。

本研究采用 DBD/MBs 耦合的方式，开发了一种有效的过硫酸盐激活方法，并对介质阻挡放电/微气泡/过二硫酸盐体系去除水中 ATZ 的性能进行了评估。实验装置如图 4-10 所示，图 4-11 为实验装置溢流示意图。其中 DBD 反应器为同轴圆柱形介质阻挡放电反应器，该反应器由两个长度为 170 mm（内部）和 175 mm（外部）的圆柱体有机玻璃组成。用铜箔包裹的内管和外管分别用作接地电极和高压电极。高压电极和接地电极之间的电极间隙（7 mm）作为放电区域。内管和外管直径分别为 110 mm 和 130 mm。储存在内筒中的 ATZ 溶液被微气泡发生器吸入，并泵入内套筒和外筒之间。溶液通过内套筒溢流孔溢入内套筒进行水的循环。

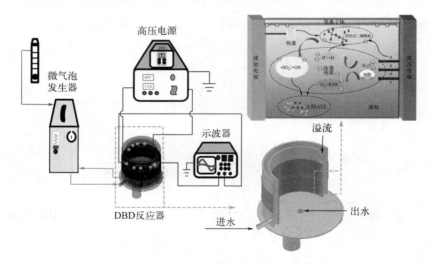

图 4-10   DBD/MBs 体系实验装置示意图

4.5.1   介质阻挡放电耦合微气泡对过硫酸盐活化及阿特拉津去除的性能研究

在 ATZ 初始浓度为 5 mg/L、过二硫酸盐（PS）初始浓度为 1 mmol/L、介质阻挡放电等离子体放电功率 85 W、溶液初始 pH＝7.0±0.2 的条件下，探究 ATZ 在 MBs/PS、DBD/PS 和 DBD/MBs/PS 三个体系中的去除情况。

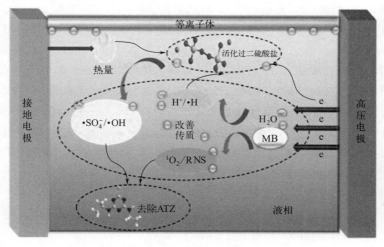

彩图

图 4-11　DBD/MBs 体系实验装置溢流示意图

在实验中发现，随着放电时间的增加，反应器体系内的水溶液温度逐渐上升，根据阿伦尼乌斯方程，温度和反应速率密切相关。因此研究了三个体系运行过程中产热对去除 ATZ 的影响，为此分别设置了控温比较组（TC）和不控温对照组（TU），结果如图 4-12 所示。图 4-12 比较了在控温和不控温条件下，MBs/PS、DBD/PS 和 DBD/MBs/PS 对 ATZ 的去除率。ATZ 去除率从高到低依次为 DBD/MBs/PS＞DBD/PS＞MBs/PS，这表明 DBD/MBs/PS 在污染物去除方面表现出了显著的协同效应。同时，研究发现，在控温和不控温条件下，DBD/MBs/PS 过程拟合的伪一级动力学常数也最高。在不控温的条件下经过 DBD/MBs/PS、DBD/PS 和 MBs/PS 处理后，ATZ 的去除率分别为 89％、74％和 22％，而在控温的情况下分别为 64％、56％和 9％。

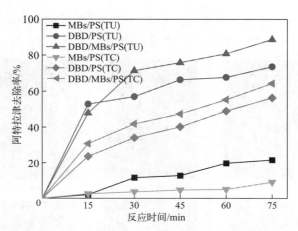

图 4-12　不同体系对 ATZ 的去除率

此外，进一步探究了 DBD/MBs/PS、DBD/PS 以及 MBs/PS 三种系统在处理 ATZ 时表现出差异性的原因。在微气泡破裂期间产生的局部高温和自由基（例如·OH）有助于 PS 的激发和 ATZ 的去除。但是，如表 4-4 所示，与 DBD 相比，微气泡产生的效应要弱得多，如产生的热量，MBs/PS 和 DBD/MBs/PS 系统的溶液温度分别从 293 K 升至 305 K 和 313 K。此外有研究表明，使用单独微气泡处理苯酚，3 h 后去除率仅 30％。因此，DBD/PS

手段的处理效果要好于 MBs/PS。

与微气泡不同，DBD 过程中会伴随多种物理化学效应。其中，激发的电场可以产生自由电子参与 PS 活化和 $\cdot SO_4^-$、$\cdot OH$ 的生成，有助于 ATZ 的去除。Liu 等人发现可以引入电场来克服活性碳纤维/PS 系统的局限性，因为由电场注入的自由电子可以有效地激活 PS。因此，DBD 过程中产生的自由电子可能有助于 PS 的活化和 ATZ 的降解。DBD 可以产生大量 e_{aq}^- 有效地激活 PS，其反应速率常数为 1.1×10^{10} L/(mol·s)。

此外，在 DBD 处理过程中，温度的升高也有助于 PS 活化。三种体系处理过程中溶液温度变化如表 4-4 所示。在不控温的条件下，ATZ 的反应速率要高于控制温度（301 K）条件下的反应速率。与控制温度条件相比，在不控温的条件下经过 MBs/PS、DBD/PS 和 DBD/MBs/PS 的处理，ATZ 的去除率分别从 9%、56% 和 64% 提高到了 22%、74% 和 89%。相应地，一级动力学常数分别从 0.0011 min^{-1}、0.010 min^{-1} 和 0.013 min^{-1} 提高到了 0.0035 min^{-1}、0.015 min^{-1} 和 0.027 min^{-1}。

表 4-4　MBs/PS、DBD/PS、DBD/MBs/PS 系统处理过程中水溶液温度的变化情况

条件	技术	温度变化/K		去除效率/%	k/min^{-1}
		初始温度	最终温度		
控温 （TC）	MBs/PS	301	301	9	0.0011
	DBD/PS	301	301	56	0.010
	DBD/MBs/PS	301	301	64	0.013
不控温 （TU）	MBs/PS	295	305	22	0.0035
	DBD/PS	295	313	74	0.015
	DBD/MBs/PS	295	315	89	0.027

如图 4-13 所示，通过热成像仪分别在反应 0 min、15 min、30 min、45 min、60 min 和 75 min 时记录了反应器的温度。放电过程中反应器温度分别为 25.2 ℃、33.2 ℃、35.1 ℃、

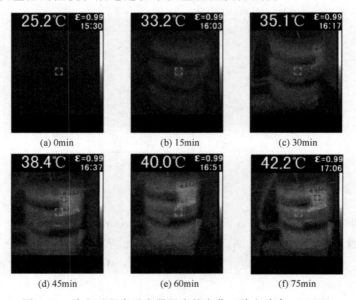

(a) 0min　　　　　　(b) 15min　　　　　　(c) 30min

(d) 45min　　　　　　(e) 60min　　　　　　(f) 75min

图 4-13　放电过程中反应器温度的变化（放电功率＝85 W）

38.4 ℃、40.0 ℃和42.2 ℃（298.4～315.5K），这进一步证明了DBD过程中产生的热对激活PS有利。综上所述，DBD过程中产生的物理化学效应比单独的MBs更有效地激活PS，从而导致DBD/PS系统中ATZ的去除率高于MBs/PS系统。

4.5.2　阿特拉津的降解路径

为了进一步研究ATZ的降解机理，在放电功率为85 W、PS初添加量为1 mmol/L、ATZ的初始浓度为5 mg/L、初始pH为7的条件下，选用HPLC-QTOF分别分析经过0 min、15 min、30 min、45 min、60 min以及75 min处理的样品，分析ATZ的降解产物，并推测其降解路径。

通过LC-MS（QTOF）确定了ATZ的降解副产物，如表4-5所示。图4-14推测了在DBD/MBs/PS处理过程中ATZ的降解路径。根据自由基鉴定和ATZ的降解产物结果，提出ATZ的降解主要通过烯化、烷基氧化、脱烷基化和脱氯四条路径发生。

表 4-5　降解 ATZ 过程中测得的中间产物信息

名称	分子式	缩写	m/z	种类
2-氯-4-乙氨基-6-异丙基氨基-1,3,5-三嗪	$C_8H_{14}ClN_5$	ATZ	216	$(M-H)^-$
2-氯-4-氨基-6-异丙基氨基-三嗪	$C_6H_{10}ClN_5$	CAIT	188	$(M-H)^-$
2-氯-4-(2-羟基-乙基氨基)-6-异丙基氨基-三嗪	$C_8H_{14}ClN_5O$	CNIT	232	$(M-H)^-$
4-氨基-6-(叔丁基氨基)-1,3,5-三嗪-2-醇	$C_6H_{10}ClN_5$	HAHT	204	$(M-H)^-$
2-氯-4-乙氨基-6-氨基-三嗪	$C_5H_8ClN_5$	CEAT	174	$(M-H)^-$
2-氯-4-(2-羟基-乙基氨基)-6-氨基-s-三嗪	$C_5H_8ClN_5O$	CNAT	190	$(M-H)^-$
2-氯-4-羟基-6-异丙基氨基-三嗪	$C_6H_9ClN_4O$	CHIT	189	$(M-H)^-$
6-氯-N^2-异丙基-N^4-乙烯基-1,3,5-三嗪-2,4-二胺	$C_8H_{12}ClN_5$	CVIT	214	$(M-H)^-$
4-(异丙基氨基)-6-(乙烯基氨基)-1,3,5-三嗪-2-醇	$C_8H_{13}N_5O$	OVIT	194	$(M-H)^-$
N-(4-氨基-6-羟基-1,3,5-三嗪-2基)-乙酰胺	$C_5H_7N_5O_2$	OEAT	170	$(M-H)^-$
2-羟基-4,6-二氨基-三嗪	$C_3H_5N_5O$	OOAT	129	$(M-H)^-$
4,6-二羟基-s-三嗪	$C_3H_3N_3O_2$	OOT	114	$(M-H)^-$
2,4-二羟基-6-氨基-s-三嗪	$C_3H_4N_4O_2$	OAAT	128	$(M-H)^-$
N-[4-羟基-6-(异丙基氨基)-1,3,5-三嗪-2-基]-乙酰胺	$C_8H_{13}N_5O_2$	ODIT	212	$(M-H)^-$
N-[4-氯-6-(异丙基氨基)-1,3,5-三嗪-2-基]-乙酰胺	$C_8H_{12}ClN_5O$	CDIT	230	$(M-H)^-$
2-氯嘧啶-4,6-二胺	$C_4H_5ClN_4$	CAAT	146	$(M-H)^-$
6-(异丙基氨基)-1,3,5-三嗪-2,4(1H,3H)-二酮	$C_6H_{10}N_4O_2$	ATFBC-MTS	170	$(M-H)^-$
6-(异丙基氨基)-1,3,5-三嗪-2,4,6-二醇	$C_6H_{10}N_4O_2$	OOIT	170	$(M-H)^-$

· OH/· SO$_4^-$ 从ATZ的氮原子相邻的碳原子中提取氢原子形成了一个以碳为中心的自由基，然后它受到氧的攻击，随后的脱水反应导致烯化产物的形成［比如6-氯-N_2-异丙基-N_4-乙烯基-1,3,5-三嗪-2,4-二胺（CVIT）和4-(异丙基氨基)-6-(乙烯基氨基)-1,3,5-三嗪-2-醇（OVIT）］。类似地，ATZ的氮邻位碳原子通过· OH/· SO$_4^-$ 进行提氢反应也会导致烷基氧化产物的形成，比如 N-[4-氯-6-(异丙基氨基)-1,3,5-三嗪-2-基] 乙酰胺（CDIT）

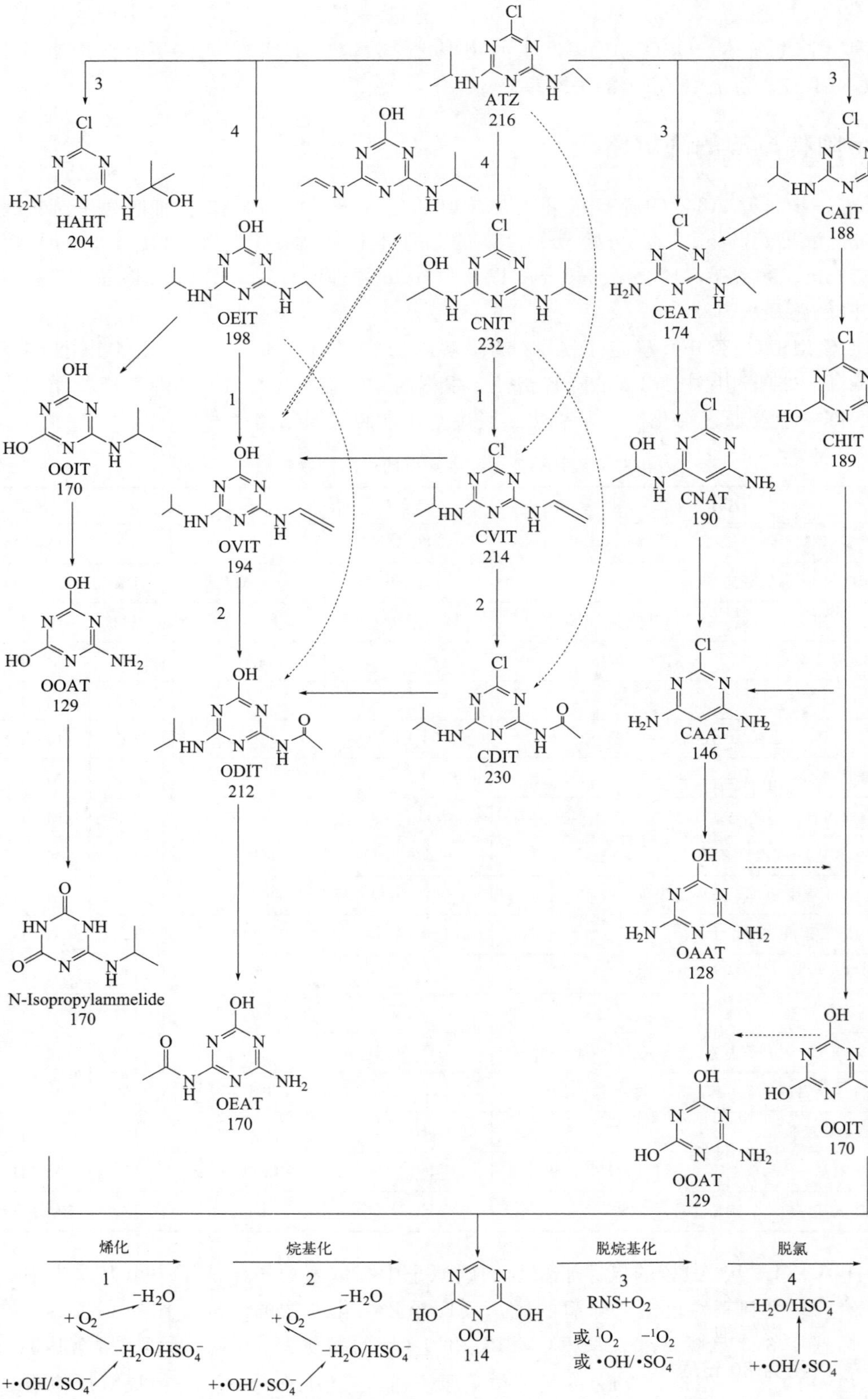

图 4-14　ATZ 的降解路径推测

和 N-[4-羟基-6-(异丙基氨基)-1,3,5-三嗪-2-基] 乙酰胺（ODIT）。脱烷基化反应可能涉及与 ATZ 的 $^1O_2$-烯化-还原烯化反应，这可能会除去 ATZ 侧链烷基的异丙基并生成 2-氯-4-乙基氨基-6-氨基-三嗪（CEAT），而 2-氯-4-氨基-6-异丙基氨基-三嗪（CAIT）可以通过水和 CVIT 之间的反应生成。对于脱烷基化反应，除了可以由 ·OH/·SO_4^- 直接攻击引发外，RNS 攻击乙氨基或丙酰胺基，以及随后的 O_2 诱导的氧化可能是 CEAT 或 CAIT 产生的原因。

脱氯反应可归因于 ·SO_4^- 电子转移或 ·OH 加成产生相应的 HO—加合物，例如 4-(乙基氨基)-6-(异丙基氨基)-1,3,5-三嗪-2-醇（OEIT）。研究表明通过脱氯过程可以有效降低 ATZ 溶液的毒性。此外，降低 ATZ 毒性也可以通过脱烷基化反应（例如图中 CVIT、OOAT 和 OOT 等）来实现。因此，DBD/MBs/PS 工艺显示了降低 ATZ 毒性的潜力。结果表明，烯化、烷基氧化、脱烷基化和脱氯是 ATZ 降解过程中的主要转化途径，这些反应也证实了 ·OH、·SO_4^-、$^1O_2$ 和 RNS 参与了 ATZ 的降解。

4.6　等离子体耦合微气泡降解水中全氟化合物的研究

全氟及多氟烷基化合物（PFASs）是一类人工合成的有机化合物，其分子中与碳原子相连接的氢原子全部被氟原子所取代。PFASs 最早在 20 世纪 50 年代由 3M 公司研制成功，凭借着良好的化学稳定性和热稳定性、耐酸耐碱性、表面活性以及疏水疏油等性能，被广泛应用于各类工业生产及生活消费领域，成为 20 世纪最热门的化工产品之一，到现在生产和使用已经超过 60 年。极其稳定的性质使得该类化合物在环境中能承受很强的光、热、化学作用以及微生物代谢作用而不被降解。早在 20 世纪 60 年代，D. R. Taves 就在人体血清中检测到了两种有机氟化合物，而在之后的几十年中，3M 公司和杜邦公司在人体血液中、血库中及工厂附近的自来水中频繁检测出 PFASs，许多学者开始展开了对 PFASs 的研究。到 21 世纪初，人们发现在各种环境以及生物体内普遍存在全氟辛烷磺酸（PFOS）和全氟辛酸（PFOA）这两种阴离子全氟化合物，即使在从未制造或使用过 PFASs 的地区也存在这两种物质。PFOA 和 PFOS 作为 PFASs 化合物中最常被研究和报道的物质，已在地下水和自来水等水体中被广泛检测到。最近的研究表明，PFOA 是一种致癌物，可导致不良健康影响，包括不孕、先天性残疾和免疫功能下降。由于强 C—F 键（约 485 kJ/mol），PFOA 的降解/脱氟极具挑战性。学者们付出许多努力致力于降解 PFOA，包括但不限于生物降解、超声波、膜分离、吸附和光催化等。然而，这些方法的大规模应用受到能耗高、反应条件严格、处理时间长（从几小时到几天）和需要二次处理等固有缺陷的限制。因此，迫切需要一种有效和节能的技术来修复 PFOA 污染的水环境。

本研究采用针-板脉冲放电等离子体耦合微气泡（NPDW/MBs）技术处理 PFOA 废水，考察该耦合技术去除 PFOA 的效果和机理，从而为开发用于 PFASs 污染水处理的低温等离子体技术积累经验。本研究所用实验系统主要由高压正负双脉冲电源、电源控制器、自制脉冲放电反应器、微气泡发生器和数字示波器组成，如图 4-15 所示。反应器为一圆柱形有机玻璃容器，内径为 80 mm，高度为 120 mm。反应器顶部均匀分布 12 根不锈钢针作为高压电极；固定在反应器底部的不锈钢圆盘作为接地电极；放电间隙为 5 mm。

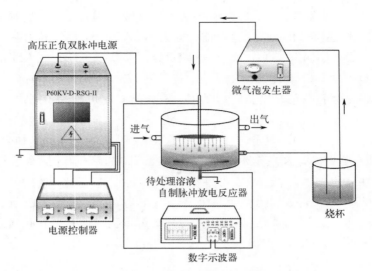

图 4-15   NPDW/MBs 体系实验装置示意图

4.6.1   等离子体耦合微气泡对水中全氟辛酸去除的性能研究

图 4-16 为单独 MBs、单独 NPDW 以及 NPDW/MBs 三种体系下 PFOA 的去除情况。可以发现，单独使用 MBs 处理时，PFOA 的浓度下降了约 5%，表明仅通过微气泡破裂瞬间产生的自由基来分解 PFOA 是不可行的。当单独使用 NPDW 进行处理时，PFOA 的去除率为 40.1%；而加入微气泡后进行放电处理，PFOA 的去除率提高到 81.5%，反应速率常数也变为原来的 3.5 倍（从 $0.0043~\mathrm{min}^{-1}$ 增加到 $0.015~\mathrm{min}^{-1}$），表明微气泡的加入强化了 PFOA 的去除。

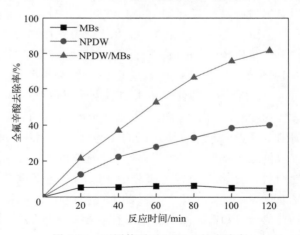

图 4-16   不同体系对 PFOA 的去除率

与普通大气泡相比，MBs 具有较大的比表面积，而在 MBs 不断收缩的过程中，其比表面积不断增大直至气泡破裂，这使得 MBs 具有较高的气液传质效率，加速了等离子体对 PFOA 的降解。此外，以往的研究已经证实，在等离子体处理中 PFOA 的降解主要发生在气液界面。MBs 的存在，进一步增大了气液界面，有利于 PFOA 在 MBs 表面的聚集，同时 MBs 在上升过程中将 PFOA 进一步聚集到液体表面，增加 PFOA 与等离子体的接触面积。富含 PFOA 的 MBs 也增加了水面的复杂性，扩大了气液界面面积，增强了 PFOA 与等离子体的接触。随后，等离子体放电产生的高能自由电子在界面上直接与 PFOA 发生反应或转化为水合电子，分解 PFOA。高能自由电子也可以解离或激发气体分子和水分子形成其他活性物质，从而进一步促进 PFOA 及其中间体的分解。

4.6.2　全氟辛酸的降解路径

为了探究 NPDW/MBs 体系降解 PFOA 的机制，利用 UHPLC-QTOF-MS 和 GC-MS 对处理过程中产生的中间产物进行了定性鉴定。共观察到 12 种液相产物和 11 种气相产物，如表 4-6 和图 4-17 所示。除了常规的短链 PFCAs（$C_3 \sim C_7$）外，本研究还检测到了全氟烷烃、1H-全氟烷烃、全氟醛、1H-全氟醛和全氟烯烃。

表 4-6　PFOA 降解过程中测得的液相中间产物信息

分子式	保留时间/min	m/z	结构式
$C_3F_5O_2H$	1.217	163	
$C_4F_7O_2H$	3.213	213	
$C_5F_9O_2H$	5.250	263	
$C_6F_{11}O_2H$	6.230	313	
$C_7F_{13}O_2H$	6.890	363	
$C_7F_{12}OH_2$	6.594	329	
C_5F_9OH	6.289	247	
$C_6F_{11}OH$	6.941	297	
$C_7F_{13}OH$	7.449	347	
$C_8F_{13}O_3H$	6.417	391	
$C_8F_{14}O_2H_2$	7.178	395	
$C_8F_{13}O_4H_3$	5.775	409	

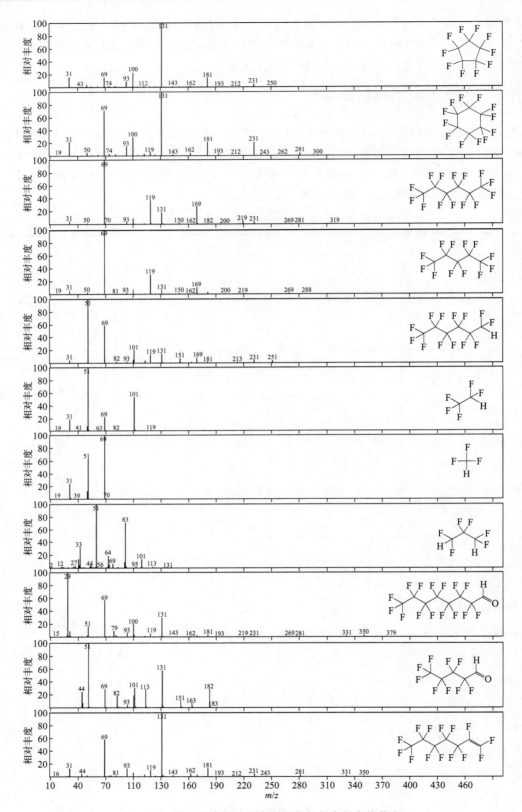

图 4-17   PFOA 降解过程中测得的气相中间产物信息

根据降解产物鉴定结果，提出了由 e^-/e_{aq}^- 和 ·OH 诱导的 PFOA 的降解途径，如图 4-18 所示。首先，PFOA 的羧基官能团（—COOH）被 e^-/e_{aq}^- 攻击，脱羧形成·C_7F_{15}；随后，·C_7F_{15} 在水溶液中由于水解或·OH 的作用生成 $C_7F_{15}OH$，其具有热不稳定性，通过分子内重排脱去 HF 生成 $C_6F_{13}COF$；最后 $C_6F_{13}COF$ 通过水解反应脱去 HF 生成 $C_6F_{13}COO^-$。该反应路径也是最常被报道的降解机制之一。然而，含氢氟化羧酸、全氟醛和全氟烯烃的检出表明 NPDW/ MBs 系统中可能存在其他降解途径。C_6HF_{13} 和 $C_5F_{11}CF{=}CF_2$ 的存在表明·C_7F_{15} 有可能被质子化形成 1H-全氟烷烃或经过氟消除形成全氟烯烃。C_6HF_{13} 可以进一步脱氟，并逐渐转化为全氟醛，如 $C_6F_{13}CHO$。而 $C_5F_{11}CF{=}CF_2$ 可能通过消除氟或添加氢来进一步缩短碳链。另外，氟原子具有高电子亲和性（3.4 eV），可以直接与 e^-/e_{aq}^- 反应，导致与羧基相邻的 C—F 键发生裂解以及氢加成。随后，H/F 交换过程重复发生从而实现脱氟。$m/z=408.9762$ 和 $m/z=390.9653$ 的峰被认为属于 $C_6F_{13}C(OH)_2COO^-$ 和 $C_6F_{13}COCOO^-$。因此，我们推测 $C_7F_{14}COO^-$ 可能与·OH 发生反应，这一过程与 H/F 交换过程相似，随后形成的 $C_6F_{13}C(OH)_2COO^-$ 通过分子内脱水转化为 $C_6F_{13}COCOO^-$，并进一步转化为 $C_6F_{13}COO^-$，实现碳链的缩短。

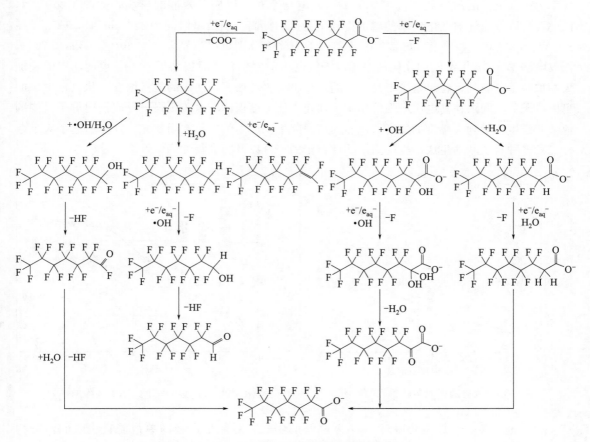

图 4-18   PFOA 的降解路径推测

4.7　等离子体耦合微气泡降解水中污染物的常见影响因素

4.7.1　放电功率

放电功率是等离子体水处理中的重要影响参数之一，它与放电产生的活性粒子和紫外光强度有着密切的关系。不同的放电功率条件下所产生物理化学效应极大地影响水处理的效果及该技术的应用。因此，分别考察了不同放电功率对苯胺、DCAA 和 ATZ 降解的影响。

实验通过改变放电电流获得 11.4 W、19.3 W、32.6 W 和 38.2 W 的放电功率，考察放电功率对苯胺降解的影响。实验条件为放电间隙 5 mm、水量 300 mL、苯胺初始浓度 10 mg/L，结果如图 4-19 所示。由图可知，放电功率越大，苯胺去除率也越高。当功率分别为 11.4 W、19.3 W、32.6 W 和 38.2 W 时，放电 60 min 后苯胺去除率分别为 37.23%、40.46%、79.22% 和 82.67%。

另外，在 DCAA 初始浓度为 400 μg/L、气体流量为 30 mL/min、初始 pH 为 6.83、初始电导率为 1.5 μS/cm 的条件下，考察了不同放电功率对于反应器效能的影响。如图 4-20 所示，DCAA 去除率也随着放电功率的增加得到了显著的提高。当放电时间为 120 min 时，DCAA 在 8.7 W、10.5 W、19.4 W 和 22.9 W 的条件下去除率分别可以达到 55%、60%、63% 和 76%。而放电功率为 22.9 W 时的反应速率相较于放电功率为 8.7 W 时提高了 90%，说明功率的增加大幅加快了反应的进程。这主要是由于随着放电功率的增大，注入的能量增多，从电极射出的自由电子短时间内在高电压场强的作用下加速，加速度正比于电压场强，反应器内电子雪崩的速率和强度都得到大幅度的提高，从而提高去除率。产生的电子雪崩和光子发射引起了大量紫外光和多种自由基的生成，也提高了活性粒子的产量以及污染物的降解效率。

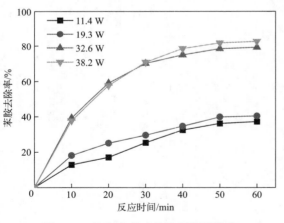

图 4-19　放电功率对苯胺去除的影响

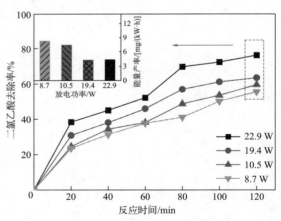

图 4-20　放电功率对 DCAA 去除的影响

为了进一步研究放电功率对 DCAA 降解的影响，对能量产率即单位能量去除的污染物量进行了计算。结果表明，能量产率随着放电功率的增加逐渐降低并趋于平稳。当放电功率从 8.7 W 增加到 19.4 W 时，能量产率从 8.3 mg/(kW·h) 降低到 4.2 mg/(kW·h)。随后放电功率进一步增加到 22.5 W 时，能量产率保持在 4.3 mg/(kW·h)。实验中可以观察到，随着放电时间的增加,反应器体系内的水溶液温度也逐渐升高,这说明放电过程中一部分能量并没有得到有效利用而是被用于产热。随着放电功率的增加,反应溶液在 120 min 时测得的温度也逐渐升高。根据阿伦尼乌斯方程,随着温度的提高,反应速率会逐渐加快,这意味着温度的提高也会促进降解反应。但是由于体系中水分子的含量远远高于污染物的含量,随着体系温度的提高,自由基更易于被水分子淬灭,从而导致去除率的降低。Jiang 等人报道了降低反应体系(水溶液)的温度会使气相放电对甲基橙脱色的效率得到提高,该结论与本实验现象一致。

另外,研究也考察了不同放电功率对 DBD/MBs/PS 体系去除 ATZ 的影响,结果如图 4-21 所示。当放电功率从 65 W 提高到 105 W 时,经过 DBD/MBs/PS 处理 75 min 后,ATZ 的去除率分别为 63%(0.012 min^{-1})、89%(0.029 min^{-1})、84%(0.025 min^{-1})和 85%(0.024 min^{-1})。但在不添加 PS 的情况下,放电功率为 105 W 时 ATZ 的去除效率仅为 28%,动力学常数仅为 0.004 min^{-1}。这表明 DBD/MBs/PS 在去除水中 ATZ 方面表现出了明显的协同作用。同时放电功率明显影响着 ATZ 在水溶液中降解的效率和动力。

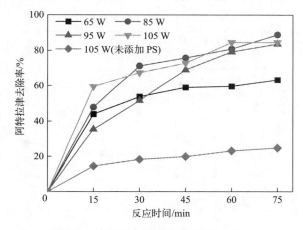

图 4-21　放电功率对 ATZ 去除的影响

随着放电功率的增加,电场强度会增大,加速了电子的雪崩,使分子间的非弹性碰撞越发剧烈,从而产生更高的电子强度和更多的自由基,污染物与电子、自由基的反应加剧,从而有利于污染物的去除。同时,值得注意的是,随着放电功率的增加,体系的物理效应也将变得更强,如等离子体辐射出的紫外光强度会提高,这些物理作用也可以激活 PS,产生更多的·SO_4^- 和·OH,从而有利于 ATZ 的降解。然而随着放电功率进一步增加到 105 W,自由基浓度得到进一步提高,进而加速了·SO_4^- 与·OH 的反应 [1.0×10^{10} L/(mol·s)] 和·SO_4^- 自消除 [4×10^8 L/(mol·s)] 等副反应的发生,这些副反应可能与 ATZ 竞争自由基,从而降低污染物的去除率。此外,随着放电功率的提高,电子的重组率提高,其携带的能量减少使得电子与 PS 和 ATZ 之间不能发生有效的解离碰撞,这也会导致 ATZ 降解效率的下降从而造成了能量的浪费。因此,在实际处理过程中,要选择合适的放电功率,避免造成不必要的能量浪费。

4.7.2　溶液 pH

pH 作为水中 H^+ 和 OH^- 浓度的标志,是影响气液放电的重要因素之一,也在 PS 的活化中起着至关重要的作用。因此，分别考察了溶液不同 pH 对苯胺、DCAA 和 ATZ 降解的影响。采用实验室配制的 H_2SO_4 溶液（1.5 mol/L）和 NaOH 溶液（0.3 mol/L）改变苯胺溶液的初始 pH（pH＝3～11），考察了不同初始 pH 对苯胺降解的影响，结果如图 4-22 所示。当 pH 为 3.15 时，苯胺的去除率仅为 37.19％；当 pH 提高到 9.23 时，苯胺的去除率提高至 87.22％；而继续提高 pH 至 11.02 时，苯胺的去除率与 pH 为 9.23 时相比略有下降，但仍高于酸性条件。一方面，溶液 pH 对微气泡的 ζ 电位具有较大影响，随着溶液由碱性变为酸性，微气泡表面 ζ 电位开始由负值变为正值，导致微气泡变得更不稳定，从而影响污染物的去除效率；另一方面，溶液 pH 还会影响放电过程中活性粒子的生成和反应。当溶液中存在大量的 H^+ 时，在高能电子的作用下，H^+ 发生反应转化为氧化性低的 $\cdot HO_2$ 和 O_2，此反应会消耗部分能量。而在碱性条件下，O_3 会加速分解为 $\cdot OH$ 和 $\cdot O_2^-$［式（4-6）～式（4-7）］，而 $\cdot OH$ 和 $\cdot O_2^-$ 的标准氧化还原电位高于 O_3。类似地，如式（4-8）所示，e_{aq}^- 也同样更易于在碱性条件下生成。但是，如果碱性过强，O_3 易发生自分解，$\cdot OH$ 也更容易被 OH^- 捕获，使与水分子作用形成的 $\cdot OH$ 数量减少，从而降低苯胺的去除效率。

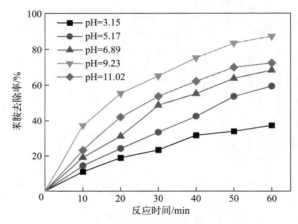

图 4-22   初始溶液 pH 对苯胺去除的影响

$$O_3 + OH^- \longrightarrow HO_2^- + O_2 \tag{4-6}$$

$$HO_2^- + O_3 \longrightarrow \cdot OH + \cdot O_2^- + O_2 \tag{4-7}$$

$$H \cdot + OH^- \longrightarrow e_{aq}^- + H_2O \tag{4-8}$$

考察了不同溶液 pH 对 NTP/MBs 体系降解 DCAA 的影响，结果如图 4-23 所示。当初始 pH 分别为 2.67、5.71、6.83、8.96 和 10.25 时，DCAA 在反应 120 min 后的去除率可以分别达到 50％、66％、77％、77％ 和 82％，而其反应速率常数则分别为 0.0058 min^{-1}、0.0084 min^{-1}、0.012 min^{-1}、0.011 min^{-1} 和 0.013 min^{-1}。该结果也表明碱性条件可以促进 DCAA 的去除，而酸性溶液则起到抑制作用。Wang 等人报道在辉光放电过程中，DCAA 会被 e_{aq}^- 攻击逐步脱氯依次形成一氯乙酸和乙酸，也会被 $\cdot OH$ 攻击脱氯而形成甲酸从而被降解。因此，碱性条件下 $\cdot OH$ 和 e_{aq}^- 的进一步生成也有利于 DCAA 的降解。

此外，有机污染物在水中的存在形式同样也会随着 pH 的改变而改变。在碱性条件下，有机污染物更多地以离子态的形式存在，而离子态的物质相较于分子态的物质具有更强的化学反应活性。如式（4-9）及式（4-10）所示，$\cdot OH$ 与离子态二氯乙酸的反应速率约为分子

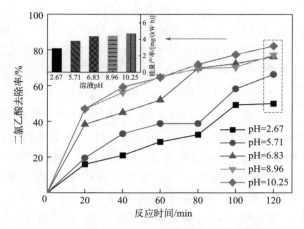

图 4-23　初始溶液 pH 对 DCAA 去除的影响

态二氯乙酸的 2.1 倍，即离子态二氯乙酸更易于被・OH 降解。基于以上因素，二氯乙酸在碱性条件下更易于被降解。而单独放电过程中同样也观察到水样发生了酸化：当初始 pH 为 6.86 时，经过 120 min 放电 pH 降低到 3.82。该现象则主要与放电产生的活性氮物质溶解进入水中并进一步反应产生 NO_3^- 和 NO_2^- 有关。

$$Cl_2CHCOOH + \cdot OH \longrightarrow \cdot Cl_2CCOOH + H_2O \quad k = 2.75 \times 10^7 \, L/(mol \cdot s) \quad (4-9)$$

$$H^+ + Cl_2CHCOO^- + \cdot OH \longrightarrow \cdot Cl_2CCOOH + H_2O \quad k = 5.8 \times 10^7 \, L/(mol \cdot s) \quad (4-10)$$

同样地，pH 也可以影响水中 ATZ 的质子化（$pK_a = 1.68$，$pK_b = 12.3$），在正常 pH 条件下（$2.5 < pH < 10$），ATZ 会发生去质子化。因此，在 ATZ 初始浓度为 5 mg/L、放电功率为 85 W、PS 初始浓度为 1 mmol/L 的条件下，考察了不同 pH（3、5、7、10 和 13）对 DBD/MBs/PS 系统效能的影响，结果如图 4-24 所示。当溶液的初始 pH 为 3、5、7、10 和 13 时，ATZ 的去除率分别为 93%、83%、87%、87% 和 60%。相应地，当 pH 从 3 增加到 13 时，其降解过程可以拟合为拟一级动力学模型（$R^2 > 0.9$），其反应动力学速率常数分别为 0.039 min^{-1}、0.024 min^{-1}、0.027 min^{-1}、0.025 min^{-1} 和 0.018 min^{-1}，表明 ATZ 在酸性和中性条件下去除率较高。

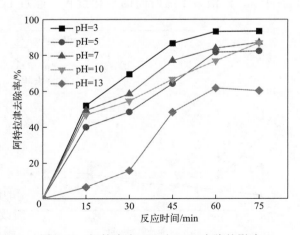

图 4-24　初始溶液 pH 对 ATZ 去除的影响

研究表明，·SO$_4^-$ 是 pH<7 时的主要自由基；当 pH 为 9 时，·SO$_4^-$ 和·OH 同时起作用；而·OH 是 pH=12 时的主要自由基。在臭氧-过硫酸氢盐（PMS）耦合作用实验过程中发现，·SO$_4^-$ 和·OH 可以以相似的速率常数与 ATZ 反应。但是，两种自由基的氧化效率在不同的 pH 下可能有所不同，·OH 在酸性条件下具有较高的氧化效率，因此在 pH=13 时不利于 ATZ 被·OH 氧化。然而，·SO$_4^-$ 的反应性与 pH 无关。此外，·SO$_4^-$ 的氧化还原电位（$E^0 = 2.60 \sim 3.10$ V）高于·OH（$E^0 = 1.90 \sim 2.70$ V）；并且·SO$_4^-$ 可以通过与 OH$^-$ 反应转化为·OH（低反应性），而在高 pH 条件下这种转化降低了·SO$_4^-$ 的浓度。因此，在 pH<7 时，ATZ 的降解率更高。另外，·OH 在相对较高的 pH 下会被 OH$^-$ 捕获，从而导致 PS 的激发被抑制，并压制了·SO$_4^-$ 的产生，使得氧化效率下降。因此，在碱性条件下 ATZ 的去除效率不如酸性和中性条件。

图 4-25 显示了 PS 的消耗情况，结果表明 PS 消耗和 ATZ 降解效率之间呈正相关，即碱性条件下 PS 的消耗比中性和酸性条件下慢，而这种情况下 ATZ 的去除效率不如酸性和中性条件。这种正相关的联系也是·SO$_4^-$ 在 ATZ 降解过程中起作用的侧面证据。

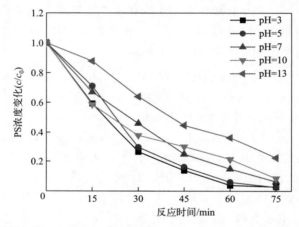

图 4-25   不同初始 pH 条件下 PS 浓度在 DBD/MBs/PS 处理过程中的变化情况

为了证明提出的酸碱理论的猜想，对降解过程中溶液 pH 的变化进行了测定。图 4-26 显示了在不同初始 pH 条件下，溶液 pH 随时间的变化过程。经过 DBD/MBs/PS 处理后，

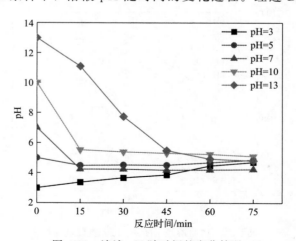

图 4-26   溶液 pH 随时间的变化情况

溶液 pH 分别从 3.0 上升到 4.7、从 5.0 变为 4.8、从 7.0 下降为 4.2、从 10.0 下降为 5.1 和从 13.0 下降为 4.8（±0.2），所有初始 pH 条件下的最终 pH 均在 5 左右。pH 变化过程可以用酸碱活化来解释，即消耗 H^+ 的酸催化可导致低 pH 的轻微升高，而消耗 OH^- 的碱催化则可导致高 pH 略有下降。

值得注意的是，与其他自由基相比，$\cdot HO_2$ 和 $\cdot O_2^-$ 的活化作用较弱，但它们仍然发挥着重要作用。$\cdot O_2^-$ 和 $\cdot HO_2$ 之间存在的平衡取决于 pH。在酸性 pH 下，$\cdot O_2^-$ 倾向于与 H^+ 反应形成 $\cdot HO_2$；在碱性条件下，$\cdot HO_2$ 则倾向于分解产生 $\cdot O_2^-$。而 $\cdot HO_2$ 和 PS 的反应速率常数约为 $\cdot O_2^-$ 的 10 倍，这可能也是在酸性条件下 ATZ 去除效果较好的原因之一。此外，应该注意的是 PMS 也可以通过不同的途径被 $\cdot HO_2$ 和 $\cdot O_2^-$ 活化。这表明非自由基路线中消耗 PS 而产生的过-硫酸盐（PMS）可以被活化并进一步产生 $\cdot SO_4^-$。

4.7.3　共存离子

4.7.3.1　CO_3^{2-} 对污染物去除效果的影响

CO_3^{2-} 普遍存在于自然水体和污染水体中，是 $\cdot OH$ 和 $\cdot SO_4^-$ 的捕获剂。有大量研究表明 CO_3^{2-} 的存在会影响到高级氧化降解有机物的反应进程。Stiff 等人报道了通常情况下自然水体中 CO_3^{2-} 的浓度范围为 0.5～5 mmol/L。基于上述原因，考察了碳酸盐对等离子体/微气泡耦合技术降解苯胺、二氯乙酸和阿特拉津的影响。CO_3^{2-} 的添加量对污染物去除的影响如图 4-27 所示。

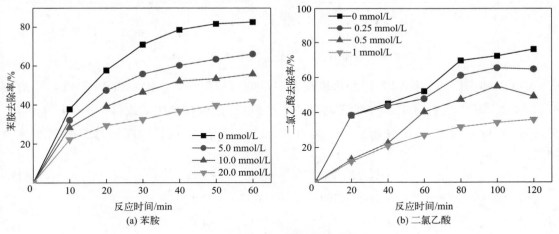

图 4-27　添加 CO_3^{2-} 对污染物去除的影响

由图 4-27(a) 可知，CO_3^{2-} 对苯胺的降解有明显的抑制作用，且浓度越大抑制作用越明显。放电 60 min 后，未加 Na_2CO_3 的溶液中苯胺的去除率为 82.67%；当调节溶液中 Na_2CO_3 浓度为 5 mmol/L 后，苯胺的去除率下降至 65.97%；调节 Na_2CO_3 浓度为 20 mmol/L 时，苯胺的去除率仅有 41.66%。同样地，在考察 CO_3^{2-} 对于 NTP/MBs 体系降解二氯乙酸影响的过程中可以发现，与空白样相比，在 0.25 mmol/L、0.5 mmol/L 和 1 mmol/L 的 CO_3^{2-} 体系中，DCAA 的去除率分别降低了 11 个、27 个和 41 个百分点。由此可知，DCAA

的去除率随着 CO_3^{2-} 浓度的提高而逐渐下降。Huang 等人也发现了类似现象,当溶液中 CO_3^{2-} 浓度从 0 增加到 800 mg/L 时,使用 DBD 降解亚甲基蓝的效率降低了 49%。CO_3^{2-} 是一种常见的自由基捕获剂,它可以与 $\cdot OH$ 以 4.0×10^8 L/(mol·s) 的高反应速率进行反应,从而减少体系中与污染物反应的自由基量,降低目标污染物的去除效率。尽管 $\cdot OH$ 与 CO_3^{2-} 反应产生的 $\cdot CO_3^-$ 同样是一种氧化剂,但是其氧化还原电位(1.50 V)要低于 $\cdot OH$ 的氧化还原电位(2.80 V),因此并不能弥补 $\cdot OH$ 损耗带来的影响。除此之外,CO_3^{2-} 也会与 e_{aq}^- 反应从而影响目标污染物的降解。

在此情况下研究了 CO_3^{2-}/HCO_3^- 对 DBD/MBs/PS 体系去除 ATZ 的影响。在待处理 ATZ 溶液中 Na_2CO_3 或 $NaHCO_3$ 浓度为 1 mmol/L、3 mmol/L 和 5 mmol/L 时进行放电处理,考察 CO_3^{2-} 和 HCO_3^- 的存在对 DBD/MBs/PS 体系降解 ATZ 的潜在影响,结果如图 4-28 所示。

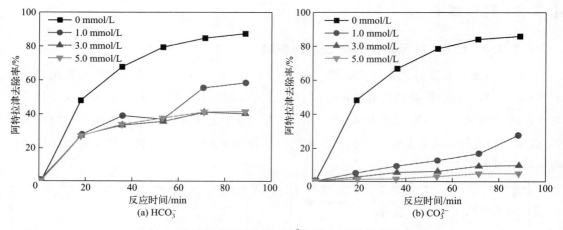

图 4-28　添加 HCO_3^- 和 CO_3^{2-} 对 ATZ 去除的影响

CO_3^{2-} 和 HCO_3^- 对 ATZ 的去除表现出明显的抑制作用,这主要归因于 $\cdot CO_3^-$ 的生成。$\cdot CO_3^-$ 可以通过 $\cdot OH$、$\cdot SO_4^-$ 与 HCO_3^-、CO_3^{2-} 的反应产生[式(4-11)~式(4-14)]。但是 ATZ 和 $\cdot CO_3^-$ 的反应速率常数相对较小,从而导致 ATZ 的降解过程受到明显的抑制。

$$\cdot OH + CO_3^{2-} \longrightarrow OH^- + \cdot CO_3^- \tag{4-11}$$

$$\cdot OH + HCO_3^- \longrightarrow H_2O + \cdot CO_3^- \tag{4-12}$$

$$\cdot SO_4^- + CO_3^{2-} \longrightarrow SO_4^{2-} + \cdot CO_3^- \tag{4-13}$$

$$\cdot SO_4^- + HCO_3^- \longrightarrow SO_4^{2-} + \cdot HCO_3(\text{或 } H^+ + \cdot CO_3^-) \tag{4-14}$$

但是,两种阴离子对 ATZ 的抑制程度并不相同。在不添加 Na_2CO_3 的条件下,经过 75 min 的 DBD/MBs/PS 处理后,ATZ 去除率达到 89%。在相同条件下,当溶液中 Na_2CO_3 的浓度为 1 mmol/L、3 mmol/L 和 5 mmol/L 时,其去除率分别降至 24%、8% 和 7%。相比之下,随着 HCO_3^- 的浓度从 0 增加到 5 mmol/L,ATZ 的去除率分别为 89%、60%、41% 和 45%。已有研究表明 CO_3^{2-} 和 HCO_3^- 捕获 $\cdot OH$ 的反应速率分别为 3.9×10^8 L/(mol·s) 和 8.5×10^6 L/(mol·s),而捕获 $\cdot SO_4^-$ 的速率分别为 $(6.1\pm0.4)\times$

10^6 L/(mol·s)（pH＞11）和（1.6±0.2）×10^6 L/(mol·s)（pH＝8.4）。相比之下，CO_3^{2-} 捕获·OH 和·SO_4^- 的速率要快于 HCO_3^-，这可能是 CO_3^{2-} 比 HCO_3^- 在 ATZ 的降解过程中表现出更明显抑制作用的原因。

4.7.3.2　Cl^- 对污染物去除效果的影响

Cl^- 广泛存在于自然水体中，同时含氯消毒剂也作为主要的消毒剂被用于饮用水消毒。《生活饮用水卫生标准》（GB 5749—2022）将氯化物的限值规定为 250 mg/L。基于此，考察 Cl^- 对等离子体/微气泡耦合技术降解苯胺、DCAA 和 ATZ 的影响。

首先考察 Cl^- 对双介质阻挡放电/微气泡耦合技术降解苯胺的影响，调节苯胺溶液中 NaCl 浓度分别为 5 mmol/L、10 mmol/L 和 20 mmol/L，结果如图 4-29（a）所示。可以发现，Cl^- 对苯胺去除有明显的抑制作用，且 Cl^- 浓度越大抑制作用越明显。放电 60 min 后，未加 NaCl 溶液时，苯胺的去除率为 82.67%；当 NaCl 浓度为 5 mmol/L 时，苯胺的去除率下降至 74.23%；当 NaCl 浓度为 20 mmol/L，苯胺的去除率仅有 48.34%。随后考察了 Cl^- 对 NTP/MBs 体系降解 DCAA 的影响。与苯胺不同的是，Cl^- 对 DCAA 的降解总体上呈现促进效果，如图 4-29（b）所示。从去除率上来说，DCAA 的去除率在 0.3 mmol/L、0.6 mmol/L 和 1.3 mmol/L 的 Cl^- 浓度下分别提高了 1 个、6 个和 6 个百分点；从动力学角度出发，其反应速率常数在 0.3 mmol/L、0.6 mmol/L 和 1.3 mmol/L 的 Cl^- 添加条件下分别为 0.01197 min^{-1}、0.01515 min^{-1} 和 0.01513 min^{-1}，均高于空白条件（0.01163 min^{-1}）。

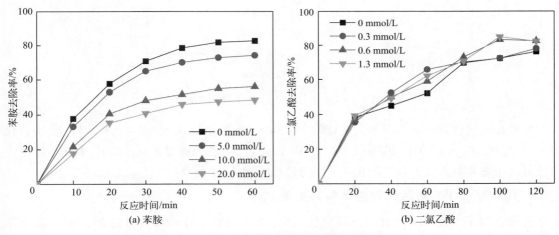

图 4-29　添加 Cl^- 对污染物去除的影响

Cl^- 会与·OH 反应生成·$ClHO^-$ [$k = 4.3×10^9$ L/(mol·s)]，然后进一步与其他物质反应并逐渐分解形成 OH^-、·Cl 和·Cl_2^- [式(4-15)~式(4-19)]。随着 Cl^- 浓度的升高，Cl^- 会与有机污染物竞争·OH，消耗大量对苯胺降解起重要作用的·OH，从而不利于苯胺的降解。但是，其反应过程中生成的·Cl 和·Cl_2^- 等同样也是强氧化剂。因此，尽管一部分·OH 被 Cl^- 捕获，添加 Cl^- 也能在一定程度上提高二氯乙酸的去除率。

$$Cl^- + \cdot OH \Longleftrightarrow \cdot ClOH^- \tag{4-15}$$

$$\cdot ClOH^- + e_{aq}^- \longrightarrow Cl^- + OH^- \tag{4-16}$$

$$\cdot ClOH^- + H_3O^+ \longrightarrow \cdot Cl + 2H_2O \tag{4-17}$$

$$\cdot Cl + Cl^- \longrightarrow \cdot Cl_2^- \tag{4-18}$$

$$\cdot Cl_2^- + e_{aq}^- \longrightarrow 2Cl^- \tag{4-19}$$

最后考察 Cl^- 的存在对 DBD/MBs/PS 体系降解 ATZ 的影响，如图 4-30 所示。结果表明，Cl^- 的存在对 ATZ 的去除有明显的抑制作用。当未添加 Cl^- 时，ATZ 的去除率约为 89%；当 Cl^- 浓度提高到 5 mmol/L 时，ATZ 的去除率下降到了 34%。这种 Cl^- 抑制的现象也可以用 Cl^- 捕获 $\cdot SO_4^-$ 和 $\cdot OH$ [式(4-20)～式(4-21)] 发生的副反应来解释。因为通过这些副作用可以产生活性氯自由基（如 $\cdot Cl$、$\cdot Cl_2^-$ 和 $\cdot ClOH^-$）和游离氯（Cl_2、HClO 和 ClO^-）。这些氯自由基可以与富含电子的化合物发生反应，而这些活性物质氧化 ATZ 的效率较低。

$$\cdot SO_4^- + Cl^- \Longleftrightarrow SO_4^{2-} + \cdot Cl \tag{4-20}$$

$$\cdot OH + Cl^- \longrightarrow OH^- + \cdot Cl \tag{4-21}$$

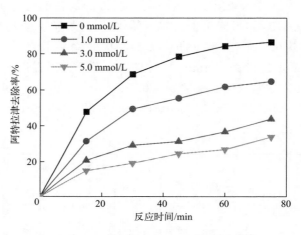

图 4-30　添加 Cl^- 对 ATZ 去除的影响

此外，在酸性条件下（在本实验过程中，加入 PS 后溶液呈酸性），$\cdot ClOH^-$ 迅速转化为 $\cdot Cl$ 和 H_2O，$\cdot ClOH^-$ 最终归结于 $\cdot Cl$。因此，Cl^- 主要通过消耗 $\cdot SO_4^-$ 和 $\cdot OH$ 生成活性氯自由基和游离氯并最终转化为 Cl_2 的过程抑制 ATZ 的降解。

4.7.3.3　SO_4^{2-} 对污染物去除效果的影响

首先，为了考察 SO_4^{2-} 对双介质阻挡放电/微气泡耦合技术降解苯胺的影响，调节苯胺溶液中 Na_2SO_4 浓度分别为 5 mmol/L、10 mmol/L 和 20 mmol/L，结果如图 4-31(a) 所示。SO_4^{2-} 对苯胺的去除有明显的抑制作用，且 SO_4^{2-} 浓度越大抑制作用越明显。放电 60 min 后，未添加 Na_2SO_4 溶液时，苯胺的去除率为 82.67%；当 Na_2SO_4 浓度为 5 mmol/L 时，苯胺的去除率下降至 60.23%；当 Na_2SO_4 浓度为 20 mmol/L 时，苯胺的去除率仅有 36.54%。这是由于硫酸盐与碳酸盐类似，也是一种自由基清除剂，它首先会与 H^+ 反应生成 HSO_4^-，进而和 $\cdot OH$ 反应生成 $\cdot SO_4^-$，导致 $\cdot OH$ 数量减少，最后使有机物与活性粒子碰撞的概率减小，因此 SO_4^{2-} 对苯胺的去除有明显的抑制作用。同样地，研究考察了 SO_4^{2-} 对 NTP/MBs 体系降解 DCAA 的影响，结果如图 4-31(b) 所示，与空白样相比，在 0.25 mmol/L、0.5 mmol/L 和 1 mmol/L 的 SO_4^{2-} 体系中，DCAA 的去除率分别下降到 67%、56% 和 53%。由此可知，二氯乙酸的去除率也随着 SO_4^{2-} 的增加而逐渐下降。

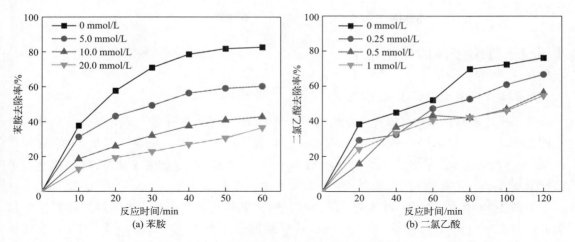

图 4-31　添加 SO_4^{2-} 对污染物去除的影响

另外，由于 SO_4^{2-} 是 $\cdot SO_4^-$ 氧化过程的最终产物，可能对 ATZ 的降解有一定影响，因此本研究还考察了 SO_4^{2-} 对 DBD/MBs/PS 体系降解 ATZ 的影响。如图 4-32 所示，溶液中存在的 SO_4^{2-} 会对 ATZ 的去除产生轻微的抑制作用，随着 SO_4^{2-} 的浓度从 0 增加到 5 mmol/L，ATZ 降解速率降低了 22 个百分点，相应地，反应速率常数降低了 0.014 min^{-1}。由式（4-22）可知，SO_4^{2-} 可以消耗部分 $\cdot OH$ 和 H^+ 生成 $\cdot SO_4^-$ 等自由基，但其反应速度较慢。$\cdot SO_4^-$ 的增加不能弥补 H^+ 和 $\cdot OH$ 的损失，因此 SO_4^{2-} 的存在对 DBD/MBs/PS 激活 PS 和降解 ATZ 产生轻微的抑制作用。Liu 等人使用滑动弧放电工艺处理甲基紫废水时，发现当 SO_4^{2-} 浓度从 0 提高到 150 mmol/L 时，染料去除率从 92.69% 下降到 88.78%。这也可以证明溶液中存在 SO_4^{2-} 对 ATZ 的降解有轻微的抑制作用。

$$SO_4^{2-} + \cdot OH \rightleftharpoons \cdot SO_4^- + OH^- \tag{4-22}$$

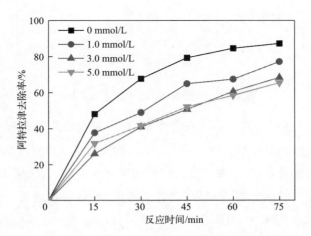

图 4-32　添加 SO_4^{2-} 对 ATZ 去除的影响

4.8 等离子体耦合微气泡降解水中污染物的机理

4.8.1 等离子体的作用

4.8.1.1 电子（e^-）的作用

等离子体放电过程中可以产生自由电子参与·OH 等活性粒子的生成，从而有助于污染物的去除。NO_3^- 可以以 9.7×10^9 L/(mol·s) 的反应速率与 e^- 反应，因此 NO_3^- 常被当作 e^-/e_{aq}^- 的捕获剂。为此，在溶液中添加 $NaNO_3$ 以考察 e^- 对等离子体/微气泡耦合技术降解苯胺、DCAA 和 ATZ 的影响，结果如图 4-33～图 4-35 所示。

如图 4-33 所示，NO_3^- 对苯胺降解有明显的抑制作用，且 NO_3^- 浓度越大抑制作用越明显。放电 60 min 后，未加 $NaNO_3$ 溶液时苯胺的去除率为 82.67%；当 $NaNO_3$ 浓度为 5 mmol/L 时，苯胺的去除率下降至 62.23%；当 $NaNO_3$ 浓度增加到 20 mmol/L 时，苯胺的去除率仅有 32.54%。这是由于硝酸盐在紫外区具有较强的吸收作用，会阻止放电产生的紫外光穿过溶液，相当于一种惰性滤层，而且这种惰性滤层的作用要比产生羟基自由基的作用还强。可知 e^- 在介质阻挡放电/微气泡耦合技术降解苯胺的过程中起到重要作用。

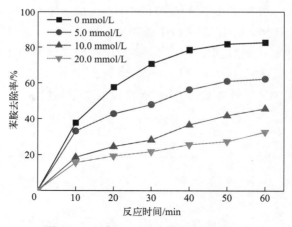

图 4-33 添加 NO_3^- 对苯胺去除的影响

在此基础上，同样通过添加 NO_3^- 来考察 e^- 在二氯乙酸降解过程中的作用，其结果如图 4-34 所示。加入 1 mmol/L 的 NO_3^- 后，二氯乙酸在反应 120 min 后的去除率仅仅下降了 12 个百分点，该现象表明 e^-/e_{aq}^- 对二氯乙酸降解的贡献有限。

据报道，DBD 反应器中生成的 e_{aq}^- 可以直接活化 PS 或直接攻击污染物，或通过电子的撞击激发其他自由基（例如·HO_2、·O_2^- 和·H）使 PS 得以活化，从而产生更多的·OH 和·SO_4^- 并有效去除水中的 ATZ。因此，实验研究了 e_{aq}^- 在 DBD/MBs/PS 体系中的作用。如图 4-35 所示，当 NO_3^- 的浓度分别为 0 mmol/L、1 mmol/L、3 mmol/L 和

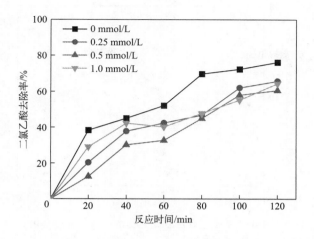

图 4-34　添加 NO_3^- 对 DCAA 去除的影响

5 mmol/L 时，ATZ 的最终去除率分别为 89%、79%、81% 和 78%，表明 NO_3^- 的存在对 ATZ 的降解有轻微的抑制作用。这可能是因为 PS 和 e_{aq}^- 的反应速率为 1.1×10^{10} L/(mol·s)，而该反应和 NO_3^- 捕获 e_{aq}^- 的反应相似，两个反应的竞争导致了 ATZ 的去除率有轻微下降的趋势。结果表明，e_{aq}^- 的产生在一定程度上有助于 PS 的活化和 ATZ 的去除。

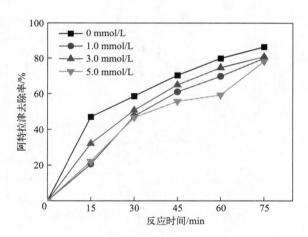

图 4-35　添加 NO_3^- 对 ATZ 去除的影响

此外，浓度为 0.2 mmol/L 的铁氰化物也被用来检验水中水合电子的存在。如图 4-36 所示，DBD 处理 75 min 后铁氰化物减少 14%，而减少的铁氰化物分子数等于移到铁氰化物上的电子数，由此计算出进入水中并攻击铁氰化物的水合电子数大约为 2.52×10^{17}。因此，研究中铁氰化物的还原证明了电子是在等离子体中产生的并且激发 PS。

4.8.1.2　羟基自由基（·OH）的作用

·OH 是一种短寿命自由基，直接测定有一定难度。因此，为了考察·OH 在耦合体系中的作用，加入叔丁醇（TBA）抑制·OH，从侧面说明·OH 在污染物降解中的作用。

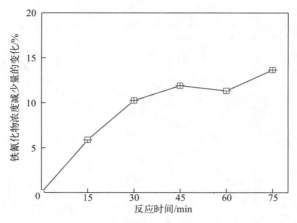

图 4-36   放电过程中铁氰化物浓度减少量的变化

由图 4-37 可知，TBA 对苯胺的降解有抑制作用，且随着添加浓度的增大，苯胺的去除率降低。反应 60 min 后，未添加 TBA 时苯胺的去除率为 82.67%；分别加入 0.5 g/L 和 1.0 g/L TBA 后，苯胺的去除率仅为 30.11% 和 23.23%。这是由于 TBA 是一种自由基抑制剂，能够与·OH 反应导致自由基链反应不能持续进行，进而使与苯胺反应的活性粒子减少。这也可以说明·OH 是引起苯胺降解的重要活性物质。

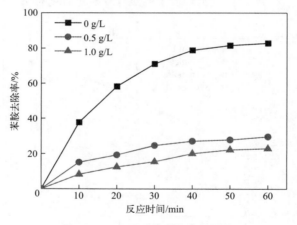

图 4-37   TBA 对苯酚去除的影响

同样，TBA 的抑制作用表明·OH 对 DCAA 的去除具有重要贡献（图 4-38）。为了进一步解释 NTP 与 MBs 耦合的明显协同效应，在不同的操作条件下量化了·OH 的理论产率。在 NTP/MBs 系统中，放电 120 min 时·OH 的产率为 0.45 mmol/L，单独 NTP 和单独 MBs 的产率分别为 0.27 mmol/L 和 0.03 mmol/L。通过将 NTP 和 MBs 结合产生·OH 的强化效果解释了其在去除 DCAA 中的协同效应。

乙醇（EtOH）和叔丁醇（TBA）都是典型的自由基捕获剂，其中 EtOH 可以迅速捕获·OH 和·SO_4^-，TBA 捕获·OH 的速度比·SO_4^- 更快。如图 4-39(a) 所示，当 EtOH 与 PS 的物质的量比从 1∶10 下降到 1∶100 时，添加 EtOH 显著抑制了 DBD/MBs/PS 的去除性能，75 min 时 ATZ 的去除率从 50% 降至 11%，而当未添加 EtOH 时，经过 75 min 放电处理后 ATZ 的去除效率为 89%。另外，如图 4-39(b) 所示，当 TBA 与 PS 的物质的量比

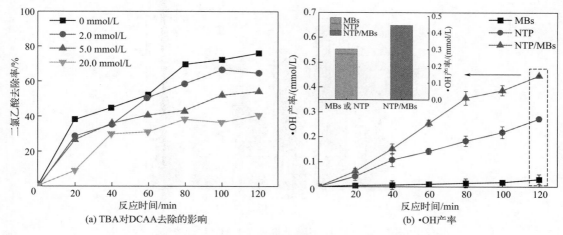

图 4-38 TBA 对 DCAA 去除的影响以及 ·OH 在不同系统中的产率

分别为 1:10、1:50 和 1:100 时，经过 75 min 放电处理后 ATZ 的去除率分别为 66%、51% 和 48%。EtOH 和 TBA 的存在导致 ATZ 去除率显著下降，间接证明了放电过程中 ·OH 和 ·SO$_4^-$ 的存在及其在 ATZ 降解过程中的重要性。

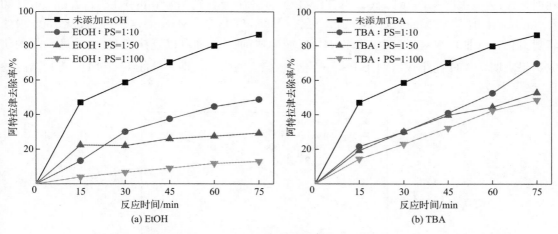

图 4-39 各种捕获剂在 DBD/MBs/PS 处理过程中对 ATZ 去除的影响

4.8.1.3 H$_2$O$_2$ 的作用

为了考察 H$_2$O$_2$ 的作用，在苯胺降解过程中分别测定双介质阻挡放电/微气泡耦合处理苯胺模拟废水和去离子水过程中产生的液相 H$_2$O$_2$ 浓度，结果如图 4-40 所示。去离子水在放电过程中产生的 H$_2$O$_2$ 浓度随放电时间的延长先升高后下降，在放电时间和条件相同的情况下，去离子水实验过程中测定到的 H$_2$O$_2$ 浓度高于苯胺模拟废水实验过程。这是由于在放电过程中产生了 H$_2$O$_2$，而苯胺降解过程消耗了 H$_2$O$_2$。H$_2$O$_2$ 能够加速溶液中的 O$_3$ 分解为活性较强的 ·OH；并且，H$_2$O$_2$ 在紫外光的照射下，也会进一步分解成 ·OH。微气泡在破灭和生成的瞬间也会产生大量 H$_2$O$_2$，在增强气液传质的同时也会促进反应进程。随着反应的进行，微气泡逐渐稳定，消耗 H$_2$O$_2$ 的速率达到平衡，因此去离子水与苯胺模拟废水中 H$_2$O$_2$ 浓度差逐渐减小至稳定状态。由此可知，介质阻挡放电/微气泡耦合体系中会产生 H$_2$O$_2$，且在降解苯胺过程中发挥作用。

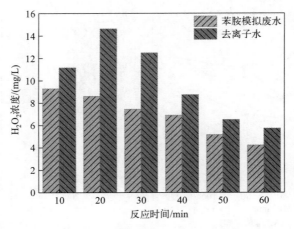

图 4-40　DDBD/MBs 放电过程中 H_2O_2 的浓度

4.8.1.4　其他自由基的作用

为了研究氢自由基（·H）在去除 ATZ 过程中的作用，将 TEMPO 用作·H 捕获剂，通过实验比较了不同 TEMPO 浓度下 ATZ 的去除率，结果如图 4-41 所示。当 TEMPO 存在时，ATZ 的去除率明显降低，当 TEMPO 的添加量分别为 0 mmol/L、0.1 mmol/L 和 1.0 mmol/L 时，ATZ 的去除率分别为 82%、30% 和 23%。Matthews 等人通过钴-60γ 射线辐射氧化铈（Ⅲ）观察到，由 e_{aq}^- 和 H^+ 反应生成的·H 也可以直接活化 PS。进一步的研究结果表明，·H 的生成有利于 PS 的活化和 ATZ 的降解，即·H 由 e_{aq}^- 和 H^+ 直接活化的 PS 反应生成。

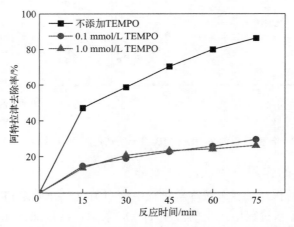

图 4-41　TEMPO 在 DBD/MBs/PS 处理过程中对 ATZ 去除的影响

由于空气中存在大量的氮气（78%），因此在放电过程中会有大量的 RNS 以 N_xO_y 的形式生成，并最终以 NO_2^- 和 NO_3^- 的形式溶解于待处理溶液中。Chen 等人发现在低温等离子体放电过程中过氧亚硝酸根是生成量最多的 RNS，其生成量要高于·NO_2 和·NO。为了考察 $ONOO^-$ 在二氯乙酸降解过程中的作用，添加尿酸（uric acid，UA）作为 $ONOO^-$ 的捕获剂，观察不同 UA 浓度下，DCAA 去除率的变化，其结果如图 4-42 所示。

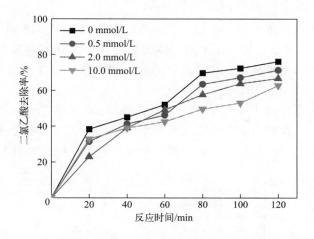

图 4-42　尿酸在 NTP/MBs 处理过程中对 DCAA 去除的影响

尿酸捕获 ONOO⁻ 的方式主要是捕获过氧亚硝酸生成的前驱体。当加入 10 mmol/L UA 时，二氯乙酸的去除率和伪一级反应速率常数分别下降了 13 个百分点（从 76% 下降到 63%）和 35%（从 0.01135 min^{-1} 下降到 0.00736 min^{-1}），同样说明 ONOO⁻ 对于二氯乙酸的降解有一定贡献。

4.8.2　微气泡的耦合作用

4.8.2.1　微气泡与大气泡的对比

为了验证微气泡相比普通大气泡对苯酚降解的优势，向 250 mL 初始浓度 100 mg/L 的苯酚溶液里鼓入空气大气泡，进气流量保持 60 mL/min 处理 120 min，结果如图 4-43 所示。结果表明，空气大气泡对苯酚降解几乎没有效果。这是因为，微气泡在破裂瞬间可以产生羟基自由基，但是大气泡不能，所以鼓入大气泡对苯酚几乎没有处理效果。

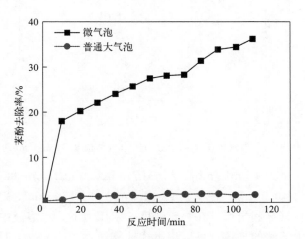

图 4-43　微气泡与大气泡对苯酚去除效果的对比

4.8.2.2 气体流量与微气泡尺寸的影响

本研究在 DCAA 初始浓度为 $400\,\mu g/L$、放电功率为 $22.9\,W$、初始 pH 为 6.83、初始电导率为 $1.5\,\mu S/cm$ 的条件下，研究了不同气体流量对 DCAA 去除率的影响，结果如图 4-44 所示。当气体流量为 $10\sim30\,mL/min$ 时，DCAA 的去除率随着气体流量的增加而提高，其反应速率常数也呈现出相同的规律。当气体流量从 $30\,mL/min$ 增加到 $50\,mL/min$ 时，DCAA 去除率从 76% 下降到了 47%，且 $50\,mL/min$ 时的反应速率常数甚至比 $10\,mL/min$ 时低了 $0.0013\,min^{-1}$。为进一步探讨该现象发生的原因，实验考察了不同气体流量下的微气泡平均粒径，其中气体流量 $30\,mL/min$ 对应的微气泡平均粒径如图 4-45 所示。

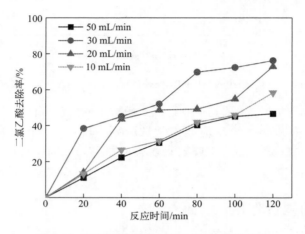

图 4-44　不同气体流量对 DCAA 去除的影响

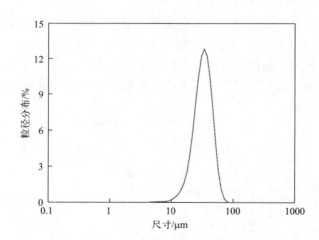

图 4-45　微气泡平均粒径分布图（气体流量 $30\,mL/min$）

实验发现，气体流量为 $10\,mL/min$、$20\,mL/min$、$30\,mL/min$ 和 $50\,mL/min$ 条件下的微气泡平均粒径分别为 $40.9\,\mu m$、$39.6\,\mu m$、$34.5\,\mu m$ 和 $41.0\,\mu m$。该现象主要与气体在水溶液中的溶解有关。根据亨利定律，在一定温度一定压力下，水溶液中可以溶解的气体量是一个定值。因此，水中溶解的气体量可以用下式计算：

$$\frac{C_2}{C_1} = \frac{p_2 - p}{1.013 \times 10^5\,Pa - p} \tag{4-23}$$

式中，p_2 为操作条件下的压力，Pa；p 为 25 ℃ 下气体的饱和蒸气压，0.03169×10^5 Pa，C_2 为 p_2 条件下该气体的溶解度；C_1 为 25 ℃ 和 1.013×10^5 Pa 下气体的溶解度（1000 mL 水中溶解空气约 18.68 mL）。

根据式（4-23）计算，在操作条件为 0.4 MPa 和室温条件（25 ℃）下，400 mL 水溶液每分钟可以溶解的气体为 30.22 mL。因此，当气体流量为 50 mL/min 时，无法溶解的空气导致系统不稳定，从而导致了产生的微气泡平均粒径增大。

微气泡的平均粒径是影响界面传质和反应速率的重要参数。平均粒径小的微气泡具有更高的 ζ 电位，也就是说更多离子更易于黏附在平均粒径小的微气泡与液相的相界面上。Wright 等人报道，当气泡平均粒径从 2500 μm 减小到 500 μm 时，DBD/MBs 耦合的反应器内 O_3 浓度提高了 54%，该结果表明了微气泡可以作为一种有效的传质载体。平均粒径小的微气泡，不仅有利于活性粒子的传质，同样也有利于活性粒子的生成。微气泡的高比表面积会使其内部压力发生快速变化，气泡粒径的减小会导致拉普拉斯压强的增加。随着拉普拉斯压强的增加，微气泡在水中破碎时会吸附更多的溶解气体，而气泡破裂时产生的局部高温高压条件有助于生成各类活性粒子。

此外，德拜长度是等离子体可以自发存在的距离尺度，计算如下：

$$\lambda_D = \left(\frac{KT_e}{4\pi ne^2} \right)^{\frac{1}{2}} \tag{4-24}$$

式中，λ_D 代表电子德拜长度，m；K 代表真空介电常数，8.854×10^{-12} F/m；T_e 表示电子温度，K；n 表示电子密度，cm^{-3}；e 表示无符号电荷电子，1.602×10^{-19} C。

可以简化为

$$\lambda_D = 7.4 \left(\frac{KT}{n} \right)^{\frac{1}{2}} \tag{4-25}$$

对于常温下的 DBD 压力，粒子热能 KT 和 n 分别约为 2 eV 和 $10^9 \, cm^{-3}$，λ_D 约是 30 μm。因此，极端条件（更高内部压力和温度）可以产生较小的 MBs 收缩，粒径 30 μm 的微气泡可能会促进等离子体在微气泡中的产生，提高自由基的产生量。这也是等离子体耦合微气泡技术具有协同效应的原因之一。

4.8.2.3　微气泡的气-液传质作用

通常微气泡较大的比表面积有利于气液界面间充分接触，较小的浮力保证了其在液体中有较长的停留时间，较小的动力学直径也有利于其破灭时产生较大的压力。微气泡这些独特的性质均有利于 NTP 体系中活性粒子在气液界面的传质。因此，NTP/MBs 对污染物的去除有着显著的协同作用。

为了验证微气泡可以强化活性粒子在 NTP 体系中的传质效果，本实验使用 TA 测定了 MBs、NTP 和 NTP/MBs 处理过程中 ·OH 的浓度。如图 4-46 所示，经过 120 min 处理后，·OH 生成量在 NTP 和 NTP/MBs 体系中分别达到 0.27 mmol/L 和 0.45 mmol/L，其对应的 ·OH 生成速率分别为 37.5×10^{-9} mol/s 和 62.5×10^{-9} mol/s，这与 Tochikubo 等人报道的等离子体体系中 ·OH 生成速率的数量级基本一致（正离子辐照的 ·OH 生成速率为 4.3×10^{-9} mol/s，电子辐照的 ·OH 生成速率为 9.3×10^{-9} mol/s）。这一现象证实了微气泡促进了一部分自由基在 NTP 中的生成。由于 ·OH 在水中 19 ℃ 条件下的液相总体积传质系数（K_{La}）仅为 $2 \times 10^9 \, m^2/s$，而其寿命仅有 $10^{-16} \sim 10^{-12}$ s，因此在等离子体体系中

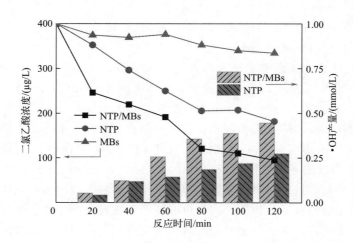

图 4-46   不同处理过程中 DCAA 浓度和·OH 生成量的变化曲线

增强这类短寿命活性粒子的传质十分重要。

等离子体体系中·OH 的生成与 H_2O_2 紧密相关。He 等人发现液相中的 H_2O_2 主要来自·OH 的合并反应。而 Bian 等人发现等离子体体系中 H_2O_2 的生成率和·OH 的生成率成反比。本研究中，经过 120 min 的处理后，NTP 体系中 H_2O_2 的浓度为 NTP/MBs 体系的 0.60 倍，而 NTP 体系中·OH 的浓度为 NTP/MBs 体系的 0.61 倍。考虑到 H_2O_2 是一种温和的氧化剂，而且在反应中通常不直接与降解产物反应，等离子体体系中 H_2O_2 的累积通常会被视为能量利用率低的一种表现。·OH 除了标准氧化还原电位高于 H_2O_2 外，其在水中的扩散常数也大于后者，·OH 的扩散常数为 $0.84 \times 10^{-4} cm^2/s$，而 H_2O_2 在水中的扩散常数大约只有 $0.13 \times 10^{-4} cm^2/s$。因此，体系中·OH 生成量更高会更加有利于污染物的去除。而·OH 与 H_2O_2 之间的关系进一步证实了微气泡可以通过增强气液传质和促进活性粒子生成提高 NTP 体系的能量利用率。

此外，研究表明，臭氧在 MBs 中的传质速率（$0.0234 min^{-1}$）比常规大气泡（$0.0055 min^{-1}$）更快。在之前的研究中观察到 MBs 和 DBD 在苯胺去除方面有明显的协同作用。因此，MBs 的传质增强作用可能促进了 DBD/MBs 体系对污染物的降解。研究还表明 MBs 在气泡表面和水溶液之间的界面上带有电荷，这有助于 MBs 内部产生等离子体，也解释了观察到的 DBD/MBs/PS 体系去除 ATZ 效率较高的现象。为了验证 MBs 对于改善传质有积极作用，假设 MBs 的增氧作用增加了水中的 $^1O_2$，这个过程有利于 PS 的活化和 ATZ 的分解。以糠醇（FFA）为 $^1O_2$ 的捕获剂，对 DBD/PS 和 DBD/MBs/Ps 处理 ATZ 过程中捕获 $^1O_2$ 的情况进行测试，结果如图 4-47 所示。

图 4-47 显示，在糠醇浓度为 10 mmol/L 的情况下，经过 DBD/MBs/PS 和 DBD/PS 处理后，ATZ 的去除率分别为 25% 和 32%。DBD/PS 体系中 ATZ 去除率较高，这是因为在没有 MBs 增氧的情况下，$^1O_2$ 的生成量减少了，受到 FFA 的抑制作用较小，与假设一致，证实了 MBs 增强了 ATZ 去除过程中的传质作用。根据图 4-12，控温条件下的 DBD/MBs/PS 和 DBD/PS 系统中 ATZ 去除率分别为 64% 和 56%，并且计算得 DBD/MBs/PS 的传质贡献率为 13%。

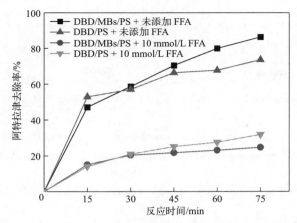

图 4-47　DBD/PS 和 DBD/MBs/PS 处理过程中 $^1O_2$ 捕获测试

4.9　本章小结

　　等离子体放电/微气泡耦合技术在降解有机污染物的过程中，会产生电子、羟基自由基和过氧化氢等活性物质，羟基自由基在降解过程中起主要作用，过氧化氢、氢自由基、含氮活性离子和某些物理化学效应（如热等）起辅助作用。微气泡与等离子体放电表现出了明显的协同作用，微气泡的存在可以增强反应过程中的传质效果，而且能够促进羟基自由基产生，在降解有机污染物时起到了重要作用。

参考文献

［1］　NHMRC. Australian drinking water guidelines 6 ［M］. Canberra：National Health and Medical Research Council，National Resource Managment Ministerial Council，Commonwealth of Australia，2011.

［2］　Aggelopoulos C A，Tataraki D，Rassias G. Degradation of atrazine in soil by dielectric barrier discharge plasma-Potential singlet oxygen mediation ［J］. Chemical Engineering Journal，2018，347：682-694.

［3］　Aslani H，Nasseri S，Nabizadeh R，et al. Haloacetic acids degradation by an efficient Ferrate/UV process：Byproduct analysis，kinetic study，and application of response surface methodology for modeling and optimization ［J］. Journal of Environmental Management 2017，203：218-228.

［4］　Aziz K H H，Miessner H，Mahyar A，et al. Removal of dichloroacetic acid from aqueous solution using non-thermal plasma generated by dielectric barrier discharge and nano-pulse corona discharge ［J］. Separation and Purification Technology，2019，216：51-57.

［5］　Bai Y H，Chen J R，Mu H，et al. Reduction of dichlorvos and omethoate residues by O_2 plasma treatment ［J］. Journal of Agricultural and Food Chemistry，2009，57 （14）：6238-6245.

［6］　Bian W J，Zhou M H，Lei L C. Formations of active species and by-products in water by pulsed high-voltage discharge ［J］. Plasma Chemistry and Plasma Processing，2007，27 （3）：337-348.

［7］　Boukari S O，Pellizzari F，Leitner N K V. Influence of persulfate ions on the removal of phenol in aqueous solution using electron beam irradiation ［J］. Journal of Hazardous Materials，2011，185 （2/3）：

844-851.

[8]   Bu L J, Zhu N Y, Li C Q, et al. Susceptibility of atrazine photo-degradation in the presence of nitrate: Impact of wavelengths and significant role of reactive nitrogen species [J]. Journal of Hazardous Materials, 2019, 388: 121760.

[9]   Canonica S, Kohn T, Mac M, et al. Photosensitizer method to determine rate constants for the reaction of carbonate radical with organic compounds [J]. Environmental Science & Technology, 2005, 39 (23): 9182-9188.

[10]   Chen C, Li F Y, Chen H L, et al. Aqueous reactive species induced by a PCB surface micro-discharge air plasma device: A quantitative study [J]. Journal of Physics D: Applied Physics, 2017, 50 (44): 445208.

[11]   Chen F F. Introduction to Plasma Physics and Controlled Fusion [M]. 林光海, 译. 北京: 科学出版社, 2016.

[12]   Chu L B, Zhuan R, Chen D, et al. Degradation of macrolide antibiotic erythromycin and reduction of antimicrobial activity using persulfate activated by gamma radiation in different water matrices [J]. Chemical Engineering Journal, 2019, 361: 156-166.

[13]   Devi P, Das U, Dalai A K. In-situ chemical oxidation: Principle and applications of peroxide and persulfate treatments in wastewater systems [J]. Science of the Total Environment, 2016, 571: 643-657.

[14]   Fan Y, Ji Y F, Kong D Y, et al. Kinetic and mechanistic investigations of the degradation of sulfamethazine in heat-activated persulfate oxidation process [J]. Journal of Hazardous Materials, 2015, 300: 39-47.

[15]   Fridman A, Chirokov A, Gutsol A. Non-thermal atmospheric pressure discharges [J]. Journal of Physics D: Applied Physics, 2005, 38 (2): R1-R24.

[16]   Furman O S, Teel A L, Watts R J. Mechanism of base activation of persulfate [J]. Environmental Science & Technology, 2010, 44 (16): 6423-6428.

[17]   Gao Y, Duan Y T, Fan W, et al. Intensifying ozonation treatment of municipal secondary effluent using a combination of microbubbles and ultraviolet irradiation [J]. Environmental Science and Pollution Research, 2019, 26 (21): 21915-21924.

[18]   Guo H, Li D S, Li Z, et al. Promoted elimination of antibiotic sulfamethoxazole in water using sodium percarbonate activated by ozone: Mechanism, degradation pathway and toxicity assessment [J]. Separation and Purification Technology, 2021, 266: 118543.

[19]   Guo H, Li Z, Xie Z H, et al. Accelerated Fenton reaction for antibiotic ofloxacin degradation in discharge plasma system based on graphene-Fe_3O_4 nanocomposites [J]. Vacuum, 2021, 185: 110022.

[20]   Hamidin N, Yu Q J, Connell D W. Human health risk assessment of chlorinated disinfection by-products in drinking water using a probabilistic approach [J]. Water Research, 2008, 42 (13): 3263-3274.

[21]   Hao X L, Zhou M H, Xin Q, et al. Pulsed discharge plasma induced Fenton-like reactions for the enhancement of the degradation of 4-chlorophenol in water [J]. Chemosphere, 2007, 66 (11): 2185-2192.

[22]   Hayashi D, Hoeben W, Dooms G, et al. Influence of gaseous atmosphere on corona-induced degradation of aqueous phenol [J]. Journal of Physics D: Applied Physics, 2000, 33 (21): 2769-2774.

[23]   Hayashi Y, Takada N, Kanda H, et al. Effect of fine bubbles on electric discharge in water [J]. Plasma Sources Science & Technology, 2015, 24 (5): 055023.

[24]   He X Y, Lin J, He B B, et al. The formation pathways of aqueous hydrogen peroxide in a plasma-liq-

uid system with liquid as the cathode [J]. Plasma Sources Science and Technology，2018，27 (8)：085010.

[25]　Hoigné J，Bader H. The role of hydroxyl radical reactions in ozonation processes in aqueous solutions [J]. Water Research，1976，10 (5)：377-386.

[26]　Hu S H，Liu X H，Xu Z M，et al. Degradation and mineralization of ciprofloxacin by gas‐liquid discharge non-thermal plasma [J]. Plasma Science and Technology，2018，21 (1)：015501.

[27]　Huang F M，Chen L，Wang H L，et al. Analysis of the degradation mechanism of methylene blue by atmospheric pressure dielectric barrier discharge plasma [J]. Chemical Engineering Journal，2010，162 (1)：250-256.

[28]　Jawale R H，Dapurkar O，Gogate P R. Treatment of atrazine containing wastewater using cavitation based hybrid treatment approaches [J]. Chemical Engineering and Processing：Process Intensification，2018，130：275-283.

[29]　Ji Y F，Dong C X，Kong D Y，et al. Heat-activated persulfate oxidation of atrazine：Implications for remediation of groundwater contaminated by herbicides [J]. Chemical Engineering Journal，2015，263：45-54.

[30]　Jiang B，Zheng J T，Liu Q，et al. Degradation of azo dye using non-thermal plasma advanced oxidation process in a circulatory airtight reactor system [J]. Chemical Engineering Journal，2012，204-206：32-39.

[31]　Jiang B，Zheng J T，Qiu S，et al. Review on electrical discharge plasma technology for wastewater remediation [J]. Chemical Engineering Journal，2014，236：348-368.

[32]　Johnson R L，Tratnyek P G，Johnson R O B. Persulfate persistence under thermal activation conditions [J]. Environmental Science & Technology，2008，42 (24)：9350-9356.

[33]　Khan J A，He X，Khan H M，et al. Oxidative degradation of atrazine in aqueous solution by UV/H_2O_2/Fe^{2+}，UV/$S_2O_8^{2-}$/Fe^{2+} and UV/HSO_5^-/Fe^{2+} processes：A comparative study [J]. Chemical Engineering Journal，2013，218 (1)：376-383.

[34]　Khan J A，He X，Shah N S，et al. Kinetic and mechanism investigation on the photochemical degradation of atrazine with activated H_2O_2，$S_2O_8^{2-}$ and HSO_5 [J]. Chemical Engineering Journal，2014，252：393-403.

[35]　Kovacevic V V，Dojcinovic B P，Jovic M，et al. Measurement of reactive species generated by dielectric barrier discharge in direct contact with water in different atmospheres [J]. Journal of Physics D：Applied Physics，2017，50 (15)：155205.

[36]　Kovaios I D，Paraskeva C A，Koutsoukos P G. Adsorption of atrazine from aqueous electrolyte solutions on humic acid and silica [J]. Journal of Colloid and Interface Science，2011，356 (1)：277-285.

[37]　Lei Y，Chen C S，Tu Y J，et al. Heterogeneous degradation of organic pollutants by persulfate activated by CuO-Fe_3O_4：Mechanism，stability，and effects of pH and bicarbonate ions [J]. Environmental Science & Technology，2015，49 (11)：6838-6845.

[38]　Li K，Stefan M I，Crittenden J C. Trichloroethene degradation by UV/H_2O_2 advanced oxidation process：Product study and kinetic modeling [J]. Environmental Science & Technology，2007，41 (5)：1696-1703.

[39]　Li P，Takahashi M，Chiba K. Enhanced free-radical generation by shrinking microbubbles using a copper catalyst [J]. Chemosphere，2009，77 (8)：1157-1160.

[40]　Liang C J，Su H W. Identification of sulfate and hydroxyl radicals in thermally activated persulfate [J]. Industrial & Engineering Chemistry Research，2009，48 (11)：5558-5562.

[41]　Liang C J，Wang Z S，Mohanty N. Influences of carbonate and chloride ions on persulfate oxidation of

trichloroethylene at 20 ℃ [J]. Science of the Total Environment，2006，370（2/3）：271-277.

[42] Liu Y N，Mei S F，Iya-Sou D，et al. Carbamazepine removal from water by dielectric barrier discharge：Comparison of ex situ and in situ discharge on water [J]. Chemical Engineering and Processing：Process Intensification，2012，56：10-18.

[43] Liu Y N，Shen X，Sun J H，et al. Treatment of aniline contaminated water by a self-designed dielectric barrier discharge reactor coupling with micro-bubbles：Optimization of the system and effects of water matrix [J]. Journal of Chemical Technology and Biotechnology，2018，94（2）：494-504.

[44] Liu Y N，Wang C H，Huang K L，et al. Degradation of glucocorticoids in water by dielectric barrier discharge and dielectric barrier discharge combined with calcium peroxide：Performance comparison and synergistic effects [J]. Journal of Chemical Technology and Biotechnology，2019，94（11）：3606-3617.

[45] Liu Y N，Zhang H，Sun J H，et al. Degradation of aniline in aqueous solution using non-thermal plasma generated in microbubbles [J]. Chemical Engineering Journal，2018，345：679-687.

[46] Liu Y N，Zhu S F，Tian H，et al. Effect of inorganic ions on the oxidation of methyl violet with gliding arc plasma discharge [J]. Plasma Chemistry and Plasma Processing，2013，33（4）：737-749.

[47] Liu Z，Zhao C，Wang P，et al. Removal of carbamazepine in water by electro-activated carbon fiber-peroxydisulfate：Comparison，optimization，recycle，and mechanism study [J]. Chemical Engineering Journal，2018，343：28-36.

[48] Locke B R，Thagard S M. Analysis and review of chemical reactions and transport processes in pulsed electrical discharge plasma formed directly in liquid water [J]. Plasma Chemistry and Plasma Processing，2012，32（5）：875-917.

[49] López Peñalver J J，Gómez Pacheco C V，Sánchez Polo M，et al. Degradation of tetracyclines in different water matrices by advanced oxidation/reduction processes based on gamma radiation [J]. Journal of Chemical Technology and Biotechnology，2013，88（6）：1096-1108.

[50] Lyu T，Wu S B，Mortimer R J G，et al. Nanobubble technology in environmental engineering：Revolutionization potential and challenges [J]. Environmental Science & Technology，2019，53（13）：7175-7176.

[51] Malik M A. Water purification by plasmas：Which reactors are most energy efficient？ [J]. Plasma Chemistry and Plasma Processing，2010，30（1）：21-31.

[52] Mariani M L，Brandi R J，Cassano A E，et al. A kinetic model for the degradation of dichloroacetic acid and formic acid in water employing the H_2O_2/UV process [J]. Chemical Engineering Journal，2013，225：423-432.

[53] Martin-Neto L，Traghetta D G，Vaz C M，et al. On the interaction mechanisms of atrazine and hydroxyatrazine with humic substances [J]. Journal of Environmental Quality，2001，30（2）：520-525.

[54] Matthews R W，Mahlman H A，Sworski T J. Kinetics of the oxidation of cerium（Ⅲ）by peroxysulfuric acids induced by cobalt-60. gamma. radiation [J]. The Journal of Physical Chemistry 1970，74（12）：2475-2479.

[55] Mededovic S，Locke B R. Side-chain degradation of atrazine by pulsed electrical discharge in water [J]. Industrial & Engineering Chemistry Research，2007，46（9）：2702-2709.

[56] Mosteo R，Miguel N，Martin-Muniesa S，et al. Evaluation of trihalomethane formation potential in function of oxidation processes used during the drinking water production process [J]. Journal of Hazardous Materials，2009，172（2/3）：661-666.

[57] Noma Y，Choi J H，Muneoka H，et al. Electron density and temperature of gas-temperature-depend-

ent cryoplasma jet [J]. Journal of Applied Physics，2011，109 (5)：053303.

[58] Oh W D，Dong Z L，Lim T T. Generation of sulfate radical through heterogeneous catalysis for organic contaminants removal：Current development，challenges and prospects [J]. Applied Catalysis B：Environmental，2016，194：169-201.

[59] Parkinson L，Sedev R，Fornasiero D，et al. The terminal rise velocity of 10-100 μm diameter bubbles in water [J]. Journal of Colloid and Interface Science，2008，322 (1)：168-172.

[60] Parrish J M，Austin E W，Stevens D K，et al. Haloacetate-induced oxidative damage to DNA in the liver of male B6C3F1mice [J]. Toxicology，1996，110 (1)：103-111.

[61] Richmonds C，Witzke M，Bartling B，et al. Electron-transfer reactions at the plasma － liquid interface [J]. Journal of the American Chemical Society，2011，133 (44)：17582-17585.

[62] Rumbach P，Bartels D M，Sankaran R M，et al. The solvation of electrons by an atmospheric-pressure plasma [J]. Nature Communications，2015，6：7248.

[63] Rumbach P，Witzke M，Sankaran R M，et al. Decoupling interfacial reactions between plasmas and liquids：Charge transfer vs plasma neutral reactions [J]. Journal of the American Chemical and Society，2013，135 (44)：16264-16267.

[64] Sbardella L，VeloGala I，Comas J，et al. The impact of wastewater matrix on the degradation of pharmaceutically active compounds by oxidation processes including ultraviolet radiation and sulfate radicals [J]. Journal of Hazardous Materials，2019，380：120869.

[65] Shang K F，Li W F，Wang X J，et al. Degradation of p-nitrophenol by DBD plasma/Fe^{2+}/persulfate oxidation process [J]. Separation and Purification Technology，2019，218：106-112.

[66] Shangguan Y F，Yu S L，Gong C，et al. A review of microbubble and its applications in ozonation [J]. IOP Conference Series：Earth and Environmental Science，2018，128：012149.

[67] Shibata T，Ozaki A，Takana H，et al. Water treatment characteristics using activated air microbubble jet with photochemical reaction [J]. Journal of Fluid Science and Technology，2011，6 (2)：242-251.

[68] Smith M B，March J. March's advanced organic chemistry：Reactions，mechanisms，and structure [M]. New York：Wiley-Interscience，2007.

[69] Song W，Li J，Fu C X，et al. Kinetics and pathway of atrazine degradation by a novel method：Persulfate coupled with dithionite [J]. Chemical Engineering Journal，2019，373：803-813.

[70] Squadrito G L，Cueto R，Splenser A E，et al. Reaction of uric acid with peroxynitrite and implications for the mechanism of neuroprotection by uric acid [J]. Archives of Biochemistry and Biophysics，2000，376 (2)：333-337.

[71] Stacpoole P W，Henderson G N，Yan Z M，et al. Pharmacokinetics，metabolism，and toxicology of dichloroacetate [J]. Drug Metabolism Reviews，1998，30 (3)：499-539.

[72] Stiff M J. Copper/bicarbonate equilibria in solutions of bicarbonate ion at concentrations similar to those found in natural water [J]. Water Research，1971，5 (5)：171-176.

[73] Sun B，Sato M，Clements J S. Oxidative processes occurring when pulsed high voltage discharges degrade phenol in aqueous solution [J]. Environmental Science & Technology，2000，34 (3)：509-513.

[74] Takahashi M. Zeta potential of microbubbles in aqueous solutions：Electrical properties of the gas-water interface [J]. Journal of Physical Chemistry B，2005，109 (46)：21858-21864.

[75] Takahashi M，Chiba K，Li P. Free-radical generation from collapsing microbubbles in the absence of a dynamic stimulus [J]. Journal of Physical Chemistry B，2007，111 (6)：1343-1347.

[76] Tan C Q，Gao N Y，Deng Y，et al. Heat-activated persulfate oxidation of diuron in water [J]. Chemical Engineering Journal，2012，203：294-300.

[77] Tang S F，Lu N，Li J，et al. Improved phenol decomposition and simultaneous regeneration of granu-

lar activated carbon by the addition of a titanium dioxide catalyst under a dielectric barrier discharge plasma [J]. Carbon, 2013, 53: 380-390.

[78]　Thanekar P, Lakshmi N J, Shah M, et al. Degradation of dimethoate using combined approaches based on hydrodynamic cavitation and advanced oxidation processes [J]. Process Safety and Environmental Protection, 2020, 143: 222-230.

[79]　Tian W, Tachibana K, Kushner M J. Plasmas sustained in bubbles in water: Optical emission and excitation mechanisms [J]. Journal of Physics D: Applied Physics, 2014, 47 (5): 055202.

[80]　Tochikubo F, Shimokawa Y, Shirai N, et al. Chemical reactions in liquid induced by atmospheric-pressure dc glow discharge in contact with liquid [J]. Japanese Journal of Applied Physics, 2014, 53 (12): 126201.

[81]　Vanraes P, Ghodbane H, Davister D, et al. Removal of several pesticides in a falling water film DBD reactor with activated carbon textile: Energy efficiency [J]. Water Research, 2017, 116: 1-12.

[82]　Wacławek S, Lutze H V, Grübel K, et al. Chemistry of persulfates in water and wastewater treatment: A review [J]. Chemical Engineering Journal, 2017, 330: 44-62.

[83]　Waldemer R H, Tratnyek P G, Johnson R L, et al. Oxidation of chlorinated ethenes by heat-activated persulfate: Kinetics and products [J]. Environmental Science & Technology, 2007, 41 (3): 1010-1015.

[84]　Wang J L, Wang S Z. Activation of persulfate (PS) and peroxymonosulfate (PMS) and application for the degradation of emerging contaminants [J]. Chemical Engineering Journal, 2018, 334: 1502-1517.

[85]　Wang J Q, Wang C J, Guo H G, et al. Crucial roles of oxygen and superoxide radical in bisulfite-activated persulfate oxidation of bisphenol AF: Mechanisms, kinetics and DFT studies [J]. Journal of Hazardous Materials, 2020, 391: 122228.

[86]　Wang L, Zeng H F, Yu X. Dechlorination and decomposition of trichloroacetic acid by glow discharge plasma in aqueous solution [J]. Electrochimica Acta, 2014, 115: 332-336.

[87]　Wang M J, Zhang J, Zhao H D, et al. Enhancement of oxidation capacity of $ZVI/Cu^{2+}/PMS$ systems by weak magnetic fields [J]. Desalination and Water Treatment, 2019, 161: 260-268.

[88]　Wang Q C, Zhang A, Li P, et al. Degradation of aqueous atrazine using persulfate activated by electrochemical plasma coupling with microbubbles: Removal mechanisms and potential applications [J]. Journal of Hazardous Materials, 2021, 403: 124087.

[89]　Wang T C, Qu G Z, Ren J Y, et al. Evaluation of the potentials of humic acid removal in water by gas phase surface discharge plasma [J]. Water Research, 2016, 89: 28-38.

[90]　Wang T C, Qu G Z, Sun Q H, et al. Evaluation of the potential of p-nitrophenol degradation in dredged sediment by pulsed discharge plasma [J]. Water Research, 2015, 84: 18-24.

[91]　Wright A, Taglioli M, Montazersadgh F, et al. Microbubble-enhanced DBD plasma reactor: Design, characterisation and modelling [J]. Chemical Engineering Research and Design, 2019, 144: 159-173.

[92]　Wu M C, Uehara S, Wu J S, et al. Dissolution enhancement of reactive chemical species by plasma-activated microbubbles jet in water [J]. Journal of Physics D: Applied Physics, 2020, 53 (48): 485201.

[93]　Yang B, Pignatello J J, Qu D, et al. Activation of hydrogen peroxide and solid peroxide reagents by phosphate ion in alkaline solution [J]. Environmental Engineering Science, 2016, 33 (3): 193-199.

[94]　Yang L Y, Chen X M, She Q H, et al. Regulation, formation, exposure, and treatment of disinfection by-products (DBPs) in swimming pool waters: A critical review [J]. Environment International, 2018, 121 (Pt 2): 1039-1057.

[95]　Yang Y，Jiang J，Lu X L，et al. Production of sulfate radical and hydroxyl radical by reaction of ozone with peroxymonosulfate：A novel advanced oxidation process [J]. Environmental Science & Technology，2015，49 (12)：7330-7339.

[96]　Yusupov M，Neyts E C，Simon P，et al. Reactive molecular dynamics simulations of oxygen species in a liquid water layer of interest for plasma medicine [J]. Journal of Physics D：Applied Physics，2014，47 (2)：25205-25213.

[97]　Zainah，Saksono N. Degradation of textile dyes remazol brilliant blue using plasma electrolysis method with the addition of microbubble and Fe^{2+} ion [C]//Proceedings of the 3rd International Symposium on Applied Chemistry (ISAC) 2017. Jakarta：AIP Publishing，2017.

[98]　Zhang Q R，Qu G Z，Wang T C，et al. Humic acid removal from micro-polluted source water in the presence of inorganic salts in a gas-phase surface discharge plasma system [J]. Separation and Purification Technology，2017，187：334-342.

[99]　Zhao B X，Wang X Q，Shang H，et al. Degradation of trichloroacetic acid with an efficient Fenton assisted TiO_2 photocatalytic hybrid process：Reaction kinetics，byproducts and mechanism [J]. Chemical Engineering Journal，2016，289：319-329.

[100]　Zhu D，Jiang L，Liu R L，et al. Wire-cylinder dielectric barrier discharge induced degradation of aqueous atrazine [J]. Chemosphere，2014，117：506-514.

[101]　陈学国，滕姣，赵丹，等. 莠去津及代谢物研究进展 [J]. 福建分析测试，2019，28 (2)：27-32.

[102]　成宝志，郭琬，周海梅. 阿特拉津的化学降解性研究进展 [J]. 山东化工，2019，48 (18)：43-45，47.

[103]　程明，胡晨燕，章靖，等. 管网中的饮用水消毒副产物研究进展 [J]. 净水技术，2014，33 (2)：17-21.

[104]　翟旭，陈忠林，刘小为，等. 臭氧氧化去除饮用水消毒副产物二氯乙酸 [J]. 中国给水排水，2010，26 (11)：146-148.

[105]　杜向阳，张博. 上海市黄浦区饮用水中氯化消毒副产物的分布特征 [J]. 职业与健康，2016，32 (22)：3117-3119.

[106]　侯世英，曾鹏，刘坤，等. 单介质与双介质结构介质阻挡放电水处理性能的比较 [J]. 高电压技术，2012，38 (7)：1562-1567.

[107]　梁诚. 有机中间体废水治理技术现状与发展 [J]. 四川化工与腐蚀控制，2003，6 (1)：49-58.

[108]　刘志培，杨惠芳，周培瑾. 微生物降解苯胺的特性及其降解代谢途径 [J]. 应用与环境生物学报，1999，5 (S1)：5-9.

[109]　宁军. 微电解-臭氧催化氧化-生物降解联合处理硝基苯废水的研究 [D]. 南京：南京农业大学，2012.

[110]　宁军，陈立伟，蔡天明. 臭氧催化氧化降解苯胺的机理 [J]. 环境工程学报，2013，7 (2)：551-556.

[111]　施烨闻，郭常义，许慧慧，等. 上海市夏季游泳池水消毒副产物暴露水平及健康风险评估 [J]. 环境与健康杂志，2017，34 (4)：332-336.

[112]　石建鹏. 吸附法后续处理苯胺废水的试验研究 [D]. 兰州：兰州交通大学，2007.

[113]　于莹. 生物制剂处理苯胺废水的效果研究 [D]. 长春：吉林大学，2013.

[114]　余秋梅. 介质阻挡放电降解染料废水的实验研究 [D]. 南昌：南昌大学，2010.

[115]　张逸帆，倪沙，邓双丽，等. 阿特拉津对动物生长发育影响的研究进展 [J]. 中国农学通报，2008，24 (11)：424-427.

[116]　GB 5749—2022. 生活饮用水卫生标准 [S].

[117]　邹红，王丽萍，余美维. Fenton 氧化降解苯胺及机制研究 [J]. 安徽大学学报（自然科学版），2016，40 (4)：101-108.

[118] Apelberg B J，Witter F R，Herbstman J B，et al. Cord serum concentrations of perfluorooctane sulfonate (PFOS) and perfluorooctanoate (PFOA) in relation to weight and size at birth [J].Environmental Health Perspectives，2007，115 (11)：1670-1676.

[119] Cai Y P，Chen H L，Yuan R F，et al. Metagenomic analysis of soil microbial community under PFOA and PFOS stress [J]. Environmental Research，2020，188：109838.

[120] Cui J K，Gao P P，Deng Y. Destruction of per-and polyfluoroalkyl substances (PFAS) with advanced reduction processes (ARPs)：A critical review [J]. Environmental Science & Technology，2020，54 (7)：3752-3766.

[121] Dixit F，Barbeau B，Mostafavi S G，et al. PFOA and PFOS removal by ion exchange for water reuse and drinking applications：role of organic matter characteristics [J]. Environmental Science：Water Research & Technology，2019，5 (10)：1782-1795.

[122] Fang C，Megharaj M，Naidu R. Electrochemical advanced oxidation processes (EAOP) to degrade per-and polyfluoroalkyl substances (PFASs)[J]. Journal of Advanced Oxidation Technologies，2017，20 (2)：20170014.

[123] Gu Y，Liu T，Wang H，et al. Hydrated electron based decomposition of perfluorooctane sulfonate (PFOS) in the VUV/sulfite system [J]. The Science of the Total Environment，2017，607/608：541-548.

[124] Hu Y B，Lo S L，Li Y F，et al. Autocatalytic degradation of perfluorooctanoic acid in a permanganate-ultrasonic system [J]. Water Research，2018，140：148-157.

[125] Kim Y，Hong S H，Cha M S，et al. Measurements of electron energy by emission spectroscopy in pulsed corona and dielectric barrier discharges [J]. Journal of Advanced Oxidation Technologies，2003，6 (1)：17-22.

[126] Liu F Z，Hua L K，Zhang W. Influences of microwave irradiation on performances of membrane filtration and catalytic degradation of perfluorooctanoic acid (PFOA) [J]. Environment International，2020，143：105969.

[127] Moriwaki H，Takagi Y，Tanaka M，et al. Sonochemical decomposition of perfluorooctane sulfonate and perfluorooctanoic acid [J]. Environmental Science & Technology，2005，39 (9)：3388-3392.

[128] Niu Z，Wang Y，Lin H，et al. Electrochemically enhanced removal of perfluorinated compounds (PFCs) from aqueous solution by CNTs-graphene composite electrode [J]. Chemical Engineering Journal，2017，328：228-235.

[129] Obo H，Takeuchi N，Yasuoka K. Decomposition of perfluorooctanoic acid in water using multiple plasma generation [J]. IEEE Transactions on Plasma Science，2013，41 (12)：3634-3639.

[130] Piao H T，Jiao X C，Gai N，et al. Perfluoroalkyl substances in waters along the Grand Canal, China [J]. Chemosphere，2017，179：387-394.

[131] Singh R K，Fernando S，Baygi S F，et al. Breakdown products from perfluorinated alkyl substances (PFAS) degradation in a plasma-based water treatment process [J]. Environmental Science & Technology，2019，53 (5)：2731-2738.

[132] Tasaki T，Wada T，Baba Y，et al. Degradation of surfactants by an integrated nanobubbles/VUV irradiation technique [J]. Industrial & Engineering Chemistry Research，2009，48 (9)：4237-4244.

[133] Wang F，Shih K M. Adsorption of perfluorooctanesulfonate (PFOS) and perfluorooctanoate (PFOA) on alumina：Influence of solution pH and cations [J]. Water Research，2011，45 (9)：2925-2930.

[134] Wang S N，Yang Q，Chen F，et al. Photocatalytic degradation of perfluorooctanoic acid and perfluorooctane sulfonate in water：A critical review [J]. Chemical Engineering Journal，2017，328：927-942.

［135］ Wang X J，Wang P，Liu X M，et al. Enhanced degradation of PFOA in water by dielectric barrier discharge plasma in a coaxial cylindrical structure with the assistance of peroxymonosulfate ［J］. Chemical Engineering Journal，2020，389：124381.

［136］ Wang Z Y，Zhang T T，Wu J J，et al. Male reproductive toxicity of perfluorooctanoate（PFOA）: Rodent studies ［J］. Chemosphere，2021，270：128608.

［137］ Xiao F. Emerging poly-and perfluoroalkyl substances in the aquatic environment: A review of current literature ［J］. Water Research. 2017，124：482-495.

［138］ Xu T Y，Ji H D，Gu Y，et al. Enhanced adsorption and photocatalytic degradation of perfluorooctanoic acid in water using iron（hydr）oxides/carbon sphere composite ［J］. Chemical Engineering Journal，2020，388：124230.

［139］ Yu Y C，Zhang K Y，Li Z，et al. Microbial cleavage of C—F bonds in two C_6 per-and polyfluorinated compounds via reductive defluorination ［J］. Environmental Science & Technology，2020，54（22）: 14393-14402.

［140］ 史亚利，潘媛媛，王杰明，等. 全氟化合物的环境问题 ［J］. 化学进展，2009，21（Z1）：369-376.

第5章

低温等离子体处理水中大肠杆菌

5.1 引言

细菌为原核微生物的一类，与人类活动关系紧密，是自然界物质循环的主要参与者。部分微生物对人体有益，且能辅助人类在发展史上取得突破性的进展，如用于发酵、生产单细胞蛋白等；但一些有害细菌如果侵入人体，会对健康造成负担，这类细菌通常称为致病菌。细菌感染方式包括水传播、空气传播、肢体接触、食物吸收等。有人类活动的地方就有污染，所以干净的水体经常会受到人为污染的困扰，如垃圾倾倒、粪便排放等。水体一旦被病原体细菌污染，将损害人体健康或降低生活质量，乃至引发环境恶化等生态环境问题。

大肠杆菌由于在自然界分布广泛，同时在人类和动物肠道中大量寄生，因此是较有代表性的菌群之一。大肠杆菌可通过生活用水或其他接触方式，直接或间接影响人体健康。人类和动物粪便是大肠杆菌污染自然界的主要途径。作为粪便污染的卫生指标，其数量的高低指明水质或食物有无受粪便污染，如一些受污染的水或未熟透的食物，都是对人体的潜在威胁。我国《生活饮用水卫生标准》（GB 5749—2022）规定自 2023 年 4 月 1 日起水质常规指标中总大肠菌群和大肠埃希氏菌（MPN❶/100 mL 或 CFU❷/100 mL）都不得检出，菌落总数不得超过 100CFU/mL。《地表水环境质量标准》（GB 3838—2002）中也明文限定粪大肠菌群在 Ⅰ、Ⅱ、Ⅲ、Ⅳ 及 Ⅴ 类水中的浓度依次为小于或等于 200 个/L、200～2000 个/L、2000～10000 个/L、10000～20000 个/L 及 20000～40000 个/L。多项标准都对大肠菌群数量做出了严格的限制。我国地表水体粪大肠菌群的含量普遍偏高，部分地区甚至超过 Ⅴ 类水质标准几万倍。总体上，大肠菌群含量南北没有明显的分布上的区别，但是东部水域的含量

---

❶ MPN：最可能数。
❷ CFU：菌落形成单位。

基本上都高于西部水域。鉴于大肠杆菌可能对生态造成严重后果，除切断传播途径外，研究有效抑制甚至杀灭大肠杆菌的方法有重要意义。

传统的灭菌方法可以分为物理法和化学法。物理法主要有电离辐射法、紫外照射法、湿热法等。电离辐射法指利用放射源辐射的 γ 射线或其他合适的放射源进行电离辐射破坏微生物细胞膜的方法。该方法调控的参数主要是对象的吸收量，考虑到使用的安全性、有效性和稳定性，辐射剂量通常维持在 25kGy，可以导致微生物酶系统紊乱。另外，考虑到电离辐射对人体的影响，在灭菌同时需要采用适当的化学手段或物理手段对辐射量进行监测，保证灭菌效果的同时也要保证实验人员的安全和防止能源浪费。紫外线杀菌是最常见的灭菌方法之一。紫外线可引起细菌核酸、蛋白与酶的变性，随着照射时长增加使细菌逐渐失活。但是紫外线直接照射对人体有害，一般在无人的场所使用或使用低臭氧紫外线灯，反射罩朝上方悬挂。另外，紫外线穿透力小，遇固体物即刻减弱，一般仅用于物体表面灭菌。湿热法是热力学灭菌中运用最多也最为广泛的灭菌方法，它是利用高压条件下饱和的蒸汽（如煮沸、蒸汽锅）使细菌的蛋白质、核酸发生变性，主要原理是高温使细胞内部蛋白质和酶变质，使细菌失活。

化学法包括化学气体法、臭氧法、酒精法以及氯化法等。化学气体灭菌法中常用的化学药剂有环氧乙烷、福尔马林、戊二醛等。环氧乙烷经常用于外包装的灭菌，通过对蛋白质分子中基团的作用达到灭菌目的。该方法具有活性高、穿透力强、不损伤物品、不残留毒素等优点，但不能用于塑料物品的灭菌，含氯、易吸附环氧乙烷的物品不宜采用环氧乙烷的气体灭菌法。臭氧因其强氧化性能干净彻底地杀灭细菌使其失去再生条件和繁殖能力，可破坏遗传物质，使细菌的新陈代谢受到阻碍而致死；还有学者认为臭氧与细胞壁的脂类双键反应，渗透到内部，改变细胞的通透性，致使细菌溶解和死亡。此外，臭氧因其强氧化性在氧化、脱色、除味方面有突出表现，且因为自身半衰期较短，在空气中不稳定，很快分解为 O_2 和有强氧化性的氧原子，在不产生多余有害物质的前提下，几乎能杀死一切对人体有害的细菌；但是 O_3 排放如果超标便会对人体造成器官损伤。氯化法是我国自来水消毒普遍采用的方法，该方法可以有效防止水中细菌传播疾病。该方法沿用已久，生产技术和设备较完善，但是消毒过程中产生的 THMs 和 HAAs 等有毒的二次污染物可能对人体造成损害。

与其他传统灭菌方法相比，低温等离子体是集多种物理化学效应于一体的灭菌方法。放电过程中电离、激发产生的许多具有高活性强氧化性的粒子（如 O_3、·OH、H_2O_2 等）可以破坏胞体内遗传物质，使细胞破裂而死亡；也可与细菌的细胞壁反应，渗透到细胞内部，改变其通透性，致使其溶解和死亡。放电过程中紫外、超声甚至温度变化等协同作用都能达到杀灭细菌的目的。另外，等离子体工艺简单易控、操作便捷，反应过程也无须额外添加化学物质，并且不产生有毒有害的副产物。本章采用介质阻挡放电等离子体技术杀灭大肠杆菌，探究优化处理条件，分析长寿命和短寿命活性物质对杀菌的影响，解析大肠杆菌灭活机理；为该技术在水体灭菌中的应用提供科学依据。

5.2　实验部分

5.2.1　药品及仪器设备

实验所用的药品如表 5-1 所示，其余实验及测定所需的药品同前。

表 5-1　主要实验药品

药品	纯度	购买厂家
大肠杆菌	—	广州菌种保藏中心
结晶紫中性红胆盐酸琼脂	AR	国药集团化学试剂公司
营养肉汤	AR	国药集团化学试剂公司
乙醇	AR	国药集团化学试剂公司
甘油	AR	国药集团化学试剂公司
硝酸钠	AR	国药集团化学试剂公司
氯化钾	AR	国药集团化学试剂公司

实验所用的等离子体放电装置及部分测定所用仪器同前，其余仪器如表 5-2 所示。

表 5-2　主要实验仪器

仪器名称	型号	购买厂家
自动压力蒸汽灭菌锅	GI54DWS	ZEALWAY(厦门)仪器有限公司
洁净工作台	SW-CJ-2FJ	上海博迅实业有限公司
转子流量计	LZB-3 WBF	常州市科德热工仪表有限公司
空气泵	AP-004	中山市祥龙电器有限公司
扫描电子显微镜(SEM)	JSM 7800F	日本电子株式会社
溶解氧测量仪	YSI 550A	成都锐新仪器仪表有限公司
恒温培养箱	DHP-9082	上海天星仪器有限公司
臭氧检测计	MIC-800	深圳市逸云天电子有限公司
红外测温仪	Smart AS530	希玛科技有限公司

5.2.2　实验装置

本研究采用介质阻挡放电体系进行灭菌实验，整个系统主要由调压器、高压高频电源、放电反应器（单介质或双介质反应器）、数字示波器（附高压探头和电流探头）、流量计和气泵组成。具体介绍详见第 2 章 2.2.2 节。

5.2.3　实验分析方法

5.2.3.1　大肠杆菌的保存、接种和使用

实验前购得大肠杆菌冻干管（广州菌种保藏中心），先用 75％酒精棉球湿润西林瓶表面，并将顶端熔封处置于外焰正上方使其均匀受热。准备 2～3 滴无菌水滴于熔封处，用镊子轻击加热部位，使管壁破裂。用无菌吸管反复吹吸，取 0.5 mL 液体培养基（LB），待冻干粉完全溶解成菌液，用无菌吸管将菌液转移至斜面，于 37 ℃培养箱静置 18～24 h。为了使菌种活力复苏，需接种培养 2～3 代。

实验中大肠杆菌全部通过制作成甘油管的方法进行保藏。将适宜温度和环境下培养 2～3 代的活化的大肠杆菌，与事先 121 ℃高温高压灭菌 20 min 的 50％的甘油进行 1∶1 混合后，直接放入－20 ℃的冰箱进行保藏，再次使用时待融化直接接种入 LB 即可。由于甘油提高了水体的黏稠度导致冰点升高，细菌不会在冷冻时细胞破裂，防止了低温对细胞的伤害。

使用该浓度的甘油能防止甘油浓度过高使细胞质粒丢失。

将事先置于三角锥形瓶的营养肉汤（含蛋白胨、牛肉粉和氯化钠）摇匀溶解，放入高压蒸汽灭菌锅灭菌 20 min 后取出，将从冷藏箱取出的大肠杆菌甘油保藏管倒入培养基中，放入 37 ℃ 培养箱，振荡频率 220 r/min，培养 18 h 后用于后续实验。

5.2.3.2　大肠杆菌计数

常见的大肠杆菌计数法有很多，本实验所用的大肠杆菌计数法为平板菌落稀释涂布法。将菌液稀释到合适的倍数并涂布，在合适的条件下培养长成肉眼可见的菌落，通过计数、取样量和稀释倍数计算出样品中的细胞密度。一个菌落可能来自多个细胞，为了提高活菌含量表示的准确度，通过菌落形成单位（colony-forming unit，CFU）而非绝对菌落数来表示实验样品的活菌数量。计算方法见式(5-1)。

$$活菌数量（CFU）＝平行样重复实验平均菌落数×稀释倍数×5 \qquad (5-1)$$

在每次待测样品的培养基器皿上写清稀释倍数。吸取适量菌液分别移入盛有无菌生理盐水（0.9% NaCl）的试管中进行不同梯度的稀释，一般稀释相邻 3 个梯度。之后取该梯度的 1 mL 菌液滴入平板中央位置，倒入 45 ℃ 左右的结晶紫中性红胆盐酸琼脂（VRBA），迅速轻轻摇晃培养皿将其混匀，待凝固后，再倒入薄薄一层进行覆盖。覆盖琼脂凝固后，倒置放入 37 ℃ 培养箱中培养 18 h 后，取出计数即可。

灭菌率 η 的计算方法为：

$$\eta = \frac{N_0 - N_t}{N_0} \times 100\% \qquad (5-2)$$

式中，N_0 为未经处理的样品的活菌含量，CFU；N_t 为放电处理后的样品的活菌含量，CFU。

注意：

① 由于培养基容易沾到器皿盖或边缘，使得细菌不够分散或长在一起，影响结果，因此操作时要格外仔细。

② VRBA 用于水或食品中大肠菌群的平板菌落计数［《食品安全国家标准　食品微生物学检验　大肠菌群计数》（GB 4789.3—2016）］，于去离子水中，一边搅拌一边加热煮沸灭菌，冷却至 45 ℃ 保温即可，无须高温高压灭菌。

③ 应控制稀释梯度，使得生长后的每个平板菌落数维持在 0～300CFU 之间，方便计数。

④ 每组样品都额外做两组（或以上）平行样，同一个样品的平行样之间数量差距不宜过大。

5.2.3.3　大肠杆菌生长曲线（OD600）测定方法

为了观察和比较放电处理前后大肠杆菌的生长情况是否有所变化，将经过处理的大肠杆菌重新接入液体培养基中进行培养（未经处理的空白样也在同样条件下接种，和样品进行对照比较）。

在特定条件下可以观察到细菌的生长速率和繁殖率呈一定的规律性。大肠杆菌基本每 20 min 细胞分裂一次，如果将其接种在新配且经过灭菌处理的培养液中，在适宜的环境下培养，会经历Ⅰ停滞期、Ⅱ对数期、Ⅲ稳定期和Ⅳ衰亡期四个时期。对数期的生长速率最快，生长最旺盛。以时间为横坐标，以 OD600 值（菌液在一定波长下，用分光光度计测得的光密度即为 OD 值）为纵坐标，绘制的曲线即为大肠杆菌的生长曲线。

将经过处理的菌液取 9 mL 放入 11 支无菌试管，塞上胶塞，在温度 37 ℃、振荡频率

220 r/min 的培养箱中培养，待相应时刻（0 h、1.5 h、3 h、3.5 h、4 h、4.5 h、5 h、5.5 h、6 h、6.5 h、7 h）取出相应标签的试管，在 4 ℃暂存，等培养结束一同测定 OD600 值，即 600 nm 波长下的光密度值。

根据生长曲线可以计算细胞每分裂一次所用时长，称为代时（G），计算方法如下：

$$G = \frac{t_2 - t_1}{(\lg W_2 - \lg W_1)/\lg 2} \times 100\% \tag{5-3}$$

式中，t_1 为所取对数期时刻 1，h；t_2 为所取对数期时刻 2，h；W_1 为 t_1 时刻测得的光密度值；W_2 为 t_2 时刻测得的光密度值。

5.2.3.4　菌液 pH 的测定

实验中溶液的酸碱度用 pH 试纸进行测量，用玻璃棒取少量菌液样品，蘸于试纸上。等试纸颜色发生变化后，将其与 pH 试纸比对卡上的颜色进行比对，测得被检测菌液的酸碱度。

5.2.3.5　放电过程中温度的测定

因为放电产生的温度变化可能会对灭菌造成协同影响，所以反应过程中测量温度是有必要的，使用红外测温仪（Smart AS530）进行温度测定。

5.2.3.6　臭氧（O_3）的测定

放电过程中产生的臭氧浓度使用臭氧检测计（MIC-800）测量，开机后先校准零点，并设置浓度范围区间使结果更精准。在放电过程中，将仪表的测量点对准反应器的待测孔，读数稳定之后数值闪烁，仪表屏幕所显示的数值即为 O_3 浓度。

5.2.3.7　放电生成活性物质的测定

使用光电发射光谱仪对放电过程产生的活性自由基进行鉴定分析。具体操作方法详见第 3 章（3.2.3.3）。

5.2.3.8　扫描电子显微镜（SEM）的样品准备和测定

借助扫描电子显微镜（scanning electron microscope，SEM）观察大肠杆菌放电处理前后细胞表面的变化。SEM 是在高真空的条件下观察样品形态，含水样品会对真空条件造成困扰，而且非金属样品在观察时由于可能出现荷电现象，故在观察前要进行导电处理。所以在观察前，首先离心取沉淀，并对样品用 2.5% 的戊二醛固定 3 h，后用浓度为 0.1 mol/L、pH 为 7.2 的磷酸盐缓冲生理盐水（PBS）漂洗 6 次，时间间隔 20 min，接着分别用浓度从 30% 至 100% 梯度的乙醇进行脱水，每次清洗 10 min，再用乙酸异戊酯进行置换，在 CO_2 临界点干燥 3 h 后，最后用真空镀膜仪进行镀膜。注意在戊二醛固定的过程中不要移晃样品，置换过程中注意密封，以防样品吸收水分影响最终结果。

5.3　介质阻挡放电杀灭大肠杆菌的研究

5.3.1　低温等离子体杀灭水中大肠杆菌的性能研究

5.3.1.1　不同放电形式灭菌效果的对比

为了考察不同放电形式对大肠杆菌的灭菌效果，采用电弧放电（arc discharge，AD）、单介质阻挡放电（single dielectric barrier discharge，SDBD）和双介质阻挡放电（double dielectric barrier discharge，DDBD）进行灭菌实验，三种反应器如图 5-1 所示。

(a) DDBD反应器　　　　(b) SDBD反应器　　　　(c) AD反应器

图 5-1　反应器示意图

其中 SDBD 反应器将原本覆盖下电极的石英介质替换成不锈钢铝合金的材质，上电极仍被石英介质覆盖，不锈钢铝合金作为导电体和下电极接触，整体作为电极，形成 SDBD。另外，利用针板放电反应器产生电弧放电，反应过程中菌液平铺于针板上。

首先，将 37 ℃、220 r/min 条件下培养了 18 h 的模拟大肠杆菌菌液作为处理对象，取出后分别放入 DDBD、SDBD 和针板 AD 三个反应器中进行放电处理。图 5-2 为峰值电压 16 kV、放电 15 min 时不同反应器的灭菌效果，DDBD 和 SDBD 对大肠杆菌的杀灭率均已达到 100%，而 AD 对大肠杆菌的杀灭率仅为 9.38%，与 DBD 的效果相差甚远。

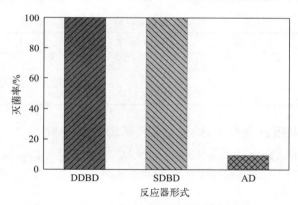

图 5-2　放电 15 min 时不同反应器的灭菌效果

放电结束后，将灭菌 15 min 的大肠杆菌重新接入干净的液体培养基中进行培养，根据不同时刻的 OD600 值，观察细菌接下来的生长趋势，并计算代时，以未经放电处理的大肠杆菌作为空白对照。大肠杆菌生长趋势如图 5-3 所示，经 DDBD 和 SDBD 处理的大肠杆菌菌液在重新接种后，生长曲线几乎为水平的直线，再无生长的趋势；而经 AD 处理的菌液在重新接种后的 1.5～3 h 有复苏迹象，3 h 之后，进入对数期开始繁殖生长。生长趋势结果和灭菌率相符。经 AD 处理后的样品相比空白对照样品而言生长趋势变得缓慢，说明 AD 处理对灭菌尽管起到了一定作用，但是结果并不理想。AD 实质上是由电源提供较多的能量，在气体间隙的两端加上足够大的电场，引起几至几十安的电流连续通过电极之间的气体，产生介质气体的游离，当介质气体被击穿，产生明亮的电弧［即肉眼能看到的弧光柱，图 5-1（c）中的弧光柱］。电弧温度高，能量很集中，因此只有被能量集中的电弧接触到的菌液才会受到影响，另外一部分难以被电弧接触的大肠杆菌就不会被杀灭。DBD 可以使细菌大面积接触放电过程中产生的高能活性粒子，AD 使细菌和活性粒子接触的面积要小得多。

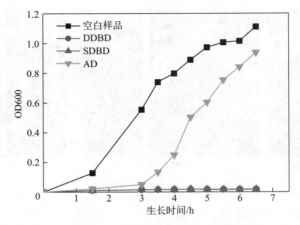

图 5-3   放电 15 min 时不同放电方式对应的大肠杆菌生长曲线

表 5-3 是不同反应器灭菌之后，大肠杆菌接种到新的 LB 后的代时计算。代时就是当大肠杆菌在适合的营养和温度条件下生长处于对数期时，细胞分裂所需的平均用时，也就是大肠杆菌生物数量增大一倍所需的时间。由表 5-3 可以看出，任何时间段，经 AD 处理的大肠杆菌的细胞分裂一次所用的时间明显比 DDBD 和 SDBD 短得多，都在 1 h 内，说明细菌数量增长更快，由此验证了利用 DBD 灭菌具有一定优势。

表 5-3   不同反应器灭菌后大肠杆菌的代时计算   单位：h

接种后时间	空白样品	DBD	SDBD	AD
3~3.5	1.21	5.37	2.60	0.35
3.5~4	4.51	5.72	5.72	0.56
4~4.5	3.21	6.06	4.12	0.49

5.3.1.2   介质阻挡放电杀灭水中大肠杆菌的性能研究

保持峰值电压 16 kV 和电流 0.9 A 恒定，考察了 DBD 对大肠杆菌的灭活情况，结果如图 5-4 所示。结果表明，当峰值电压为 16 kV 时，放电 15 min 后灭菌率可达 100%。图 5-5

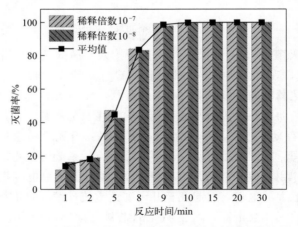

图 5-4   峰值电压为 16 kV 条件下不同时刻的灭菌效果

为峰值电压为 16 kV 时，随放电时长的变化，不同时刻放电处理的平板涂布结果。当放电 10 min 时，平板上仅有极少活菌菌落存留，而放电时长超过 10 min 的所有样品均已看不到活菌菌落。

(a) 0min　　　(b) 1min　　　(c) 2min　　　(d) 5min

(e) 10min　　　(f) 15min　　　(g) 20min　　　(h) 30min

彩图

图 5-5　不同放电时长的灭菌效果

图 5-6 为大肠杆菌处理前后重新接种的生长曲线。未经处理的大肠杆菌，相比经过放电处理的样品，生长速率更快。放电 10 min 以内的大肠杆菌的生长曲线在前 1.5 h 为一条坡度很缓接近水平的曲线，生长几乎停滞，处于静止期。在此期间，一部分未被反应杀灭的细菌可能在修复，1.5 h 后进入对数期，生长速率逐渐加快，经等离子体放电处理的时间越短，生长速率越快。而放电处理 10 min 以上的大肠杆菌的生长曲线都趋近一条水平的直线，几乎没有重新生长的趋势。

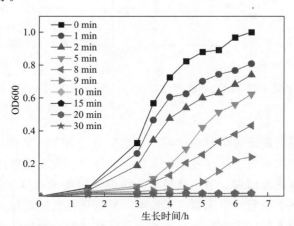

图 5-6　大肠杆菌在峰值电压 16 kV 条件下放电前后重新接种的生长曲线

生长曲线结果和图 5-4 显示的灭菌率相对应，放电反应 10 min 时的灭菌率已高达 99.90%，15 min 时达到 100%。而放电处理 10 min 以内的样品，灭菌率与放电处理时长成正比，由于仍有部分细菌未被杀灭，因此重新接种后，经过停滞期的修复，细菌数量重新开始增长。这说明，随着放电时长的增加，溶液中大肠杆菌的数量逐渐减少，灭菌率升高。原因在于放电产生的活性物质随着放电时间的增加而不断产生，与大肠杆菌接触后造成其死亡，如果反应时间不够，则会导致部分大肠杆菌接触不到这些活性物质，从而继续在溶液中存留并繁殖。

5.3.2 介质阻挡放电杀灭水中大肠杆菌的影响因素

5.3.2.1 放电电压对灭菌效果的影响

等离子体放电过程，实质上是通过对气体的击穿产生大量导致大肠杆菌细胞死亡的高能活性粒子。电压是影响这些活性粒子形成数量最重要的参数之一，对灭菌过程起重要作用。从图 5-7 可以发现，电压越高，灭菌效果越显著。处理 15 min 后，峰值电压为 16 kV 时灭菌率达到 100%，而 15 kV 时灭菌率为 56.55%，14 kV 时仅为 23.07%。

取放电处理 15 min 的样品，重新接入灭菌后的 LB，37 ℃、220 r/min 条件下培养，并以未经过放电处理的大肠杆菌样品作为对照，结果如图 5-8 所示。相比空白样品，经放电处理的样品生长趋势都减弱，放电电压越低，减弱的程度越小。峰值电压为 16 kV 的样品处理效果最佳，细菌再无重新生长的趋势，证明确实被全部灭活。而电压 15 kV 及 14 kV 的情况下，在停滞期恢复过后，部分未灭活的大肠杆菌重新开始生长。

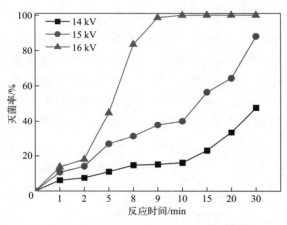

图 5-7 不同峰值电压条件下的灭菌效果比较

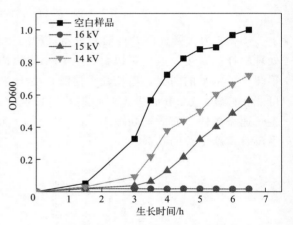

图 5-8 不同电压放电处理 15 min 后大肠杆菌重新接种的生长曲线

在放电过程中，用肉眼即可明显观察到，当输出电压为 16 kV 时放电丝更明亮，15 kV 和 14 kV 时发光程度依次递减。施加较低电压仅会致使分子发生微弱的电离，随着施加电压的升高，这种电离程度逐渐增强，当达到最小击穿电压时便可击穿气体，提供更强的电场；同时分子发生碰撞，在电极间产生无数的微放电，且电压越高碰撞越猛烈。因此供给较高的放电电压能产生更多使大肠杆菌死亡的含氧和含氮活性物质，降低细胞膜稳定性，并使酶失活，抑制菌体生长。但是随着施加电压逐步升高，峰值电压超过 16 kV 之后，石英反应器上极易出现光点，这可能是由于在电压更高的条件下，石英中的碱性离子变得能够导电，使石英能够被击穿，产生光点，造成能量大量流失。

5.3.2.2 菌液初始 pH 对灭菌效果的影响

pH 对微生物的生命活动有重要的意义，通过改变溶液的 pH 能促进或抑制微生物生长。pH 太高或太低都可能造成蛋白质、核酸或细胞膜的电荷产生变化，从而改变微生物活性。大肠杆菌可在 pH 为 4.0～9.0 的环境中生存，因此有必要研究水体初始 pH 不同是否会对杀菌率造成影响。控制输出电压峰值 16 kV，放电时间为 5 min，考察不同 pH 下大肠杆菌灭活的情况，其中以未经放电处理的大肠杆菌作为对照样品，结果如图 5-9 所示。

从图 5-9 可以看出，控制初始 pH 为 5.0 的杀菌效果（66.43%）要明显好于初始 pH 为 6.0 的杀菌效果（49.77%），最终涂布呈现的菌落数也有明显下降，证明酸性增强有利于杀菌。从大肠杆菌本身生长环境条件来看，pH 为 6.0 确实更适宜其生长，根据图 5-10 中反应结束后大肠杆菌的生长曲线同样可以观察到溶液酸性环境更强确实会抑制其活性，导致大肠杆菌生长更缓慢。

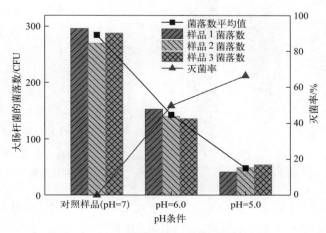

图 5-9　初始溶液 pH 对灭菌效果的影响

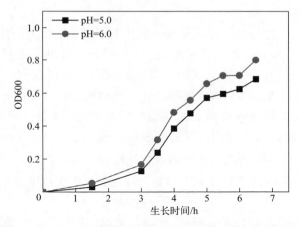

图 5-10　不同初始 pH 条件下反应后大肠杆菌重新接种的生长情况

实验过程中还测得了放电反应前后 pH 的变化：当初始 pH 为 6.0 时，按照上述实验步骤，反应后菌液 pH 降至 5.0；调节初始 pH 为 5.0 时，按照上述实验步骤，反应后菌液 pH 降至 4.5。从放电对大肠杆菌的影响来看，这表明放电过程中产生的大量活性物质可导致溶液酸性增强，如 O_3、NO_x、H_2O_2 甚至是活性氧原子。前面三者溶于水中都导致溶液呈酸性，而活性氧原子有很强的亲电性，酸性强的物质亲电性也都较强，所以，放电过程会导致溶液酸性加强，从而有助于提高杀菌效果。

5.3.2.3　不同工作气氛下灭菌效果的对比

图 5-11 和图 5-12 分别描述了放电时通入不同气源（氩气、空气、氮气和氧气）对灭菌

效果的影响和灭菌后重新接种的生长曲线。实验条件：峰值电压为 16 kV，电流为 0.9A，气体流量为 0.6 L/min。空白样品为未经放电处理的大肠杆菌样品，对照样品为经放电处理，但未通入任何气源的大肠杆菌样品。

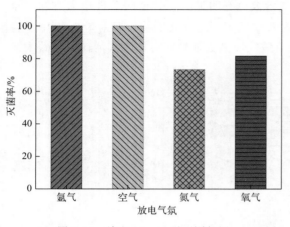

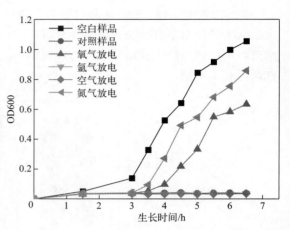

图 5-11   放电 15 min 后不同气源
对灭菌效果的影响

图 5-12   放电 15 min 后不同气源灭菌后
重新接种的生长曲线

由图 5-11 可知，空气和氩气氛围放电的灭菌效果比较好，当输出电压峰值为 16 kV 时，放电 15 min 的灭菌率为 100%，比相同条件但不通任何气源放电达到 100% 灭菌率的灭菌时间更短。正如图 5-12 中的生长曲线所示，重新接种到高温高压灭菌的液体培养基中，大肠杆菌再无任何生长趋势。

相反，当通入的气源为纯氮气时，灭菌效果并不理想，比相同条件下不通任何气源的灭菌率（100%）都要低，15 min 时的灭菌率仅为 73.37%。有研究表明，被激发的氮分子对灭菌效果有限制作用。此外，在通氮气的等离子体放电灭菌过程中，溶液中含氧活性物质（如 O_3、·OH 等）的浓度比通空气或其他惰性气体的浓度要低。产生这种现象的原因一方面是稳定的 N≡N 键及其较高的解离能使其需要消耗放电过程中的大量能量；另一方面是 O_3 对大肠杆菌的杀灭起到重要作用，而氮气放电过程无法产生 O_3，氮气放电过程产生的 N_2^* 和 N_2^+ 的氧化性不如一些含氧活性物质的氧化性强。因此，在此过程中产生的能够有效杀灭大肠杆菌的活性物质的数量和种类不如空气和氩气氛围下放电产生的多，从而导致其灭菌效果不理想。

纯氧气放电的灭菌率为 81.60%，略高于氮气放电（73.37%）。这表明放电生成的能有效杀灭大肠杆菌的含氧活性物质比含氮活性物质的作用要大。但应注意的是，放电时无论单独通入纯氧还是单独通入纯氮，效果都没有通入相同流量的空气（含 78% N_2 和 21% O_2）显著，这说明放电产生的含氮氧活性物质（NO_x）比单独的含氮活性物质（RNS）或含氧活性物质（ROS）对灭菌更有效。这种起到很大作用的含氮氧活性物质极有可能是过氧亚硝酸（ONOOH），因为 ONOOH 是放电过程中产生的一种中间体，也是一种寿命很短的自由基，在酸性条件下极不稳定（在本实验中放电结束后溶液呈酸性）。有研究表明，过氧亚硝酸在酸性条件下，能够不断地由 H_2O_2 和 HNO_2 产生 [式(5-4)] 或者由 NO_2 和·OH 产生 [式(5-5)]。而且，ONOOH 凭借其强氧化性可以轻易地破坏细胞内部蛋白质，造成大肠杆菌的死亡。

$$HNO_2 + H_2O_2 \longrightarrow ONOOH + H_2O \tag{5-4}$$

$$NO_2 + \cdot OH \Longleftrightarrow ONOOH \tag{5-5}$$

因为空气的主要成分是 N_2 和 O_2，所以在放电过程中持续通入空气能生成含氮氧活性物质 NO_x（在通纯氧气源或纯氮气源的条件下不能生成该物质），同时结合这些反应生成的 ROS 和 RNS 的共同作用对大肠杆菌进行杀灭。可以用如下公式说明放电过程和这些活性物质之间的关系。

$$N + O_2 \longrightarrow NO + \cdot O \tag{5-6}$$

$$\cdot O + N_2^* \longrightarrow NO + N \tag{5-7}$$

$$NO + O_2 \longrightarrow NO_x \tag{5-8}$$

$$N + NO \longrightarrow N_2 + O \tag{5-9}$$

氧自由基在放电过程中形成 [式(5-6)]，之后与生成的激发态氮气分子（N_2^*）反应 [式(5-7)]。这就是 Zeldovich 原理，自身携带自由基的 NO 在相对较低的温度下通过这个连锁反应生成。正因为自身携带自由基，所以 NO 活性极强，一旦生成，立刻与氧气结合生成 NO_x。根据式(5-9)，可以发现氮原子通过反应可以生成具有强氧化性的氧原子。氧原子是形成 O_3 的重要物质，有关反应式如下。

$$O + O_2 \longrightarrow O_3 \tag{5-10}$$

$$O_2 + e^* \longrightarrow 2O + e \tag{5-11}$$

$$O + H_2O \longrightarrow 2 \cdot OH \tag{5-12}$$

根据图 5-11，氩气放电对大肠杆菌具有较好的杀灭作用，这主要是因为氩分子具有壳状结构，当受到放电产生的电子撞击时，容易与自身携带的电子脱离，产生更多的电子 [式(5-13)]，增大粒子与粒子间的碰撞概率，使等离子体更易产生，所以形成的放电丝更加明亮，如图 5-13(b) 所示。与其他气体放电过程相比，氩气放电过程中生成 $\cdot OH$ 的速率和密度更高；生成的 $\cdot OH$ 立刻被水分子捕获，因此对水中大肠杆菌的灭活效果更好。放电过程中氩气参与并生成 $\cdot OH$ 的反应式如下：

$$Ar \longrightarrow e^- + Ar^+ \tag{5-13}$$

$$Ar^+ + 2H_2O \longrightarrow H_3O^+ + Ar + \cdot OH \tag{5-14}$$

尽管氩气放电产生的 $\cdot OH$ 比空气放电更多，但是本研究中两种气源放电情况下大肠杆菌的灭菌率却几乎相同，因此可以推测空气放电过程中产生的 ONOOH 对灭菌起到了重要作用。

图 5-13 显示了气源分别为空气、氩气、氧气和氮气时的放电现象。通空气时能见明显的紫光；通氩气时放电丝格外明亮，放电状态格外稳定；通氧气时紫光较淡，但可以看到竖直方向明显的放电丝；通氮气时放电丝颜色较深，横向外扩，竖直方向放电不明显。

5.3.2.4　气体流量对灭菌效果的影响

在输出电压 16 kV 条件下，改变通入空气的流量分别为 0 L/min、0.2 L/min、0.6 L/min 和 1.0 L/min，以考察不同气体流量对大肠杆菌灭活的影响，结果如图 5-14 所示。

就放电机理而言，低温等离子体放电过程中产生的 ROS 和 RNS 在混合的情况下被证明更有利于杀菌。由图 5-14 可看出，通气条件下的灭菌率均高于不通气时的灭菌率。进气流量过大或过小虽对水体灭菌有促进作用，但都不如进气流量 0.6 L/min 的效果好。原因是当进气流量过小时，产生的 ROS 和 RNS 也相对较少，从而使其促进效果不明显；当进气流量

(a) 空气   (b) 氩气

(c) 氧气   (d) 氮气

图 5-13   不同气氛放电的现象

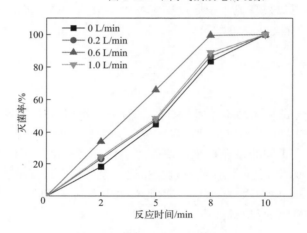

图 5-14   空气流量对杀菌效果的影响

过大时, 气体进入反应器后流动紊乱, 气液传质受到影响, 导致放电过程生成的活性物质尚未与溶液表面的细菌充分反应就直接从另外一端出气口流出。

5.3.3   介质阻挡放电杀灭水中大肠杆菌的机理研究

5.3.3.1   长寿命与短寿命活性物质对杀菌效果的影响

图 5-15(a) 是将菌液置于反应器中进行原位放电实验, 此时长寿命活性物质与短寿命活性物质共同对大肠杆菌作用。图 5-15(b) 则是将菌液放在高温灭菌后的烧杯内, 反应器内不添加任何物质, 活性物质在反应器内产生, 由导管导入烧杯。此时短寿命活性物质在传输过程中几乎消失, 对大肠杆菌灭活起主要作用的是长寿命活性物质。

从图 5-16 可以发现, 短寿命活性物质对杀菌反应起的作用要远大于长寿命活性物质。当反应进行到 5 min 时, 原位放电灭菌率为 59.5%, 异位放电灭菌率仅为 4.5%; 当时间延长至 10 min 时, 原位放电灭菌率已达 100%, 异位放电灭菌率为 20.5%; 即使放电时间延长到 30 min, 异位放电灭菌率也只有 60.8%。以异位放电灭菌率与原位放电灭菌率的比值作为 DBD 原位灭菌中长寿命活性物质的贡献率,当放电时间为 5 min 时,长寿命活性物质在 DBD 原位放电中对杀菌的贡献率仅有 7.6%;放电 10 min 时,尽管长寿命活性物质的贡献率达到了 20.5%,但也远远不如短寿命活性物质对杀菌起到的作用。

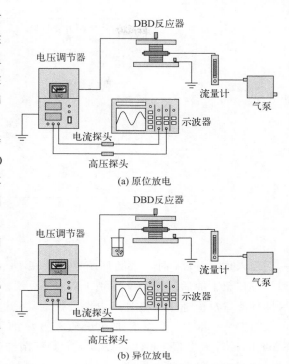

图 5-15　原位放电和异位放电实验装置示意图

从放电过程生成的粒子角度分析,短寿命活性物质(如 $\cdot OH$、NO、ONOOH、$\cdot O$ 等)的化学性质极其活跃,以至能和水中其他粒子快速反应生成强氧化性物质从而起到溶液灭菌的作用。长寿命活性物质有 O_3、H_2O_2 等;O_3 由放电反应生成的氧原子和氧气或者其他粒子反应得到,H_2O_2 由放电产生的活性物质与水分子快速反应生成,氧化性强且稳定。在原位放电过程中,这些高能量短寿命物质直接与含大肠杆菌的水溶液反应,同时结合长寿命活性物质共同作用,达到水体灭菌的目的。在异位放电过程中,部分长寿命活性物质如 O_3 随着导管导入菌液内,而短寿命活性物质在生成的刹那已与反应器内其他粒子反应滞留在反应器内,无法与烧杯中的菌液反应,导致效果降低。综上,等离子体放电过程中生成的短寿命活性物质对大肠杆菌杀灭的效果优于长寿命活性物质。

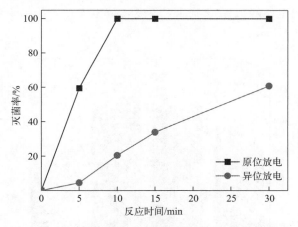

图 5-16　长寿命与短寿命活性物质对灭菌效果的影响

5.3.3.2　放电过程中产生的活性粒子的作用

(1)羟基自由基($\cdot OH$)的作用

在进行本实验前,首先通过空白实验验证了叔丁醇不会对大肠杆菌活性产生任何影响。在放电输出电压峰值为 16 kV 条件下,测量添加不同浓度 TBA 后的灭菌效果,结果如图 5-17 所示。

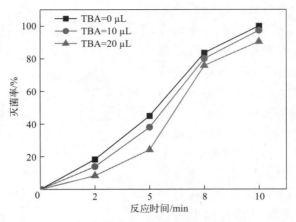

图 5-17　添加 TBA 对灭菌效果的影响

当未加入 TBA 时，大肠杆菌灭菌率在 10 min 内可以达到 100%；在体系中加入 10 μL 和 20 μL 叔丁醇后，灭菌率分别下降到 97.24% 和 90.34%。·OH 作为一种重要的短寿命活性物质，反应速率极高且亲电性极强，几乎可以与生物细胞发生任何类型的反应。·OH 可以与 DNA 和 RNA 发生加成反应，破坏细胞的 DNA 和 RNA，也可以使氨基酸氧化。Kuwahata 等人发现·OH 可以破坏大肠杆菌细胞的肽聚糖，破坏 C—N 和 C—C 等化学键，损坏细胞壁和细胞膜，导致细菌死亡。另外，·OH 还可以自身反应生成过氧化氢等氧化性很强的长寿命活性物质，对灭菌效果影响甚广。

（2）电子（e^-）的作用

放电过程中生成的电子对大肠杆菌的灭活效果也会有所影响。虽然不是直接对大肠杆菌造成影响，但作为活性物质反应的中间体，电子有着不容小觑的作用。本实验使用 $NaNO_3$ 作为电子捕获剂，输出电压峰值保持 16 kV 不变，放电 5 min 的结果如图 5-18 所示，放电 15 min 的结果如图 5-19 所示。

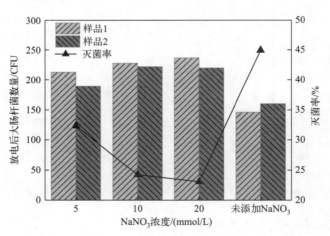

图 5-18　添加 $NaNO_3$ 对 DBD 灭菌 5 min 效果的影响

NO_3^- 的氮为 +5 价，在酸性环境中呈强氧化性，还原产物根据浓度的不同而变化，NO_3^- 含量越高，吸收电子越多。从图 5-19 可以发现，随着 $NaNO_3$ 浓度的升高，大肠杆菌死亡率变低，这说明电子对灭菌有积极作用。电子虽然不能直接对大肠杆菌产生损害，但是

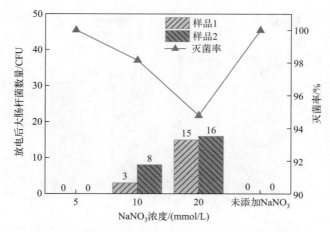

图 5-19 添加 NaNO$_3$ 对 DBD 灭菌 15 min 效果的影响

作为中间体在反应中有着重要地位，主要作用如下。

放电过程中 e$^-$ 和 H$_2$O 反应生成·OH（e$^-$ 表示未成对电子）：

$$H_2O + e^- \longrightarrow \cdot H + \cdot OH + e^- \tag{5-15}$$

e$^-$ 和反应生成的 H$_2$O$_2$ 继续反应生成·OH：

$$H_2O_2 + e^- \longrightarrow \cdot OH + OH^- \tag{5-16}$$

e$^-$ 也会和氧气反应生成含氧活性物质：

$$O_2 + e^- \longrightarrow \cdot O + O^+ + 2e^- \tag{5-17}$$

$$O_2 + e^- \longrightarrow O_2^+ + 2e^- \tag{5-18}$$

$$O_2 + e^- \longrightarrow O_2^- \tag{5-19}$$

游离态电子附着在分子上然后形成活性物质：

$$AB + e^- \longrightarrow (AB^-)^* \longrightarrow A + B \tag{5-20}$$

根据式(5-20)，电子与分子自动形成中间体（AB$^-$）*，但是这种激发状态的分子是不稳定的，根据 Franck-Condon 原理，物质 AB 从基态过渡到 AB$^-$ 的排斥状态。在过渡（排斥）期间，AB 达到（AB$^-$）* 的交汇点以前，极有可能仍处于 e$^-$ ＋AB 的状态，整个过程需要极大的能量。此外，有实验表明，放电过程中产生的带电粒子（不仅仅是电子）在细菌的表面累积，达到一定程度可以对抗细胞膜的拉伸力之后，也会导致细胞破裂。

5.3.3.3 放电过程中产生的各种协同作用对灭菌效果的影响

（1）过氧化氢（H$_2$O$_2$）的作用

通过在菌液中加入不同浓度的 H$_2$O$_2$，探究单独 H$_2$O$_2$ 是否对灭菌起到作用，结果如图 5-20 所示。可以发现，随着过氧化氢浓度的提高，灭菌效果有所提升，证明 H$_2$O$_2$ 对大肠杆菌有抑制作用。H$_2$O$_2$ 由放电产生的·OH 形成，反应式如下：

$$\cdot OH + \cdot OH \longrightarrow H_2O_2 \tag{5-21}$$

H$_2$O$_2$ 不稳定，很容易形成氧化性极强的·O，破坏微生物的蛋白质，从而起到灭菌作用。

（2）臭氧（O$_3$）的作用

通过在菌液中持续通入 0.2 L/min 的 O$_3$，探究单独的 O$_3$ 是否对大肠杆菌的灭活效果

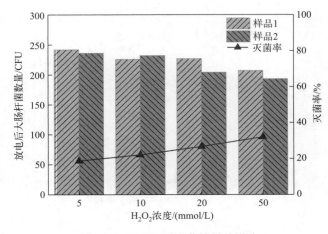

图 5-20 H_2O_2 对灭菌效果的影响

有影响，结果见图 5-21。O_3 在溶液中的稳定性不高，很容易通过分解反应生成其他强氧化性的物质，而这些物质能提高细胞的通透性，从而导致蛋白质泄漏，泄漏量随接触时间的延长而增大，这可以解释并证明电压越高或时间越长，灭菌效果越好。

另外，O_3 分解还会生成 ·OH，因此在和图 5-21 相同的条件下，在溶液中加入 TBA 抑制 ·OH，结果如图 5-22 所示。加入 TBA 后灭菌率确实有所降低，这是由于 O_3 和 ·OH的强氧化性都能破坏细菌的细胞结构，如细胞壁中的 α-氨基酸可以被 O_3 和 ·OH 氧化分解，网状结构的保护作用在渗透压的变化下被破坏导致细胞破裂。O_3 和 ·OH 的化学性质导致细胞结构因为酶、DNA 和 RNA 被分解而受到损伤。因此加入 TBA 后，体系的 ·OH被捕获，从而影响了该体系对大肠杆菌的灭活。

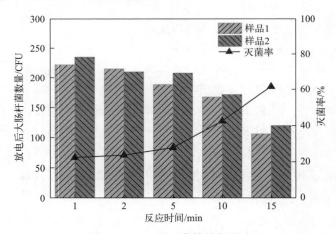

图 5-21 O_3 对灭菌效果的影响

（3）紫外线的作用

把相同培养条件下的大肠杆菌菌液放入紫外功率 600 W 的超净工作台中，探究单独紫外照射是否对灭菌起作用。结果如图 5-23 所示，紫外照射对灭菌的效果甚微。如果需要提升灭菌效率，照射时间也要随之延长。

紫外线通常被当作破坏细胞结构的因素之一，能改变微生物的 DNA 和 RNA，使大肠杆菌丧失复制繁殖能力。虽然紫外照射单独灭菌有安全、方便的特点，但本实验中紫外照射

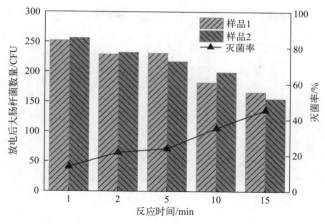

图 5-22　加入 TBA 条件下 O_3 对灭菌效果的影响

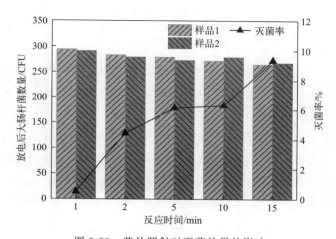

图 5-23　紫外照射对灭菌效果的影响

对结果影响较小，可能是因为紫外线灭菌受温度、湿度等其他因素影响较多，且照射时间不足，和 DBD 过程中生成的活性物质的作用对比相对较弱。

（4）超声的作用

把相同培养条件下的大肠杆菌菌液放入超声波清洗机中，探究单独超声是否对杀灭大肠杆菌起到作用，结果如图 5-24 所示。

虽然单独超声的实验结果不如 DBD 处理理想，15 min 时的灭菌率仅为 11.56%，但在放电过程中超声作为协同作用对灭菌有益。这是因为当频率超过 20kHz 时，声波的压缩会使溶液中微小的气泡通过热收缩、压力骤变等一系列途径产生 108Pa 的强力冲击波，损坏细胞壁，导致大肠杆菌失活。

（5）温度变化对灭菌的作用

温度对于微生物是一个极其敏感且重要的因素，温度变化能够降低细胞的稳定性。由于细菌的主要成分是蛋白质，温度过高和过低都可以使蛋白质变性导致流失，细菌随之死亡。如表 5-4 所示，放电 10 min 用红外测温仪（Smart AS530）测得反应器温度 40 ℃，15 min 时维持在 42 ℃左右。而对于大肠杆菌，较适宜的生存温度是 38 ℃，超过 41.6 ℃或低于 8.4 ℃都不适宜生存。但作为耐热性较好的微生物，有资料显示 45 ℃时高温大肠杆菌仍能存活 5 min。

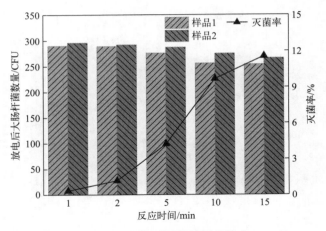

图 5-24　超声对灭菌效果的影响

表 5-4　各个时刻的体系温度变化

放电时间/min	0	5	10	15
体系温度/℃	17	34	40	42

　　结合大肠杆菌对温度的响应，放电过程中产生的热效应可能只对大肠杆菌产生了部分影响，导致大肠杆菌失活的原因主要还是 DBD 产生的活性物质。

5.3.3.4　菌液含氧量的变化和分析

　　图 5-25 是由 YSI 550A 溶解氧测量仪测得的不同放电电压处理后大肠杆菌样品在各个时刻的含氧量。以没有大肠杆菌存在的纯液体培养基作为空白样品，以未经放电处理的样品作为对照样品，其余样品分别表示了放电电压峰值在 16 kV、15 kV 和 14 kV 条件下样品的含氧量。

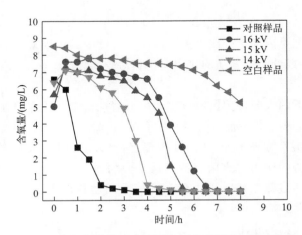

图 5-25　大肠杆菌菌液在不同电压变化情况下的含氧量

　　由图 5-25 可以发现，未经处理的样品随着时间延长，含氧量只呈现下降的趋势，且在前 2 h 下降速度比经放电处理的样品快。经过放电处理的样品放电后的含氧量均有不同程度的上升，后又随时间延长而下降，这表明放电生成的物质如 O_3、O 等在溶液中溶解或者反应生成氧气，但随着时间的推移，当其被消耗后含氧量开始下降。水中微生物越多，对氧的需求和消耗也越多，所以施加电压较低的样品，由于放电产生的 O_3 等活性物质较少，含氧量归零的时间也更短（未经处理的样品时间最短）。

但是较高电压下处理的样品刚处理完时（0 时刻）含氧量较低，主要是由于刚放完电输入的能量较高，导致反应器和菌液的温度都比较高，因此溶液含氧量较低。

O_3 在水中分解产生 O_2 的反应式如下：

$$O_3 + H_2O \longrightarrow O_2 + 2 \cdot OH \tag{5-22}$$

$$O_3 + OH^- \longrightarrow O_2^- + \cdot HO_2 \tag{5-23}$$

$$2 \cdot HO_2 \longrightarrow O_2 + H_2O_2 \tag{5-24}$$

5.3.3.5　介质阻挡放电过程的光电发射光谱图

从光电发射光谱图可以明确放电过程产生的活性物质种类，图 5-26 描述了本实验 DBD 过程在气源为空气情况下的光电发射光谱图在波长 $280 \sim 800 \, nm$ 之间的出峰情况，生成物质有 $\cdot OH$、N_2、N_2^+、NO_x、O_2^+ 等，以含氮和含氧活性物质为主。

波长 $300 \, nm$ 左右处主要为 $\cdot OH$，主要是由水溶液和生成的活性电子反应生成，$\cdot OH$ 可自身反应生成氧化性很强的长寿命活性物质如过氧化氢，对灭菌效果影响甚广；波长 $350 \sim 500 \, nm$ 之间的主要是 RNS，如 NO_x（波长在 $360 \sim 380 \, nm$ 之间）的形成主要依靠氮分子和氧分子的快速反应形成；较多的 ROS 和一些 RNS 在波长 $550 \sim 800 \, nm$ 之间可被观察到，这些活跃性极强的物质（尤其是含氧活性物质）是使大肠杆菌死亡的重要因素之一，比如极易生成氧化性很强的 O_3，由氧分子分裂之后与高能电子合成而来，能使大肠杆菌细胞失活。含氮活性物质相对强度较大可能是因为空气中氮分子的比例比氧大，但是对于灭菌而言，含氧活性物质的灭菌作用更大。

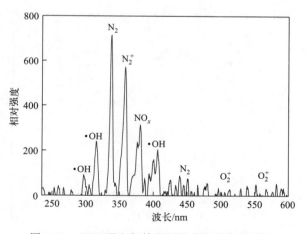

图 5-26　DBD 通空气情况下的光电发射光谱图

5.3.3.6　扫描电子显微镜（SEM）下放电前后大肠杆菌的变化

图 5-27 是放电处理前后大肠杆菌形态差异 SEM 图。图（a）（c）（e）（g）为处理前的大肠杆菌，图（b）（d）（f）（h）为处理后的大肠杆菌。可以看出，放电处理前，大肠杆菌的形态为细胞饱满完整、无损伤的杆状，相互之间的边缘和间隙清晰可见；放电处理后，原来杆状的细胞已不复存在，形态变得干瘪、有破损，轮廓看上去模糊不清，细胞之间相互粘连在一起。通过 SEM 图可以看出放电之后细胞存在明显的损伤，而这些损伤极有可能是 DBD 过程中生成的含极高能量的活性物质和协同作用造成的，细胞因这些过程而破裂。

(a) 处理前1   (c) 处理前2   (e) 处理前3   (g) 处理前4

(b) 处理后1   (d) 处理后2   (f) 处理后3   (h) 处理后4

图 5-27　放电处理前后大肠杆菌的变化

5.3.4　介质阻挡放电抑制小球藻生长的研究

上述研究结果表明 DBD 对大肠杆菌灭菌效果良好，但是实际水体生物种类繁多，除细菌之外，藻类也是水体中主要的生物之一。本节设计用 DBD 处理小球藻，为实际水体的处理提供可靠的理论依据。藻类是一种原始生物体，是光合自营生物，无须强力光照也能繁殖。采用小球藻作为处理对象，对介质阻挡放电去除小球藻的性能进行初步探究，结果如图 5-28 所示。

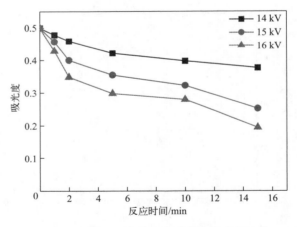

图 5-28　不同电压条件下小球藻吸光度的比较

放电提供的高压在反应器内形成电场，电场中的电子与气体分子发生激烈的非弹性碰撞；电压越高，气体分子之间的非弹性碰撞越激烈。同时，放电时间越长，被处理对象和活性物质接触越久。而由图 5-28 中小球藻吸光度的下降可以看出，DBD 处理对小球藻的去除有一定的作用。

对预处理后的小球藻样品进行 SEM 拍摄。图 5-29 是放电处理前后小球藻形态变化的扫描电镜图。图（a）（c）（e）显示处理前的小球藻，小球藻胞体饱满呈圆形，直径均在 3 μm 左右，反应前表面被不规则网状结构的分泌物包围，但是每个胞体都是独立个体，个体之间的边界较为清晰。图（b）（d）显示放电处理 10 min 后的小球藻，可见经放电处理后的胞体表面缠绕的网状分泌物完全消失，一些看上去形态完整的胞体直径为 4 μm 左右，体积略有扩大，可能是因为胞体周围缠绕的不规则网状分泌物破碎，黏附于胞体四周，且胞体内的营养物质已在胞体内受到影响，细胞壁还未受损；另一些小球藻因为恰好受到强活性物质的较大影响已经破碎、塌陷，体内蛋白质和遗传物质由于细胞壁的破裂而丢失。图（f）表现的是处理 15 min 后的小球藻，此时样品已几乎全部解体，见不到圆形胞体，细胞破裂程度相比放电处理 10 min 的样品更严重。由此证明，DBD 技术也可以抑制小球藻的生长。

图 5-29　放电处理前后小球藻的变化

5.4　本章小结

本章使用高压交流电源及石英 DBD 反应器对水中的大肠杆菌进行灭菌实验。首先对比了单、双介质阻挡放电和电弧放电的处理效果，同时考虑了放电电压、溶液 pH、气源及其流量等反应参数，探究最佳灭活条件和经济性。另外，通过捕获剂实验以及放电过程中的协同作用探究解析了大肠杆菌灭活机理。结果总结如下。

① 与 DBD 相比，AD 形式对大肠杆菌的灭菌效果并不理想，DDBD 和 SDBD 两种形式的反应器在本实验中的灭菌效果相差不大。

② 增加放电时长和电压可以优化灭菌结果。相同条件下处理量越大，由于能量密度减小，灭菌效果越差。空气和氩气气源能有效提高 DBD 的灭菌效果，灭菌效果优于纯氧和纯氮气源。结果说明·OH 和含氮、氧活性物质（ONOOH 等）对灭菌起主要作用。对于本实验反应器而言，最佳进气流量为 0.6 L/min。

③ 原位放电与异位放电实验证明，短寿命活性物质灭菌效果优于长寿命活性物质。紫外线、超声等协同作用对灭菌有益，但作用不明显。反应后大肠杆菌的细胞形态从饱满完整的杆状变为模糊、破碎状态。

④ DBD 对小球藻有灭活和抑制生长的作用，经放电处理后的小球藻细胞呈现塌陷状态，周围分泌物消失。

参考文献

［1］ Azimi Y，Allen D G，Farnood R R. Kinetics of UV inactivation of wastewater bioflocs ［J］. Water Research，2012，46 （12）：3827-3836.

［2］ Bian W J，Zhou M H，Lei L C. Formations of active species and by-products in water by pulsed high-voltage discharge ［J］. Plasma Chemistry and Plasma Processing，2007，27 （3）：337-348.

［3］ Bradford S A，Yates S R，Bettahar M，et al. Physical factors affecting the transport and fate of colloids in saturated porous media ［J］. Water Resources Research，2002，38 （12）：1327.

［4］ Clements J S，Sato M，Davis R H. Preliminary investigation of prebreakdown phenomena and chemical reactions using a pulsed high-voltage discharge in water ［J］. IEEE Transactions on Industry Applications，1987，23 （2）：224-235.

［5］ Dobrynin D，Friedman G，Fridman A，et al. Inactivation of bacteria using dc corona discharge：Role of ions and humidity ［J］. New Journal of Physics，2011，13 （10）：103033.

［6］ Eliasson B，Gellert B. Investigation of resonance and excimer radiation from a dielectric barrier discharge in mixtures of mercury and the rare gases ［J］. Journal of Applied Physics，1990，68 （5）：2026-2037.

［7］ Ferng S F. Ozone-induced DNA single strand-breaks in guinea pig tracheobronchial epithelial cells in vivo ［J］. Inhalation Toxicology，2002，14 （6）：621-633.

［8］ Foster H A，Ditta I B，Varghese S，et al. Photocatalytic disinfection using titanium dioxide：Spectrum and mechanism of antimicrobial activity ［J］. Applied Microbiology and Biotechnology，2011，90 （6）：1847-1868.

［9］ Fotadar U，Zaveloff P，Terracio L. Growth of *Escherichia coli* at elevated temperatures ［J］. Journal of Basic Microbiology，2010，45 （5）：403-404.

［10］ Fridman A. Plasma Chemistry ［M］. Cambridge：Cambridge University Press，2008.

［11］ Grymonpre D R，Sharma A K，Finney W C，et al. The role of Fenton's reaction in aqueous phase pulsed streamer corona reactors ［J］. Chemical Engineering Journal，2001，82 （1/2/3）：189-207.

［12］ Guo J，Li Z，Huang K，et al. Morphology analysis of *Escherichia coli* treated with nonthermal plasma ［J］. Journal of Applied Microbiology，2017，122 （1）：87-96.

［13］ Hill S C，Smoot L D. Modeling of nitrogen oxides formation and destruction in combustion systems ［J］. Progress in Energy and Combustion Science，2000，26 （4/5/6）：417-458.

［14］ Ikawa S，Tani A，Nakashima Y，et al. Physicochemical properties of bactericidal plasma-treated water ［J］. Journal of Physics D：Applied Physics，2016，49 （42）：425401.

［15］ Koppenol W H，Moreno J J，Pryor W A，et al. Peroxynitrite，a cloaked oxidant formed by nitric oxide and superoxide ［J］. Chemical Research in Toxicology，1992，5 （6）：834-842.

［16］ Kuwahata H，Yamaguchi T，Ohyama R-i，et al. Inactivation of *Escherichia coli* using atmospheric-pressure plasma jet ［J］. Japanese Journal of Applied Physics，2015，54 （1）：01AG08.

［17］ Li J，Shang K F，Wang T C，et al. Inactivation mechanisms of *Escherichia coli* in drinking water using reactive species injected from a Surface discharge reactor ［J］. High Voltage Engineering，2013，39 （9）：2119-2124.

［18］ Li Y，Yi C W，Li J J，et al. Experimental research on the sterilization of *Escherichia coli* and bacillus subtilis in drinking water by dielectric barrier discharge ［J］. Plasma Science & Technology，2016，18 （2）：173-178.

［19］ Locke B R，Shih K Y. Review of the methods to form hydrogen peroxide in electrical discharge plasma with liquid water ［J］. Plasma Sources Science and Technology，2011，20 （3）：034006.

[20]　Lukes P，Dolezalova E，Sisrova I，et al. Aqueous-phase chemistry and bactericidal effects from an air discharge plasma in contact with water：Evidence for the formation of peroxynitrite through a pseudo-second-order post-discharge reaction of H_2O_2 and HNO_2 [J]. Plasma Sources Science & Technology，2014，23 (1)：015019.

[21]　Marsili L，Espie S，Anderson J G，et al. Plasma inactivation of food-related microorganisms in liquids [J]. Radiation Physics and Chemistry，2002，65 (4/5)：507-513.

[22]　Mu R W，Liu Y N，Li R，et al. Remediation of pyrene-contaminated soil by active species generated from flat-plate dielectric barrier discharge [J]. Chemical Engineering Journal，2016，296：356-365.

[23]　Pachepsky Y A，Shelton D R. *Escherichia coli* and fecal coliforms in freshwater and estuarine sediments [J]. Critical Reviews in Environmental Science and Technology，2011，41 (12)：1067-1110.

[24]　Park Y H，Kang J G，Hong Y F，et al. Inactivation efficiency of *Escherichia coli* using atmospheric plasma [J]. New Biotechnology，2009，25 (Suppl 1)：S198-S199.

[25]　Pavlovich M J，Sakiyama Y，Clark D S，et al. Antimicrobial synergy between ambient-gas plasma and UVA treatment of aqueous solution [J]. Plasma Processes and Polymers，2013，10 (12)：1051-1060.

[26]　Ragni L，Berardinelli A，Iaccheri E，et al. Influence of the electrode material on the decontamination efficacy of dielectric barrier discharge gas plasma treatments towards *Listeria monocytogenes* and *Escherichia coli* [J]. Innovative Food Science & Emerging Technologies，2016，37：170-176.

[27]　Sambhy V，Macbride M M，Peterson B R，et al. Silver bromide nanoparticle/polymer composites：Dual action tunable antimicrobial materials [J]. Journal of the American Chemical Society，2006，128 (30)：9798-9808.

[28]　Song Z，Tang H Q，Wang N，et al. Reductive defluorination of perfluorooctanoic acid by hydrated electrons in a sulfite-mediated UV photochemical system [J]. Journal of Hazardous Materials，2013，262：332-338.

[29]　Stanley D W. Biological membrane deterioration and associated quality losses in food tissues [J]. Critical Reviews in Food Science and Nutrition，1991，30 (5)：487-553.

[30]　Sun B，Sato M，Clements J S. Optical study of active species produced by a pulsed streamer corona discharge in water [J]. Journal of Electrostatics，1997，39 (3)：189-202.

[31]　van Grieken R，Marugan J，Pablos C，et al. Comparison between the photocatalytic inactivation of Gram-positive *E. faecalis* and Gram-negative *E. coli* faecal contamination indicator microorganisms [J]. Applied Catalysis B：Environmental，2010，100 (1/2)：212-220.

[32]　Weiss J. Investigations on the radical HO_2 in solution [J]. Transactions of the Faraday Society，1935，31：668-681.

[33]　Zhou R W，Zhou R S，Zhang X H，et al. Synergistic effect of atmospheric-pressure plasma and TiO_2 photocatalysis on inactivation of *Escherichia coli* cells in aqueous media [J]. Scientific Reports，2016，6：39552.

[34]　中华人民共和国国家质量监督检验检疫总局，中国国家标准化管理委员会. 医疗卫生用品辐射灭菌消毒质量控制：GB 16383—2014 [S]. 北京：中国标准出版社，2014.

[35]　陈燕飞. pH 对微生物的影响 [J]. 太原师范学院学报：自然科学版，2006，8 (3)：121-124，131.

[36]　晨阳，文卫，何宝胜. 臭氧对大肠杆菌的灭菌作用 [J]. 内蒙古科技与经济，1999 (6)：53.

[37]　崔月娟，员建，苑宏英，等. 饮用水中氯消毒的应用及存在的主要问题 [J]. 四川环境，2012，31 (1)：104-108.

[38]　邓淑芳，白敏冬，白希尧，等. 羟基自由基特性及其化学反应 [J]. 大连海事大学学报，2004，30 (3)：62-64.

[39] 董昧.微生物菌种保藏方法 [J].煤炭与化工，2009，32（7）：34-35.

[40] 葛宇.生活饮用水卫生标准的提升：解读国家标准《GB 5749—2006》[J].上海计量测试，2007，34（5）：27-30.

[41] 江磊，朱德军，陈永灿，等.我国地表水体粪大肠菌群污染现状分析 [J].水利水电科技进展，2015，35（3）：11-18.

[42] 金海英，刘彦民，张广忠.用臭氧检测仪快速测定空气中臭氧浓度 [J].北方药学，2012，9（11）：30.

[43] 李儒荀，袁锡昌，王跃进，等.超声波-激光联合杀菌的研究 [J].包装与食品机械，1998，16（3）：6-12.

[44] 李向阳，邵卫华，刁恩杰，等.温度、pH、药物对大肠杆菌抑制作用的量热法研究 [J].食品科学，2007，28（6）：252-255.

[45] 沈萍，范秀容，李广武.微生物学实验 [M].北京：高等教育出版社，2005.

[46] 王宏，丁增成，徐宏青.医疗卫生用品辐射灭菌·消毒的现状及发展趋势 [J].安徽农业科学，2003，31（2）：246-247.

[47] 余北平，欧阳合意，陈琼芳，等.医院环氧乙烷气体灭菌包保存期限的研究 [J].护理学杂志：外科版，2009，24（2）：4-6.

[48] 章海霞，王晓敏，王海英，等.电弧法制备洋葱状富勒烯的工艺研究 [J].新型炭材料，2004，19（1）：61-64.

[49] 钟理，张浩，陈英，等.臭氧在水中的自分解动力学及反应机理 [J].华南理工大学学报（自然科学版），2002，30（2）：83-86.

第6章

低温等离子体修复石油类污染土壤

6.1 引言

    石油是现代社会不可缺少的能源之一，在石油的开采、钻井、加工和运输过程中，会产生许多成分复杂的污染物，主要包括石油类化合物及重金属。其中，石油类化合物的种类繁多，包括毒性较大的多环芳烃、石油烃及含氮或硫的烃类衍生物。在这些物质中，芳烃及多环芳烃在油田或石油开采区域附近的检出率极高。这些污染物不断流入环境，对生态系统，尤其是水体及土壤造成不可逆的污染和破坏。

    多环芳烃（polycyclic aromatic hydrocarbons，PAHs），是指两个或两个以上的苯环以线状、角状或簇状排列形成的稠环化合物，广泛存在于石油、煤炭中。这类物质具有潜在的致畸性、致癌性和基因毒性，且其毒性会随多环芳烃苯环数的增加而增强。由于多环芳烃具有极低的水溶性，在环境中很难消除，因此美国国家环境保护署（USEPA）将其确定为优先控制污染物，并把其中的16种化合物作为环境污染的监测参数。中国政府也将萘、苯并芘等7种多环芳烃列入"中国环境优先污染物黑名单"中。

    常见的多环芳烃处理方法有溶剂萃取、化学氧化、光催化降解、电动修复、生物修复、热处理技术等。但是，化学处理方法均需向土壤中投加化学药剂，容易造成土壤的二次污染；生物修复方法则存在处理效率较低、耗时较长、对难生物降解物质难以去除等问题；热处理技术则会破坏土壤本身的性质，并存在能耗高、适用性较差的问题。近年来，低温等离子体技术的发展为有机物污染土壤修复提供了新思路。

    低温等离子体污染物控制技术是一种新兴的高级氧化处理技术，在废气处理、废水处理等环境工程领域都得到了深入的研究。相比之下，等离子体技术用于多环芳烃污染土壤修复的研究仍然较少，土壤系统相比水体和气相更为复杂，分析等离子体对于土壤修复的影响效果与机理有助于探究等离子体对于土壤修复的可行性，揭示等离子体在土壤中的传质规律，为实现土壤快速修复提供理论支持。

　　本章重点介绍了几种典型的多环芳烃类及汽油污染土壤的低温等离子体修复情况，其中多环芳烃类包含菲、芘、芴。实验过程主要考察了不同放电方式、电气参数（电压、频率、占空比和放电间隙等）、气氛参数（气氛类别、气体流量等）、土壤特性参数（pH、含水率、污染物浓度等）对有效放电的影响。通过 GC-MS、IC、FTIR 等分析手段，同时利用分子轨道和理论计算途径，对降解途径及产物进行定性和定量分析。

6.2　实验部分

6.2.1　实验材料

6.2.1.1　土壤样品

　　本实验所用的土壤样品主要分为两种。一种是从美国 Sigma Aldrich 公司购买的沙土。该样品结构均一，主要成分为 SiO_2，无微生物及有机质的干扰，有利于降解机理的研究。其具体理化性质如表 6-1 所示。另一种为取自东华大学松江校区校内的土壤，取表层土壤后将其在通风橱中自然风干 24 h，取出风干后的土壤进行研磨，去除土壤中的块状杂质，将研磨后的土壤通过 20 目的筛网，最后放入自封袋中避光、密闭保存备用。校内土壤样品的主要理化性质如表 6-2 所示。

表 6-1　购买沙土样品的主要理化性质

pH	含水率/%	颜色	主要成分	沙土粒径分布/目
7.76	0.11	灰白色	SiO_2	50~80

表 6-2　校内土壤样品的主要理化性质

堆积密度 /(g/m³)	pH	有机质含量/%	含水率/%	土壤粒径分布/%		
				砂粒 （>20 μm）	粉粒 （2~20 μm）	黏粒 （<2 μm）
0.78	7.54	3.22	1.8	14.0	57.2	28.8

6.2.1.2　土壤预处理

　　为避免土壤中原有的有机物对实验造成干扰，土壤样品用有机溶剂进行洗涤。取 100 g 过筛烘干后的土壤于锥形瓶中，加入 100 mL 体积比为 1∶1 的丙酮/正己烷混合液，用保鲜膜密封置于恒温摇床上振荡 3 h，取出后静置 10 min，弃去上层有机溶剂。该过程重复三次后将土壤置于通风橱自然风干后置于棕色广口瓶中待用。

6.2.2　药品及仪器设备

　　实验所用主要药品如表 6-3 所示，其余实验和测定所需的药品同前。

表 6-3　主要实验药品

药品名称	规格	购买厂家
菲	分析纯（AR）	美国 Sigma-Aldrich 公司
芘	98%	北京百灵威科技有限公司
芴	98%	赛默飞世尔科技（中国）有限公司
汽油	—	中国石化
石油	—	中国石化
马来酸	分析纯（AR）	美国 Sigma-Aldrich 公司
对苯醌	分析纯（AR）	美国 Sigma-Aldrich 公司
4-硝基儿茶酚	分析纯（AR）	美国 Sigma-Aldrich 公司
菲醌	分析纯（AR）	美国 Sigma-Aldrich 公司
2,2′-联苯甲酸	分析纯（AR）	美国 Sigma-Aldrich 公司
丙酮	分析纯（AR）	国药集团化学试剂有限公司
正己烷	分析纯（AR）	国药集团化学试剂有限公司
石油醚	分析纯（AR）	上海泰坦科技股份有限公司
氨基磺酸	分析纯（AR）	国药集团化学试剂有限公司
氯化亚铁	分析纯（AR）	国药集团化学试剂有限公司
硝酸钠	分析纯（AR）	国药集团化学试剂有限公司
氯化铜	分析纯（AR）	国药集团化学试剂有限公司
磷酸三钠	分析纯（AR）	国药集团化学试剂有限公司
甲酸	分析纯（AR）	国药集团化学试剂有限公司

实验所用的等离子体放电装置及部分测定所用仪器同前，其余主要仪器如表 6-4 所示。

表 6-4　主要实验仪器

实验仪器	型号	生产厂商
高压正负脉冲电源	P60KV-D-RSG	大连泰斯曼科技有限公司
高压脉冲电源控制器	P60D-Ⅲ	大连泰斯曼科技有限公司
针-板等离子体反应器	TG120 20 MHz	大连泰斯曼科技有限公司
傅里叶变换红外光谱仪	Nicolet 6700	赛默飞世尔科技有限公司
漩涡混合器	XW-80A	海门市其林贝尔仪器制造有限公司
电荷耦合器件（CCD）阵列光谱仪	BRC112E	必达泰克光电科技（上海）有限公司
离心机	Multifuge X1R	赛默飞世尔科技有限公司
氮气吹扫仪	QSC-12T	上海精密仪器仪表有限公司
气体采集器	GV-100S	日本气体技术株式会社（GASTEC）
电磁式空气泵	ACO-002	浙江森森实业有限公司

6.2.3　实验装置

6.2.3.1　介质阻挡放电等离子体系统

本章所用的介质阻挡放电等离子体实验装置与第 2 章相同，具体介绍详见第 2 章。

6.2.3.2　脉冲电晕放电等离子体系统

该系统由高压供电系统、反应器系统和电气监测系统三部分组成，具体组成如图 6-1 所示。

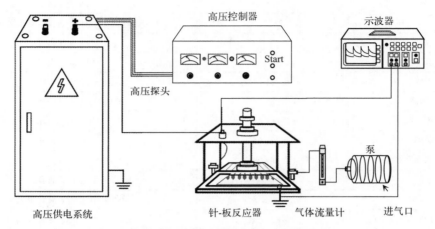

图 6-1　脉冲电晕放电等离子体土壤修复系统

（1）高压供电系统

高压供电系统所用电源为高压脉冲直流电源，高频脉冲的加入使得在脉冲间隙反应器能够充分利用每个发射脉冲所产生的能量，使能源效率有所提升。电源由控制台控制。该电源的具体参数如下所示：

供电电源：交流单相（220±22）V，（50±1）Hz；

额定输出功率：600 W；

脉冲极性：正负双极性；

输出脉冲峰值电压：正脉冲 5～50 kV 连续可调（针-板式容性负载），负脉冲 −5～ −50 kV 连续可调（针-板式容性负载）；

脉冲宽度：≤500 ns（50 MΩ 电阻负载）；

脉冲上升前沿：≤200 ns（50 MΩ 电阻负载）；

脉冲重复频率：0～200 Hz 连续可调；

使用环境温度：−20～40 ℃；

相对湿度：不大于 80%。

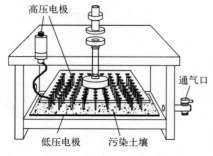

图 6-2　脉冲电晕放电等离子体反应器示意图

（2）反应器系统

脉冲电晕放电（pulsed corona discharge，PCD）使用针-板式等离子体反应器，反应器结构如图 6-2 所示。反应器为一长方体有机玻璃容器，长 40 mm，宽 40 mm，高 25 mm。高压电极由 98 根不锈钢针组成，在方形反应器内均匀分布，反应器外由一根可旋转轴连接高压电极，可通过轴的旋转调节实验所需的电极间距。接地电极为一块很薄的方形不锈钢板，长 35 mm，置于反应器的底部。反应器左右两侧均设置了通气口，气体介质通过气泵由通气口进入放电区域，再从另一头流出，并通过气体流量计控制流量。处理的土壤均匀置于反应器低压电极上进行放电处理。

（3）电气监测系统

电气控制系统的电气监测系统与第 2 章相同，具体介绍详见第 2 章 2.2.2 节。

6.2.4　实验及分析方法

6.2.4.1　样品制备及修复实验方法

称取 100 g 干燥的土壤，加入配制好固定浓度的污染物溶液，充分混合后置于恒温摇床振荡 24 h，随后取出土样并置于通风橱风干至恒重，即得到污染土壤样品。将得到的样品置于棕色广口瓶密封保存。

每次取 2~5 g 污染土壤，将其转移到 DBD 石英反应釜或 PCD 反应器中，连接进气系统（反应前通气 10 min，使反应气氛为特定气氛）、光谱测量系统及电气监测系统，并在实验过程中保存测量数据。准备完成后，接通电源，调节输入电压、电流使平板电极开始稳定放电。设置反应时间间隔，每次反应结束后，取出反应后的试样储存并用于后续检测。每次修复实验均设置三个平行样，实验结果取平均值。

6.2.4.2　目标污染物土壤萃取及测定方法

（1）多环芳烃污染土壤

土壤中多环芳烃的提取以甲醇为提取剂。

芴：将待测土壤加入锥形瓶中，加入 40 mL 甲醇充分混合后置于摇床振荡，转速为 200 r/min，温度为 20 ℃，振荡 2 h 后取上清液通过 0.45 μm 滤膜后进行测定。

菲：将待测土壤加入锥形瓶中，加入 25 mL 甲醇充分混合后置于摇床恒温振荡 1 h，取上清液通过 0.45 μm 滤膜后进行测定。

芘：将待测土壤加入锥形瓶中，加入 25 mL 甲醇充分混合后置于摇床恒温振荡 30 min，取上清液用 0.45 μm 滤膜过滤后进行测定。

三种物质的浓度检测均采用高效液相色谱法（HPLC，Ultimate 3000），检测器为紫外检测器，采用 Thermo C_{18}（4.6 mm×250 mm×5 μm）色谱柱。

芴的检测分析参数如下：柱温 30 ℃；流动相为甲醇和水，体积比 90：10；流量为 1 mL/min；检测器波长为 254 nm；进样量 20 μL。出峰时间为 9.3 min。

菲的检测分析参数如下：柱温 40 ℃；流动相为甲醇和水，体积比 90：10；流量为 0.6 mL/min；检测器波长为 250 nm；进样量为 20 μL。出峰时间为 12.8 min。

芘的检测分析参数如下：柱温 40 ℃；流动相为甲醇和水，体积比 90：10；流量为 1 mL/min；检测器波长为 235 nm；进样量为 20 μL。出峰时间为 9.472 min。

（2）汽油和石油芳烃污染土壤

土壤中汽油和石油芳烃的提取以石油醚作为萃取剂。

汽油：取 5 g 放电后的土壤置于离心管中，向其中加入 20 mL 石油醚均匀混合后置于摇床中，设定转速 250 r/min，设定温度为 25 ℃恒温振荡 1 h，随后采用超声提取 30 min，设置水温为 25 ℃，避免造成土壤中的污染物挥发。超声结束后将其转移入离心机中，设定转速为 8000 r/min 离心 10 min，后取上清液，通过 0.45 μm 滤膜后进行测定。

石油芳烃：将待测土壤转移至 50 mL 离心管内，加入 20 mL 石油醚后盖紧瓶盖，混合后超声提取 15 min，注意水温不能过高，以避免样品中的部分污染物挥发。超声结束后将其转移入离心机中，以 6000 r/min 离心 10 min，后取上清液，通过 0.45 μm 滤膜后进行测定。

汽油和石油芳烃的浓度可通过紫外分光光度计测量。

汽油的分析方法如下：将汽油溶液在波长为 200~900 nm 处进行全光谱扫描，结果发现汽油在 273 nm 处出现最大吸收波长；分别以汽油的浓度和 273 nm 处吸光度值为横、纵坐标作图，进行线性拟合得到标准曲线，并根据吸光度计算汽油的浓度值。

石油芳烃的分析方法如下：取石油醚稀释的石油样品，采用石油醚作为参比液，用紫外分光光度法在 200~340 nm 的波长范围内对样品进行扫描，石油芳烃在 223 nm 处出现最高吸收峰；分别以石油芳烃的浓度和 223 nm 处吸光度值为横、纵坐标作图，进行线性拟合得到标准曲线，并根据吸光度计算石油芳烃的浓度值。

6.2.4.3　臭氧（O_3）浓度的测定

气相 O_3 浓度采用气体采集器（GASTEC，GV-100S）联合气体检测管（GASTEC，18L）进行监测。将一支气体检测管插入气体采集器，将采集器手柄完全推入，按照相应的体积要求，转动手柄，对准相应的取样体积红线，将手柄一次拉到底，锁定后大约等待 30 s 完成取样。重复上述过程四次。在检测管上直接读取浓度。

6.2.4.4　过氧化氢（H_2O_2）浓度的测定

H_2O_2 由草酸钛钾法进行测定。将 136 mL 硫酸加入 150 mL 去离子水中，然后加入 17.7 g 草酸钛钾，用去离子水定容到 500 mL。将 2 mL 草酸钛钾标准溶液与 2 mL 样品混合并定容至 10 mL，在 400 nm 处测定其吸光度，再根据标准曲线计算出相应的 H_2O_2 的浓度值。

6.2.4.5　傅里叶红外光谱的测定

取处理前、后的土壤样品各 5 g，加入适量溶剂（二氯甲烷、甲醇）提取，放入恒温摇床振荡 1 h 后，将混合液转入离心管内，放入超声波清洗器超声提取 15 min，取出后放入离心机，以 6000 r/min 的速度离心处理 10 min 后，上清液转移至培养皿，于通风橱自然风干，刮下培养皿上的粉末，进行 ATR（衰减全反射）-FTIR 检测，波长扫描范围为 4000~650 cm^{-1}。

6.2.4.6　气-质联用色谱的测定

实验采用气相色谱-质谱联用法（GC-MS，QP-2010Ultra，日本岛津）对放电处理后污染物的降解产物进行分析检测。样品制备步骤如下：取 5 g 土壤置于离心管内，加入 20 mL 二氯甲烷作为提取液，放入超声波清洗器超声提取 15 min，取出后将离心管放入离心机，以 6000 r/min 的速度离心处理 10 min；将上清液移入试管内进行氮气吹扫，待溶剂完全挥发后再用 1 mL 甲醇进行定容，所得样品移入 2 mL 玻璃小瓶中待测。

GC-MS 分析测定条件如下：载气为 He；不分流进样，开阀时间为 1 min；升温程序为 50 ℃保持 1 min，以 25 ℃/min 升至 150 ℃保持 1 min，再以 4 ℃/min 升至 300 ℃保持 4.5 min；进样口温度为 300 ℃，辅助通道温度为 300 ℃。

6.2.4.7　土壤 pH 的测定

土壤的 pH 调节方法如下：称量土壤 100 g，加入适量体积的 0.1 mol/L NaOH 或

0.1 mol/L HCl，浸没过土壤；充分混合后，置于恒温摇床以 180 r/min 的转速振荡 2 h，取出后将土壤置于通风橱内自然风干，即得到调节 pH 后的土壤样品。土壤的 pH 测定采用电位法：以 3 mL：1g 的比例将去离子水和土壤充分混合后，置于恒温摇床上振荡 30 min，取出后再静置 30 min；将混合液离心 5 min 取上清液，用 pH 计进行测量，测得 pH 即为土壤的 pH。

6.2.4.8 土壤含水率的测定

土壤含水率采用重量法测定，具体步骤如下：称取一定质量的土壤样品，并记录土壤样品在（105±2）℃下烘干至恒重的质量，两者之差即为土壤中所含水分质量，土壤的含水率以绝对含水率计算，即水分质量与烘干后土壤样品质量的比值。

6.2.4.9 TOC 的测定

本章所指 TOC 为处理前后土壤去离子水淋洗液的 TOC，以此值间接表示处理前后的 TOC 变化。采用日本岛津 TOC-V$_{CPH}$ 型 TOC 仪测定土壤中的总有机碳，炉温 680 ℃。先用去离子水润洗管路，然后通入去离子水样测定三次，再进行样品分析，分析测定取两次的平均值，如果两次结果的相对标准偏差超过 2%，则进行第三次测定，最后取最接近的两个结果的平均值。

6.2.4.10 COD$_{Cr}$ 的测定

COD$_{Cr}$ 的测定采用微波消解-重铬酸钾氧化法。其计算公式如下：

$$COD_{Cr}(O_2, mg/L) = \frac{(V_0 - V_1) \times c \times 8 \times 1000}{V} \tag{6-1}$$

式中，c 为硫酸亚铁铵标准溶液的浓度，mol/L；V_0 为滴定上清液时硫酸亚铁铵标准溶液的用量，mL；V_1 为滴定去离子水样时硫酸亚铁铵标准溶液用量，mL；V 为水样的体积，mL；8 为氧（1/2 O）的摩尔质量，g/mol。

将处理后的土壤与 5 mL 去离子水混合后振荡 2 h，离心过滤后取上清液进行测定。以此值间接表示处理前后的 COD$_{Cr}$ 变化。

6.2.4.11 可生化性的测定

土壤的可生物降解性由 BOD$_5$ 除以 COD$_{Cr}$ 所得。BOD$_5$ 由生化需氧量测定仪测定。

6.2.4.12 土壤中氮素的提取

土壤中硝酸盐氮以及氨氮的提取采用 KCl 作为土壤浸提液，向 5 g 土壤中加入 20 mL KCl（2 mol/L），将混合液置于摇床中，设置转速为 220 r/min、温度为 20 ℃恒温振荡 60 min，然后在 25 ℃下超声萃取 30 min，最后以 6000 r/min 转速离心 20 min，过滤，取上清液。

6.2.4.13 氨氮浓度的测定

根据《水质 氨氮的测定 纳氏试剂分光光度法》（HJ 535—2009），向土壤浸提液中加入 1 mL 酒石酸钾钠溶液、1.5 mL 纳氏试剂，混匀，放置 10 min，用光程 20 mm 的石英比色皿，在 425 nm 波长处，以去离子水为参比测量吸光度，并绘制标准曲线。

6.2.4.14 硝态氮浓度的测定

根据《水质 硝酸盐氮的测定 紫外分光光度法》（HJ/T 346—2007），向土壤浸提液中加入 1 mLHCl 溶液（1 mol/L）、0.1 mL 氨基磺酸溶液（0.8%）于比色管中，用光程 10 mm 的石英比色皿，在 220 nm 和 275 nm 波长处，以去离子水为参比测量吸光度，并绘制标准曲线。硝酸盐氮的吸光度按下式进行计算：

$$A_{校} = A_{220} - 2A_{275} \tag{6-2}$$

式中，A_{220} 为 220 nm 波长处测得的吸光度；A_{275} 为 275 nm 波长处测得的吸光度。

6.2.4.15　植物种植实验方法

本实验采用生菜作为目标作物，生菜种子购自山东宏居种业有限公司，种植前将生菜种子用去离子水浸泡 12 h，使其解除休眠状态，将种子均匀种植在不同的土壤中，置于光照培养箱中，设置光照培养箱温度为 25 ℃、光照时长 16 h、黑暗时长 8 h。观察并记录 21 天内生菜的生长情况。

6.2.4.16　其他指标测定

实验中放电功率、能量密度测定以及其余指标测定方法同前。

6.3　脉冲电晕放电修复芴污染土壤的研究

6.3.1　脉冲电晕放电对土壤中芴去除的性能研究

芴是被美国环保署列入"黑名单"的 16 种多环芳烃之一，分子式为 $C_{13}H_{10}$，结构式见图 6-3，分子量为 166.22，沸点为 297.9 ℃，熔点为 115 ℃，密度（20 ℃）为 1.181 g/cm^3。芴为白色小片状结晶，易溶于醚和冰醋酸，可溶于乙醇、苯等有机溶剂，难溶于水。芴对眼睛、皮肤及呼吸道有刺激，摄入后可引起恶心、呕吐及腹泻。芴是煤焦油的重要成分，提纯后在光电材料、生物、医药等领域具有广泛的应用价值，在产品的生产、运输、使用以及废弃过程中极易流入环境，对人体健康和生态环境造成潜在的威胁。此外，芴是一种疏水性较强且难降解的有机物，在土壤中的检出率较高，可达到 ng/g～μg/g 级。

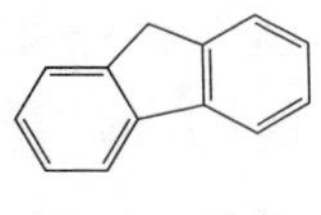

图 6-3　芴的化学结构式

6.3.1.1　电源极性

脉冲电晕放电可以直接在土壤表面产生活性物质，产生的活性物质可以与土壤中的污染物反应从而使其发生降解。在电极两端分别施加正、负高压，产生脉冲电晕放电的机理不同，对污染物的去除也有不同的影响。正电压（30 kV）和负电压（−30 kV）对芴去除的影响如图 6-4 所示，在相同的时间里，负极条件下芴的去除率略高于正极，但是负极条件下的能量效率远远低于正极，能量效率之差最大可达 0.035 mg/kJ，说明在相同的能量下正极对芴的去除率更高，在相同的去除量下正极能量消耗更少。

同样的峰值场强和重复频率下，脉冲正电晕和脉冲负电晕的产生机理存在差异，正电晕的放电轨迹为丝状的分支，而负电晕的放电轨迹为羽毛状。正、负电晕的起晕电压、传播速度、放电通道和放电次数等都有所不同，因此其活性粒子的生成情况也不同。另外，正脉冲电晕放电产生的高能电子密度高于负脉冲电晕放电，且施加正极电压时产生的高能电子沿着反应器径向分布的范围要大于负极，结果表现为正极和负极对芴的去除率和能量效率存在差异。

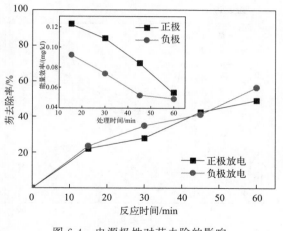

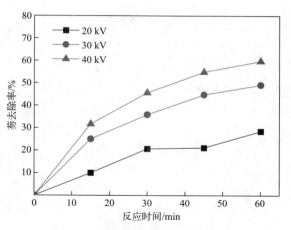

图 6-4　电源极性对芴去除的影响　　　　图 6-5　放电电压对芴去除的影响

6.3.1.2　放电电压

放电电压的变化不仅会导致能量输入的变化，同时也伴随着放电方式的转变。随着电压的增加，能量消耗会增大，将出现闪烁脉冲电晕、流光电晕、辉光电晕和火花，影响等离子体的生成。在其他条件相同，放电电压分别为 20 kV、30 kV 和 40 kV 的条件下，等离子体对土壤中芴的去除情况如图 6-5 所示。

经过 60 min 处理后，电压为 20 kV、30 kV 和 40 kV 条件下芴的去除率分别为 28.5%、49.2% 和 59.8%。可以发现，芴的去除率随放电电压的增加而增大；但是，随着电压增加，芴的去除率没有明显提升（即增加相同的能耗，却不能相应提高去除率）。出现这种现象，一方面与随着电压的增加放电方式的变化有关；另一方面，随放电电压升高，放电功率增大，产生的总活性物质增多，但单位功率活性物质数量减少，电压在 30~40 kV 之间时，总活性物质增加趋于平缓，接近峰值，从而限制了芴去除率的提升幅度。

6.3.1.3　放电频率

脉冲放电频率对芴去除的影响见图 6-6，结果表明放电频率的增加可以提高芴的去除率。放电 60 min 后，25 Hz、50 Hz、75 Hz 和 100 Hz 条件下芴的去除率分别为 50.87%、62.02%、71.66% 和 73.95%。放电频率的增加意味着单位时间内放电次数的增多，向反应器注入的能量更多，在这种情况下，反应区域内激发态的 O、N、·OH 及 O_3 等活性粒子的数量都会随着放电频率的增加而变多。刘峰在对不同脉冲频率下脉冲电晕放电产生的活性物质研究中也指出，随着脉冲频率的上升，N、O 和 H 活性原子的发射光谱强度呈线性增长。

6.3.1.4　电极间距

本研究考察了电极间距分别为 10 mm、20 mm、30 mm、40 mm 和 50 mm 条件下芴污染土壤的修复情况，结果见图 6-7。结果表明，当两极之间距离为 20 mm 时，芴的去除率最高。在同一电压下，扩大针电极和板电极之间的距离会减小电路中的放电电流，针-板电极间的电场强度也减弱，导致放电程度减弱，活性粒子减少，等离子体对污染物的去除率也随之降低；电极间距大于 20 mm 时，距离越大，去除率越低。此外，通常情况下，当电压达到起晕电压时，就会开始电晕放电，起晕电压随针-板间距的增大依次升高，若外加电压远

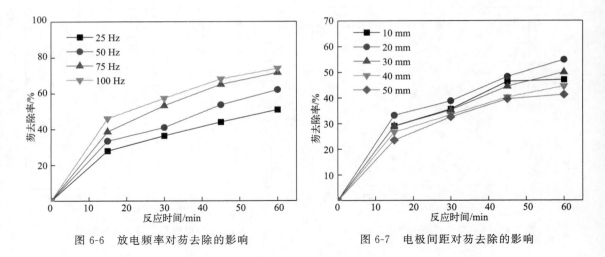

图 6-6   放电频率对芴去除的影响   图 6-7   电极间距对芴去除的影响

远高出起晕电压，则电晕放电就会转变为火花放电。污染土壤芴的去除率在电极间距为 20 mm 时高于 10 mm 时是因为电极间距为 10 mm 时的起晕电压很低，而施加的电压高出此间距下的起晕电压很多，从而产生了火花放电，且放电不稳定，在此过程中产生的活性粒子不利于芴的降解。

6.3.2   芴的降解机理研究

6.3.2.1   臭氧（O_3）的作用

针-板放电过程中，空气中的 O_2 会与氧自由基反应生成 O_3，为了探究 O_3 在等离子体降解污染物过程中所起的作用，将等离子体与同一条件下产生的 O_3 对芴的去除率做了对比，结果如图 6-8 所示。

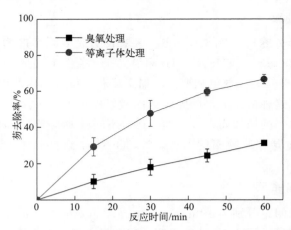

图 6-8   等离子体法和臭氧法去除芴的效果对比

放电 60 min 后，单独 O_3 处理对芴的去除率为 31.25%，而等离子体对芴的去除率为 66.58%，等离子体对芴的去除效果明显好于单独 O_3 处理对芴的去除效果；此外，随着放电时间的增加，等离子体对芴的去除率比单独 O_3 处理提高得更快。

6.3.2.2 洗脱土壤氧化层的作用

芴与强氧化性的活性粒子碰撞后，生成的氧化产物覆盖于土壤表层，会影响活性粒子在土壤中的传质效果，阻碍活性粒子对氧化层以下的芴的降解，如果将土壤表层的氧化产物去掉，将有可能提高污染物的去除率。由于芴降解后的氧化产物水溶性相对提高，比芴更易溶于水中，因此通过水洗的方式将其溶于水中，可达到将土壤表层氧化物洗脱的目的。

为了探究洗脱氧化产物后等离子体对芴的降解效果，将污染土样（芴浓度为 1000 mg/kg）每放电 15 min 后加入 60 mL 水将氧化产物溶解到水中，随后将土壤干燥后继续放电，结果发现洗脱氧化产物可以较好地提高等离子体对芴的去除率，见图 6-9。经过洗脱的土壤经 45 min 放电后芴的去除率即可达 99.08%；放电 60 min 后，去除率达到 99.33%，比未经洗脱的土壤中芴的去除率提高了 50.76 个百分点。这表明氧化产物对污染物的降解确实有明显的阻碍作用，通过洗脱的方式可以较好地提高芴的去除率，在此基础上还能缩短放电时间，节约能量。

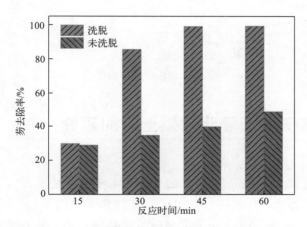

图 6-9　洗脱氧化产物对芴去除的影响

6.3.2.3 芴的降解途径分析

采用红外光谱定性分析土壤中的芴经针-板放电处理前后的官能团和化学键，进而推断物质的结构，结果见图 6-10。处理前，在 $880\sim680$ cm^{-1} 和 $1600\sim1500$ cm^{-1} 这两个区域有弱吸收，在 3000 cm^{-1} 有一个较宽的吸收区域。前两个区域的弱吸收分别由 C—H 面外弯曲振动和 C≡C 双键伸缩振动引起，而较宽区域的吸收则可能是 C—H 键伸缩振动的作用，三个区域的吸收与芳香环的存在有关。处理后，在 $3600\sim3160$ cm^{-1} 和 $769\sim659$ cm^{-1} 两个区域的吸收可能由醇或酚的 O—H 键的伸缩振动和面外弯曲振动

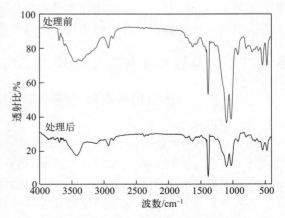

图 6-10　等离子体处理前后芴的 FTIR 图谱

引起；而 $3000\sim2500$ cm^{-1} 区域和 920 cm^{-1} 处的吸收可能由羧酸的 O—H 键的伸缩振动和面外弯曲振动引起；$1760\sim1606$ cm^{-1} 区域的吸收则可能由羧酸、酯的 C=O 键的伸缩振动引

起；$2000 \sim 1600$ cm^{-1} 区域的吸收表明苯环 C—H 键上可能发生了取代反应；$1260 \sim 1000$ cm^{-1} 区域的吸收则可能由醇、醚、羧酸、酯等物质中 C—O 键的伸缩振动引起。通过以上分析，推断了芴的可能降解路径（图 6-11）。

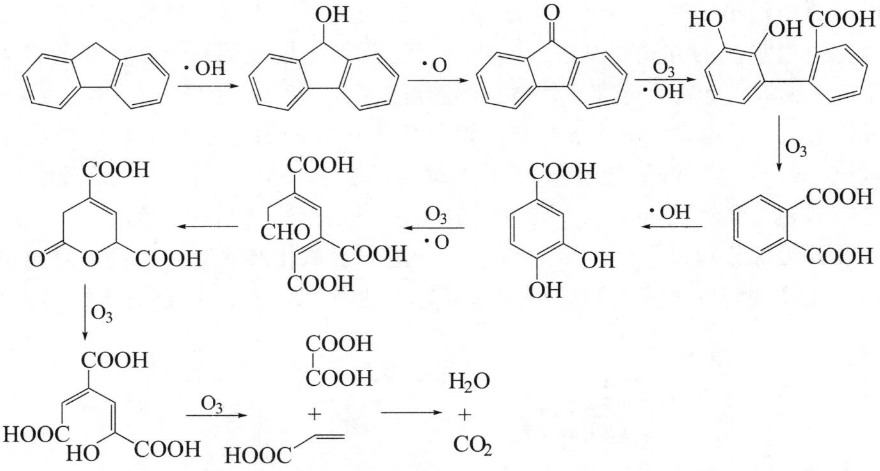

图 6-11　芴的可能降解路径

6.4　低温等离子体修复菲污染土壤的研究

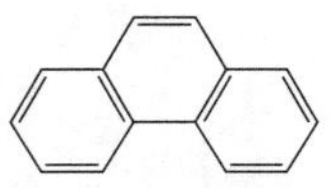

图 6-12　菲的
化学结构式

菲（phenanthrene，PHE）是一种典型的多环芳烃。它的分子由三个苯环组成，分子式为 $C_{14}H_{10}$，其结构式如图 6-12 所示。菲的三个环的中心不在一条直线上，是蒽的同分异构体，为白色有光泽并发荧光的片状晶体，能升华，不溶于水。其密度、熔点和沸点分别为 1.179 g/mL、101 ℃和 340 ℃。菲的用途十分广泛，可用于合成树脂、还原染料等方面，也可用于制造染料和农药等。菲对动物有致癌作用，对皮肤有刺激和致敏作用，对环境和人类健康造成威胁，因此修复菲污染的土壤是十分必要的。

6.4.1　低温等离子体对土壤中菲去除的性能研究

6.4.1.1　介质阻挡放电对土壤中菲去除的性能

（1）放电电压

图 6-13 为不同输入电压情况下的处理效果对比图。反应时间为 20 min 时，电压由 70 V 增大到 110 V，菲的去除率从 77% 提高到 86%。外加电压升高，系统的输入能量也随之增加，能量的输入致使更多活性粒子产生，污染物和活性粒子反应的概率也大大增加，从而提高了去除率。这与相关文献报道结果相似。然而当电压提高到 130 V 时，去除率反而降低。这是由于过高的电压导致 NO_x 的产生，而 NO_x 能够消耗羟基自由基等活性粒子。另外，从表 6-5 可以看出，随着电压增高，能量效率反而降低。当电压从 70 V 增大到 130 V 时，体系的能量效率从 0.016 mg/kJ 降低到了 0.012 mg/kJ。过高的电压会导致过多活性粒子生成，这些活性粒子不能够得到充分利用，从而使能量效率降低。

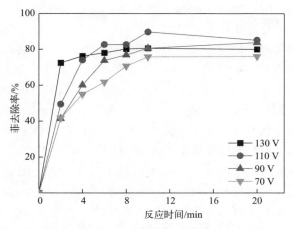

图 6-13　放电电压对菲去除的影响

表 6-5　不同电压下的能量效率分析

电压/V	功率/W	峰值电压/kV	能量效率/(mg/kJ)
70	47.5	42.8	0.016
90	59.3	65.4	0.014
110	64.0	72.8	0.013
130	67.0	74.3	0.012

（2）占空比

占空比会影响放电过程的持续性和稳定性。图 6-14 为占空比对菲去除效果的影响。如图所示，处理 20 min 后，占空比为 10%、20%和 30%时污染土壤中的菲的去除率分别为 92%、89%和 73%。占空比降低时，菲的去除率提高，但能量的输入也相应提高。为了充分利用放电系统中每个脉冲发射的能量，应当选取最佳的占空比。

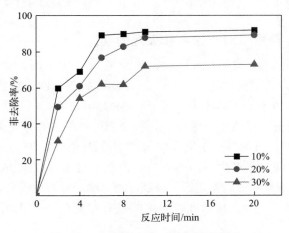

图 6-14　放电占空比对菲去除的影响

在优化放电电压及占空比的情况下，对 DBD 降解菲污染土壤的性能进行了探究。从图 6-15 可知，随着处理时间的增加，菲的含量逐渐降低。去除率在前 10 min 随着时间的增加急速上升至 81.1%，这是因为随着时间的增加，放电间隙不断产生活性粒子，与此同时这些活性粒子也不断地被利用；随后去除率逐渐稳定，最终去除率可达 95.2%，这是由于活性粒子与菲的反应已经进行得比较充分。

为了分析该技术对菲的氧化与矿化能力，对处理 20 min 内土壤 COD_{Cr}、TOC 的变化进行了测定。COD_{Cr} 代表有机物的含量，TOC 则表明矿化的程度，这两者随反应时间的变化如图 6-15 所示。由图可知，COD_{Cr} 和 TOC 的含量都随着处理时间的增加明显降低。COD_{Cr} 初始值为 0.82 mg/g，等离子体处理 20 min 后下降到了 0.43 mg/g，去除率为 47.6%。同样地，土壤样品初始 TOC 值为 0.18 mg/g，处理 20 min 后下降到 0.13 mg/g，去除率为 27.8%，这意味着部分菲被降解转化成了 CO_2 和 H_2O，实现了目标污染物的矿化。

另外，研究对处理前后土壤的可生化性也进行了对比分析。图 6-16 为菲污染土壤可生化性随反应时间的变化。由图可知，可生化性在处理 20 min 后由 0.28 提高到了 0.71，表明等离子体处理可以大大提升土壤的可生化性，为后续的生物处理提供可能性。从该结果可以得出结论：等离子体技术可以作为一种前处理技术，快速提高难降解污染物污染的土壤的可生化性，并进而提升后续生物处理的效率。

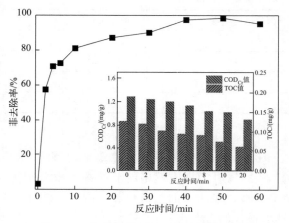

图 6-15   介质阻挡放电对菲去除的影响

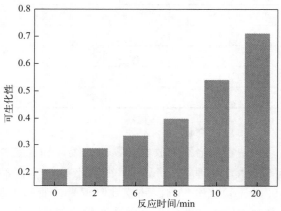

图 6-16   DBD 处理过程中土壤的可生化性变化

6.4.1.2   脉冲电晕放电对土壤中菲去除的性能

图 6-17 为不同放电极性下菲的去除情况。研究过程中采用的放电电压分别为 30 kV 与 −30 kV，放电频率为 50 Hz。由图可知，在 60 min 后正脉冲、负脉冲和双脉冲放电过程中菲的去除率分别为 91.8%、92.8% 和 91.0%。由此可以看出，这三种放电方式均可以实现对菲的快速、有效降解。尽管正、负脉冲在污染物的最终去除率上并无太大差异，但是在反应 20 min 时，正脉冲、负脉冲放电对菲的去除率分别为 81% 和 54%，这一结果表明不同的放电方式能够对降解动力学产生不同的影响。因此，对不同放电方式进行了动力学模拟，结果表明，正脉冲放电降解菲的过程遵循一级反应动力学，降解的动力学常数为 0.032 min^{-1}，而负脉冲放电方式的 $\ln(c/c_0)$ 和处理时间之间没有很好的线性相关性（$R^2 < 0.9$），不遵循一级反应动力学。

正、负脉冲对于菲污染土壤的修复均取得了良好的效果，两种放电方式在降解效果方面的差异主要体现在反应动力学上。可能的原因有以下几点：就放电机理而言，正脉冲电晕放电有利于正离子形成，而负脉冲电晕放电有利于负离子的形成；正脉冲的电晕放电充满了整个反应器的两个电极之间，形成的等离子体在电极之间快速移动，反应的面积较大，同时也

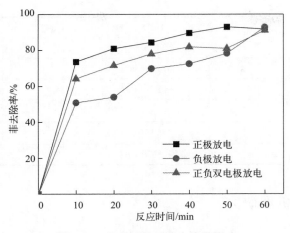

图 6-17　放电极性对菲去除的影响

导致了放电电流相对不稳定；负脉冲电晕放电仅发生在电晕线附近，放电区域较小，且等离子体相对较稳定。因此，正脉冲放电降解污染物的反应速率较快。

6.4.1.3　介质阻挡和脉冲电晕放电对土壤中菲去除的性能比较

介质阻挡放电（DBD）等离子体是在放电空间中插入绝缘介质，当放电电压升高时，空气被击穿而产生放电，并生成大量活性物质。脉冲电晕放电（PCD）等离子体是由于局部电场强度超过气体的电离场强，使气体发生电离和激励。此外，脉冲电压的上升前沿陡峭，峰宽较窄，单次脉冲可以在计算时间内完成，瞬间电流极大，可以在瞬间提供很高的能量。

表 6-6 为 DBD 等离子体和 PCD 等离子体处理菲污染土壤的对比。通过该表可以看出，两种不同的等离子体技术均对菲污染土壤具有良好的修复效果。DBD 等离子体反应系统对菲的去除率为 98%，PCD 等离子体对菲的去除率为 93%，反应均遵循一级反应动力学。此外，两者降解过程中的红外光谱变化也类似，说明了降解过程中苯环的断裂和中间产物的生成。同时，两种放电方式对菲污染土壤的修复也存在一些差异，主要体现在放电波形、能源效率、动力学反应常数以及主要降解中间产物方面。DBD 能够在 12 min 时达到 98% 的去除率，并且反应动力学常数较高，为 $0.21\ \text{min}^{-1}$。然而，PCD 的能源效率为 $0.017\ \text{mg/kJ}$，高于 DBD 的 $0.013\ \text{mg/kJ}$。DBD 反应系统采用高频交流电源供电，放电波形为正弦波形，单次脉冲所需能量很小，但是重复频率很高，虽然一定程度上保证了能量输入，却大大增加了能源消耗，导致能源效率较低。PCD 反应系统则采用高压脉冲直流电源供电，放电波形为脉冲波形，单次脉冲在很短的时间内完成，可以在瞬间提供很大的能量，产生更多高能电子，减小能量损失。此外，DBD 降解菲的主要产物为菲醌和联苯甲酸，而 PCD 降解菲的主要产物为联苯甲酸，并未检测到菲醌的产出，这说明两种放电方式对菲的降解机理也有不同的影响。

表 6-6　DBD 等离子体和 PCD 等离子体处理 PHE 污染土壤的对比

参数	DBD	PCD
污染物初始浓度	200 mg/kg	160 mg/kg
处理时间	12 min	60 min
放电波形	正弦波形	脉冲波形

续表

参数	DBD	PCD
污染物去除率	98%	93%
能源效率	0.013 mg/kJ	0.017 mg/kJ
动力学反应	一级反应	一级反应
动力学常数	0.21 min^{-1}	0.032 min^{-1}
动力学拟合 R^2	0.94	0.99
主要中间产物	菲醌、联苯甲酸	联苯甲酸

6.4.2　菲的降解机理研究

6.4.2.1　活性粒子的作用

（1）光学发射光谱分析

图 6-18 为等离子体放电过程中 200~800 nm 范围内的光学发射光谱，可以看出，活性粒子的发射范围主要集中在 275~450 nm 之间。结果表明，299 nm 和 330~390 nm 两处的峰群对应 O_3 和含氮自由基。其中，N_2^*（氮气的第二正带系）在 347 nm 处，N_2O^+ 在 355 nm 处，NO 在 374 nm 处。此外，319 nm 处的峰代表·OH。氧原子则体现在 440 nm 处。另外，不同的放电间隙和占空比也会影响系统能量的输入，进而影响活性粒子的产生。本研究还观察了在不同的放电间隙和占空比下活性粒子的生成情况，如图 6-19 和图 6-20 所示。

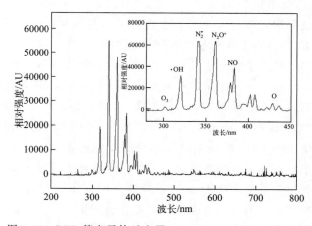

图 6-18　DBD 等离子体反应器 200~800 nm 间的发射光谱

由图 6-19 和图 6-20 可以发现，不管在何种条件下，生成的活性粒子对应的峰位置以及种类并未发生变化，但是放电间隙的缩小与占空比的减小会导致活性粒子的强度增加。这是因为，缩小放电间隙和减小占空比会使该空间内的电场强度增强，系统能量的输入增大，从而提高活性粒子的生成量。

（2）羟基自由基（·OH）的产生与作用

·OH 具有很强的氧化性，其氧化还原电位高达 2.80 eV，而 O_3 的氧化还原电位为 2.07 eV。图 6-21 为不同电压下的·OH 强度的 OES 谱图。较高的电压显然导致了·OH 强

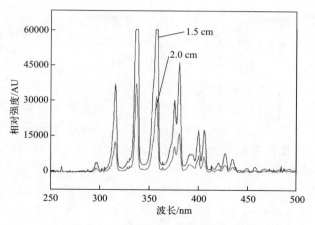

图 6-19　不同放电间隙下的发射光谱

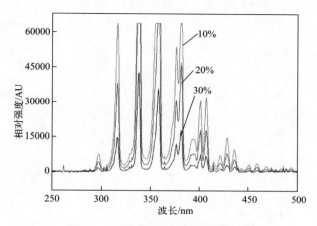

图 6-20　不同占空比下的发射光谱

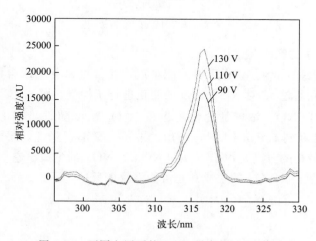

图 6-21　不同电压下的·OH 强度的 OES 谱图

度的增加。这是因为电压的增强使输入的能量增多，从而致使包括羟基自由基在内的活性粒子的增多。·OH 是水分子解离、激发以及超激发的产物，当电场中的高速电子能量在 8.4eV 以上时就会发生这些反应。下述反应式描绘了·OH 的产生方式，其中水分子不仅来自土壤也来自湿空气。

$$2H_2O \xrightarrow{e^-} H_2O^+ + H_2O^* + e^- \tag{6-3}$$

$$H_2O^* \longrightarrow \cdot H + \cdot OH \tag{6-4}$$

$$H_2^*O \longrightarrow \cdot H + \cdot OH \tag{6-5}$$

但是，$\cdot OH$ 在空气中的寿命很短，只有 10^{-4} s。因此想要对其进行捕捉尤其是定量是十分困难的。除了 OES 之外，定量生成的 H_2O_2 也是一种间接研究 $\cdot OH$ 含量变化的手段。图 6-22 是体系 H_2O_2 浓度随时间变化的情况。由于放电的进行和活性粒子的生成，H_2O_2 的浓度在 4 min 内提高至 0.09 mmol/L。然而，在 4~10 min 期间 H_2O_2 的浓度整体上又呈现出逐渐降低的趋势，这可能是由于 H_2O_2 分解生成了 $\cdot OH$，并通过与菲反应而被消耗，这与处理过程中菲浓度不断降低相对应。在 10~20 min 期间，H_2O_2 的浓度又发生了微弱的上升，由 0.05 mmol/L 提高到了 0.06 mmol/L。这是因为，在反应的最后 10 min，剩余的污染物浓度已大大降低，氧化反应的速率也随之降低，但 $\cdot OH$ 还在由于放电的进行而不断产生。

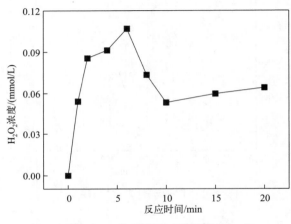

图 6-22　体系 H_2O_2 浓度变化

（3）含氮活性粒子的产生与作用

氮气的键能为 942kJ/mol。获得足够的能量后，氮气可以分解成含氮活性粒子，如 N、N_2^+ 和 N^+ 等。本研究通过 IC 对 NO_3^- 浓度的变化进行了检测。图 6-23 为 NO_3^- 浓度随时间的变化情况，可以发现 NO_3^- 浓度的变化趋势和 H_2O_2 浓度随时间变化的趋势类似。在前 5 min，其浓度不断提高到 0.9 mg/L，在随后的 5 min 又不断降低并最终达到了 0.2 mg/L 的平衡状态。NO_3^- 最初的升高是由于 NO 和 NO_2 等 NO_x 的生成。它们进一步与水蒸气以及 O_3 反应，生成硝酸根。NO_x 的生成和它可能涉及的反应如下：

$$N_2 \xrightarrow{e^-} 2N^* \tag{6-6}$$

$$N^* + O^* \longrightarrow NO \tag{6-7}$$

$$O^* + NO \longrightarrow NO_2 \tag{6-8}$$

$$2NO_2 + H_2O \longrightarrow HNO_2 + H^+ + NO_3^- \tag{6-9}$$

$$3HNO_2 \longrightarrow H^+ + NO_3^- + H_2O + 2NO \tag{6-10}$$

$$HNO_2 \rightleftharpoons H^+ + NO_2^- \tag{6-11}$$

$$NO_2^- + O_3 \longrightarrow NO_3^- + O_2 \tag{6-12}$$

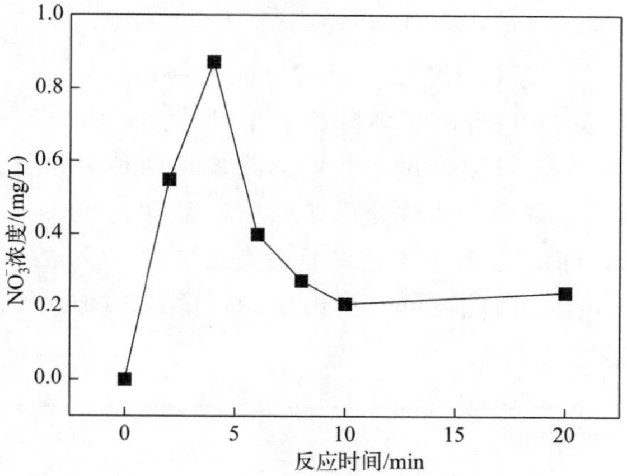

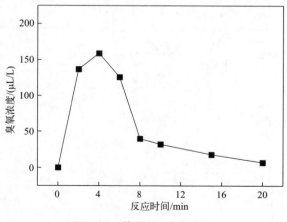

图 6-23　体系 NO_3^- 浓度变化

NO_3^- 浓度随后下降并趋于平衡可能是其和菲的反应所致。一些研究证明，NO_3^- 是等离子体反应器产生的氧化性物质之一。在反应的最后几分钟，NO_3^- 的平衡和污染物菲的去除率相一致。尽管含氮活性粒子的氧化还原电位相对较低，但是它们能够参与到硝酸化和亚硝酸化等反应中。

（4）臭氧（O_3）的产生与作用

O_3 被认为是等离子体系统中最重要同时也是最持久的活性物质。在处理过程中臭氧含量随时间的变化如图 6-24 所示。可以看出，O_3 浓度在 2 min 内达到 137 $\mu L/L$，并继续上升到 159 $\mu L/L$。反应器启动之后，放电导致空气中的氧气发生反应生成 O_3。然而，在达到最高值之后，O_3 浓度逐渐降低。考虑到 O_3 与菲的反应速率为 0.705 $L/(mg \cdot min)$，因此产生的 O_3 被污染物消耗，与其发生氧化反应；另外，由于 O_3 在加热时也可以分解为氧气，而放电过程中体系温度会有一定上升，因此也消耗了一部分 O_3。

图 6-24　体系 O_3 含量变化

氧气的键能为 494 kJ/mol。从电场获得能量后，氧分子由于电子的激发而解离成为氧原子。从电子中获得的能量将决定氧气分解和电离化的速率以及生成臭氧的浓度。可能发生的反应如下所示：

$$O_2 \xrightarrow{e^-} 2O(E = 5.12 \text{ eV}) \tag{6-13}$$

$$O_2 \longrightarrow O^+ + O + e^- (E = 20 \text{ eV}) \tag{6-14}$$

$$O_2(X^1\Sigma_g^-) + O(1D) \longrightarrow O_3 \tag{6-15}$$

为了进一步探讨 O_3 在 DBD 等离子体降解菲中的作用，本研究还对比了臭氧法和等离子体法的处理效果。由图 6-25 可以看出，菲的去除率在两种方法处理下都随着时间的增加而提高。在处理 20 min 后，等离子体法处理菲的去除率可达 92.3%，臭氧法处理的效率则为 76.0%。该结果表明，DBD 等离子体处理菲污染土壤时，O_3 的氧化作用在等离子体去除菲的过程中起到 83% 的作用。因此，可以得出结论，O_3 在 DBD 等离子体处理过程中起到了十分重要的作用。

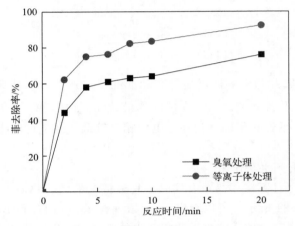

图 6-25　臭氧处理与等离子体处理对比图

6.4.2.2　降解产物分析

图 6-26 分别分析了 DBD 处理和 PCD 处理前后污染土壤的红外光谱，从而进一步探讨菲的降解过程。

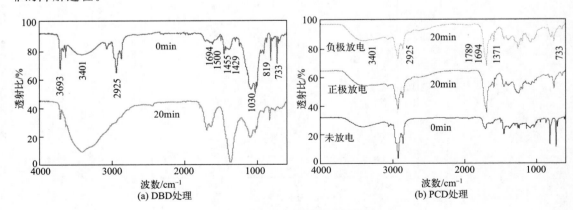

图 6-26　红外光谱随时间变化图

733 cm^{-1} 和 819 cm^{-1} 处的峰代表菲的苯环振动。这两个峰表明苯环中有两对独立的氢原子。此外，DBD 处理前的土壤在 1429 cm^{-1}、1455 cm^{-1} 和 1500 cm^{-1} 处均观察到峰群出现，对应苯环的骨架振动。而质子的伸缩振动体现在 2925 cm^{-1} 处的峰上。经过处理后，上述三处峰群渐渐衰弱，证明了降解过程中苯环的开裂。同时 PCD 处理后出现了几个新的峰群，1371 cm^{-1}、1789 cm^{-1} 和 3401 cm^{-1} 处的三个峰分别代表 C≡O、羧基和羟基的生成。此外，以 3401 cm^{-1} 为中心的峰带在处理后强烈增加。这可能是由羧基中的 O—H 振动引起的。1371 cm^{-1} 和 1694 cm^{-1} 处的峰可能是由 C—N 和 C═O 伸缩振动导致的。上述所有结果均说明，在活性粒子的不断攻击下，菲的分子结构遭到破坏，从而生成了带有 C═O、羧基和羟基的小分子物质。这些结果均可由其他光谱分析进一步辅佐说明。

为了进一步探究菲的降解路径，本研究还采用 GC-MS 测定了反应过程中产生的降解产物。在 DBD 处理过程中共检测到了六种降解的中间产物，如表 6-7 所示。其中，9,10-菲醌（$C_{14}H_8O_2$）和 2,2'-联苯二甲酸（$C_{14}H_{10}O_4$）是菲氧化过程中最主要的产物。这两种产物的检测和回收利用在许多研究中均有报道。表中产物 9,10-菲醌（A）的生成是由于·OH 攻击苯环；该产物进一步得到氧化，导致了一个苯环的脱离，从而生成了 2,2'-联苯二甲酸（B）。产物 C 和产物 D 的生成则说明发生了剧烈的氧化作用，导致苯环破裂并将其中一部分产物矿化。Stehr 等人采用臭氧法降解菲，通过 GC-MS 检测到了包括菲醌和 2,2'-联苯二甲酸在内的中间产物，这些中间产物更容易被生物降解。本研究采用 DBD 等离子体法的降解产物与臭氧法的降解产物类似，表明了 O_3 在 DBD 降解菲的过程中起到重要作用。

表 6-7　GC-MS 检测到的 DBD 处理菲的中间产物

序号	结构式	序号	结构式
A	O O （9,10-菲醌结构式）	D	OH （结构式）
B	HOOC COOH （联苯二甲酸结构式）	E	COOH （联苯甲酸结构式）
C	OH （结构式）	F	HO （结构式）

图 6-27 和图 6-28 分别为 PCD 等离子体处理前后的 GC-MS 检测到的中间产物的色谱图及质谱图。由图 6-27 可以看出，菲的停留时间为 17.2 min，经过正、负脉冲放电处理以后，在该停留时间的峰剧烈衰减，说明了其在 PCD 产生的活性物质作用下逐渐氧化分解，实现了土壤中菲的有效去除。此外，由图 6-28 看出，PCD 降解菲的产物为包含联苯甲酸在内的 5 种产物。其中，A、B、C 和 D 为正脉冲放电的产物，A、D 和 E 为负脉冲放电的产物。这说明了正、负脉冲

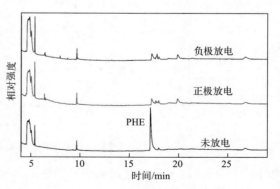

图 6-27　PCD 等离子体处理
前后的 GC-MS 色谱图

放电会对降解途径产生不同的影响，生成不同的中间产物，与上述 FTIR 分析结果一致。

在苯环破裂之后，检测到的上述中间产物会进一步氧化成小分子酸并最终矿化成 CO_2

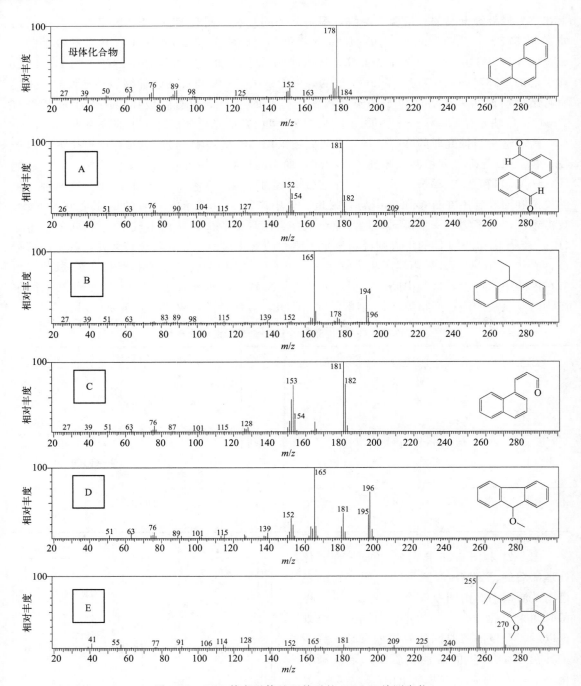

图 6-28   PCD 等离子体处理前后的 GC-MS 检测产物

和 H_2O。因此，本研究采用离子色谱法对小分子酸产物进行检测分析，在处理后的土壤中检测到了甲酸、乙酸和草酸。

图 6-29 为测得的小分子酸浓度随时间的变化情况。可以看出，随着处理时间的增加，其浓度在前 6 min 逐渐上升，表明了苯环发生破裂，中间产物发生进一步氧化，从而生成了草酸、甲酸和乙酸。草酸的最高浓度比其他两种酸的最高值出现的时间早，意味着草酸又进一步氧化成了分子更小的甲酸和乙酸。甲酸和乙酸随后浓度的降低则说明了这些小分子酸得

到进一步氧化，生成了 CO_2 和 H_2O，实现了菲的矿化。

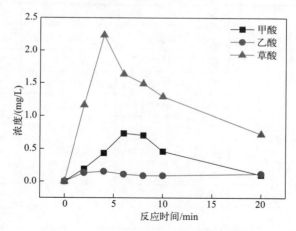

图 6-29　小分子酸浓度随时间变化情况

6.4.2.3　分子轨道计算

从 1932 年美国化学家 R. S. Mulliken 和德国化学家 F. Hund 提出的分子轨道理论可知，通过计算污染物分子的空间构型以及电子云密度，可以在分子水平上预测污染物的降解行为。该理论对理解有机污染物的降解规律具有十分重要的意义。根据上述理论，键长反映原子间的结合情况，键长越长，越容易被活性粒子攻击并断裂；键角代表化学键之间的张力；原子电荷则说明了电负性，电负性代表了物质被攻击的可能性，电负性越高，越容易被攻击。

图 6-30 为优化的菲分子结构，表 6-8 是经过结构优化后菲分子中各键的键长、键角以及偏原子电荷。由图 6-30 和表 6-8 可以看出，一方面菲中间环上的 C—C 键的键长比另外两个苯环要长，在 $1.354 \times 10^{-10} \sim 1.458 \times 10^{-10}$ m 之间，这说明，该分子较容易从中间的环开始断裂；另一方面，各原子间的键角均为 120°左右，表明这是 sp^2 杂化，对称的 C（2）和 C（13）以及 C（3）和 C（12）都有较高的电负性，因此容易被亲电的活性粒子攻击，从而导致苯环的破裂并生成小分子酸。该理论计算结果与实际的检测结果相一致，从理论上验证了菲的降解过程。

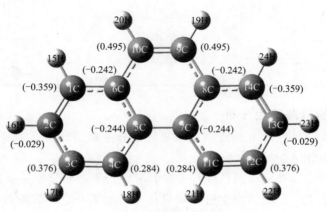

图 6-30　优化的 PHE 分子结构

表 6-8　菲的主要键长、键角及偏原子电荷

键长数据		键角数据		偏原子电荷数据	
原子键	键长/10^{-10}m	键角名	键角/(°)	原子	偏原子电荷
C(1)—C(2)	1.378	C(6)—C(1)—C(2)	121.006	C(1)	−0.059
C(1)—C(6)	1.412	C(1)—C(2)—C(3)	119.496	C(2)	−0.394
C(1)—H(15)	1.087	C(2)—C(3)—C(4)	120.374	C(3)	−0.424
C(2)—C(3)	1.406	C(3)—C(4)—C(5)	121.315	C(4)	−0.186
C(2)—H(16)	1.085	C(4)—C(5)—C(6)	118.062	C(5)	−0.374
C(3)—C(4)	1.380	C(4)—C(5)—C(7)	122.832	C(6)	0.472
C(3)—H(17)	1.086	C(6)—C(5)—C(7)	119.106	C(7)	−0.374
C(4)—C(5)	1.412	C(1)—C(6)—C(5)	119.747	C(8)	0.472
C(4)—H(18)	1.084	C(1)—C(6)—C(10)	120.385	C(9)	−0.071
C(5)—C(6)	1.417	C(5)—C(6)—C(10)	119.867	C(10)	−0.071
C(5)—C(7)	1.458	C(5)—C(7)—C(8)	119.106	C(11)	−0.186
C(6)—C(10)	1.438	C(5)—C(7)—C(11)	122.832	C(12)	−0.424
C(7)—C(8)	1.417	C(8)—C(7)—C(11)	118.062	C(13)	−0.394
C(7)—C(11)	1.412	C(7)—C(8)—C(9)	119.867	C(14)	−0.059
C(8)—C(9)	1.438	C(7)—C(8)—C(14)	119.747	H(15)	0.209
C(8)—C(14)	1.412	C(9)—C(8)—C(14)	120.385	H(16)	0.209
C(9)—C(10)	1.354	C(8)—C(9)—C(10)	121.027	H(17)	0.207
C(9)—H(19)	1.087	C(9)—C(10)—C(6)	121.027	H(18)	0.201
C(10)—H(20)	1.087	C(7)—C(11)—C(12)	121.315	H(19)	0.210
C(11)—C(12)	1.380	C(11)—C(12)—C(13)	120.374	H(20)	0.210
C(11)—H(21)	1.084	C(12)—C(13)—C(14)	119.496	H(21)	0.201
C(12)—C(13)	1.406	C(13)—C(14)—C(8)	121.006	H(22)	0.207
C(12)—H(22)	1.086			H(23)	0.209
C(13)—C(14)	1.378			H(24)	0.209
C(13)—H(23)	1.085				
C(14)—H(24)	1.087				

6.4.2.4　菲的降解路径分析

根据 FTIR、GC-MS、IC 光谱检测的结果以及分子轨道计算的理论结果，推测出了菲可能的降解路径，如图 6-31 所示。

在紫外光、电场、冲击波以及活性粒子的不断攻击下，菲分子被氧化成 9,10-菲醌，这是最常见的氧化产物之一。随后发生进一步氧化并引起第一个环的破裂，生成 2,2′-联苯甲酸。在活性粒子的不断攻击下，2,2′-联苯甲酸中的羧基被去除，苯环发生断裂，进而生成一系列小分子酸，并最终氧化成 CO_2 和 H_2O，完成了菲的降解。

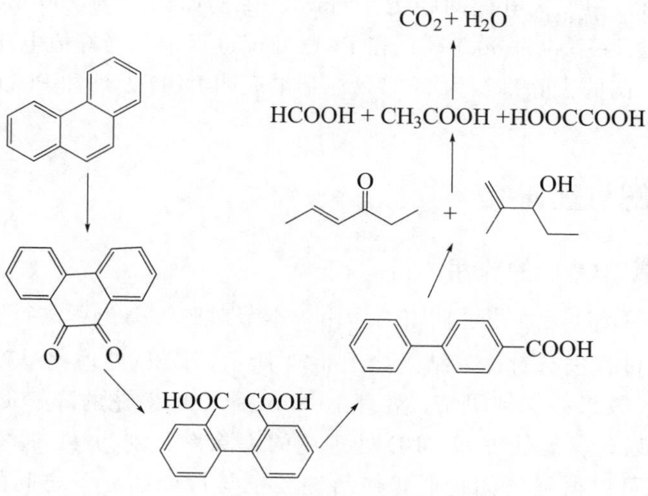

CO2 + H2O
HCOOH + CH3COOH +HOOCCOOH
O
OH
+
O
O
HOOC COOH
COOH

图 6-31　菲的降解路径

6.5　低温等离子体修复芘污染土壤的研究

实验选取较难生物降解的多环芳烃——芘作为目标污染物，进行低温等离子体修复。芘的结构如图 6-32 所示。

图 6-32　芘的结构示意图

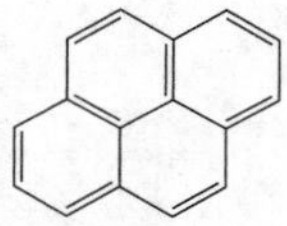

芘为淡黄色单斜晶体，性质较为稳定，熔点为 148 ℃，沸点为 393 ℃，密度为 1.271g/cm^3，分子量为 202.25。芘主要存在于煤焦油沥青中，不溶于水，易溶于甲醇、二氯甲烷、乙醚等有机溶剂。

6.5.1　低温等离子体对土壤中芘去除的性能研究

本节以芘污染土壤为研究对象，分别探究了介质阻挡放电和脉冲电晕放电对芘污染土壤的修复情况，结果如图 6-33 所示。

DBD处理
PCD处理
芘去除率/%
100
80
60
40
20
0
10
20
30
40
50
60
反应时间/min

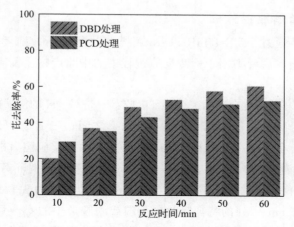

图 6-33　DBD 处理和 PCD 处理对芘的去除效果

在放电电压为 33.8 kV、电极间距为 14 mm、芘初始浓度为 100 mg/kg 条件下，DBD 处理 60 min 后芘的去除率约为 60.6%；在 PCD 处理过程中，当峰值电压为 30 kV、放电频率为 50 Hz 条件下，芘的去除率约为 52.5%。结果表明 DBD 处理和 PCD 处理对土壤中芘的去除均具有一定效果。

6.5.2　芘的降解机理研究

6.5.2.1　臭氧（O₃）的作用

为了考察 O_3 在 DBD 降解芘过程中的作用，本节对芘污染土壤进行了单独的臭氧处理，并将其与 DBD 处理过程进行对比，结果如图 6-34 所示。DBD 处理比单独臭氧处理的效果更好，且处理时间越长效果差别越明显。处理 10 min 后，O_3 对芘的降解贡献了约 90.2% 的作用；而处理 60 min 后，臭氧处理和 DBD 处理芘的去除率分别为 41.9% 和 60.6%。该结果表明 DBD 反应系统可以增强气固传质，使活性粒子与污染物分子之间的碰撞加剧。另外，这一结果也表明除 O_3 以外，放电过程中产生的其他活性粒子在芘的降解中也起到了十分重要的作用。

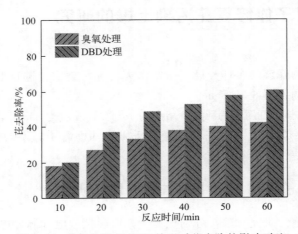

图 6-34　臭氧处理和 DBD 处理对芘去除的影响对比

6.5.2.2　芘的降解路径分析

芘的降解路径主要通过 ATR-FTIR 以及 GC-MS 进行分析。前者分析污染物反应前后的化学键及官能团变化，后者则用于检测反应过程中的中间产物。反应前后芘污染土壤的红外光谱图如图 6-35 所示。

处理前光谱中有稠环芳香化合物的三个特征吸收：一是 C—H 的伸缩振动，位于 3047 cm⁻¹；二是芳香环的骨架变形振动，位于 1700～1400 cm⁻¹ 之间；三是 C—H 面外弯曲振动，位于 850～700 cm⁻¹ 之间。在 3694 cm⁻¹ 和 1029 cm⁻¹ 处有两个反应前后都存在的峰，分别来自溶剂甲醇的 O—H 伸缩振动和 C—O 伸缩振动。DBD 处理后，稠环芳香化合物的特征吸收明显降低，另外还有不少新的峰出现。在 3619 cm⁻¹ 处，较为尖锐的峰型属于醇或酚的 O—H 伸缩振动。1688 cm⁻¹ 处的特征吸收属于酸或酰胺类中的 C=O；同时，羧酸还存在 O—H 的伸缩振动，在 3600～2900 cm⁻¹ 处，形成一个散漫的峰包，并与 2925 cm⁻¹ 处 C—H 的吸收峰相连。1366 cm⁻¹ 和 3407 cm⁻¹ 处出现的吸收峰分别属于酰胺类的 C—N 伸缩振动和 N—H 伸缩振动。在 $1650\sim1530\ cm^{-1}$ 处，有小范围连续的峰段增强，这说明在芳环上发生了取代反应。

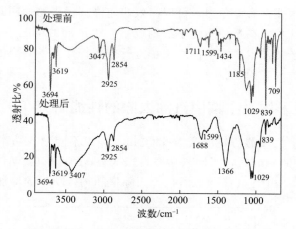

图 6-35　DBD 处理前后芘的 FTIR 图

　　分析表明，芘分子的分解与结构破坏可能是内酯化反应或芳环上的取代反应所致，反应后污染物分子形成更多含氧官能团，更利于分解进行。另外反应后出现了酰胺类的基团，说明放电过程中形成的氮氧化物 NO_x 也是参与分解污染物的重要活性物质。结合机理探究的相关数据，推测的 DBD 处理芘的降解路径如图 6-36 所示。

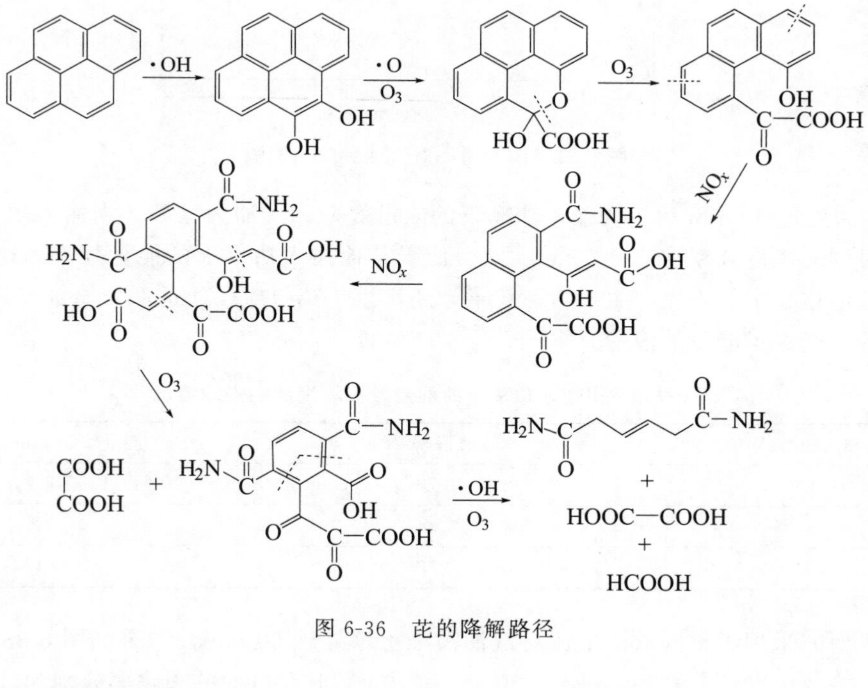

图 6-36　芘的降解路径

6.6　低温等离子体修复汽油污染土壤的研究

　　炼油厂生产的汽油通常为含有 4～12 个碳原子的碳氢化合物，是烷烃、环烷烃和烯烃的混合物，其中的大多数化合物都会对环境造成污染。一旦发生汽油泄漏事故，将对土壤和地下水造成严重污染。因此研发快速有效的汽油污染土壤修复方法迫在眉睫。与其他技术相比，低温等离子体技术非常有竞争力，可以高效快速降解污染物；同时，它也被认为是传统固氮工艺的替代方法，可以在不使用化学溶剂也不产生废物的情况下补充土壤氮素。因此，本研究采用低温等离子体技术对汽油污染土壤进行修复，探究了其降解机制，并考察了处理后土壤的安全性和肥力改善问题。

6.6.1　低温等离子体对土壤中汽油去除的性能研究

本研究中，土壤中汽油的初始浓度为 5000 mg/kg。不同输入功率下汽油的去除情况如图 6-37 所示。在处理 60 min 后，当输入功率为 68 W、81 W 和 92 W 时，汽油的去除率分别为 78%、84% 和 87%。由图 6-37 可以看出，去除率随输入功率的增加而提高。

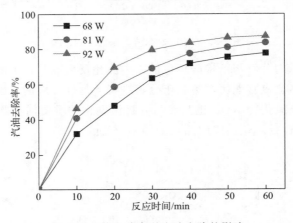

图 6-37　输入功率对汽油去除的影响

表 6-9 为处理 60 min 后不同输入功率下的能量效率和汽油去除率。当输入功率为 92 W 时，反应过程的能量效率为 0.0657 mg/kJ，低于其他输入功率下的能量效率。这是因为在等离子体放电过程中，不仅产生了活性粒子，还产生了热效应，而这部分能量没有被用于污染物的降解，造成了能量的浪费。

表 6-9　不同输入功率下的能量效率和汽油的去除情况

输入功率/W	去除率/%	能量效率/(mg/kJ)
68	78	0.0797
81	84	0.0720
92	87	0.0657

另外，研究采用了不同放电电压对汽油污染土壤处理 60 min，结果如图 6-38(a) 所示。结果表明，当放电电压分别为 20 kV、30 kV 和 40 kV 时，汽油的去除率分别为 34%、73% 和 78%。当放电电压为 20 kV 时，电压过低，电极间电场强度较弱，不能产生足够的活性物质来降解污染物。Wang 等人利用脉冲电晕放电等离子体降解土壤中的硝基苯酚时也得到了类似的结果。

同样，汽油的去除率也会随着放电频率的变化而变化，如图 6-38(b) 所示。在输入电压固定为 30 kV 时，汽油在放电频率为 25 Hz、50 Hz 和 75 Hz 下反应 60 min 后的去除率分别为 55%、73% 和 77%。此外，在等离子体处理 40 min 后污染物的去除率趋于平缓。这说明土壤颗粒表面产生的氧化产物抑制了深层汽油与活性粒子之间的反应。这一结果在之前对芘去除的研究中得到了证实。

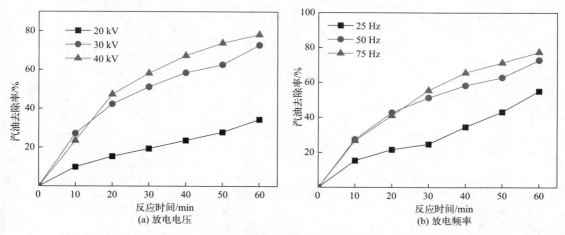

图 6-38　放电电压和放电频率对汽油去除的影响

表 6-10 中对比了不同方法对汽油的去除率、能量效率及缺点。可以看出，等离子体对汽油的降解效果在去除率和处理时间上均可与其他技术相媲美。

表 6-10　不同方法去除汽油效果的比较

方法	汽油浓度 /(mg/kg)	去除率 /%	处理时间	能量效率 /(mg/kJ)	缺点
热处理	19000	98	3 h	<10	—
蒸汽萃取技术	2000	97	96 h	—	—
化学修复	5000	98	56 d	—	时间长且需要添加化学药剂
生物修复	48000	80	93 d	—	时间长
化学-生物耦合技术	50000	45	28.8 个月	—	时间长
物理-生物耦合技术	40000	53	140 d	—	时间长
等离子体技术	2000~4000	90	1 h	0.099	—

6.6.2　汽油的降解机理研究

6.6.2.1　放电气氛的影响

低温等离子体降解土壤中的有机污染物是一个复杂的反应过程，参与反应的活性粒子种类较多。在不同的气氛和土壤含水率条件下，脉冲电晕放电系统中活性粒子的种类和数量存在较大差异。为了研究不同活性物质在汽油降解中的作用，控制土壤含水率为 1.8%、7.9%、10.0% 和 14.9%，分别在空气、氧气、氩气和氮气环境下进行了实验，结果如图 6-39 所示。

从图 6-39（a）可以看出，在土壤含水率为 1.8% 的情况下，空气和氧气放电更有助于汽油的降解。在空气和氧气条件下，反应 60 min 时汽油的去除率分别为 86% 和 84%，而氩气和氮气环境下汽油的去除率仅为 39% 和 23%。从表 6-11 也可以看出，含水率为 1.8% 时，在空气和氧气的环境下反应过程的能量效率也高于氩气和氮气环境。

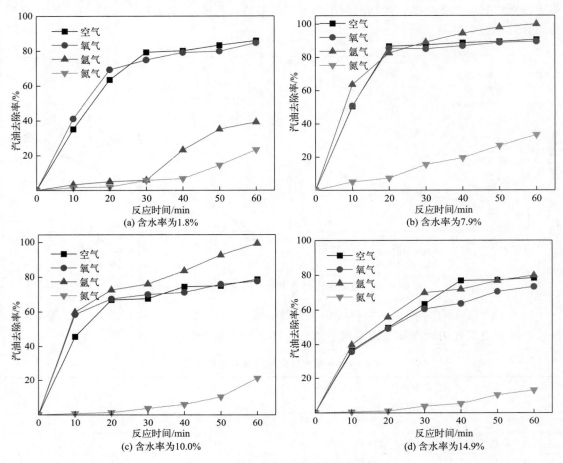

图 6-39　放电气氛对汽油去除的影响

表 6-11　不同含水率和放电气氛下的汽油去除率与 PCD 能量效率

含水率/%	放电气氛	去除率/%	能量效率/(mg/kJ)
1.8	空气	86	0.0943
	氧气	84	0.0921
	氩气	39	0.0428
	氮气	23	0.0252
7.9	空气	90	0.0987
	氧气	89	0.0976
	氩气	100	0.1096
	氮气	34	0.0373
10.0	空气	78	0.0855
	氧气	77	0.0844
	氩气	99	0.1086
	氮气	21	0.0230

续表

含水率/%	放电气氛	去除率/%	能量效率/(mg/kJ)
14.9	空气	78	0.0855
	氧气	73	0.0800
	氩气	79	0.0866
	氮气	13	0.0143

氧气环境下，氧原子与氧气分子结合形成 O_3，而一定的水分还可以促进产生 $\cdot OH$。这些强氧化性的活性粒子有利于土壤中有机污染物的降解。此外，在空气环境下，空气中的氧气不仅可以生成含氧自由基，还会与氮气反应生成氮氧化物 ［式(6-16) ～式(6-18)］。在相同的气体流量条件下，空气放电条件下反应器内氧含量比纯氧放电条件下低，但去除率相同。这说明氮氧化物对汽油的去除也有一定的促进作用。

$$N + O_2 \longrightarrow NO + O \cdot \tag{6-16}$$

$$O \cdot + N_2^* \longrightarrow NO + N \tag{6-17}$$

$$NO + O_2 \longrightarrow NO_x \tag{6-18}$$

从图 6-39 可以看出，随着土壤含水率从 1.8% 增加到 7.9%，汽油的去除率增加。特别是在氩气气氛下，当土壤含水率提高到 7.9% 时，汽油的去除率显著提高到 100%。这是由于随着土壤中水分的增加，更多水分子会与高速电子碰撞生成 $\cdot OH$，从而降解土壤中的汽油。此外，氩分子的壳层结构使其在放电过程中与高速电子发生碰撞时，更容易分解产生大量的氩离子（Ar^+）和电子。产生的 Ar^+ 与 H_2O 碰撞也会产生 $\cdot OH$。相关反应如下所示：

$$Ar \longrightarrow e^- + Ar^+ \tag{6-19}$$

$$Ar^+ + 2H_2O \longrightarrow H_3O^+ + Ar + \cdot OH \tag{6-20}$$

在氩气气氛下，反应器内形成明亮的放电流光。在相同条件下，氩气环境中 $\cdot OH$ 的密度明显高于其他气氛。在氩气环境中，土壤含水率为 7.9%、10.0% 和 14.9% 时汽油的去除率均高于土壤含水率为 1.8% 时的去除率。在 1.8% 的土壤含水率条件下，土壤中水分子含量过少，不足以与 Ar^+ 反应生成 $\cdot OH$。此外，表 6-11 也显示在土壤含水率为 7.9%、10.0% 和 14.9% 时反应过程的能量效率分别为 0.1096 mg/kJ、0.1086 mg/kJ 和 0.0866 mg/kJ，优于土壤含水率为 1.8% 时的能量效率。这些结果表明，氩气气氛下汽油的降解主要是由于 $\cdot OH$ 的氧化。与土壤含水率 7.9% 相比，当土壤含水率为 10.0% 和 14.9% 时，汽油去除率下降。这可以解释为水分子填充了土壤的孔隙，阻碍了活性物质和污染物之间的反应。

在纯氮气气氛下，汽油的去除率低于其他气氛。N_2 由于化学键较稳定，一般不易与其他化合物反应。在低温等离子体放电过程中，N_2 被分解为 N、N_2^+ 和 N^+ 等活性粒子。与溶液条件不同，土壤条件下的水分子较少，当水分子稀少时，由于 H_2O 和 N^+ 之间的反应较少，生成 $\cdot OH$ 的量也较少。随着土壤含水率的提高，会产生更多的 $\cdot OH$。然而，N_2 由于过于稳定，不能完全解离，不能产生大量的活性氮。因此，$\cdot OH$ 是 RNS 的一种副产品，同时，N、N_2^+ 和 N^+ 的氧化还原电位远低于 $\cdot OH$ 和 O_3 的氧化还原电位，不足以降解污染物。相关反应如下所示：

$$N_2 \xrightarrow{e^-} N + N \tag{6-21}$$

$$N_2 \xrightarrow{e^-} N_2^+ + e^- \tag{6-22}$$

$$H_2O \xrightarrow{e^-} \cdot OH + \cdot H \tag{6-23}$$

空气放电可以生成较多种类的活性粒子，如 O_3、NO_x、$\cdot OH$ 和其他活性粒子，且在土壤含水率为 7.9% 时，其污染物的去除率和反应过程的能量效率均优于氧气和氮气气氛条件，虽然污染物的去除率和反应过程的能量效率略低于氩气气氛，但空气成本低廉，在降解土壤中汽油的同时还可以向土壤中补充氮元素。

6.6.2.2 汽油的降解产物分析

利用 GC-MS 对副产物进行检测，结果如表 6-12 所示。结果表明，低温等离子体处理前后污染物种类发生了明显的变化。处理后的出峰时间比处理前早，并且处理后没有检测到汽油的原化合物，共检测到 14 种副产物，其中主要的副产物为 2-甲基戊烷、3-甲基戊烷和正己烷。检测到一些较小的副产物，例如正己烷、3-甲基戊烷、2-甲基戊烷、2-甲基己烷、2-甲基丁烷、2,3-二甲基戊烷，表明在芳香烃的环上发生酯化反应和取代反应，汽油分子的不饱和键被打破，分解为链状结构和其他小分子副产物；检测到副产物正己烷、3-甲基戊烷、2-甲基戊烷，说明甲苯、苯乙烷、1,3-二甲苯等降解发生氧化酯化反应，形成二醇，苯环的邻位或间位打开。这些结果均可表明，经低温等离子体处理后，饱和基团明显增多，氧化作用显著。

表 6-12　放电处理前后污染物种类对比

处理前		处理后	
物质名称/结构	结构模型	物质名称/结构	结构模型
2-甲基庚烷		2-甲基丁烷	
甲苯		2,2-二甲基丁烷	
苯乙烷		2-甲基戊烷	
1,3-二甲苯		3-甲基戊烷	
丙基苯		正己烷	
1-乙基-3-甲基苯		2,2-二甲基戊烷	

续表

处理前		处理后	
物质名称/结构	结构模型	物质名称/结构	结构模型
1-乙基-2-甲基苯		2,4-二甲基戊烷	
1,2,3-三甲基苯		甲基环戊烷	
二甲基乙基苯		3,3-二甲基戊烷	
苯并环戊烷		2-甲基己烷	
1,3-二乙基苯		2,3-二甲基戊烷	
1-甲基-3-丙基苯		2-乙基戊烷	
1,4-二乙基苯		4-甲基庚烷	
1-甲基-2-丙基苯		庚烷	
1,4-二甲基-2-乙基苯			

处理前		处理后	
物质名称/结构	结构模型	物质名称/结构	结构模型
1,3-二甲基-4-乙基苯			
1,3-二甲基-5-乙基苯			
1-甲基-2,3-二氢茚			
1,2-二甲基-3-乙基苯			
1,2,4,5-四甲基苯			
1-丁烯基苯			
1-烯丙基-2-甲基苯			

　　另外，对处理前后土壤进行总碳分析，试验在干燥密闭条件下进行，以避免土壤水分蒸发和气体流动对总碳和二氧化碳检测造成影响。结果表明，处理前后土壤的总碳分别为 24.2 mg/g 和 14.5 mg/g，共产生 31.7 mg 二氧化碳；而在此条件下汽油的去除率为 73%。因此通过计算可知，汽油的矿化率为 26%，挥发率为 14%，有 33% 的汽油分子被分解为小分子副产物，等待进一步的矿化。

6.6.3　处理后土壤安全性和肥力分析

　　氮对种子萌发和植物生长具有重要作用。然而，自然情况下，氮气对大多数生物来说是不可用的。在自然条件下，土壤中氮的增加主要来自动物粪便、人类粪便和食物垃圾。然而，由于淋滤、径流、土壤侵蚀和反硝化作用，许多土地都发生了氮素流失。利用低温等离子体作为哈伯固氮工艺的替代方案引起了一些研究人员的兴趣并得到了初步研究。本研究尝试在降解污染物的同时回收等离子体排放出的氮氧化物，用以补充土壤氮素，探究了 NH_4^+-N 含量随气体与含水率的变化，结果如图 6-40 所示。

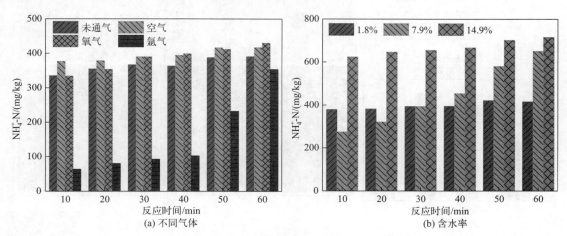

图 6-40　NH_4^+-N 含量随不同气体和含水率的变化

从图 6-40(a) 中可以看出反应 60 min 时不同气氛下土壤中氨氮的增加量均为 350 mg/kg 左右。在氧气气氛下，氨氮的增加主要来自土壤中原有的有机物或动植物的分解。氩气气氛下，氨氮的增加量明显低于其他气氛。这一现象主要是由于在氩气气氛下，有机物主要被 ·OH 分解；然而，在放电过程中缺乏能与 Ar^+ 反应的水分子，·OH 的生成量减少。一般来说，有机物分解，释放气态 NH_3 需要很长时间。因此，低温等离子体也促进了土壤环境的氨化。此外，如果不捕获土壤中释放的 NH_3，NH_3 会扩散到空气中，造成一系列有害影响。

从图 6-40(b) 也可以看出，反应 40 min 后随着土壤含水量的增加，氨氮的含量也随之增加。这一现象说明水分子与电子反应生成更多的活性粒子，同时水分子还可以溶解释放到空气中的氨气，并使其固定在土壤中。由此可以看出低温等离子体技术在降解土壤中污染物的同时，还可以促进环境中的氮循环，为土壤的再种植提供氮素和营养物质。

在探究土壤氮素增加情况之后，对处理后土壤的安全性进行研究也十分重要。生菜对污染物的敏感度较高，可以通过生菜的生长发育情况对土壤的污染情况和肥力进行评价。本实验以生菜为目标植物，在等离子体处理前后的土壤中种植生菜。以生菜种子为材料，对四种不同类型的土壤（A 为汽油污染土壤，B 为等离子体处理后的土壤，C 为等离子体处理后并且回收氮素的土壤，D 为天然土壤）进行了试验。植物萌发、干重和生长状况如图 6-41 所示。

土壤 A、B、C 和 D 中植物萌发数分别为 9、13、15 和 27。显然，天然土壤 D 中生菜的发芽率最高，土壤 B 和土壤 C 中生菜的发芽率高于土壤 A，同时从图中也可以看出，土壤 C 中生长出来的生菜更为健康，植株颜色更绿，土壤 B 和土壤 D 中生长出的生菜颜色则偏黄。这一结果也说明，经过等离子体处理后，土壤肥力得到了明显的提高，如果对放电过程中产生的硝态氮进行循环利用，将其转化为氨氮之后可以使生菜的干重显著提高。生菜在土壤 C

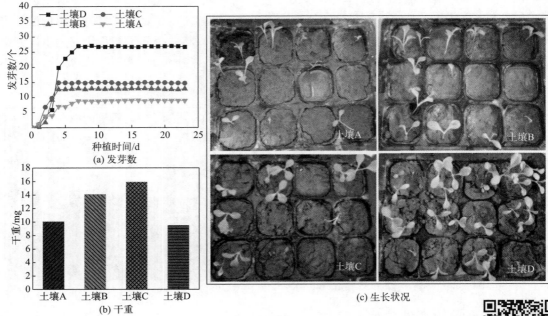

(c) 生长状况

图 6-41　植物在不同土壤中的发芽数、干重以及生长状况

彩图

中的平均干重为 16 mg，比土壤 A 高 6 mg，比土壤 B 高 2 mg，比土壤 D 高 6.5 mg。这一现象表明，等离子体处理后的土壤肥力及安全性均有所提高。

6.7　脉冲电晕放电修复石油污染土壤的研究

石油被广泛应用于工业有机化学领域和日常燃料的燃烧中，在使用过程中容易对土壤、水和空气造成污染。近年来，国内外研究者对石油类污染土壤的生物及植物修复方法做了大量的研究，已筛选了多种能够达到修复效果的微生物和植物，并对其修复的影响因素和降解机理进行了深入的探究。生物修复与植物修复具有能耗低、副作用小及维持生态平衡等优点，但是其修复周期长，受环境因素影响较大，具有局限性。

本节采用脉冲电晕放电等离子体技术，考察石油污染土壤中影响芳烃去除效果的因素，分析反应前后石油类物质结构及成分的变化，从而探究该技术修复石油污染土壤的可行性。

6.7.1　脉冲电晕放电对土壤中石油去除的性能研究

经 PCD 处理不同时间的石油芳烃紫外吸收曲线变化如图 6-42 所示。从图中可以看出，石油芳烃的吸光度在 200～340 mm 范围内随着处理时间的增加逐步下降。处理 20 min 后，石油芳烃的去除率为 42.58%；而 60 min 后，去除率则达到 76.93%。实验结果表明，PCD 等离子体对石油污染土壤中芳烃的去除效果良好，在空气介质下产生的活性物质，对于石油中含量较多的低环类芳烃的氧化分解能力较强。

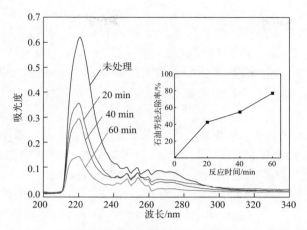

图 6-42　PCD 处理不同时间后石油芳烃的紫外吸收曲线

6.7.2　石油的降解机理研究

石油污染土壤中的组分复杂，采用红外光谱法分析考察 PCD 处理前后石油类污染物的官能团变化，如图 6-43 所示。$3100 \sim 3000 \ \mathrm{cm}^{-1}$ 及 $1650 \sim 1450 \ \mathrm{cm}^{-1}$ 两个区域分别为芳环的 C—H 伸缩振动及苯环的骨架振动，通过这两个区域的吸收可以确定芳环的存在。$900 \sim 650 \ \mathrm{cm}^{-1}$ 附近的吸收峰属于芳环的 C—H 面外弯曲振动，吸收的强度较大，说明有取代反应发生，取代位与波数有十分密切的关系：图中 $720 \ \mathrm{cm}^{-1}$ 处的取代为单取代；$837 \ \mathrm{cm}^{-1}$ 处对应的是对位的双取代；$800 \ \mathrm{cm}^{-1}$ 的吸收代表对位双取代或 1,2,3-三取代，而 $873 \ \mathrm{cm}^{-1}$ 处则为 1,3,5-三取代。处理前该处的峰集中于 $880 \sim 700 \ \mathrm{cm}^{-1}$，说明取代基相连 CH 数在 $1 \sim 4$ 个左右。甲基或亚甲基的 C—H 伸缩振动分为两种形式，分别对应 $2960 \ \mathrm{cm}^{-1}$ 处的对称伸缩振动和 $2870 \ \mathrm{cm}^{-1}$ 处的非对称伸缩振动。$1013 \ \mathrm{cm}^{-1}$ 附近的吸收峰可能为醚类的特征结构 C—O—C，$1579 \ \mathrm{cm}^{-1}$ 附近为酰胺类化合物中羰基的特征吸收，说明石油中可能存在较难分解的含氮杂环。

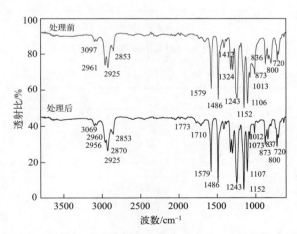

图 6-43　PCD 处理前后石油类物质的 FTIR 谱图

经过 PCD 等离子体处理后，$1013 \ \mathrm{cm}^{-1}$ 附近的吸收明显减弱，说明 C—O—C 的结构在等离子体活性物质的攻击下（C—O—C 结构很容易被破坏）分解成其他低分子有机化合物。

同时，3100～3000 cm^{-1} 和 1650～1450 cm^{-1} 波段处峰值减小，说明芳环的数量逐渐减少。880～700 cm^{-1} 波段处峰的数量减少，且集中于较大的波段，说明芳环上取代基相连的 CH 数减少。反应前后 1579 cm^{-1} 附近的吸收峰未发生明显变化，说明活性粒子无法继续分解酰胺类化合物中的羰基，部分分解产物中会带有酰胺基团。对比 PCD 处理前后的红外光谱图可知，等离子体对石油类污染物的降解有一定效果，破坏污染物中的部分化学键，使一些稳定的污染物开环分解。

为了解反应前后土壤中石油烃组成的变化及各组分降解情况，采用 GC-MS 对萃取的土壤样品进行全扫描分析。GC-MS 分析图及石油类污染物检出情况如图 6-44 和表 6-13 所示。结果显示，石油污染土壤中主要存在的芳烃为萘及苯的同系物。检出浓度较高的有联三甲苯、1,4-二乙基苯、2-乙基对二甲苯、1-烯丙基-2-甲苯、1,2,4,5-四甲苯、萘及 2-甲基萘。经过 PCD 处理后，除了己内酰胺检出浓度上升外，表中所有污染物均得到不同程度的降解。上述检出浓度较高的污染物峰值下降明显，而萘及其同系物几乎没有检出，这说明 PCD 等离子体技术十分适合土壤中石油芳烃的去除。在放电过程中产生的活性物质，尤其是含氮含氧基团会与苯环结合，发生取代、内酯化等反应，使苯环开环并形成含氧或含氮的低分子化合物，从而达到去除石油芳烃污染物的目的。

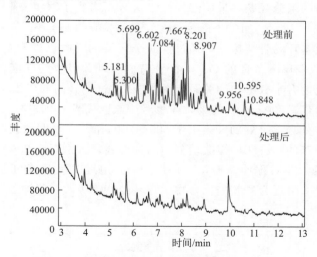

图 6-44　PCD 处理前后石油类物质的 GC-MS 图

表 6-13　GC-MS 检出的石油类污染土壤中的主要成分

时间/min	名称	分子式	分子结构	分子量
5.181	3-乙基甲苯	C_9H_{12}		120
5.300	1,3,5-三甲基苯	C_9H_{12}		120
5.699	联三甲苯	C_9H_{12}		120

续表

时间/min	名称	分子式	分子结构	分子量
6.602	1,4-二乙基苯	$C_{10}H_{14}$	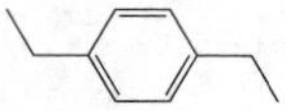	134
7.084	2-乙基对二甲苯	$C_{10}H_{14}$	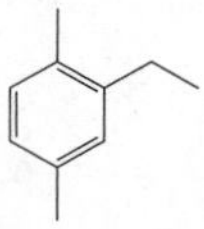	134
7.667	1,2,4,5-四甲苯	$C_{10}H_{14}$	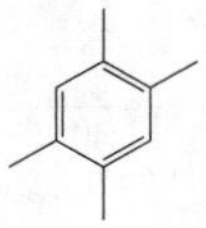	134
8.201	1-烯丙基-2-甲苯	$C_{10}H_{12}$	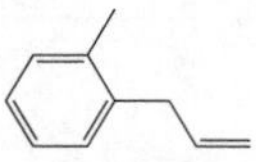	132
8.907	萘	$C_{10}H_8$	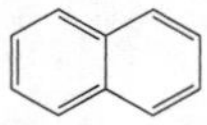	128
9.956	己内酰胺	$C_6H_{11}NO$	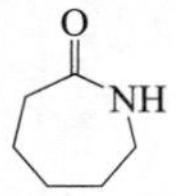	113
10.595	2-甲基萘	$C_{11}H_{10}$	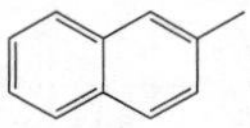	142
10.848	1-甲基萘	$C_{11}H_{10}$	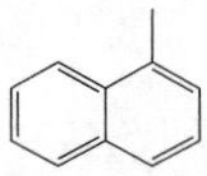	142

6.8　等离子体修复污染土壤的常见影响因素

6.8.1　污染物初始浓度

为了考察污染物初始浓度对等离子体修复污染土壤的影响，分别配制不同初始浓度的污染土壤并进行处理，结果如图 6-45 所示。如图 6-45（a）所示，当苊的初始浓度分别为 100 mg/kg、200 mg/kg 和 1000 mg/kg 时，放电处理 60 min 后其去除率分别为 78.69%、73.90% 和 43.39%。随着土壤中苊的初始浓度增大，其去除率逐渐降低。通过比较三种初始浓度条件下的能量效率，也可以发现初始浓度越大，能量效率越高，且随着放电时间的递增而递减。放电时间从 15 min 增加到 60 min，初始浓度分别为 100 mg/kg、200 mg/kg、1000 mg/kg 的土壤中苊降解的能量效率从 0.20 mg/kJ、0.21 mg/kJ、1.20 mg/kJ 降到了 0.04 mg/kJ、0.08 mg/kJ、0.61 mg/kJ。

在系统输入电压相同的情况下，输入的能量也一致，因此产生的活性粒子数量也相同。然而，污染物初始浓度的增加导致系统中的污染物分子数量增加，单位质量的污染物分子所分配到的活性粒子数量减少，从而导致去除率的下降。尽管去除率下降，但其实际去除量却

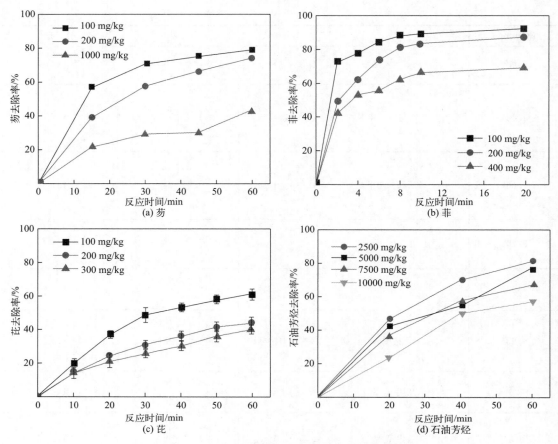

图 6-45　污染物初始浓度对污染土壤修复的影响

呈上升趋势。这主要是由于芘初始浓度越高，在土壤中的密度越大，与等离子体接触的概率越大，在相同的等离子体条件下，更多的芘与·OH、·O 等强氧化性粒子碰撞从而被降解。

　　同样考察了污染物初始浓度对等离子体技术修复其余几种污染土壤（菲、芘和石油芳烃）的影响，结果如图 6-45(b)～(d) 所示。与芘的去除情况相似，随着菲、芘和石油芳烃初始浓度增加，其去除率逐渐降低。但是如图 6-45(d) 所示，与其他污染物不同的是，较高初始浓度的石油芳烃污染的土壤依然能够获得较好的处理效果，其去除率受初始浓度影响的程度没有降解芘、芘和菲时明显。

6.8.2　土壤初始 pH

　　有机化合物在不同 pH 的土壤中有不同的存在形式，如离子或分子状态，不同状态的有机物在活性粒子的作用下反应情况也不同。本研究考察了不同土壤 pH 条件下等离子体对芘、菲、芘和汽油污染土壤的修复情况，结果如图 6-46 所示。

　　图 6-46(a) 显示了土壤 pH 分别为 3.0、6.8 和 9.0 条件下等离子体对芘去除的影响。当土壤 pH 从 3.0 增加到 6.8 和 9.0 时，芘的去除率分别提高了 10.18 和 10.41 个百分点，表明碱性或中性土壤更有利于芘的降解。土壤经芘污染后，pH 为 6.8，在此 pH 条件下，芘的酸碱性基本达到平衡；当 pH 小于 6.8 时，芘在土壤中更多是以分子形式存在；当 pH

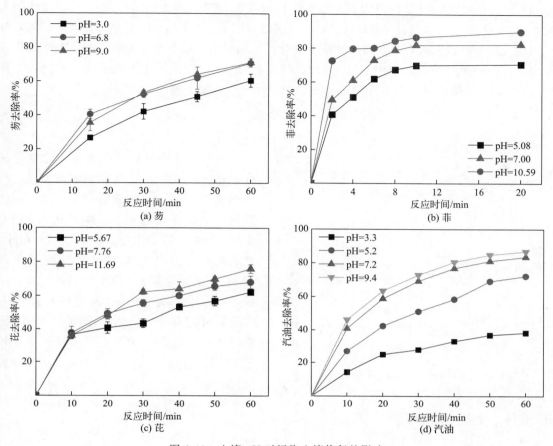

图 6-46　土壤 pH 对污染土壤修复的影响

大于 6.8 时，芴在土壤中更多是以离子形态存在。离子形态的污染物更容易与放电产生的活性粒子反应，因此土壤 pH 越高，则芴的去除率越高。但是，由近中性土壤到碱性土壤，污染物的降解效率提高不明显，说明该技术适用于中性及碱性土壤中多环芳烃的降解。

图 6-46(b)～(d) 分别为不同土壤 pH 条件下菲、芘和汽油污染土壤的修复情况。结果表明，无论是哪种污染物，碱性条件都更有利于污染物的去除。当土壤 pH 从 5.08 提高到 10.59 时，菲的去除率从 70% 上升至 90%，去除率大大提高。而在芘污染的土壤中，当 pH 为 11.69 时，芘在 60 min 内的去除率达到 75.9%，比中性条件和酸性条件下的去除率分别要高出约 8.0 和 13.7 个百分点。在汽油污染的土壤中也是如此，当土壤 pH 为 3.3 时，经过 60 min 的处理后汽油的去除率仅为 38%；而随着土壤 pH 的升高，汽油的去除率也在逐步增加。在土壤 pH 为 5.2、7.2 和 9.4 时，汽油的去除率分别为 72%、84% 和 87%。土壤 pH 除了影响污染物在土壤中的形态外，也会影响放电过程中产生的活性粒子种类及数量。在碱性条件下，放电生成的活性粒子比酸性条件多，如下式所示：

$$O_2 \xrightarrow{\ e^-\ } 2 \cdot O \tag{6-24}$$

$$O_2 + \cdot O \longrightarrow O_3 \tag{6-25}$$

$$O_3 + H_2O_2 \longrightarrow \cdot OH + HO_2 + O_2 (pH>5) \tag{6-26}$$

同时，酸性土壤表面的官能团阻碍了 ·OH 的生成，降低了污染物的去除率。此外，

O_3 在土壤中的扩散系数也会随着土壤 pH 的改变而改变。当土壤 pH 为 9.4、7.2 和 5.9 时，O_3 的扩散延迟系数分别是 31、29 和 26。这说明 O_3 在土壤 pH 越低时越容易扩散，这是由于土壤 pH 较低时，其中的质子浓度会升高，同时这些质子会与土壤中的负电子发生反应。而在碱性条件下，土壤中 OH^- 的含量较多，会与 O_3 发生反应生成氧化还原电位更高的·OH，能够更高效地降解土壤中的污染物。反应过程如下列反应式所示：

$$O_3 \xrightarrow{OH^-} 3O \tag{6-27}$$

$$O + H_2O \longrightarrow 2 \cdot OH \tag{6-28}$$

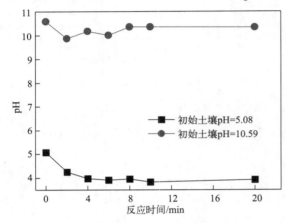

图 6-47   处理过程中土壤 pH 随时间的变化

另外，对处理前后土壤 pH 的变化进行了分析，如图 6-47 所示。可以发现，酸性土壤在处理后 pH 发生了较大的变化，而碱性土壤变化则较小。碱性土壤的 pH 在反应初始阶段也发生了降低，部分 OH^- 被消耗，失去电子生成了活性粒子中的·OH，从而导致 pH 降低，但是在反应的后期，由于缓冲能力 pH 又有所升高。pH 的降低可能源于污染物不同的反应途径。降解产物与生成的 NO_x 发生反应从而导致了 H^+ 的消耗以及 OH^- 的生成，从而导致 pH 升高。

6.8.3   土壤含水率

土壤中水分的存在会影响土壤的传导性、介电特性和活性粒子的生成情况，从而影响土壤中污染物的去除。研究考察了不同土壤含水率对土壤中污染物去除的影响，结果如图 6-48 所示。

图 6-48(a) 为不同土壤含水率对芴去除的影响，结果表明土壤含水率越高，芴的去除率越低。当含水率从 0 增加到 20% 时，处理 60 min 后芴的去除率从 57.9% 下降至 33.8%。土壤含水率升高，会导致土壤的空隙被水填充从而变小，阻碍活性粒子在土壤中的传质，使其不能和芴充分接触，降低芴的去除率；另外，在低含水率范围内，含水率的增加会使土壤团聚在一起且稳定性逐渐增强，减少活性粒子与土壤的接触面积，减少芴的去除量。

与芴不同的是，汽油和石油芳烃的去除率随着土壤含水率的提高呈先升高后降低的趋势。土壤含水率为 1.8% 时，等离子体放电处理 60 min 汽油的去除率为 86%；土壤含水率为 7.9% 时，该值升高到 90%；而土壤含水率为 10.0% 和 14.9% 时，汽油的去除率均低于含水率为 7.9% 时。石油芳烃在土壤含水率为 9.2% 时去除效果最好，去除率达到 79.2%；当含水率为 1.4% 和 18.8% 时，去除率均略低于 9.2% 时的去除率。

另外，无论汽油还是石油芳烃，处理后土壤的含水率均明显降低。这一现象表明，放电加速了土壤中水分子的蒸发过程。上述结果也说明了适量的水分可以促进污染物的降解。电子与 O_2 及 H_2O 等分子的非弹性碰撞会引起这些分子的解离、激发和电离，生成强氧化性的活性粒子，这些活性粒子均对土壤中污染物的分解有促进作用。反应过程如下所示。此外，在放电过程中，由于土壤表面的水分子、氧自由基和电子之间的反应，产生了快速降解污染物的活性粒子。

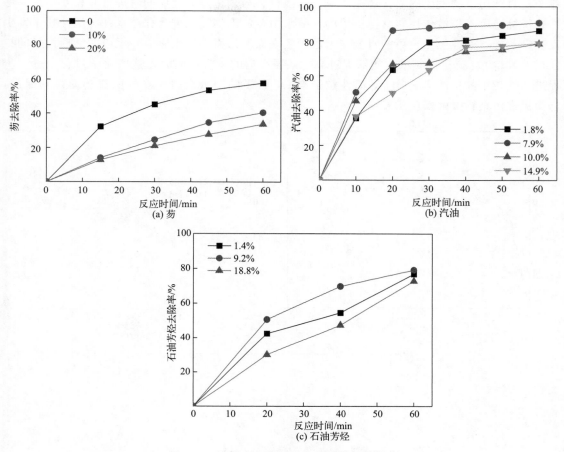

图 6-48　土壤含水率对污染土壤修复的影响

$$2H_2O \xrightarrow{e^-} H_2O_2 + H_2 \qquad (6-29)$$

$$O_2 \xrightarrow{e^-} O + \cdot O \qquad (6-30)$$

$$\cdot O + H_2O \longrightarrow 2 \cdot OH \qquad (6-31)$$

$$H_2O \xrightarrow{e^-} \cdot OH + \cdot H \qquad (6-32)$$

6.8.4　气体流量

在等离子体放电过程中，适当的气体流量会改变放电的状态，影响活性物质在放电区域内的分布，是等离子体放电降解土壤污染物的重要参数之一。因此，本研究考察了不同气体流量条件下等离子体处理污染土壤的效果，结果如图 6-49 所示。结果表明，在一定的范围内，气体流量的增加可以提高处理效果。当气体流量为 0.6 L/min 时，菲的去除率可达 88%，比不通气体时提高了约 4 个百分点。然而，当气体流量继续提高到 4 L/min 后，去除率反而降低至 68%。同样地，在修复芘和汽油污染土壤的过程中，当气体流量分别为 1.0 L/min 和 0.6 L/min 时去除率最高，分别为 67.9% 和 89.8%。

降解过程主要包括两个部分：一是活性粒子在空气及土壤间隙中的扩散；二是这些活性

粒子与目标污染物发生的氧化还原反应。扩散行为与氧化还原反应同时进行并相互影响。活性粒子可能由于扩散作用转移至土壤的孔隙水中，污染物随之进入孔隙水并与活性粒子发生反应。此外，活性粒子也可能直接与土壤颗粒表面的污染物发生碰撞并反应。活性粒子的扩散，尤其是 O_3 分子的扩散，能够促进氧化还原反应的发生，同时，这些化学过程也进一步促进活性粒子的扩散。·OH 等活性粒子与 O_3 分子的扩散会由于空气的流动而得到促进，进而促进污染物降解反应的发生。

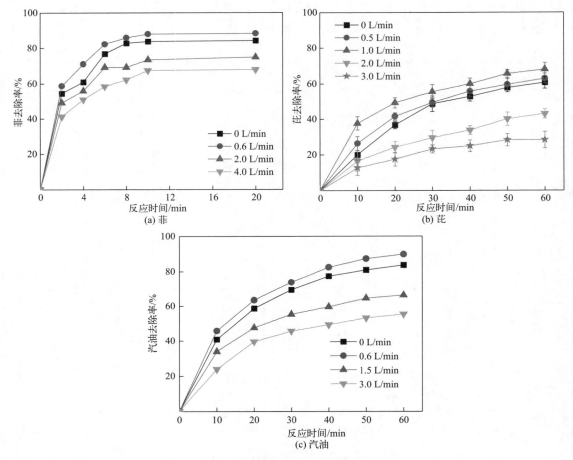

图 6-49 气体流量对污染土壤修复的影响

然而，活性粒子也可能由于流量过大而导致还未与污染物反应即被排出系统，造成浪费，最终导致去除率降低。一些研究也发现，在利用低温等离子体技术进行土壤修复与水处理的过程中，适宜的气体流量能够促进等离子体对污染物的氧化与降解。

6.9 本章小结

① 研究了多环芳烃——菲、芴和芘污染土壤的低温等离子体处理效果和机理。探讨了介质阻挡放电和脉冲电晕放电的电气特性、土壤特性等影响因素对土壤中多环芳烃处理效果的影响，同时考察了放电过程中各种活性粒子在土壤修复中的作用。另外，研究发现定期洗

脱土壤表层能较显著地增强土壤中污染物的降解。最后，通过 GC-MS、IC 和 FTIR 等分析手段，探究了菲、芴和芘的降解机制。

② 采用 DBD 和 PCD 修复汽油污染的土壤，分别对两种反应器的输入功率、污染土壤 pH、含水率和气体流量等影响参数进行了研究，通过对不同放电气氛以及土壤含水率的研究，探究了活性粒子对汽油降解的影响。对比分析了处理前后总碳变化以考察其矿化能力，并通过 GC-MS 对降解产物进行了检测。最后，研究表明等离子体在修复污染土壤的同时还可以回收氮素对土壤进行氮固定，从而改善土壤的安全性和肥力。

③ 选择脉冲电晕放电系统考察影响石油污染土壤中芳烃去除效果的因素，分析反应前后石油类物质结构及成分变化。结果表明反应时间增加，污染物初始浓度减小，有助于石油污染土壤中芳烃的降解，且大部分污染物均达到良好的去除效果。

参考文献

[1] Adams R H，Guzman-Osorio F J，Dominguez-Rodriguez V I. Field-scale evaluation of the chemical-biological stabilization process for the remediation of hydrocarbon-contaminated soil [J]. International Journal of Environmental Science and Technology，2014，11（5）：1343-1352.

[2] Amin M M，Hatamipour M S，Momenbeik F，et al. Toluene removal from sandy soils via in situ technologies with an emphasis on factors influencing soil vapor extraction [J]. The Scientific World Journal，2014，2014（12）：416752.

[3] Bai H，Zhang H. Characteristics，sources，and cytotoxicity of atmospheric polycyclic aromatic hydrocarbons in urban roadside areas of Hangzhou，China [J]. Journal of Environmental Science and Health. Part A，Toxic/Hazardous Substances & Environmental Engineering，2017，52（4）：303-312.

[4] Bai M，Zhang Z，Bai X，et al. Plasma synthesis of ammonia with a microgap dielectric barrier discharge at ambient pressure [J]. 2003，31（6）：1285-1291.

[5] Bajagain R，Park Y，Jeong S-W. Feasibility of oxidation-biodegradation serial foam spraying for total petroleum hydrocarbon removal without soil disturbance [J]. Science of the Total Environment，2018，626：1236-1242.

[6] Banks M K，Schultz K E. Comparison of plants for germination toxicity tests in petroleum-contaminated soils [J]. Water Air & Soil Pollution，2005，167（1/4）：211-219.

[7] Barati M，Bakhtiari F，Mowla D，et al. Total petroleum hydrocarbon degradation in contaminated soil as affected by plants growth and biochar [J]. Environmental Earth Sciences，2017，76（20）：688.

[8] Bian W J，Zhou M H，Lei L C. Formations of active species and by-products in water by pulsed high-voltage discharge [J]. Plasma Chemistry and Plasma Processing，2007，27（3）：337-348.

[9] Bo Z，Yan J H，Li X D，et al. Nitrogen dioxide formation in the gliding arc discharge-assisted decomposition of volatile organic compounds [J]. Journal of Hazardous Materials，2009，166（2/3）：1210-1216.

[10] Chang J S，Lawless P A，Yamamoto T. Corona discharge processes [J]. IEEE Transactions on Plasma Science，1991，19（6）：1152-1166.

[11] Cherkasov N，Ibhadon A O，Fitzpatrick P. A review of the existing and alternative methods for greener nitrogen fixation [J]. Chemical Engineering and Processing：Process Intensification，2015，90：24-33.

[12] Dai Q Z，Lei L C，Zhang X W. Enhanced degradation of organic wastewater containing p-nitrophenol

by a novel wet electrocatalytic oxidation process: Parameter optimization and degradation mechanism [J]. Separation and Purification Technology, 2008, 61 (2): 123-129.

[13] de Souza D T, Benetti C N, Sauer E, et al. Decontamination of pure and ethanol/gasoline-contaminated soil by Fenton-like process [J]. Water Air and Soil Pollution, 2018, 229 (4): 105.

[14] Fancey K S. An investigation into dissociative mechanisms in nitrogenous glow discharges by optical emission spectroscopy [J]. Vacuum, 1995, 46 (7): 695-700.

[15] Fatima K, Imran A, Amin I, et al. Successful phytoremediation of crude-oil contaminated soil at an oil exploration and production company by plants-bacterial synergism [J]. International Journal of Phytoremediation, 2018, 20 (7): 675-681.

[16] Forsey S P, Thomson N R, Barker J F. Oxidation kinetics of polycyclic aromatic hydrocarbons by permanganate [J]. Chemosphere, 2010, 79 (6): 628-636.

[17] Galloway J N, Dentener F J, Capone D G, et al. Nitrogen cycles: Past, present, and future [J]. Biogeochemistry, 2004, 70 (2): 153-226.

[18] Gan S, Lau E V, Ng H K. Remediation of soils contaminated with polycyclic aromatic hydrocarbons (PAHs) [J]. Journal of Hazardous Materials, 2009, 172 (2/3): 532-549.

[19] Guan Z, Tang X Y, Nishimura T, et al. Surfactant-enhanced flushing enhances colloid transport and alters macroporosity in diesel-contaminated soil [J]. Journal of Environmental Sciences, 2018, 64 (2): 197-206.

[20] Hayashi D, Hoeben W F L M, Dooms G, et al. Influence of gaseous atmosphere on corona-induced degradation of aqueous phenol [J]. Journal of Physics D: Applied Physics, 2012, 33 (21): 2769.

[21] Hill S C, Smoot L D. Modeling of nitrogen oxides formation and destruction in combustion systems [J]. Progress in Energy and Combustion Science, 2000, 26 (4/6): 417-458.

[22] Hoigné J, Bader H. Rate constants of reactions of ozone with organic and inorganic compounds in water— II : Dissociating organic compounds [J]. Water Research, 1983, 17 (2): 185-194.

[23] Huang H H, Lu M C, Chen J N, et al. Catalytic decomposition of hydrogen peroxide and 4-chlorophenol in the presence of modified activated carbons [J]. Chemosphere, 2003, 51 (9): 935-943.

[24] Kogelschatz U. Dielectric-barrier discharges: Their history, discharge physics, and industrial applications [J]. Plasma Chemistry and Plasma Processing, 2003, 23 (1): 1-46.

[25] Kogelschatz U, Eliasson B, Hirth M. Ozone generation from oxygen and air-discharge physics and reaction-mechanisms [J]. Ozone-Science & Engineering, 1988, 10 (4): 367-377.

[26] Liu Y, Zhang H, Sun J, et al. Degradation of aniline in aqueous solution using non-thermal plasma generated in microbubbles [J]. Chemical Engineering Journal, 2018, 345: 679-687.

[27] Liu Y N, Mei S F, Iya-Sou D, et al. Carbamazepine removal from water by dielectric barrier discharge: Comparison of ex situ and in situ discharge on water [J]. Chemical Engineering and Processing, 2012, 56: 10-18.

[28] Locke B R, Shih K Y. Review of the methods to form hydrogen peroxide in electrical discharge plasma with liquid water [J]. Plasma Sources Science & Technology, 2011, 20 (3): 034006.

[29] Lominchar M A, Santos A, de Miguel E, et al. Remediation of aged diesel contaminated soil by alkaline activated persulfate [J]. Science of the Total Environment, 2018, 622: 41-48.

[30] Lou J, Lu N, Li J, et al. Remediation of chloramphenicol-contaminated soil by atmospheric pressure dielectric barrier discharge [J]. Chemical Engineering Journal, 2012, 180: 99-105.

[31] Lundstedt S, White P A, Lemieux C L, et al. Soucres, fate, and toxic hazadrs of oxygenated polycyclic aormaitc hydorcabrons (PAHs) at PAH-contaminated site [J]. The Royal Swedish Academy of Sciences, 2007, 36 (6): 452-461.

［32］ Meng Y R, Qu G Z, Wang T C, et al. Enhancement of germination and seedling growth of wheat seed using dielectric barrier discharge plasma with various gas sources ［J］. Plasma Chemistry and Plasma Processing, 2017, 37 (4): 1105-1119.

［33］ Muhammed S E, Coleman K, Wu L, et al. Impact of two centuries of intensive agriculture on soil carbon, nitrogen and phosphorus cycling in the UK ［J］. Science of the Total Environment, 2018, 634: 1486-1504.

［34］ Muratova A, Pozdnyakova N, Makarov O, et al. Degradation of phenanthrene by the rhizobacterium ensifer meliloti ［J］. Biodegradation, 2014, 25 (6): 787-795.

［35］ Nakasaki K, Ohtaki A, Takano H. Biodegradable plastic reduces ammonia emission during composting ［J］. Polymer Degradation and Stability, 2000, 70 (2): 185-188.

［36］ Ognier S, Rojo J, Liu Y N, et al. Mechanisms of pyrene degradation during soil treatment in a dielectric barrier discharge reactor ［J］. Plasma Processes and Polymers, 2014, 11 (8): 734-744.

［37］ Park D P, Davis K, Gilani S, et al. Reactive nitrogen species produced in water by non-equilibrium plasma increase plant growth rate and nutritional yield ［J］. Current Applied Physics, 2013, 13 (S1): S19-S29.

［38］ Patil B S, Wang Q, Hessel V, et al. Plasma N_2-fixation: 1900 – 2014 ［J］. Catalysis Today, 2015, 256: 49-66.

［39］ Perraudin E, Budzinski H, Villenave E. Kinetic study of the reactions of ozone with polycyclic aromatic hydrocarbons adsorbed on atmospheric model particles ［J］. Journal of Atmospheric Chemistry, 2007, 56 (1): 57-82.

［40］ Peyrous R. The effect of relative humidity on ozone production by corona discharge in oxygen or air- A numerical simulation- Part I: Oxygen ［J］. Ozone: Science & Engineering, 1990, 12 (1): 19-40.

［41］ Reddy P M K, Raju B R, Karuppiah J, et al. Degradation and mineralization of methylene blue by dielectric barrier discharge non-thermal plasma reactor ［J］. Chemical Engineering Journal, 2013, 217: 41-47.

［42］ Ricard A, Panousis E, Clement F, et al. Production of active species in a N_2 DBD plasma afterglow at atmospheric gas pressure ［J］. European Physical Journal-Applied Physics, 2008, 42 (1): 63-66.

［43］ Saum L, Bacilio M, Crowley D. Influence of biochar and compost on phytoremediation of oil-contaminated soil ［J］. International Journal of Phytoremediation, 2018, 20 (1): 54-60.

［44］ Soloshenko I A, Tsiolko V V, Pogulay S S, et al. Effect of water adding on kinetics of barrier discharge in air ［J］. Plasma Sources Science & Technology, 2009, 18 (4): 045019.

［45］ Stehr J, Muller T, Svensson K, et al. Basic examinations on chemical pre-oxidation by ozone for enhancing bioremediation of phenanthrene contaminated soils ［J］. Applied Microbiology and Biotechnology, 2001, 57 (5/6): 803-809.

［46］ Stryczewska H D, Ebihara K, Takayama M, et al. Non-thermal plasma-based technology for soil treatment ［J］. Plasma Processes and Polymers, 2005, 2 (3): 238-245.

［47］ Sun B, Sato M, Clements J S. Optical study of active species produced by a pulsed streamer corona discharge in water ［J］. Journal of Electrostatics, 1997, 39 (3): 189-202.

［48］ Sun Y, Liu Y, Li R, et al. Degradation of reactive blue 19 by needle-plate non-thermal plasma in different gas atmospheres: Kinetics and responsible active species study assisted by CFD calculations ［J］. Chemosphere, 2016, 155: 243-249.

［49］ Takahashi K, Saito Y, Oikawa R, et al. Development of automatically controlled corona plasma system for inactivation of pathogen in hydroponic cultivation medium of tomato ［J］. Journal of Electrostatics, 2018, 91: 61-69.

[50] Urashima K，Chang J S. Removal of volatile organic compounds from air streams and industrial flue gases by non-thermal plasma technology [J]. IEEE Transactions on Dielectrics and Electrical Insulation，2000，7 (5)：602-614.

[51] Usman M，Hanna K，Faure P. Remediation of oil-contaminated harbor sediments by chemical oxidation [J]. Science of the Total Environment，2018，634：1100-1107.

[52] Vidonish J E，Alvarez P J J，Zygourakis K. Pyrolytic remediation of oil-contaminated soils：Reaction mechanisms，soil changes，and implications for treated soil fertility [J]. Industrial & Engineering Chemistry Research，2018，57 (10)：3489-3500.

[53] Vidonish J E，Zygourakis K，Masiello C A，et al. Pyrolytic treatment and fertility enhancement of soils contaminated with heavy hydrocarbons [J]. Environmental Science & Technology，2016，50 (5)：2498-2506.

[54] Wang T C，Lu N，Li J，et al. Degradation of pentachlorophenol in soil by pulsed corona discharge plasma [J]. Journal of Hazardous Materials，2010，180 (1/3)：436-441.

[55] Wang T C，Lu N，Li J，et al. Plasma-TiO$_2$ catalytic method for high-efficiency remediation of p-nitrophenol contaminated soil in pulsed discharge [J]. Environmental Science & Technology，2011，45 (21)：9301.

[56] Wang T C，Qu G Z，Li J，et al. Remediation of p-nitrophenol and pentachlorophenol mixtures contaminated soil using pulsed corona discharge plasma [J]. Separation and Purification Technology，2014，122：17-23.

[57] Wilson S C，Jones K C. Bioremediation of soil contaminated with polynuclear aromatic hydrocarbons (PAHs)：A review [J]. Environmental Pollution，1993，81 (3)：229-249.

[58] Zhang H，Zuo Y，Wang J，et al. The underground migration and distribution of petroleum contamination at a gas station [J]. China Environmental Science，2018，38 (4)：1532-1539.

[59] Zhang Y，Zhou M H，Hao X L，et al. Degradation mechanisms of 4-chlorophenol in a novel gas-liquid hybrid discharge reactor by pulsed high voltage system with oxygen or nitrogen bubbling [J]. Chemosphere，2007，67 (4)：702-711.

[60] 陈海红，骆永明，滕应，等.重度滴滴涕污染土壤低温等离子体修复条件优化研究 [J].环境科学，2013，34 (1)：302-307.

[61] 霍延平，方小明，黄宝华，等.芴类化合物的研究新进展 [J].有机化学，2012，32 (7)：1169-1185.

[62] 刘峰.脉冲电晕放电与直流辉光放电中 OH 自由基等活性物种的光谱诊断 [D].大连：大连理工大学，2008.

[63] 刘铁.大气中针板放电电晕层及发射光谱的研究 [D].保定：河北大学，2013.

[64] 刘翔宇.再生水中多环芳烃芴的生物毒性分析 [D].天津：天津城建大学，2013.

[65] 罗来龙，徐晓英.电晕区中场强分布与伏安特性的研究 [J].武汉理工大学学报，2006，28 (5)：178-180.

[66] 马仁明，蔡崇法，李朝霞，等.前期土壤含水率对红壤团聚体稳定性及溅蚀的影响 [J].农业工程学报，2014，30 (3)：95-103.

[67] 申松梅，曹先仲，宋艳辉，等.多环芳烃的性质及其危害 [J].贵州化工，2008，33 (3)：61-63.

[68] 王缄.化工词典 [M].北京：化学工业出版社，1979.

[69] 王铁成.场地有机物污染土壤的脉冲放电等离子体修复方法和机理研究 [D].大连：大连理工大学，2012.

[70] 奚旦立，孙裕生，刘秀英.环境监测 [M].3 版.北京：高等教育出版社，2004.

[71] 熊明辉，王定勇，陈玉成.等离子体技术处理环境污染物进展 [J].云南环境科学，2006，25 (3)：23-25.

［72］　徐学基，诸定昌.气体放电物理［M］.上海：复旦大学出版社，1996.

［73］　闫颖.脉冲电晕等离子体中的 N_2（$C^3\Pi_u \rightarrow B^3\Pi_g$）光谱实验研究［D］.大连：大连理工大学，2004.

［74］　张零零.发射光谱研究多针对板电晕放电微观电参数及激发态 OH 自由基特性［D］.大连：大连海事大学，2010.

［75］　朱爱民，宫为民.脉冲电晕等离子体作用下甲烷偶联反应：Ⅰ.无氧气氛下［J］.中国科学：B 辑，2000，30（2）：167-173.

低温等离子体修复新型污染物污染土壤

7.1 引言

新型有机污染物是人工合成或天然存在的物质，它们尚未在环境中被有效检出，但具有潜在的进入环境并引起已知或可疑的生态毒理效应和健康效应的可能性。新型有机污染物包括抗生素、个人护理产品、表面活性剂、人造甜味剂、农药和各种工业添加剂等。这些有机污染物广泛存在于环境中，对生态安全和人体健康造成了影响。

对硝基苯酚（p-nitrophenol，PNP）是工业、农业污染废水和土壤中常见的难降解有机物之一。PNP 毒性较大，被美国环境保护署列为 129 种优先控制有毒污染物之一，广泛存在于化工厂生产的杀虫剂、燃料、制革产品以及农业灌溉废水中。PNP 为浅黄色结晶，无味，不易随蒸汽挥发，易溶于乙醇、氯仿及乙醚。当 PNP 溶于酸性溶液时，呈现无色状态。当其溶于碱性溶液时，颜色变黄。PNP 中硝基的存在使其拥有较强的稳定性和难生物降解性。PNP 不能被生物有氧降解，而且其厌氧降解会产生亚硝基和羟胺等致癌化合物。目前，PNP 的处理还是一个难题。

全氟化合物（perfluorinated compounds，PFCs）由于其优异的稳定性，被广泛应用于多种工业产品和消费品中。在过去的几十年里，已经在土壤、水、动物和人类血清内甚至遥远的极地地区中均检测到 PFCs 的存在。同时，其对生物体的毒性也得到了广泛的研究。近年来 PFCs 由于其持久性、生物蓄积性和环境毒性，引起了人们的广泛关注。一些国家也制定了严格的法规控制其使用，并开发环境基质中 PFCs 的降解方法。由于 PFCs 中 C—F 键键能强，不易被破坏，常规的高级氧化工艺，如臭氧、紫外线和过氧化氢等方法不能有效去除环境中的全氟化合物。研究发现，吸附法、电解法、超声法、水合电子法、活化过硫酸盐等方法可以去除环境中的全氟化合物，但是其中一些处理方法存在去除率低、处理时间长、需要添加大量化学药剂等缺点。此外，大多数 PFCs 去除研究是在水基质中进行的。关于土壤 PFCs 降解的报道相对较少，且大部分关于 PFCs 的土壤修复技术都是基于吸附法，这会产生富含 PFCs 的残留物，需要进一步处理。因此，开发将 PFCs 分解转化为无害物质的技术迫在眉睫。

　　本章采用低温等离子体技术对具有代表性的新型有机污染物——对硝基苯酚（PNP）和全氟辛酸（PFOA）进行处理，以探究该技术去除新型有机污染物的效果和机理，从而考察等离子体处理技术用于去除土壤中新型有机污染物的可行性。

7.2　实验部分

7.2.1　实验材料与仪器

　　本章所使用的土壤样品及预处理方式、实验系统、主要实验仪器以及实验方法均与第 6 章相同，具体介绍见 6.2 节（第 6 章）。实验所用主要药品如表 7-1 所示，其余涉及实验及测定所需的药品同前。

表 7-1　实验所用主要药品

药品名称	规格	购买厂家
PNP	分析纯 AR	美国 Sigma-Aldrich 公司
PFOA	分析纯 AR	美国 Sigma-Aldrich 公司

7.2.2　实验分析方法

7.2.2.1　目标污染物土壤萃取及测定方法

（1）对硝基苯酚（PNP）污染土壤

　　土壤中 PNP 的提取以甲醇为提取剂，将待测土壤加入锥形瓶中，加入 5 mL 甲醇充分混合后置于摇床，设定转速 250 r/min、温度 30 ℃，恒温振荡 1 h 后，40 ℃水温下超声萃取 30 min，最后采用 8000 r/min 转速离心 10 min，取上清液，再向土壤中加入 5 mL 甲醇重复上述操作三次，将上清液混合，通过 0.45 μm 滤膜后待用对应的方法测定。

　　PNP 的浓度与其在最大吸收波长处的吸光度成正比，因此选择吸光光度法作为其浓度的测定方法。对 PNP 溶液进行全光谱（200～800 nm）扫描，结果表明其在可见光区的最大吸收波长为 321 nm。分别以 PNP 的浓度和 321 nm 处吸光度值为横、纵坐标作图，并进行线性拟合可得标准曲线。依照该标准曲线，可以根据吸光度反算出对应的浓度值。

（2）全氟辛酸（PFOA）污染土壤

　　土壤中 PFOA 的提取方式与 PNP 相同。采用高效液相色谱仪（HPLC，Ultimate 3000）对 PFOA 的浓度进行测定，使用紫外检测器，分析柱为 Thermo C_{18}（2.1 mm× 150 mm×3.5 μm）色谱柱，柱温设定为 40 ℃；流动相为乙腈和高氯酸水溶液（pH：2～3），两者体积比 40∶60；流量为 0.3 mL/min；检测波长为 192 nm；进样量 20 μL。

7.2.2.2　其他指标测定

　　实验中放电功率、能量密度测定以及其余指标测定方法均与第 6 章相同。

7.3   介质阻挡放电修复对硝基苯酚污染土壤的研究

7.3.1   介质阻挡放电对土壤中对硝基苯酚去除的性能研究

为了考察介质阻挡放电对土壤中 PNP 放电的性能，研究了不同放电电压条件下 PNP 的去除情况，如图 7-1 所示。当放电电压为 36.3kV 时，PNP 在放电处理 50 min 后的去除率仅为 27.80％；当提高电压至 38.8 kV 时，相同条件下 PNP 的去除率可达 72.85％，可以看出 PNP 的去除率随放电电压的增加而增大。较高的电压会使系统产生的电子量增加，氧化过程中产生的电子有两个方面的作用。一方面，电子可以在放电空间中与空气中的分子发生碰撞，将能量转移到分子中，这将导致空气中分子的电离和激发，从而形成活跃的强氧化性物质，如臭氧、羟基自由基、活性氧、活性氮、氮氧化物、氧原子等，这些活性物质会与 PNP 发生反应；另一方面，高能电子可能与污染物直接碰撞，使污染物进入激发状态，甚至电离，从而被降解。

通常，电压越高，输入能量越多，活性物质生成加速，进而污染物的降解效率提高。但也有一些实验发现，更高的能量注入将引入更多的氮氧化物（NO_x），抑制 O_3 和 ·OH 与污染物的反应。该趋势与本实验所得到的结论相反。这可能是因为提高系统注入能量后所产生的 NO_x 也参与到污染物降解反应过程中。

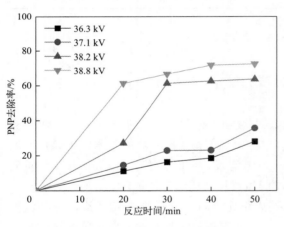

图 7-1   放电电压对 PNP 去除的影响

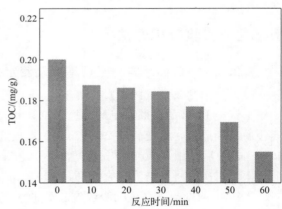

图 7-2   TOC 的变化

为了考察低温等离子体技术对污染物的矿化能力，在放电电压为 38.2 kV 条件下对降解过程中土壤的 TOC 变化进行了分析，结果如图 7-2 所示。TOC 在处理 60 min 后有一定的降低。在 60 min 内，TOC 从最初的 0.20 mg/g 逐步降低至 0.15 mg/g。这表明在等离子体处理一定时间后，TOC 会因活性粒子的撞击而减小。该技术在本实验条件下仅能矿化 20％ 的 PNP，将部分污染物直接转化成 CO_2 和 H_2O。然而，矿化率只是判定修复方法有效性的手段之一。降解过程中会产生一些小分子、毒性更低的中间产物，从而减小目标污染物的毒性。

7.3.2 对硝基苯酚的降解机理研究

7.3.2.1 臭氧的作用

图 7-3 为污染和未污染土壤的 DBD 处理过程中 O_3 浓度的变化。在等离子体反应器启动后，O_3 浓度在 10 min 内迅速上升到 235 $\mu L/L$ 然后在 30 min 内平稳地下降至 45 $\mu L/L$。当向反应器添加污染土壤时，O_3 的浓度则会降低，这是因为大部分 O_3 都用来氧化污染物而被消耗。

在反应的最后 20 min，O_3 浓度较低，原因是部分输入的能量转化成了热量并且导致 O_3 分解。O_3 产生和分解的原理如式(7-1)~式(7-3) 所示：

$$O_2 \xrightarrow{e^-} 2O \cdot \tag{7-1}$$

$$O \cdot + O_2 \longrightarrow O_3 \tag{7-2}$$

$$2O_3 \longrightarrow 3O_2 + 285kJ \tag{7-3}$$

为了更好地研究 DBD 等离子体处理 PNP 污染土壤过程中 O_3 的作用，进行了等离子体法和臭氧法处理 PNP 的对比实验。将另一个同样尺寸的反应釜（2 号）与反应器中的反应釜（1 号）连接后，将放电产生的臭氧通入污染土壤（反应釜 2 号），以保证臭氧法所产生的 O_3 量和等离子体法产生的 O_3 量相同，结果如图 7-4 所示。结果表明，等离子体处理 PNP 的效率高于臭氧处理。单独使用 O_3 处理的 PNP 去除率最高为 15.9%，而等离子体处理可以去除 63.6% 的污染物。

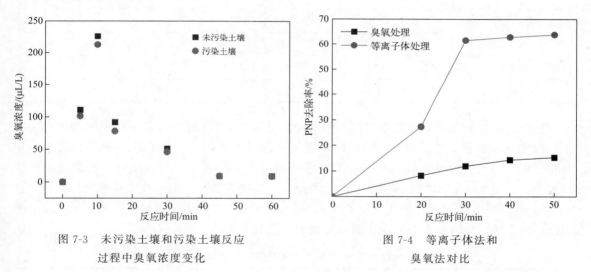

图 7-3 未污染土壤和污染土壤反应 过程中臭氧浓度变化

图 7-4 等离子体法和 臭氧法对比

尽管氧化还原过程中 O_3 很重要，其他活性物质如放电过程中产生的氧原子、羟基自由基、臭氧自由基离子、过氧化氢和过氧自由基等对 PNP 的氧化效率也很高。此外，整个过程包含冲击波、紫外光、电场及活性粒子等综合作用，是一个十分复杂的过程。所以，根据臭氧法和等离子体法对目标污染物的去除率，O_3 对 PNP 降解只有部分影响，在 DBD 等离子体降解 PNP 过程中，O_3 的贡献约为 25%。

7.3.2.2 降解产物及降解路径分析

（1）降解产物分析

图 7-5 为未处理和处理 50 min 后污染土壤的红外光谱。处理前，在 1230 cm^{-1} 的峰代

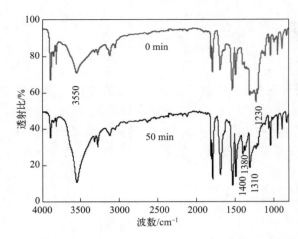

图 7-5　处理与未处理污染土壤的红外光谱图

表苯环平面中的弯曲振动。在经过 50 min 的处理之后，光谱中出现了三种变化：在 3550 cm^{-1} 处可以看到一个由 OH$^-$ 引起的强吸收峰；在 1310 cm^{-1} 处出现了新的峰，证明了 NO$_3^-$ 的存在，与离子色谱的结果一致；1380 cm^{-1} 和 1400 cm^{-1} 处的峰则代表 CO$_3^{2-}$。这些证据均表明，·OH 导致了降解过程中的脱硝反应，从而使中间产物进一步氧化成 CO$_2$ 和 H$_2$O，验证了 PNP 的降解。

PNP 降解过程中的中间产物利用 HPLC 和 GC-MS 鉴定。表 7-2 是 5 种常见的 PNP 氧化的芳香族中间产物及其在本研究中的检测情况。GC-MS 检测到了邻苯二酚和对苯二酚两种产物，而 HPLC 检测到了顺丁烯二酸、对苯醌和 4-硝基邻苯二酚三种产物。

表 7-2　PNP 降解产物

产物	分子式	分子量	GC-MS	HPLC
邻苯二酚	$C_6H_6O_2$	110	√	
对苯二酚	$C_6H_6O_2$	110	√	
顺丁烯二酸	$C_4H_4O_4$	116		√
对苯醌	$C_6H_4O_2$	108		√
4-硝基邻苯二酚	$C_6H_5NO_4$	155		√

HPLC 检测到的中间产物浓度随时间的变化见表 7-3。结果表明，三种中间产物（顺丁烯二酸、对苯醌和 4-硝基邻苯二酚）的产量先上升后下降，这意味着这些副产物被进一步氧化。顺丁烯二酸的浓度从 0.00 mg/L 稳步上升到 0.38 mg/L。与此同时，对苯醌的产量则较少，经过 30 min 处理后的浓度为 0.10 mg/L。4-硝基邻苯二酚的存在很难观察到，经过 20 min 和 40 min 处理后其浓度分别为 0.015 mg/L 和 0.0091 mg/L。根据检测到的产物浓度判断，顺丁烯二酸是该反应系统中最重要的中间产物。

表 7-3　不同时间中间产物的浓度变化

处理时间/min	顺丁烯二酸/(mg/L)	对苯醌/(mg/L)	4-硝基邻苯二酚/(mg/L)
0	0.00	0.00	0.00
10	0.28	0.15	—
20	0.31	0.10	0.02
30	0.38	0.10	—
40	0.34	0.07	0.01
50	0.31	0.02	—

此外，活性物质的不断攻击会导致中间产物的进一步氧化，以芳香环破裂告终。在此过

程中，会产生一些离子及小分子酸，如甲酸、乙酸和草酸。图 7-6 为离子及小分子酸浓度随反应时间的变化情况。

由图 7-6 可以看出，甲酸、乙酸和草酸的浓度在 60 min 的处理过程中先上升然后下降，最大浓度分别为 4.4 mg/L、2.1 mg/L 和 0.4 mg/L。由这些小分子产物浓度的进一步降低可以推断，它们最终被进一步氧化成 CO_2 和 H_2O，TOC 的下降也证实了这一推断。另外，随着反应的进行，NO_3^- 和 NO_2^- 的浓度也发生了变化。NO_3^- 浓度在 60 min 内逐步增加至 4.2 mg/L，表示 PNP 分子中的硝基首先脱离苯环并逐渐转化成 NO_2^-，最终氧化成 NO_3^-，实现了污染物的脱硝。在该系统中检测到的 NO_2^- 浓度非常低，这主要是因为 NO_2^- 极易被氧化成 NO_3^-。

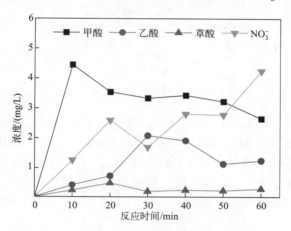

图 7-6　离子及小分子酸浓度随反应时间的变化

（2）降解路径推测

PNP 分子包含一个硝基和一个羟基。硝基被活性粒子攻击，并被·OH 取代。因此，PNP 转化为 4-羟基苯氧基，然后很快分解为式（7-4）中所示的对苯醌和氢醌（对苯二酚）。该结果也被 Suarez 等人证实。

$$\qquad\qquad\qquad\qquad\qquad\qquad\qquad\qquad\qquad\qquad\qquad\qquad\qquad (7\text{-}4)$$

Lukes 等人的报告表明羟基化也是 PNP 降解的一个重要途径。这些羟基化产物是·OH 或 O_3 亲电子攻击的结果。·OH 在芳香环的 C=C 双键上进行亲电子加成，使其发生置换反应。之后，羟基化产物脱硝从而产生副产物，如邻苯二酚，进而氧化成邻苯醌。式（7-5）列出了羟基化、脱硝和氧化过程。

$$\qquad\qquad\qquad\qquad\qquad\qquad\qquad\qquad\qquad\qquad\qquad\qquad\qquad (7\text{-}5)$$

·OH 也可能攻击硝基所在的位置从而导致对苯二酚的形成。随后对苯二酚可被进一步氧化，如式（7-6）所示。这一理论被 Di Paola 等人的实验验证。

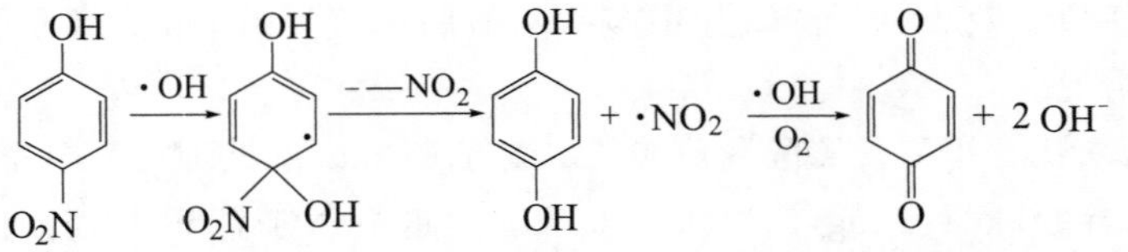

$$(7-6)$$

活性物质如 O_3 和 $\cdot OH$ 的进一步氧化会导致苯环的裂解，如式（7-7）所示。这是顺丁烯二酸形成而后转化成草酸、甲酸和乙酸的原因。

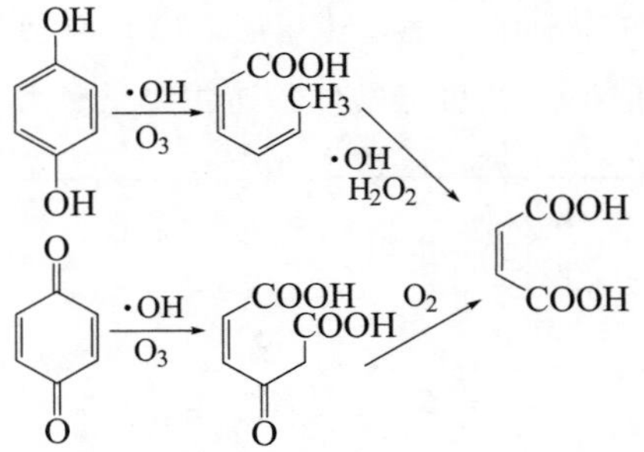

$$(7-7)$$

基于以上的讨论和本研究检测出的物质，推断出 PNP 可能的降解路径如图 7-7 所示。PNP 可能有三种降解方式：脱硝反应、羟基化反应和取代反应。在这些反应之后，副产物被氧化并产生对苯二酚和对苯醌。在 $\cdot OH$、H_2O_2、O_3 和 O_2 等活性粒子的不断攻击下，苯环逐渐打开，生成顺丁烯二酸。顺丁烯二酸随后被继续氧化成小分子物质，如甲酸、乙酸和草酸。这些小分子产物最终转化为 CO_2、H_2O 和 NO_3^-，实现 PNP 的降解。

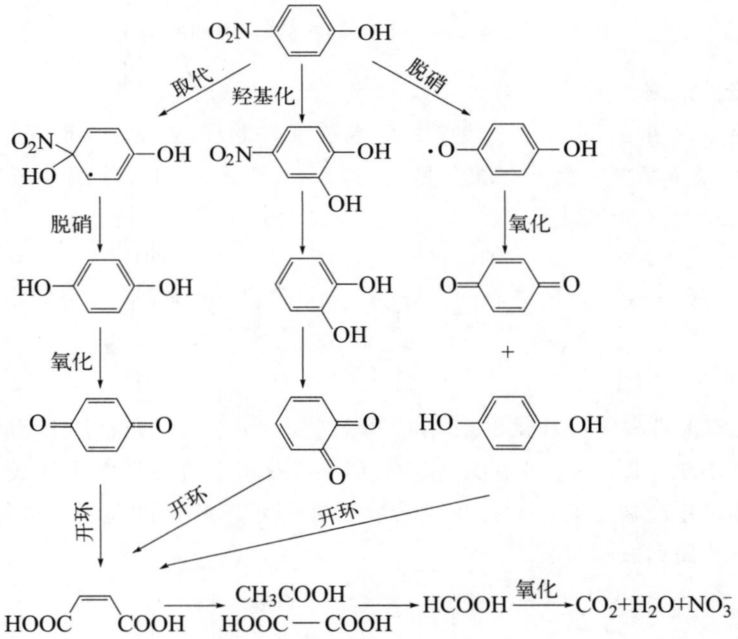

图 7-7　PNP 的降解路径

应当指出的是，氧化过程包括以下几个步骤：PNP 分解成芳香族产物，芳香族产物继续氧化生成小分子酸，最后小分子酸再分解成 CO_2 和 H_2O。该过程错综复杂，这些反应均在同一时间进行且相辅相成。

7.4　低温等离子体修复全氟辛酸污染土壤的研究

7.4.1　低温等离子体对土壤中全氟辛酸去除的性能研究

7.4.1.1　介质阻挡放电对土壤中全氟辛酸去除的性能研究

（1）输入功率

输入功率直接影响活性粒子的生成。因此，在介质阻挡放电体系中首先研究了输入功率对 PFOA 降解效果的影响。不同输入功率下 PFOA 的去除率随处理时间的变化如图 7-8 所示。处理 120 min 后，在输入功率为 68 W、81 W 和 92 W 时，PFOA 的去除率分别为 81%、87% 和 89%。由图 7-8 可以看出，去除率随输入功率的增加而提高。

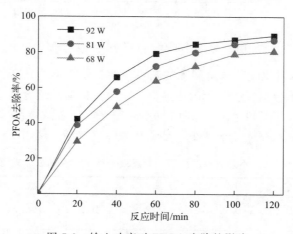

图 7-8　输入功率对 PFOA 去除的影响

表 7-4 为处理 120 min 后不同输入功率下的去除率和能量效率。输入功率为 92 W 时，反应过程的能量效率为 2.0 μg/kJ，低于功率为 81 W 时的能量效率。这是因为在等离子体放电过程中，不仅产生了活性粒子，还产生了很强的热效应，当输入功率过高时，反应体系中产生的能量没有完全用于污染物的降解，造成了能量的浪费。

表 7-4　不同输入功率下的能量效率和 PFOA 的去除情况

功率/W	去除率/%	能量效率/(μg/kJ)
68	81	2.0
81	87	2.2
92	89	2.0

（2）放电间隙

放电间隙通常是指高压电极与接地电极之间的距离。在介质阻挡放电过程中，放电间隙不同，会导致放电过程中放电区域内的电场强度及放电形式有所不同，从而对土壤中污染物的降解效果产生不同的影响。图 7-9 为放电间隙对 PFOA 去除效果的影响。当电极间距为 25 mm 时，PFOA 的去除率仅有 57%；当电极间距减小为 20 mm 时，去除率升高至 72%；继续减小电极间距至 15 mm 时，去除率进一步提高至 87%。另外，在实验进行的过程中可以发现，当电极间距为 25 mm 时放电形态不稳定，而随着放电间隙的减小，放电趋于稳定，放电产生的细丝也更为密集剧烈。

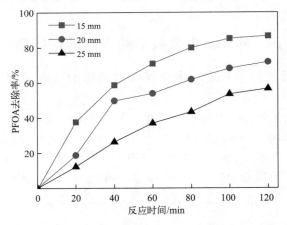

图 7-9　放电间隙对 PFOA 去除的影响

从表 7-5 中也可以看出随着放电间隙的减小，能量效率不断升高。这是由于放电间隙减小，反应器中高速电子与空气中分子的碰撞概率增大，同时反应体系中活性粒子与污染物的碰撞概率也增大，提高了活性粒子的利用效率。反之，随着放电间隙的增大，活性粒子减少，活性粒子与污染物的碰撞概率减小，导致其去除率逐渐下降。

表 7-5　不同放电间隙下的能量效率和 PFOA 的去除效果

放电间隙/mm	去除率/%	能量效率/(μg/kJ)
15	87	2.2
20	72	1.9
25	57	1.5

7.4.1.2　脉冲电晕放电对土壤中全氟辛酸去除的性能研究

（1）电源极性

如第 6 章所述，电源极性的改变对活性粒子的产生和污染物的去除均有影响，因此本节同样考察了电源极性对 PFOA 去除的影响。图 7-10 所示为正、负脉冲电晕放电的条件下

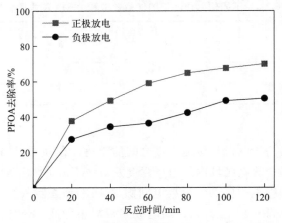

图 7-10　正、负脉冲电晕放电对 PFOA 去除的影响

PFOA 的去除率随时间的变化趋势。结果显示，在负脉冲电晕作用下，土壤中 PFOA 的去除率为 52%，而正脉冲电晕作用下 PFOA 的去除率为 71%。

之前已经提到，正、负脉冲的产生机理、起晕电压、传播速度以及脉冲数量均不相同。正电晕放电，电子由负极向正极移动，在针尖累积，随着电压增大，正脉冲开始为电晕放电，然后变为流光和辉光电晕，最后转变为火花放电。而负电晕放电过程中，电子则是从针尖端向接地电极移动，电子在接地电极附近累积，随电压的升高由电晕放电向火花放电转变。在正电源的情况下，电子从接地电极向正高压电极移动，接地电极附近的电子先被加速成高速电子与污染物周围的分子发生弹性碰撞，产生活性物质。活性粒子在接地电极附近生成，与土壤中 PFOA 的接触更为紧密，更有利于 PFOA 的降解。另外，负电晕通常是由气体分子的电离作用产生的，而正电晕的传播可以依赖于光致电离。在相同条件下，正脉冲在其轨道的径向和轴向传播速度快于负脉冲，且负脉冲的脉冲数量比正脉冲数量少。因此在相同电压下，正脉冲比负脉冲产生更多的活性粒子。

（2）电极材料

以不锈钢、镀锌钢和镀铝锌钢作为电极材料，研究了反应器电极材料对 PFOA 降解的影响，结果如图 7-11 所示。从图中可以看出，利用三种不同的电极材料进行放电，PFOA 的去除率均在 70% 左右，并没有明显的差异。这说明在本研究中电极材料对 PFOA 的降解过程没有明显的影响。

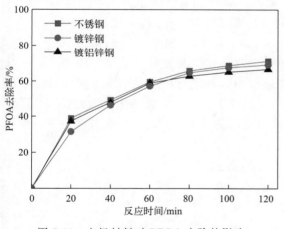

图 7-11　电极材料对 PFOA 去除的影响　　　　图 7-12　输入功率对 PFOA 去除的影响

（3）输入功率

图 7-12 为不同输入功率下，PFOA 的去除率随时间的变化。显然，当输入功率越高时，PFOA 的去除率也就越高。经过 120 min 的处理，在功率为 21 W、30 W、38 W、47 W 和 62 W 时，PFOA 的去除率分别为 38%、56%、71%、75% 和 77%。

在针-板反应器的两极施加高压，可以在针尖和接地电极之间产生高压电场，加速反应器中电子的运动，高速移动的电子与空气中的氮气、氧气等分子发生弹性碰撞，然后形成多种自由基，从而降解污染物。另外，一些分子被等离子体发射的紫外线和超声波激发，也形成激发态的活性粒子，与电子一起降解土壤中的污染物。

对不同输入功率下的一级反应动力学常数和能量效率进行了计算，如表 7-6 所示。在输入功率为 21 W、30 W、38 W、47 W 和 62 W 时，能量效率分别为 3.7 μg/kJ、3.9 μg/kJ、

$3.9\,\mu g/kJ$、$3.3\,\mu g/kJ$ 和 $2.6\,\mu g/kJ$。显然，能量效率在 30 W 和 38 W 时达到峰值。而从一级动力学拟合的结果也可以看出，输入功率增大至 47 W 的过程中，功率越高，反应过程的 k 值就越大，也就是反应速率越快，这也说明较高的输入功率能够产生更多的活性粒子与 PFOA 反应，使其分解为小分子化合物。

表 7-6 不同输入功率下反应过程的能量效率及一级反应动力学拟合的 k 值和 R^2

输入功率/W	去除率/%	能量效率/($\mu g/kJ$)	k/min^{-1}	R^2
21	38	3.7	0.0040	0.9473
30	56	3.9	0.0042	0.9385
38	71	3.9	0.0075	0.9664
47	75	3.3	0.0095	0.9549
62	77	2.6	0.0090	0.9636

7.4.2 PFOA 的降解机理研究

7.4.2.1 活性粒子的作用

通过改变放电气氛和添加捕获剂可控制反应过程中产生的活性自由基种类。为了研究不同自由基对 PFOA 降解的影响，分别在空气、氧气、氩气和氮气等不同气氛下进行了一系列实验。控制土壤质量为 5 g，土壤中 PFOA 的初始浓度为 300 mg/kg，土壤 pH 为 6.3，土壤含水率为 1%，通入新鲜气体，气体流量为 0.5 L/min，结果如图 7-13 所示。

在氩气环境下 PFOA 的去除率为 85%，而在空气、氧气和氮气环境下，PFOA 的去除率分别为 75%、77% 和 53%。在等离子体放电过程中，氩气与高速电子发生弹性碰撞，被电离成氩离子和电子，进而导致一系列连锁反应。氩原子由于为壳状结构，因此在大气压下更容易与电子发生弹性碰撞，产生链反应，电离出更多的电子。同时，在氩气气氛下，电子具有较高的能量，有利于 PFOA 的降解。

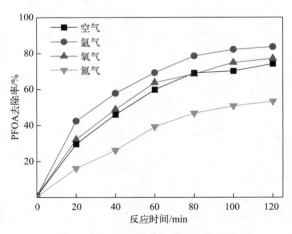

图 7-13 不同气氛对 PFOA 去除的影响

在含氧环境下，游离的 O 与 O_2 和 H_2O 结合生成 O_3 以及 ·OH。由于 C—F 键的电负性很强且氟原子的尺寸较小，O_3 和 ·OH 很难破坏 C—F 键。而在空气环境下，等离子体放电过程中会产生大量的 NO_x，这些 NO_x 也会与电子发生反应，消耗电子和活性自由基，进而导致 PFOA 去除率降低。

纯氮气环境下 PFOA 的去除率最低。首先氮气分子中 N≡N 键较为稳定，N_2 的活性也较弱，不能与 PFOA 反应。而且，N_2 在放电过程中被电离成 N、N_2^+、N^+ 和电子，其氧化性不强，不能破坏 PFOA 的结构。尽管被电离出的电子会与空气中的水分子反应生成 ·OH，但是由于 ·OH 也难以引发 PFOA 的分解反应，导致氮气环境下 PFOA 的降解效果较差。

由于 $H_2PO_4^-$ 与电子具有较高的反应速率 $[k_{(e^-/H_2PO_4^-)}=1.9\times10^7\,L/(mol \cdot s)]$，因此加入 NaH_2PO_4 作为电子捕获剂以考察电子在 PFOA 降解中起到的作用。如图 7-14 所示，在反应过程中添加 $H_2PO_4^-$ 后，PFOA 的去除率明显下降。当 $H_2PO_4^-$ 的添加浓度从 0 增加到 20 mg/kg 时，PFOA 的去除率从 84％ 下降到 30％，反应速度也有所下降。这说明 NaH_2PO_4 有效捕获了放电过程中产生的电子，从而抑制了电子与 PFOA 的反应，证实了电子对土壤中 PFOA 的降解起着重要作用。

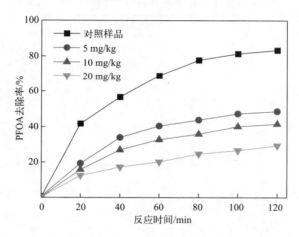

图 7-14　电子捕获剂（NaH_2PO_4）浓度对 PFOA 去除的影响

7.4.2.2　降解产物及降解路径分析

本实验采用 FTIR、LC-MS 和理论计算分析研究了 PFOA 的降解产物。FTIR 通过检测官能团来分析化合物的结构。LC-MS 用于检测 PFOA 的中间产物。使用密度泛函理论计算 PFOA 分子内的键长和键角，判断容易受到攻击的部分。

图 7-15 为处理前后 PFOA 的红外光谱图，其中含有 $700\sim500\,cm^{-1}$、$1210\sim1000\,cm^{-1}$、$3700\sim3000\,cm^{-1}$ 三个吸收区域。$700\sim500\,cm^{-1}$ 的吸收区域是由 C—C 键弯曲振动引起的。$1210\sim1000\,cm^{-1}$ 处的吸收区域是由 C—F 键伸缩振动引起的。$3700\sim3000\,cm^{-1}$ 的吸收区域是由醇、苯酚、氢键或羧酸中的 O—H 键伸缩振动引起的。三种吸收峰均在处理后降低。这表明在处理过程中 PFOA 分子的内部结构被破坏，被分解成了小分子化合物。

随后采用 LC-MS 检测 PFOA 的降解副产物，结果如表 7-7 所示。经过对出峰时间及质荷比的分析，推断出全氟庚酸（PFHpA）、全氟己酸（PFHxA）、全氟戊酸（PFPeA）、全氟丁酸（PFBA）、五氟丙酸（PFPrA）、三氟乙酸（TFA）六种主要中间产物，处理后 PFOA 峰值明显减小，而中间产物的峰值随放电时间的增加而增大。

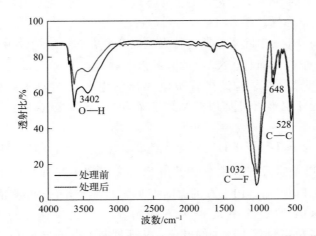

图 7-15   脉冲电晕放电等离子体处理前后 PFOA 的红外光谱

表 7-7   液相色谱-质谱检测到的 PFOA 降解产物

物质名称	出峰时间/min	质荷比	结构图
全氟庚酸	6.48	362.95	
全氟己酸	5.75	312.96	
全氟戊酸	5.00	262.94	
全氟丁酸	4.25	212.99	
五氟丙酸	3.51	162.97	
三氟乙酸	1.99	112.95	

这一结果也说明，污染物与电子等活性物质发生了一系列取代反应和酯化反应。PFOA 被分解成小分子的中间产物。根据密度泛函理论计算了 PFOA 分子中各个键的键长和键角，结果如表 7-8 所示。其中化学键更长及键角更大处更容易受到攻击发生断裂。根据以上检测结果和理论计算，推测了 PFOA 可能发生的降解路径（图 7-16），PFOA 中的 C—C 键发生断裂，被分解为小分子化合物，最终生成水和二氧化碳，实现污染物的矿化。

表 7-8　PFOA 分子键长、键角的测定结果

键长数据		键角数据		键角数据	
原子键	键长/10^{-10}m	键角名	键角/(°)	键角名	键角/(°)
O(10)—H(26)	0.997	H(26)—O(10)—C(1)	103.834	C(7)—C(6)—F(19)	106.757
C(8)—F(24)	1.342	O(10)—C(1)—O(9)	117.627	C(7)—C(6)—F(20)	104.314
C(8)—F(23)	1.347	O(10)—C(1)—C(2)	112.818	F(19)—C(6)—F(20)	107.804
C(8)—F(25)	1.324	O(9)—C(1)—C(2)	129.518	C(4)—C(5)—C(6)	121.534
C(2)—F(12)	1.351	C(3)—C(2)—C(1)	106.992	C(4)—C(5)—F(18)	110.45
C(2)—F(11)	1.344	C(3)—C(2)—F(11)	108.306	C(4)—C(5)—F(17)	103.121
C(3)—F(13)	1.319	C(3)—C(2)—F(12)	118.679	C(6)—C(5)—F(18)	108.592
C(3)—F(14)	1.307	C(1)—C(2)—F(11)	106.385	C(6)—C(5)—F(17)	108.022
C(6)—F(20)	1.266	C(1)—C(2)—F(12)	107.951	F(18)—C(5)—F(17)	103.501
C(4)—F(16)	1.306	F(11)—C(2)—F(12)	107.907	C(4)—C(3)—C(2)	117.536
C(4)—F(15)	1.337	C(7)—C(8)—F(25)	108.053	C(4)—C(3)—F(14)	112.02
C(5)—F(17)	1.326	C(7)—C(8)—F(23)	120.66	C(4)—C(3)—F(13)	108.535
C(5)—F(18)	1.299	C(7)—C(8)—F(24)	105.556	C(2)—C(3)—F(14)	110.837
C(6)—F(19)	1.332	F(25)—C(8)—F(23)	106.788	C(2)—C(3)—F(13)	101.604
C(7)—F(21)	1.371	F(25)—C(8)—F(24)	106.987	F(14)—C(3)—F(13)	105.009
C(7)—F(22)	1.367	F(23)—C(8)—F(24)	108.112	C(3)—C(4)—C(5)	115.13
C(1)—O(10)	1.408	C(8)—C(7)—C(6)	118.585	C(3)—C(4)—F(15)	102.708
C(1)—O(9)	1.234	C(8)—C(7)—F(22)	107.748	C(3)—C(4)—F(16)	114.028
C(2)—C(1)	1.586	C(8)—C(7)—F(21)	107.422	C(5)—C(4)—F(15)	106.251
C(6)—C(7)	1.535	C(6)—C(7)—F(22)	108.594	C(5)—C(4)—F(16)	112.966
C(7)—C(8)	1.542	C(6)—C(7)—F(21)	102.924	F(15)—C(4)—F(16)	104.199
C(3)—C(2)	1.554	F(22)—C(7)—F(21)	111.518		
C(5)—C(6)	1.546	C(5)—C(6)—C(7)	112.879		
C(4)—C(5)	1.568	C(5)—C(6)—F(19)	113.492		
C(4)—C(3)	1.525	C(5)—C(6)—F(20)	111.036		

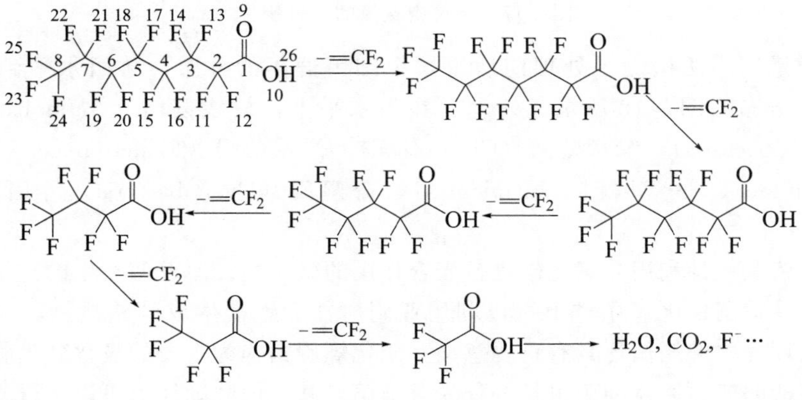

图 7-16　PFOA 的降解路径

此外，对处理前后土壤进行总碳分析，处理前后土壤中总碳含量分别为 25.5 mg/g 和 20.4 mg/g，气体中检测出的二氧化碳的含量为 24.1 mg。为了提高总碳和二氧化碳测试的准确性，本部分实验在不通气体及土壤含水率为 2% 条件下进行。在此实验条件下，PFOA 的去除率为 71%。根据碳守恒定律可以推算出，PFOA 的矿化率为 19%，在放电过程中有 1% 的 PFOA 挥发至空气中，而 51% 的 PFOA 分解为短链的中间产物。

7.4.3   土壤毒理性研究

7.4.3.1   土壤氮素含量分析

放电前土壤中氨氮及硝态氮含量未达到检出限。放电后土壤中硝态氮的含量没有被检测出，这是由于土壤的含水率较低，硝态氮很难被土壤直接吸收。本研究中，在反应器末端添加一个尾气吸收装置，用于吸收等离子体放电过程中产生的 NO_x，并回灌到土壤中，以此增加土壤中硝态氮的含量。放电后土壤中的氨氮含量却有明显增加，如图 7-17 所示。在空气气氛下氨氮浓度共增长了 450 mg/kg，比不通入气体时高出了 31 mg/kg，这是由于适当补充气体可以增加活性粒子的产生量，加剧反应器内分子的运动，使更多的氨氮释放出来。一般来说生物有机体内的氨氮被释放出来需要较长的时间，而等离子体技术产生的超声波、紫外线、活性粒子、电子等加速了有机体中氨氮的释放，促进了土壤环境中的氮循环，为污染土壤的再种植提供了氮素。

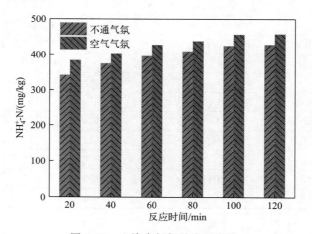

图 7-17   土壤中氨氮的含量变化

采用高通量测序法检测了处理前后土壤中细菌群落的分布，从门水平到种水平。细菌群落门水平分布如图 7-18 所示。处理后在门水平上，放线菌门（Actinobacteriota）、变形菌门（Proteobacteria）、绿弯菌门（Chloroflexi）、浮霉菌门（Planctomycetes）、硝化螺旋菌门（Nitrospirae）、厚壁菌门（Firmicutes）、蓝菌门（Cyanobacteria）等菌种含量明显升高。

其中绿弯菌是一种利用二氧化碳进行光合作用的微生物。厚壁菌产生的孢子能抵抗脱水和极端条件。浮霉菌在厌氧条件下可以利用亚硝酸盐和铵盐生成硝酸盐氮，并以此获得能量，这对土壤环境中的氮循环具有重要意义。硝化螺旋菌作为主要的氧化微生物，具有将铵盐转化成硝酸盐的能力。蓝细菌也是一种光合细菌，其中的叶绿体也可以通过光合作用产生氧气，有助于光合作用和固氮。浮霉菌和硝化螺旋菌的增加表明等离子体技术促进了氮循环过程。另外，嗜酸菌含量的降低也说明了土壤中 PFOA 浓度的降低。而大部分的拟杆菌门细菌生活在人类或动物的肠道内，是一种常见的病原体，在等离子体处理后的土壤中也明显减少了。基于以上分析，低温等离子体技术可以增加土壤中氨氮的含量，促进土壤的氮循环。

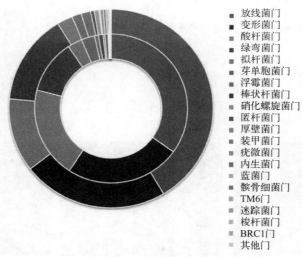

放线菌门
变形菌门
酸杆菌门
绿弯菌门
拟杆菌门
芽单胞菌门
浮霉菌门
棒状杆菌门
硝化螺旋菌门
匿杆菌门
厚壁菌门
装甲菌门
疣微菌门
内生菌门
蓝菌门
髌骨细菌门
TM6门
迷踪菌门
梭杆菌门
BRC1门
其他门

彩图

图 7-18　处理前后细菌群落门水平分布（处理前为内环，处理后为外环）

7.4.3.2　处理后土壤安全性和肥力分析

通过对处理前后土壤种植生菜来研究修复后土壤的安全性和肥力。生菜是实验室中一种常见的可用于土壤毒性试验及土壤肥力实验的植物。在 PFOA 污染土壤、放电处理后的土壤和天然土壤中分别种植生菜种子，每种土壤种下 48 粒种子，观察生长 21 天，结果如图 7-19 所示。在图 7-19 中可以看出天然土壤、污染土壤和处理后土壤中生菜的发芽数分别为 30 株、22 株和 35 株。其中生菜在经等离子体处理的土壤中发芽率最高。

随后测量三种土壤中生长出的生菜的干重，生菜在天然土壤中的平均干重为 3.1 mg，而污染土壤和处理后土壤中生菜的平均干重分别为 4.9 mg 和 4.7 mg。这些现象说明，经过处理后，土壤的安全性和肥力得到了提高。而污染土壤中的植物吸收了大量的污染物，其干重升高，但是由于污染物的毒性，植物的发芽率和长势较差。基于这一结果又检测了种植生菜前后土壤中 PFOA 的浓度。种植生菜后土壤中 PFOA 浓度比未种植生菜时低了 75.7 mg/kg，而未种植生菜的土壤中 PFOA 浓度无明显下降。此外，由于 PFOA 的毒性作用，生菜的发芽和生长受到抑制。但是，与污染土壤和天然土壤相比，经过等离子体处理的土壤中，生菜的发芽和生长都得到了改善，证明了低温等离子体技术可以在降解污染物的同时增加土壤的肥力，为污染土壤的再利用奠定基础。

7.4.3.3　土壤结构分析

通过采用接触角测量仪、扫描电镜、能谱仪和 X 射线衍射仪对处理前后的土壤结构及成分进行分析，从而评价等离子体技术在土壤修复中的安全性。从图 7-20 可以看出，土壤接触角有轻微变化，这说明土壤中污染物的结构发生变化，土壤中的 PFOA 被分解。而放电后土壤的接触角小于 90°，说明土壤仍为亲水性，等离子体技术并未改变土壤的亲水性。

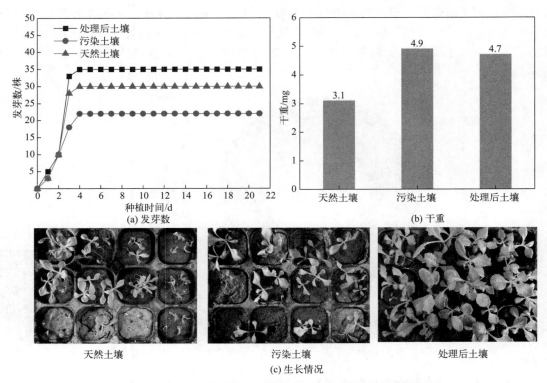

图 7-19　不同土壤中生菜种子的发芽数、干重及生长情况

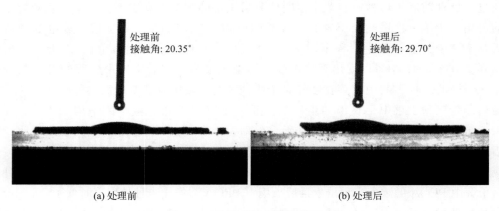

图 7-20　处理前后土壤的接触角

　　通过图 7-21 处理前后土壤的扫描电镜检测结果，可以在不同放大倍数下看清土壤的结构。低温等离子体放电前后土壤结构没有明显的改变，仍为层片状结构。该结果进一步说明等离子体放电并未对土壤的结构造成损坏，可以使土壤保持原有的状态，处理后的土壤可以安全地进行再利用。

　　处理前后土壤 XRD 谱图如图 7-22 所示。放电前后土壤的 X 射线衍射谱图并没有明显的变化，说明土壤的晶体结构没有被破坏，仍为 SiO_2。在图 7-23 的能谱图中也可以看出土壤中的元素没有明显的差异，说明等离子体放电技术并不会影响土壤的组成成分。综上所述，等离子体处理后的土壤中污染物浓度有明显的降低，同时土壤本身结构和成分没有被破坏，并且处理后的土壤肥力得到提高，安全性也得到了保证。

(a) 污染土壤处理前(20 μm)　　(b) 污染土壤处理前(10.0 μm)　　(c) 污染土壤处理前(5.0 μm)

(d) 污染土壤处理后(20 μm)　　(e) 污染土壤处理后(10.0 μm)　　(f) 污染土壤处理后(5.0 μm)

图 7-21　处理前后土壤扫描电镜

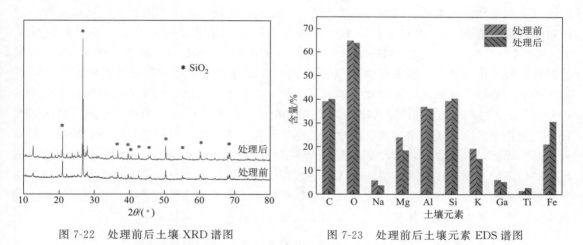

图 7-22　处理前后土壤 XRD 谱图　　　　图 7-23　处理前后土壤元素 EDS 谱图

7.5　低温等离子体修复新型污染物污染土壤的影响因素

7.5.1　污染物初始浓度

本实验探究了不同污染物初始浓度对 DBD 去除 PNP 和 PFOA 效果的影响。如图 7-24 所示，随着污染物初始浓度的提高，PNP 和 PFOA 的去除率逐渐下降。在处理 40 min 后，初始浓度为 200 mg/kg、300 mg/kg 和 400 mg/kg 的 PNP 去除率分别达到 70.25%、65.00% 和 62.59%。在处理 120 min 后，初始浓度为 100 mg/kg、300 mg/kg 和 600 mg/kg 的 PFOA 去除率分别为 90%、87% 和 67%。

这一结果与第 6 章中的研究结果一致，其原因也主要是在输入能量相同时，放电所产生

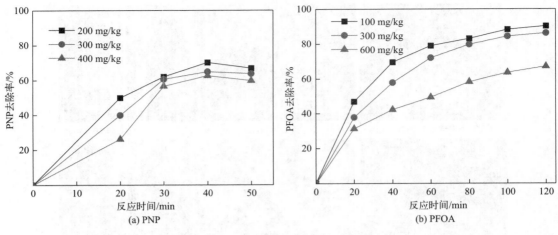

图 7-24   初始浓度对污染物去除的影响

的活性粒子的量是相同的，因此高浓度的污染物分子之间对活性粒子的竞争更加剧烈，导致活性粒子的消耗加剧，甚至不足。此外，实验过程中同时计算出了不同 PFOA 初始浓度下的绝对降解量和能量效率，结果如表 7-9 所示。随着污染物初始浓度的增加，反应过程中的绝对降解量也在增加。PFOA 初始浓度从 100 mg/kg 提高至 600 mg/kg，绝对降解量从 0.5 mg 增加到 2.0 mg，能量效率也从 0.8 μg/kJ 提高到 3.4 μg/kJ。这意味着活性粒子在实验过程中处于饱和状态，而由于活性粒子与 PFOA 缺乏直接接触，降解受到限制。反应过程中产生的活性自由基主要停留在土壤表面，分解表面的 PFOA，而无法降解深层土壤中的 PFOA。在活性粒子数量相同的情况下，污染物分子之间对活性物质的激烈竞争，造成活性粒子的利用率升高，被浪费的能量减少。这也是反应过程中能量效率随污染物初始浓度增加而提高的原因。由此也可以看出低温等离子体可以应用于污染较重的土壤中，从而高效快速地降解污染物。研究还发现，等离子体放电过程中的放电丝会在土壤表面产生瞬时高温，使土壤颗粒表面的反应产物蒸发，使深层污染物暴露于等离子体活性粒子中，从而降解高浓度污染物。所以低温等离子体技术可以应用于污染浓度较高的土壤环境中。

表 7-9   不同 PFOA 初始浓度下的能量效率、绝对降解量与去除率

初始浓度/(mg/kg)	去除率/%	绝对降解量/mg	能量效率/(μg/kJ)
100	90	0.5	0.8
300	87	1.3	2.2
600	67	2.0	3.4

7.5.2   土壤初始 pH

实验中通过调节土壤初始 pH，探究了不同土壤 pH 对 PNP 和 PFOA 去除效果的影响，实验结果如图 7-25 所示。不同土壤 pH 下 PNP 的去除效果顺序为：碱性土壤＞中性土壤＞酸性土壤。这个现象可以由以下几个原因解释。①PNP 呈弱酸性，其解离常数（pK_a）为 7.15，当 pH 不同时其存在形态也不同。当土壤的 pH 比 pK_a 高时，PNP 往往呈现负离子状态并且外观为黄色；相反，当 pH 比 pK_a 低时，PNP 就呈现分子状态并且颜色较淡；当

土壤是中性时，则两种形态共同存在。②离子形式的 PNP 的邻对位电子云密度比较高，更利于臭氧的侵蚀。因此，O_3 和离子态的 PNP 反应速率远高于 O_3 和原子态的 PNP。③第 6 章中已经提到，在 pH 较高的碱性土壤中，O_3 往往会和 OH^- 反应生成·OH，而·OH 的氧化还原电位（2.8 eV）比 O_3（2.07 eV）要高，因此·OH 的形成对 PNP 的降解更有利。

与 PNP 相反，PFOA 的去除率随土壤 pH 的升高而降低。在土壤 pH 为 2.9 和 6.3 时，经过 120 min 的处理，PFOA 的去除率可以达到 90％和 87％。在土壤 pH 为 8.9 和 12.1 时，PFOA 的去除率分别为 64％和 56％。这说明，酸性条件比中性或碱性条件更有利于 PFOA 的分解。由于酸性条件不利于 O_3 的分解和·OH 的形成，认为 PFOA 的降解与·OH 关系不大，推测电子是降解 PFOA 的主要活性粒子。

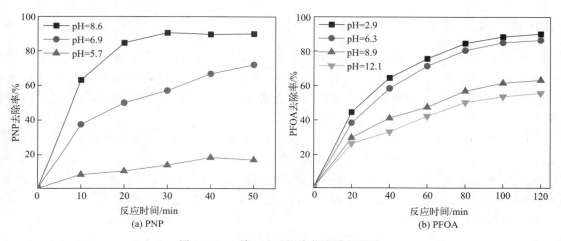

图 7-25 土壤 pH 对污染物去除的影响

7.5.3 气体流量

由第 6 章可以发现气体流量也是一个影响污染物降解效果的重要因素。因此，本章同样探究了气体流量对 PNP 和 PFOA 去除的影响，结果如图 7-26 所示。

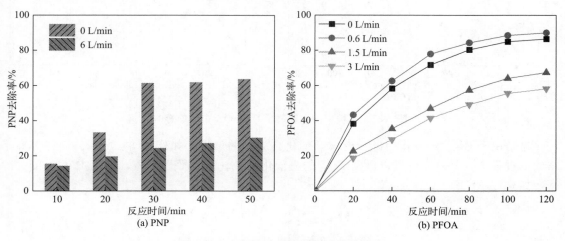

图 7-26 空气流速对污染物去除的影响

PNP 在没有空气流动时的降解效果要比流量为 6 L/min 时好。在无空气流动时，去除率在 50 min 内达到了 63.59%。然而，在空气流量为 6 L/min 时，PNP 在 50 min 内去除率仅为 30.2%。这是由于放电过程中，大量活性物质对污染物的氧化有直接影响，其中一些活性物质是气态形式，例如 O_3。空气流量较大时，O_3 可能在与 PNP 反应之前就被排出系统，因此降低了去除率。

对于 PFOA，在气体流量为 0.6 L/min 时的去除率最高，而不向反应器中通入气体要比气体流量为 1.5 L/min 和 3 L/min 的降解效果好。因此，在低温等离子体放电体系中控制适当的气体流量可以提高活性物质的产量，从而进一步提升污染物的去除率。这一结论与第 6 章一致。

7.5.4 常见离子

除了污染土壤的基本性质，如污染物浓度、土壤 pH 等，土壤中的各种离子也会对污染物的去除产生影响。Cu^{2+}、Fe^{2+}、SO_4^{2-} 和 NO_3^- 都是天然土壤环境中普遍存在的离子，因此研究了这四种离子对脉冲电晕等离子体处理 PFOA 的影响，结果如图 7-27 和图 7-28 所示。

从图 7-27(a) 中可以看出，在不添加 Cu^{2+} 的情况下，PFOA 的去除率为 71%；而当添加 5 mg/kg 的 Cu^{2+} 时，PFOA 的去除率提高至 80%；随着添加的 Cu^{2+} 的浓度升高到 10 mg/kg 和 20 mg/kg，PFOA 的去除率分别下降到 75% 和 69%。同样地，当 Fe^{2+} 的浓度为 0 mg/kg、5 mg/kg、10 mg/kg 和 20 mg/kg 时，PFOA 的去除率分别为 71%、79%、74% 和 66%。

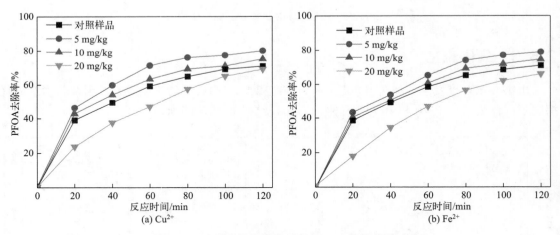

图 7-27 土壤中的金属离子对 PFOA 去除的影响

这是由于 Cu^{2+} 可以作为电子受体，催化自由基的形成，如式(7-8) 所示。而在等离子体放电过程中，紫外光也可以激发 Fe^{2+} 的光催化活性，产生活性物质，提高 PFOA 的去除率，如式(7-9) 所示。

$$Cu^{2+} + H_2O \longrightarrow Cu^+ + 2H^+ + \frac{1}{2}O_2 + e^- \tag{7-8}$$

$$H_2O + h\upsilon \xrightarrow{Fe^{2+}} H^+ + \cdot OH + e^- \tag{7-9}$$

然而由于单独的 ·OH 难以引发 PFOA 的分解反应，因此 Cu^{2+} 和 Fe^{2+} 的存在也无法明显提高 PFOA 的去除率。而当金属离子浓度较高时，金属离子与活性物质之间因相互反应而彼此消耗；当 Cu^{2+} 和 Fe^{2+} 浓度增加时，过剩的 Cu^{2+} 和 Fe^{2+} 会消耗活性物质，形成 $HO_2 \cdot$、H_2O_2 等较弱的活性物质，从而导致 PFOA 的去除率下降。

　　如图 7-28 所示，随着 SO_4^{2-} 和 NO_3^- 的加入，PFOA 的去除率急剧下降。当 SO_4^{2-} 的浓度从 0 升高到 20 mg/kg 时，PFOA 的去除率从 71％下降到 42％；NO_3^- 的浓度从 0 升高到 20 mg/kg 时，PFOA 的去除率从 71％下降到 27％。反应过程中的能量效率也随 SO_4^{2-} 和 NO_3^- 浓度的升高而降低。这说明随着 SO_4^{2-} 和 NO_3^- 浓度的升高，对 PFOA 分解的抑制作用逐渐增强。在 SO_4^{2-} 存在情况下，放电产生的活性粒子可以迅速与 SO_4^{2-} 发生反应并被消耗，导致 PFOA 的去除率下降。在等离子体放电过程中，电子作为反应的引发剂有着重要的作用，活性粒子的产生和污染物的分解实际上都依赖于电子。而 NO_3^- 作为电子清除剂，可以捕获电子，如式(7-10)所示。此外，紫外线被 NO_3^- 吸收，造成能量损失，也抑制了活性粒子的生成和污染物的降解。

$$e^- + NO_3^- \longrightarrow NO_3^{2-} \tag{7-10}$$

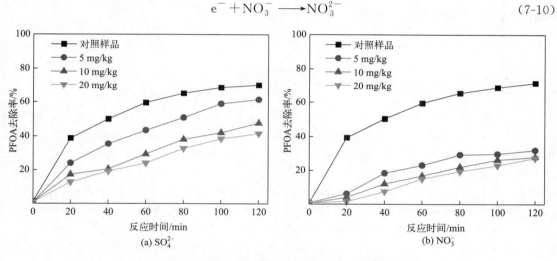

图 7-28　土壤中的无机阴离子对 PFOA 去除的影响

7.6　本章小结

　　本章采用 DBD 和 PCD 等离子体反应器修复 PNP 和 PFOA 污染土壤，对处理时间、放电电压、污染物初始浓度、污染土壤 pH 和气体流量等影响参数进行了研究，确定了该系统的最佳处理条件。同时，通过 GC-MS、LC-MS、HPLC、IC 和 FTIR 的分析对降解产物进行了研究，以探讨其降解途径。此外，还研究了放电前后土壤的结构、组成、肥力以及安全性。结论如下：

　　① 在介质阻挡放电反应器处理 PNP 污染土壤的过程中，综合考虑处理效果、能量利用率、实验成本、放电状态等因素，PNP 在最佳操作条件下的去除率为 63.6％。同时，该实验结果表明低温等离子体技术对于难降解污染物污染的或重污染土壤具有快速、有效的修复效果。此外，该系统可以矿化 20％的 PNP。通过对比等离子体法和臭氧法发现，臭氧降解

在 DBD 降解 PNP 过程中的贡献约为 25%。通过对处理前后的土壤进行表征分析，推测出了对硝基苯酚在降解过程中发生了脱硝反应、羟基化反应、取代反应和苯环破裂等反应，并对其降解路径进行了推导。

② 通过介质阻挡放电等离子体和脉冲电晕放电等离子体处理 PFOA 污染土壤的对比研究可知，两种不同放电方式的等离子体技术均可以快速高效地降解土壤中的 PFOA，说明低温等离子体技术可以应用于大部分有机污染土壤的修复。此外，通过控制放电气氛以及添加电子捕获剂的方法研究了等离子体技术降解土壤中 PFOA 污染的主要活性粒子，并进而探讨了 PFOA 的降解机制。

③ 通过对放电后土壤中的氮素进行研究，发现放电后土壤中的氨氮含量明显升高，对比放电前后土壤中种植的生菜也可以明显地看出，放电后土壤种植的生菜发芽率、干重以及长势都要好于没有经过放电的土壤中种植出的生菜。通过高通量测序、扫描电镜、能谱分析及 X 射线衍射光谱等技术手段进行分析后，发现放电后土壤氮循环的生物增多，土壤成分结构并没有发生明显改变，表明等离子体技术是一种绿色修复技术，在去除土壤中污染物的同时不会破坏土壤本身的结构成分，保障了土壤的安全。

参考文献

[1] Aralikatti N V. Vibrational spectra, structure, theoretical calculations of 3-Fluoro-4-Hydroxybenzalde-hyde: With evidence of hydrogen bonding [J]. Journal of Molecular Structure, 2018, 1173: 814-821.

[2] Beltrán F J, Gómez-Serrano V, Durán A. Degradation kinetics of p-nitrophenol ozonation in water [J]. Water Research, 1992, 26 (1): 9-17.

[3] Bentel M J, Yu Y C, Xu L H, et al. Defluorination of per-and polyfluoroalkyl substances (PFASs) with hydrated electrons: Structural dependence and implications to PFAS remediation and management [J]. Environmental Science & Technology, 2019, 53 (7): 3718-3728.

[4] Bian W J, Zhou M H, Lei L C. Formations of active species and by-products in water by pulsed high-voltage discharge [J]. Plasma Chemistry and Plasma Processing, 2007, 27 (3): 337-348.

[5] Bo L L, Quan X, Chen S, et al. Degradation of p-nitrophenol in aqueous solution by microwave assisted oxidation process through a granular activated carbon fixed bed [J]. Water Research, 2006, 40 (16): 3061-3068.

[6] Bruton T A, Sedlak D L. Treatment of aqueous film-forming foam by heat-activated persulfate under conditions representative of in situ chemical oxidation [J]. Environmental Science & Technology, 2017, 51 (23): 13878-13885.

[7] Chang J S, Lawless P A, Yamamoto T. Corona discharge processes [J]. Ieee Transactions on Plasma Science, 1991, 19 (6): 1152-1166.

[8] Czaplicka M, Kaczmarczyk B. Infrared study of chlorophenols and products of their photodegradation [J]. Talanta, 2006, 70 (5): 940-949.

[9] Deng S B, Nie Y, Du Z W, et al. Enhanced adsorption of perfluorooctane sulfonate and perfluo-rooctanoate by bamboo-derived granular activated carbon [J]. Journal of Hazardous Materials, 2015, 282: 150-157.

[10] Di Paola A, Augugliaro V, Palmisano L, et al. Heterogeneous photocatalytic degradation of nitrophe-nols [J]. Journal of Photochemistry and Photobiology A: Chemistry, 2003, 155 (1): 207-214.

[11]　Eliasson B，Hirth M，Kogelschatz U. Ozone synthesis from oxygen in dielectric barrier discharges [J]. Journal of Physics D：Applied Physics，1987，20 (11)：1421.

[12]　Eliasson B，Kogelschatz U. Modeling and applications of silent discharge plasmas [J]. Ieee Transactions on Plasma Science，1991，19 (2)：309-323.

[13]　Fancey K S. An investigation into dissociative mechanisms in nitrogenous glow discharges by optical emission spectroscopy [J]. Vacuum，1995，46 (7)：695-700.

[14]　Florkowska B，Wlodek R. Pulse height analysis of partial discharge in air [J]. IEEE Transactions on Electrical Insulation，1993，28 (6)：932-940.

[15]　Gao L L，Yasenjiang K，Wei L，et al. Measurement of p-nitrophenol with normalizationally modified UV-vis spectrum methodology in wide pH range wastewater [J]. Enuivonmental Science & Technology，2011，34 (2)：111-114.

[16]　Grcic I，Maljkovic M，Papic S，et al. Low frequency US and UV-A assisted Fenton oxidation of simulated dyehouse wastewater [J]. Journal of Hazardous Materials，2011，197：272-284.

[17]　Hale S E，Arp H P H，Slinde G A，et al. Sorbent amendment as a remediation strategy to reduce PFAS mobility and leaching in a contaminated sandy soil from a Norwegian firefighting training facility [J]. Chemosphere，2017，171：9-18.

[18]　Hansen K J，Johnson H O，Eldridge J S，et al. Quantitative characterization of trace levels of PFOS and PFOA in the Tennessee River [J]. Environmental Science & Technology，2002，36 (8)：1681-5.

[19]　Hayashi D，Hoeben W，Dooms G，et al. Influence of gaseous atmosphere on corona-induced degradation of aqueous phenol [J]. Journal of Physics D：Applied Physics，2000，33 (21)：2769-2774.

[20]　Hirsch P，Skuja H L. Genus*Planctomyces* [M]//Buchanan，R. E. Bergey's Manual of Determinative Bacteriology. Baltimore M D：The Williams and Wilkins Company，1974.

[21]　Hofman G，Van Cleemput O. Gaseous N losses from field crops [J]. Acta Horticulturae，2001 (563)：155-162.

[22]　Klatt C G，Liu Z F，Ludwig M，et al. Temporal metatranscriptomic patterning in phototrophic Chloroflexi inhabiting a microbial mat in a geothermal spring [J]. Isme Journal，2013，7 (9)：1775-1789.

[23]　Kumar S A，Iekshmi G S S，Banu J R，et al. Synergistic degradation of hospital wastewater by solar/TiO_2/Fe^{2+}/H_2O_2 process [J]. Water Quality Research Journal of Canada，2014，49 (3)：223-233.

[24]　Lawless P A，McLean K J，Sparks L E，et al. Negative corona in wire-plate electrostatic precipitators. Part I：Characteristics of individual tuft-corona discharges [J]. Journal of Electrostatics，1986，18 (2)：199-217.

[25]　Li R，Munoz G，Liu Y N，et al. Transformation of novel polyfluoroalkyl substances (PFASs) as co-contaminants during biopile remediation of petroleum hydrocarbons [J]. Journal of Hazardous Materials，2019，362：140-147.

[26]　Liu Y N，Shen X，Sun J H，et al. Treatment of aniline contaminated water by a self-designed dielectric barrier discharge reactor coupling with micro-bubbles：Optimization of the system and effects of water matrix [J]. Journal of Chemical Technology and Biotechnology，2019，94 (2)：494-504.

[27]　Lu N，Lou J，Wang C H，et al. Evaluating the effects of silent discharge plasma on remediation of acid scarlet GR-contaminated soil [J]. Water Air and Soil Pollution，2014，225 (6)：1-7.

[28]　Lukes P，Locke B R. Degradation of substituted phenols in a hybrid gas-liquid electrical discharge reactor [J]. Industrial & Engineering Chemistry Research，2005，44 (9)：2921-2930.

[29]　Lv X F，Yu J B，Fu Y Q，et al. A meta-analysis of the bacterial and archaeal diversity observed in wetland soils [J]. Scientific World Journal，2014，2014：437684.

[30] Martin J W，Mabury S A，Solomon K R，et al. Bioconcentration and tissue distribution of perfluorinated acids in rainbow trout（Oncorhynchus mykiss）[J]. Environmental Toxicology and Chemistry，2003，22（1）：196-204.

[31] Martin J W，Mabury S A，Solomon K R，et al. Dietary accumulation of perfluorinated acids in juvenile rainbow trout（*Oncorhynchus mykiss*）[J]. Environmental Toxicology and Chemistry，2003，22（1）：189-195.

[32] Mu R W，Liu Y N，Li R，et al. Remediation of pyrene-contaminated soil by active species generated from flat-plate dielectric barrier discharge [J]. Chemical Engineering Journal，2016，296：356-365.

[33] Nakasaki K，Ohtaki A，Takano H. Biodegradable plastic reduces ammonia emission during composting [J]. Polymer Degradation and Stability，2000，70（2）：185-188.

[34] Ognier S，Rojo J，Liu Y N，et al. Mechanisms of pyrene degradation during soil treatment in a dielectric barrier discharge reactor [J]. Plasma Processes and Polymers，2014，11（8）：734-744.

[35] Olsen G W，Church T R，Larson E B，et al. Serum concentrations of perfluorooctanesulfonate and other fluorochemicals in an elderly population from Seattle，Washington [J]. Chemosphere，2004，54（11）：1599-1611.

[36] Oturan M A，Peiroten J，Chartrin P，et al. Complete destruction of p-nitrophenol in aqueous medium by electro-Fenton method [J]. Environmental Science & Technology，2000，34（16）：3474-3479.

[37] Paul R，Megan W，R Mohan S，et al. Decoupling interfacial reactions between plasmas and liquids：Charge transfer vs plasma neutral reactions [J]. Journal of the American Chemical Society，2013，135（44）：16264-16267.

[38] Sanderson H，Boudreau T M，Mabury S A，et al. Impact of perfluorooctanoic acid on the structure of the zooplankton community in indoor microcosms [J]. Aquatic Toxicology，2003，62（3）：227-234.

[39] Singh R K，Fernando S，Baygi S F，et al. Breakdown products from perfluorinated alkyl substances（PFAS）degradation in a plasma-based water treatment process [J]. Environmental Science & Technology，2019，53（5）：2731-2738.

[40] Soloshenko I A，Tsiolko V V，Pogulay S S，et al. Effect of water adding on kinetics of barrier discharge in air [J]. Plasma Sources Science & Technology，2009，18（4）：045019.

[41] Sorengard M，Kleja D B，Ahrens L. Stabilization and solidification remediation of soil contaminated with poly-and perfluoroalkyl substances（PFASs）[J]. Journal of Hazardous Materials，2019，367：639-646.

[42] Sorengard M，Niarchos G，Jensen P E，et al. Electrodialytic per- and polyfluoroalkyl substances（PFASs）removal mechanism for contaminated soil [J]. Chemosphere，2019，232：224-231.

[43] Sörensen M，Frimmel F H. Photochemical degradation of hydrophilic xenobiotics in the UV/H_2O_2 process：Influence of nitrate on the degradation rate of edta，2-amino-1-naphthalenesulfonate，diphenyl-4-sulfonate and 4,4'-diaminostilbene-2,2'-disulfonate [J]. Acta Hydrochimica Et Hydrobiologica，1996，24（4）：185-188.

[44] Stanifer J W，Stapleton H M，Souma T，et al. Perfluorinated chemicals as emerging environmental threats to kidney health：A scoping review [J]. Clinical Journal of the American Society of Nephrology，2018，13（10）：1479-1492.

[45] Suarez C，Louys F，Günther K，et al. OH-radical induced denitration of nitrophenols [J]. Tetrahedron Letters，1970，11（8）：575-578.

[46] Sun B，Sato M，Clements J S. Optical study of active species produced by a pulsed streamer corona discharge in water [J]. Journal of Electrostatics，1997，39（3）：189-202.

[47] Taniyasu S，Kannan K，Horii Y，et al. A survey of perfluorooctane sulfonate and related perfluorinat-

ed organic compounds in water，fish，birds，and humans from Japan ［J］. Environmental Science & Technology，2003，37（12）：2634-2639.

［48］ Turner B D，Sloan S W，Currell G R. Novel remediation of per- and polyfluoroalkyl substances（PFASs）from contaminated groundwater using *Cannabis Sativa* L.（hemp）protein powder ［J］. Chemosphere，2019，229：22-31.

［49］ Wang J Z，Cao C S，Wang Y Y，et al. In situ preparation of p-n BiOI@Bi5O7I heterojunction for enhanced PFOA photocatalytic degradation under simulated solar light irradiation ［J］. Chemical Engineering Journal，2020，391：123530.

［50］ Wang T C，Qu G Z，Jie L，et al. Evaluation of the potential of soil remediation by direct multi-channel pulsed corona discharge in soil ［J］. Journal of Hazardous Materials，2014，264：169-175.

［51］ Wang T C，Qu G Z，Sun Q H，et al. Evaluation of the potential of p-nitrophenol degradation in dredged sediment by pulsed discharge plasma ［J］. Water Research，2015，84：18-24.

［52］ Wang T C，Qu G Z，Yin X Q，et al. Dimethyl phthalate elimination from micro-polluted source water by surface discharge plasma：Performance，active species roles and mechanisms ［J］. Journal of Hazardous materials，2018，357：279-288.

［53］ Yan P，Zheng C H，Xiao G，et al. Characteristics of negative DC corona discharge in a wire-plate configuration at high temperatures ［J］. Separation and Purification Technology，2015，139：5-13.

［54］ Yi L B，Chai L Y，Xie Y，et al. Isolation，identification，and degradation performance of a PFOA-degrading strain ［J］. Genetics & Molecular Research Gmr，2016，15（2）：235-246.

［55］ Zaki M I，Katrib A，Muftah A I，et al. Exploring anatase-TiO_2 doped dilutely with transition metal ions as nano-catalyst for H_2O_2 decomposition：Spectroscopic and kinetic studies ［J］. Applied Catalysis a-General，2013，452：214-221.

［56］ Zhan J X，Zhang A，Heroux P，et al. Gasoline degradation and nitrogen fixation in soil by pulsed corona discharge plasma ［J］. Science of the Total Environment，2019，661：266-275.

［57］ Zhang A，Li Y M. Removal of phenolic endocrine disrupting compounds from waste activated sludge using UV，H_2O_2，and UV/H_2O_2 oxidation processes：Effects of reaction conditions and sludge matrix ［J］. Science of the Total Environment，2014，493：307-323.

［58］ Zhang Q R，Qu G Z，Wang T C，et al. Humic acid removal from micro-polluted source water in the presence of inorganic salts in a gas-phase surface discharge plasma system ［J］. Separation and Purification Technology，2017，187：334-342.

［59］ Zhou Y C，Hong Y，Li Z H，et al. Investigation of discharge characteristics of DBD plasma produced with multi-needle to plate electrodes in water by optical emission spectroscopy ［J］. Vacuum，2019，162：121-127.

［60］ 梁亚如. 两种新型有机污染物的环境生物分析方法研究 ［D］. 镇江：江苏大学，2017.

第8章

低温等离子体耦合过氧化钙预处理剩余污泥促进消化产酸

8.1 引言

城市污水处理厂每天会产生大量的剩余污泥,据统计,2019年我国污水处理厂已达5240座,污水处理能力为2.28亿立方米每天。据估算,剩余污泥产量约占污水处理量的0.08%,因此,在生产生活污水排放量不断增加的同时,城镇污水处理厂产生的剩余污泥的量也在不断地升高。据不完全统计,我国产生的剩余污泥每年以大于10%的增长率增加,估计到2025年我国污泥量将达到15000万吨,其中,市政9000万吨,工业6000万吨。由于在认识到剩余污泥问题的严重性之前,人们把注意力都集中到了污水的处理上,因此,绝大多数污水处理厂建设时都将资金和精力放在了污水的处理上而未考虑污泥的处理问题,使剩余污泥大量积压。剩余污泥成分复杂,包含一些有毒有害物质如难降解有机污染物、重金属、病原微生物、盐类等,如不及时安全合理地处理这些剩余污泥,将会对土壤、地下水、空气等造成影响,给环境带来二次污染。另外,污泥中还有大量的有机物,若能回收其中的可利用物质,也会对污泥处理所带来的经济压力有一定的缓解。因此,目前污泥处理处置更倾向于资源化方向。

目前应用最为广泛的处理方法是污泥厌氧消化。污泥厌氧消化可以产生挥发性脂肪酸(volatile fatty acid,VFA)和甲烷,是非常有应用前景的污泥资源化技术。将剩余污泥在厌氧条件下消化产酸并回用于污水处理流程是就地补充进水碳源的一种有效方法,既可减少污泥总排放量,又可实现污泥资源化利用,还可在厂内实现碳源自给,提高脱氮除磷效率,引起了污水处理界的广泛关注。通过污泥厌氧消化可以回收污泥中的有机能源(如碳、氮、磷等),从而实现污泥的资源化和能源化;污泥厌氧消化过程中有机物被分解,使得污泥体积减小,并可改善污泥性能,增强污泥稳定性,从而有利于后续的污泥处理,降低后续处理的费用;另外,污泥厌氧消化技术操作管理起来也比较简单方便。但是,这种处理方法也存在一些缺点，如不同于一般的有机物厌氧消化，污泥固体的生物可降解性低（仅能去除30%～40%的挥发性固体）从而导致污泥的资源化程度低；处理周期比较长（一般为20～30天），而且污泥厌氧消化过程容易受到环境条件的影响。因此，有必要加强对污泥厌氧消化技术的研究，扬长避短，从而更好地达到污泥无害化、减量化、资源化的目的。

污泥中生物细胞体占整个污泥（干重）的 70% 左右，而微生物细胞外的胞外聚合物（extracellular polymeric substance，EPS）、细胞壁和细胞膜等结构会阻碍细胞内有机物的释出。因此，普遍认为污泥水解阶段耗时较长，限制了污泥厌氧消化速率。近年来，为提高污泥厌氧消化效率，国内外学者对剩余污泥预处理方法进行了广泛的研究并取得诸多成果。污泥预处理对污泥微生物细胞的裂解、有机物的释放具有很好的促进作用。目前，厌氧消化剩余污泥的常用预处理方法可分为物理方法、化学方法、生物方法和由不同预处理方法组成的联合处理方法。

物理预处理方法主要包括微波、超声波、热解等，亦包括一些机械物理技术。这些预处理方法均可导致污泥中微生物细胞结构破裂，释放出胞内的有机物和酶，释放出的酶又进一步促进污泥中细胞结构的裂解，从而导致更多有机物释放，为后续的水解和酸化进程提供条件。诸多研究表明，微波辐射可在短时间内有效破坏细胞结构，并将有机物释放到溶液中；在微波的作用下，污泥中的大分子有机物会被水解为小分子有机物。超声波可在水中迅速地产生一系列接近极端的条件对污泥细胞进行破坏，利用超声波预处理剩余污泥能够快速提高污泥的脱水性能以及产甲烷的速率和效率。王芬等人认为超声波不但可以有效提高污泥的 VFA 产量和产酸速率，还可以对污泥的产酸组分进行优化。污泥热解是通过热压力破坏污泥中微生物细胞结构中的化学键，从而使细胞结构变得松散，产生小孔并释放出胞内的有机物。王治军等人的研究表明在 170 ℃条件下用高温热水解对剩余污泥预处理 30 min 后，污泥总化学需氧量（total chemical oxygen demand，TCOD）的去除率由 38.11% 提高到56.78%。Maharaj 等人的研究表明热水解预处理可以优化厌氧消化反应的菌群，经过预处理的污泥中产酸微生物较原始污泥明显增多。物理方法虽然具有较多优点，但也存在设备要求高、能耗较高、厌氧消化提高效果不理想等问题。

化学预处理方法中研究较多的是碱解法和氧化法。碱解预处理污泥可以破坏污泥细胞结构，提高污泥可生化性。目前经常使用的碱的种类比较多，包括 NaOH、$Ca(OH)_2$、KOH等。胡亚冰等人在 pH 值为 9、10、11 的条件下预处理污泥 24 h，污泥厌氧消化 30 d 后的甲烷产量分别高于空白组 8%、23% 和 41%。Rajan 和 Zhang 等人认为碱性条件不仅有利于总化学需氧量的溶出，还可以提高污泥厌氧消化甲烷产率及挥发性悬浮固体（volatile suspended solids，VSS）的去除率。碱解技术的优点是操作简单且处理效果好，但碱解预处理方式中 Na^+、K^+ 等投加浓度高，会抑制产甲烷菌等微生物的活性，不利于后续的生物过程，另外碱解预处理方法需要的化学药品剂量大，对设备的腐蚀也比较严重。氧化技术主要包括臭氧、过氧化氢技术等。O_3 作为一种强氧化剂，可以和污泥中的化合物发生直接或者间接反应，从而将微生物细胞壁的组成成分（例如糖、脂质、蛋白质等）转化为小分子物质，破坏污泥细胞壁并提高污泥的可生化性。Zhang 等人研究得出 O_3 对污泥的最佳处理剂量为50 mg/g。但过量的 O_3 可能会将释放出的胞内有机物直接氧化成 CO_2，不利于后续厌氧消化产甲烷。另外 O_3 生产成本较高，限制了其推广应用。

生物预处理技术的研究热点集中在生物酶预处理技术上。生物酶预处理技术是指向污泥中投加酶制剂或投加一些可以分泌胞外酶的细菌。酶能够催化有机物分解，促进大分子有机物分解为生物易降解小分子物质，使长链的蛋白质、碳水化合物和脂类黏性降低、透水能力提高，从而提高污泥的可生化性。生物酶预处理可有效提高污泥的溶解性及后续厌氧消化产甲烷能力。由于酶的种类较多，在污泥预处理中对酶的选择、最佳处理条件控制等方面还需要深入的研究。生物酶预处理技术的优势是不需要特殊设备、不产生有害副产物，但其推广应用会受到生物工程技术的制约，主要是如何低成本地获取高效生物酶制剂。

　　不同的预处理方法对污泥的作用机制不同，因此各有利弊。不同的污泥预处理方法耦合作用时效果可能彼此增强，获得更好的处理效果。Dogan 和 Sanin 指出，微波与碱解技术耦合使用会产生协同效应，两种技术耦合使用溶出的蛋白质量高于两种技术单独使用时溶出的蛋白质量之和。Kennedy 等人研究了 2 g/L NaOH 与微波（85 ℃）的耦合作用效果，结果表明溶解性化学需氧量（soluble chemical oxygen demand，SCOD）的溶出浓度由 2%（空白组）提升到 21.7%；而单独微波组和单独 NaOH 组 SCOD 的溶出浓度分别为 7% 和 16.3%。Jang 等人也对微波/碱耦合技术进行了研究，污泥固体的溶解度由 3% 提高到 53.2%，厌氧消化甲烷产量在第 5 天比空白组提高了 20% 左右。Liao 等人指出，采用微波辐射 5 min（20 ℃/min），耦合 H_2O_2（7 mL/L）可溶解出 96% 的 SCOD。Yu 等人报道 H_2O_2（0.1%）耦合微波处理 5.5 min（20 ℃/min）可使污泥的 SCOD 提高 18% 左右。

　　近年来，基于等离子体的污泥预处理技术也引起了关注。污泥的等离子体预处理原理主要是活性物质氧化，电子在外部电场的作用下获取动能，与电极之间的其他分子和原子发生非弹性碰撞，由此产生的大量活性粒子（如 ·OH、·HO_2、·O_2^-、·NO_2、·NO、e^-、O_3、H_2O_2 等）会破坏细胞结构，促使细胞内有机物释放。有学者将等离子体用于污泥预处理，发现等离子体预处理污泥可显著提高污泥的脱水性能和剩余污泥微生物细胞破解效果，增加 VFA 产量，并在美国梅萨市西北污水处理厂实现成功应用。Choi 等人发现剩余污泥经脉冲等离子体预处理后，厌氧消化效果得到了加强。吴朝阳等人采用高压脉冲放电预处理污泥，实验结果表明高压脉冲放电可提高污泥的脱水效果。Taylor 等人的研究表明，等离子体预处理污泥可以加快污泥细胞的裂解，提升污泥的可生化性。曹颖等人利用脉冲弧光放电法预处理污泥，污泥经预处理后悬浮物（suspended solids，SS）浓度下降，沉降性能变好。高宇等人认为电晕放电产生的 ·OH、O_3 等强氧化性物质是导致微生物细胞膜破解、胞内有机成分释放的主要原因。本章拟采用介质阻挡放电对剩余污泥进行预处理，并将其与绿色氧化剂过氧化钙进行耦合，以探究耦合技术预处理污泥促进污泥破壁增溶并提高厌氧消化过程中挥发性脂肪酸产量的效果及机制。

8.2　实验部分

8.2.1　实验材料

　　实验污泥取自上海市某污水处理厂二沉池的剩余活性污泥，取回的污泥经沉淀排水后，用 20 目筛网过滤沉淀以去除砂子、浮渣等大颗粒无机物，并用分离出的上清液将污泥稀释至一定浓度，保证每批次实验污泥初始浓度相近。各批次污泥的基本特性见表 8-1（TS 和 TSS 分别是污泥中的总固体和总悬浮固体）。

表 8-1　污泥基本特性

TS/(g/L)	pH	TSS/(g/L)	VSS/(g/L)	SCOD/(mg/L)
19.8±0.9	7.4±0.3	18.6±0.5	10.83±0.60	130±37

8.2.2　药品及仪器设备

实验所用主要药品如表 8-2 所示。

表 8-2　主要实验药品

药品名称	规格	购买厂家
硫酸	AR,95%～98%	国药集团化学试剂有限公司
高锰酸钾	AR,≥99.5%	国药集团化学试剂有限公司
硫酸银	AR,≥99.7%	国药集团化学试剂有限公司
硫酸汞	AR,≥98.5%	国药集团化学试剂有限公司
六水硫酸亚铁铵	AR,≥99.5%	国药集团化学试剂有限公司
氨氮标准溶液	10 mg/L	国药集团化学试剂有限公司
酒石酸钾钠	AR,≥99.0%	国药集团化学试剂有限公司
纳氏试剂	100 mL	国药集团化学试剂有限公司
甲醇	HPLC	国药集团化学试剂有限公司
乙腈	HPLC	上海泰坦科技股份有限公司
甲酸	AR,≥88.0%	国药集团化学试剂有限公司
乙醇	AR,≥95.0%	国药集团化学试剂有限公司
乙酸	AR,≥99.5%	国药集团化学试剂有限公司
丙酸	AR,≥99.5%	国药集团化学试剂有限公司
异丁酸	AR,≥99.0%	国药集团化学试剂有限公司
丁酸	CP,≥99.0%	国药集团化学试剂有限公司
硝酸	AR,65.0%～68.0%	国药集团化学试剂有限公司
氢氟酸	AR,≥40.0%	国药集团化学试剂有限公司
高氯酸	GR,70.0%～72.0%	国药集团化学试剂有限公司
盐酸	AR,36.0%～38.0%	国药集团化学试剂有限公司

实验所用的等离子体放电装置均与第 2 章相同，其余仪器如表 8-3 所示。

表 8-3　主要实验仪器

仪器名称	型号	购买厂家
电热恒温鼓风干燥箱	DHG-9076A	上海精宏实验设备有限公司
马弗炉	2.5-10T	上海慧泰仪器制造有限公司
台式 pH 计	FE28	梅特勒-托利多仪器(上海)有限公司
COD_{Cr} 恒温加热器	SH-101	青岛首行环保设备科技有限公司
气相色谱-质谱联用仪	Agilent 7890A/5975C	安捷伦科技有限公司

续表

仪器名称	型号	购买厂家
气相色谱仪	GC-2018	日本岛津公司
紫外可见分光光度计	TU-1810APC	北京普析通用仪器有限责任公司
恒温培养箱	LRH-250	上海索谱仪器有限公司
磁力搅拌器	84-1A	上海司乐仪器有限公司
高速离心机	TGL-16M	湘仪离心机仪器有限公司
电感耦合等离子体发射光谱仪	Optima 5300DV	美国珀金埃尔默(Perkin Elmer)仪器有限公司
三维荧光光谱仪	F-4600FL	日本日立公司

8.2.3　实验装置

实验采用介质阻挡放电体系进行处理,具体介绍详见第 2 章 2.2.2 节。

厌氧消化实验装置由恒温培养箱、磁力搅拌器和带橡胶软塞的 500 mL 玻璃血清瓶组成,以保证厌氧消化温度恒定以及体系中预处理污泥和未处理污泥充分混匀。将装有污泥样品及转子的玻璃血清瓶放置在恒温培养箱内部的磁力搅拌器上,调节合适的转速,使各瓶中旋涡大小适中且保持一致。取样过程在带有磁性搅拌功能的恒温水浴锅里完成,避免因取样造成的温度变化。每次取样后氮气吹扫 1 min。污泥厌氧消化反应装置如图 8-1 所示。

图 8-1　厌氧消化反应装置

8.2.4　实验分析方法

实验样品均为泥水混合液,测定指标包括污泥的 VSS 增溶率(the efficiency of VSS solubilization,S_{VSS})、上清液中的氨氮(NH_4^+-N)、SCOD、污泥滤饼含水率(W_c)、污泥沉降比(SV_{30})、VFA、EPS、污泥固相重金属、有机物、溶解性有机物(dissolved organic matters,DOM)和污泥微生物种群多样性等。

8.2.4.1　污泥常规指标的测定

(1)挥发性悬浮固体(VSS)增溶率

将坩埚在 105 ℃下烘干,记下质量为 m_0。取泥水混合液样品(体积为 V)于离心管中,用高速离心机在 9000 r/min 条件下离心 20 min,去掉上清液后将污泥转移至坩埚中;将坩埚放入烘箱(105 ℃)中烘干至恒重,记下质量为 m_1,再将坩埚放入马弗炉(600 ℃)中灼烧 2 h，降温后取出称重，记下质量为 m_2。则 VSS＝ $(m_1-m_2)/V$，单位为 mg/L。VSS 增溶率可用式(8-1) 表示。

$$S_{VSS}=\frac{VSS_0-VSS}{VSS_0}\times100\%\tag{8-1}$$

式中，S_{VSS} 为污泥的 VSS 增溶率，%；VSS_0 为原始污泥的挥发性悬浮固体浓度，mg/L；VSS 为待测样品污泥的挥发性悬浮固体浓度，mg/L。

（2）氨氮（NH_4^+-N）

将离心后上清液经 0.45 μm 水系混合纤维素酯（MCE）滤膜过滤后，采用纳氏试剂分光光度法测定水样中的氨氮。

（3）溶解性化学需氧量（SCOD）

将离心后上清液经 0.45 μm 水系 MCE 滤膜过滤后，采用重铬酸钾法测定其化学需氧量。

（4）污泥滤饼含水率（W_c）

在 0.1 MPa 真空度下将 100 mL 泥水混合液抽滤，30 s 内没有滤液流出时停止。将抽滤后的滤纸放进 105 ℃烘箱中干燥 2 h，最后根据式(8-2)计算滤饼含水率。

$$滤饼含水率(W_c)=\frac{湿泥饼质量-干泥饼质量}{湿泥饼质量-滤纸质量}\times100\%\tag{8-2}$$

（5）污泥沉降比（SV_{30}）

将 100 mL 泥水混合液在量筒中静置 30 min，将形成的沉淀污泥的体积与 100 mL 对比，结果以％表示。

（6）挥发性脂肪酸（VFA）

采用岛津 GC-2018 型气相色谱仪进行 VFA 的分析测定。色谱柱型号为 DB-FFAP（30 cm×0.250 mm），载气为氮气。将离心后的上清液经 0.45 μm 水系 MCE 滤膜过滤，加入 3％的甲酸对样品进行酸化，置于气相棕色小瓶中待测。

8.2.4.2 胞外聚合物（EPS）的测定

（1）EPS 的提取

EPS 分为松散结合型胞外聚合物（loosely bound EPS，LB-EPS）和紧密结合型胞外聚合物（tightly bound EPS，TB-EPS），采用热提取法进行提取。

（2）蛋白质的测定

实验中采用福林酚法（Folin-酚法）对蛋白质进行测定。取 1 mL 样品于试管中，然后加入 5 mL 试剂甲（由碳酸钠、氢氧化钠、硫酸铜及酒石酸钾钠组成），摇匀后室温放置 10 min加入 0.5 mL 福林酚，迅速摇匀混合，反应 30 min，在 650 nm 波长下测定吸光度，将吸光度代入标准曲线求出浓度。

（3）多糖的测定

实验中通过硫酸-蒽酮对多糖浓度进行测定。在哈希管中装入 1 mL 样品和 1 mL 硫酸溶液（75％），混匀后移至冰水浴中，在哈希管中加入蒽酮试剂 5 mL 混匀，沸水中反应 10 min，然后再通过冰水浴停止反应，在 625 nm 波长下测定吸光度，将吸光度代入标准曲线计算浓度。

8.2.4.3 重金属含量的测定

采用电感耦合等离子体发射光谱仪（ICP，Optima 5300DV）对样品中重金属含量进行测定分析。将泥水混合液抽滤后通过冷冻干燥、研磨、混匀等操作制备成干燥的粉末状样品，经电热板消解后利用 ICP 测得消解液重金属浓度。

8.2.4.4 有机物的测定

采用气相色谱-质谱联用仪（GC-MS）对污泥中的有机物进行测定。污泥前处理步骤为：称取 0.100 g 经冷冻干燥研磨均匀的样品于比色管中，加入 5 mL 甲醇溶液在常温下超声 25 min（超声过程中适当摇晃比色管以避免固相样品沉积在比色管底部），静置沉淀。由此，固相中的有机物被萃取到上层甲醇溶液中。用长针抽取上层含有机物的澄清溶液，并透过 0.22 μm 聚四氟乙烯（PTFE）滤膜过滤至棕色液相小瓶中待测。

GC 分析条件参数如下：色谱柱为 Agilent 122-5532（30 cm×250 μm×0.25 μm）；进样口温度和检测器温度都为 250 ℃；升温程序为先在 70 ℃下停留 2 min，再以 10 ℃/min 的速度升温 18 min 至 250 ℃，然后在 250 ℃保持 8 min；载气为氦气，流量为 3.0 mL/min，分流比 100∶1。

MS 分析条件参数如下：电离源的电子能量和离子源温度分别为 70 eV 和 230 ℃，扫描范围为 30~550 u❶。利用仪器配套的分析软件、NIST17.L 质谱库及人工分析产物的组成。

8.2.4.5 溶解性有机物（DOM）的测定

采用三维荧光光谱仪（F-4600FL Spectrophotometer，日立公司）测定液体中的溶解性有机物。将污泥上清液经 0.45 μm 水系 MCE 滤膜过滤作为待测样品。设置狭缝宽度为 5 nm，扫描范围为 200~550 nm，扫描速度为 2400 nm/min，步长设置为 5 nm。光电倍增管的电压为 700 V。

8.2.4.6 高通量测序

高通量测序技术（high-throughput sequencing）可揭示样品中微生物的种类与丰度，实验中测序引物名称为细菌 16S rRNA，引物测序区域为 338F/860R。在 Illumina-Miseq 系统上对样品进行 16S rDNA 基因克隆及测序，分析微生物群落结构。取 20 mL 样品置于灭菌后的螺口离心管中，于 8000 r/min 的条件下离心 15 min，去掉上清液，封口后对固相污泥进行测序。

8.3 DBD/CaO$_2$ 耦合预处理污泥的协同效应

随着近年来污水处理厂排泥量的剧增，污泥的处理和处置已成为必须解决的一个环境问题。如何高效经济地实现污泥减量化和资源化一直是近年来我国环境领域探讨的热点问题之一。CaO$_2$ 被称为固态 H$_2$O$_2$，遇水可缓慢分解产生 Ca(OH)$_2$ 和 H$_2$O$_2$，并释放少量 O$_2$ [式(8-3) 和式(8-4)]，其中反应所产生的 H$_2$O$_2$ 可以进一步转化为以下三种主要的自由基：·OH、·HO$_2$ 和·O$_2^-$ [式(8-5) ~式(8-7)]。将 CaO$_2$ 应用于污泥预处理可形成碱性-高级氧化-微氧环境，从而促进污泥碱解和破壁，但大量使用 CaO$_2$ 会导致污泥处理系统的管件阀门结垢堵塞，给实际运行过程中的维修养护带来很大困难。有研究者尝试采用 CaO$_2$ 与微波、紫外、热、超声等技术联用预处理污泥，发现可产生显著的协同效应，有效

---

❶ 原子质量单位，1 u≈1.660540×10^{-27} kg。

减少 CaO_2 投加量，并促进污泥水解增溶及消化产酸。而等离子体技术正是一种集微波、紫外、热、超声及多种高级氧化技术于一体的新技术，近些年来，等离子体技术受到国内外众多学者的关注。本节主要通过使用 DBD 耦合 CaO_2 试验系统对剩余污泥泥水混合液进行破解，考察剩余污泥经过预处理后污泥基质的变化及其对厌氧消化过程的影响。

$$CaO_2 + 2H_2O \longrightarrow Ca(OH)_2 + H_2O_2 \tag{8-3}$$

$$2CaO_2 + 2H_2O \longrightarrow 2Ca(OH)_2 + O_2 \tag{8-4}$$

$$e^- + H_2O_2 \longrightarrow \cdot OH + OH^- \tag{8-5}$$

$$\cdot OH + H_2O_2 \longrightarrow \cdot HO_2 + H_2O \tag{8-6}$$

$$\cdot HO_2 \longrightarrow \cdot O_2^- + H^+ \tag{8-7}$$

8.3.1　DBD/CaO$_2$ 耦合对污泥增溶的协同效应

通过污泥增溶率可以看出污泥细胞的破壁情况，对污泥进行单独 CaO_2、单独 DBD 和 DBD/CaO_2 耦合预处理后 VSS 增溶率（S_{VSS}）的变化如图 8-2 所示。从图中可以看出以下三种现象。①单独 CaO_2 预处理会使污泥破壁，增溶率上升。CaO_2 投加量（以 VSS 计）为 0.05 g/g 时，S_{VSS} 由 0 增加至 11%。这是由于 CaO_2 溶于水生成 $Ca(OH)_2$ 和 H_2O_2 使污泥发生碱解和氧化破解，被破坏的细胞胞内物质进入上清液中，导致 S_{VSS} 升高。②单独 DBD 预处理会使污泥破壁，增溶率上升。放电功率为 76.5 W 时，S_{VSS} 由 0 上升至 4%。这是因为 DBD 过程会产生一系列高能电子、活性粒子及光、热、微波等效应，使污泥破壁。③DBD 和 CaO_2 耦合作用对污泥破壁增溶具有协同效应。当 CaO_2 投加量（以 VSS 计）为 0.05 g/g、放电功率为 76.5 W 时，DBD/CaO_2 耦合使 S_{VSS} 由 0 增加至 17%，是单独 CaO_2 预处理的 1.5 倍，是单独 DBD 预处理的 4 倍，协同因子 SF=1.1。

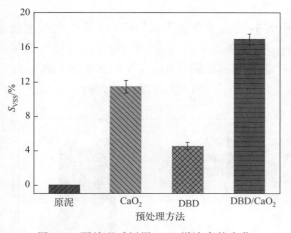

图 8-2　预处理后污泥 VSS 增溶率的变化

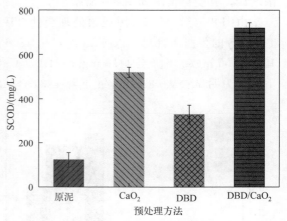

图 8-3　预处理后污泥 SCOD 的变化

污泥破壁会导致胞内物质的释放，使污泥 SCOD 上升。污泥经单独 CaO_2、单独 DBD 和 DBD/CaO_2 耦合预处理后的 SCOD 如图 8-3 所示。单独 CaO_2 预处理使污泥 SCOD 明显上升（由 122 mg/L 上升至 520 mg/L）。单独 DBD 预处理也可使污泥 SCOD 上升（由 122 mg/L 上升至 329 mg/L），但升高幅度比单独 CaO_2 预处理的低。DBD 预处理导致污泥 SCOD 升高的原因主要有：放电过程中电击引起的污泥样液的振动会产生水力剪切力，对污泥细胞间的胞外聚合物和细胞壁产生破坏作用；DBD 在放电过程中会产生大量的 ·OH、H_2O_2、O_3 等氧化性物质，这些氧化性物质能够破坏污泥细胞壁，使细胞内的有机物溶解到上清液中从而提高了上清液的 SCOD 浓度；另外，混合液中部分非溶解性有机物也可以被 DBD 产生的氧化性物质氧化，溶解进入溶液中，导致 SCOD 浓度增加。由图 8-3 可以看出 DBD 和 CaO_2 耦合可以更大程度使细胞破壁，使污泥上清液的 SCOD 浓度升高。在放电功率为 76.5 W、CaO_2 投加量（以 VSS 计）为 0.05 g/g 时，预处理后污泥的 SCOD 由 122 mg/L 上升至 720 mg/L，是未经预处理的 5.9 倍、单独 CaO_2 预处理的 1.4 倍、单独 DBD 预处理的 2.2 倍。

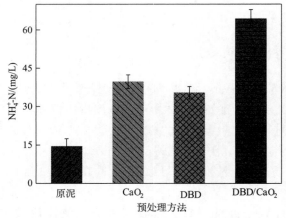

图 8-4　预处理后污泥上清液 NH_4^+-N 浓度的变化

污泥裂解破壁过程中，不仅会释放 SCOD，也会释放氮元素，导致污泥上清液中的 NH_4^+-N 浓度升高，如图 8-4 所示。单独 CaO_2 和单独 DBD 预处理使污泥上清液中的氨氮浓度由 14 mg/L 分别提高至 40 mg/L 和 35 mg/L；而 DBD/CaO_2 耦合预处理使污泥上清液中的氨氮由 14 mg/L 升高至 64 mg/L，是未经预处理的 4.6 倍、单独 CaO_2 预处理的 1.6 倍、单独 DBD 预处理的 1.8 倍，协同因子 SF＝1.1，说明 DBD 和 CaO_2 耦合对污泥破壁具有协同效应。

污泥中的非溶解性有机物可能会在 CaO_2 或 DBD 预处理过程中转变成可溶性有机物进入溶液中，因此，实验探究了预处理污泥的 LB-EPS 和 TB-EPS 的含量，以蛋白质和多糖的浓度计，其变化情况如图 8-5 所示。

由图 8-5(a) 可知，污泥预处理会使 TB-EPS 的蛋白质含量下降：CaO_2 预处理污泥使 TB-EPS 的蛋白质含量（以 VSS 计）从 48.6 mg/g 下降至 44.6 mg/g；DBD 预处理污泥使其从 48.6 mg/g 下降至 44.8 mg/g；DBD/CaO_2 耦合具有协同作用，TB-EPS 的蛋白质浓度下降较为明显（从 48.6 mg/g 下降至 31.3 mg/g）。对于 LB-EPS 的蛋白质含量，预处理污

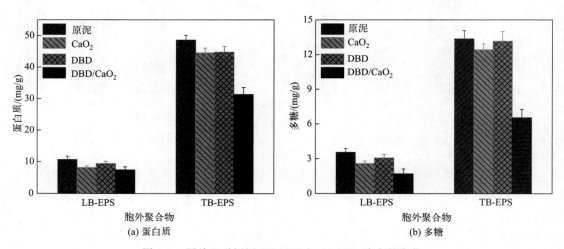

图 8-5　预处理后污泥 LB-EPS 和 TB-EPS 浓度的变化

泥的变化情况与 TB-EPS 的变化趋势一致，但其下降的幅度明显低于 TB-EPS，这是因为污泥预处理在破坏胞外聚合物的同时也促进了 TB-EPS 向 LB-EPS 的转化。LB-EPS 和 TB-EPS 的多糖浓度则呈现下面趋势 [图 8-5(b)]：原泥＞DBD 预处理污泥＞CaO_2 预处理污泥＞DBD/CaO_2 耦合预处理污泥。由此可知，单独使用 CaO_2 和单独使用 DBD 以及 DBD/CaO_2 耦合预处理污泥都会使污泥的 LB-EPS 和 TB-EPS 含量呈下降的趋势，其中 DBD/CaO_2 耦合预处理会使污泥的 LB-EPS 和 TB-EPS 的含量显著减少。

分析上述结果可知，DBD/CaO_2 耦合预处理可以对污泥胞外聚合物的结构进行破坏，水解蛋白质和多糖等有机物，从而降低 LB-EPS 和 TB-EPS 的含量。这也为被 EPS 束缚的水分释放和污泥脱水性能的提高提供了有利的条件。通过对这三种预处理方式的比较可以发现，DBD/CaO_2 耦合预处理在降低污泥的 EPS 上表现出更明显的优势，这也证明了 DBD/CaO_2 耦合预处理污泥的协同作用。

通过对上清液中溶解性有机物的三维荧光光谱分析可以定性地反映污泥细胞的破碎情况，直观地观察到上清液中有机物类型的变化情况。预处理后污泥上清液的三维荧光光谱（three dimensional excitation-emission matrix fluorescence spectroscopy，3DEEM）变化情况如图 8-6 所示，其中图 （a）、（b）、（c）、（d）分别代表未经预处理、经 CaO_2 预处理、经 DBD 预处理和经 DBD/CaO_2 耦合预处理的污泥上清液的三维荧光光谱。

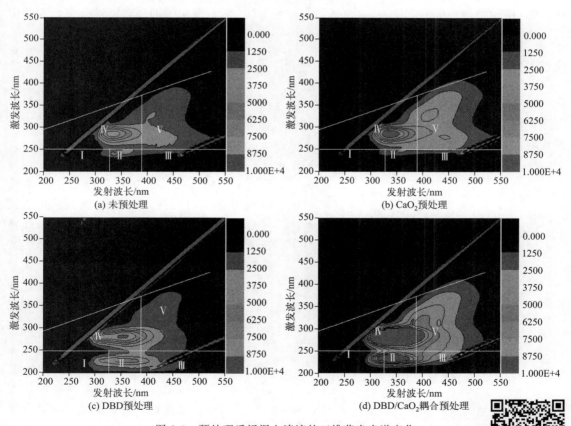

图 8-6　预处理后污泥上清液的三维荧光光谱变化

上清液中释放的可溶性有机物根据其激发、发射波长可分为五种类型。位于区域Ⅰ和区域Ⅳ（即可溶性微生物副产物类物质）的有机物通常被认为

彩图

是可生物降解的。如图 8-6 所示，与未处理污泥相比，经过预处理污泥的上清液的荧光光谱发生明显的变化，其中预处理后区域Ⅳ的荧光强度明显增强，区域Ⅳ的荧光强度增强代表着可溶性微生物副产物类物质增多，这有利于后期污泥的厌氧消化。污泥上清液中区域Ⅳ和区域Ⅰ的荧光强度呈现出下面的趋势：DBD/CaO₂ 耦合预处理＞CaO₂ 预处理＞DBD 预处理＞原始污泥。这也证明了对污泥进行预处理可以破坏污泥细胞，其中 DBD/CaO₂ 耦合预处理效果最好。

通过分析荧光光谱数据可以给污泥上清液的 DOM 的组成和性质提供参考信息，其中生物源指数（biological source index，BIX）可以用于衡量上清液中 DOM 的自生源贡献率及生物可利用性。其计算公式如下：

$$BIX = \frac{F_{\lambda_{em}=380\,nm}}{F_{\lambda_{em}=430\,nm}}, \lambda_{ex=310\,nm} \tag{8-8}$$

式中，BIX 为生物源指数，是指激发波长为 310 nm 时，发射波长 380 nm 与 430 nm 处荧光强度 F 的比值。

通过式(8-8)对预处理污泥上清液的 BIX 进行了计算，其结果如下：原始污泥、DBD 预处理污泥、CaO₂ 预处理污泥和 DBD/CaO₂ 耦合预处理污泥的 BIX 分别为 1.0、1.1、1.2 和 2.5。污泥上清液的 BIX 揭示了预处理污泥可以破坏污泥细胞，提高污泥的生物可利用性，并且 DBD/CaO₂ 耦合预处理污泥的 BIX 是原始污泥的 2.5 倍、DBD 预处理污泥的 2.3 倍、CaO₂ 预处理污泥的 2.1 倍，协同因子 SF＝1.1，也证明了 DBD/CaO₂ 耦合预处理污泥具有协同效应。

8.3.2　DBD/CaO₂ 耦合对污泥厌氧消化水解产酸的协同效应

污泥 VSS 增溶率可以用来反映污泥厌氧消化水解的情况，对污泥进行单独 CaO₂、单独 DBD、DBD/CaO₂ 耦合预处理后，把预处理过的污泥与未进行预处理的污泥以 7∶1 的比例混合均匀，再进行厌氧消化。其厌氧消化 7 天的 S_{VSS} 的变化如图 8-7 所示。

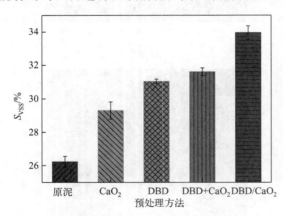

图 8-7　污泥厌氧消化 VSS 增溶率的变化

从图 8-7 中可以看出，单独使用 0.05 g/g 的 CaO₂（以 VSS 计）和单独使用功率为 76.5 W 的 DBD 预处理污泥，厌氧消化 7 天后 S_{VSS} 分别为 29.3％和 31.0％，是未经预处理污泥的 1.1 倍和 1.2 倍。而 DBD/CaO₂ 耦合预处理对污泥水解具有协同作用，厌氧消化 7 天后 S_{VSS} 为 36.0％，是未经预处理污泥的 1.4 倍。DBD 和 CaO₂ 耦合使用并不是简单的叠加作用，先使用 DBD 预处理污泥，再在污泥中加入 CaO₂（图中表示为 DBD＋CaO₂），厌氧消化 7 天后污泥 S_{VSS} 为 31.6％，与 DBD/CaO₂ 耦合预处理污泥的 S_{VSS} 相比降低了 4.4 个百分点，说明了 DBD/CaO₂ 耦合预处理污泥进行厌氧消化具有协同作用。

在厌氧消化过程中，污泥中的有机物会不断地溶解进入消化液中，SCOD 也随之发生改变。SCOD 可以反映消化液中有机物总量的变化。污泥预处理会对污泥厌氧消化过程中

SCOD 产生影响，其结果如图 8-8 所示。单独使用 CaO_2 预处理污泥，厌氧消化 7 天后 SCOD 为 2868.4 mg/L，是未经预处理污泥的 1.4 倍。这是因为 CaO_2 在水中会分解为 H_2O_2 和 $Ca(OH)_2$，因此投加 CaO_2 会导致污泥消化系统 pH 值上升，造成污泥被氧化和碱解，导致污泥细胞壁破碎，有机物释放，提高了污泥的溶解性和可生化性。污泥溶解性的增强，会使液相中溶解性蛋白质和糖类的浓度升高，从而提高了消化液的 SCOD。当单独使用 DBD 预处理污泥时，厌氧消化 7 天后 SCOD 为 3209.3 mg/L，是未经预处理污泥的 1.6 倍。而 DBD/CaO_2 耦合预处理污泥进行厌氧消化对污泥有机物的释放具有协同作用，厌氧消化 7 天后 SCOD 为 3829.7 mg/L，是未经预处理污泥的 2 倍。通过对比先 DBD 后 CaO_2 的预处理方式（DBD+CaO_2）发现，DBD 和 CaO_2 耦合使用并不是简单的叠加作用。先使用 DBD 预处理污泥，再在污泥中加入 CaO_2（DBD+CaO_2），厌氧消化 7 天后污泥 SCOD 为 3296.8 mg/L，与 DBD/CaO_2 耦合预处理污泥的 SCOD 相比降低了 532.9 mg/L，说明了 DBD/CaO_2 耦合预处理污泥进行厌氧消化具有协同作用。

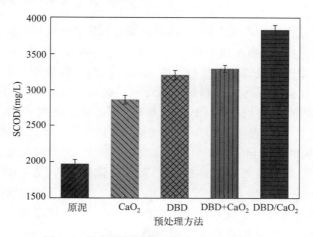

图 8-8 污泥厌氧消化过程中 SCOD 的变化

在厌氧消化的过程中，微生物对有机物进行水解酸化后除了产生目标产物挥发性脂肪酸外，还有副产物生成。其中蛋白质在水解酸化过程中的副产物是 NH_4^+-N，NH_4^+-N 在整个实验过程中会一直积累，因此污泥上清液中 NH_4^+-N 的浓度与污泥的水解酸化程度相关。污泥预处理对污泥厌氧消化上清液中 NH_4^+-N 浓度的影响如图 8-9 所示。

由图 8-9 可知，预处理污泥的实验组污泥上清液在厌氧消化 7 天后氨氮的浓度高于空白对照组（原泥），说明污泥预处理对污泥厌氧消化的水解产酸过程有一定的促进作用。其中，单独使用 CaO_2 和单独使用 DBD 预处理污泥，厌氧消化 7 天后氨氮浓度分别为 323.5 mg/L 和 318.2 mg/L，均为未经预处理污泥的 1.3 倍；DBD/CaO_2 耦合预处理污泥进行厌氧消化对污泥有机物的释放具有协同作用，厌氧消化 7 天后氨氮浓度为 421.2 mg/L，比原泥提高了 167.1 mg/L。厌氧消化上清液中的 NH_4^+-N 预处理后提高，是由于预处理污泥会增强污泥细胞的溶胞效果，消化液中释放的含氮有机物变多，酸化过程中产生的 NH_4^+-N 也越多。污泥自身吸附的 NH_4^+-N 也在破解过程中释放到液相。另外，设计了先使用 DBD 预处理污泥后再在污泥中加入 CaO_2 的实验进行对比，厌氧消化 7 天后污泥上清液中 NH_4^+-N 为 356.8 mg/L，与 DBD/CaO_2 耦合预处理污泥厌氧消化 7 天后污泥上清液中 NH_4^+-N 相比降低了 64.4 mg/L，说明 DBD/CaO_2 耦合预处理污泥对促进污泥厌氧消化具有协同作用。

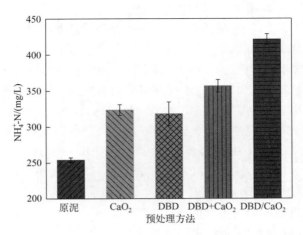

图 8-9　污泥厌氧消化过程中上清液 NH_4^+-N 的变化

污泥在厌氧消化过程中会产生 VFA，而消化液中 VFA 积累量与消化液中可利用的有机物相关。污泥预处理对污泥 VFA 浓度以及产酸比例的影响如图 8-10 所示。

由图 8-10(a) 可知，预处理污泥进行厌氧消化会提高消化液中 VFA 的积累量，这是由于预处理污泥厌氧消化会增强污泥细胞的溶胞效果，提高消化液中可利用的有机物含量，而水解酸化过程中消化液中的有机物是 VFA 的主要来源。单独使用 CaO_2 和单独使用 DBD 预处理污泥，厌氧消化 7 天后消化液中 VFA 的浓度（以 COD 计）分别为 1750.6 mg/L 和 1788.8 mg/L，是原泥的 1.5 倍。DBD/CaO_2 耦合预处理污泥对污泥厌氧消化产酸的促进作用更为明显，经此预处理的污泥在厌氧消化 7 天后消化液中 VFA 的浓度为 2537.8 mg/L，是原泥的 2.2 倍。Ma 等人指出，在一定范围内，pH 越高越有利于水解，pH 越靠近中性越有利于产酸。DBD 预处理污泥会使污泥呈偏酸性，CaO_2 预处理污泥会使污泥呈偏碱性，而 DBD 和 CaO_2 的耦合作用会产生更利于产酸的消化环境。

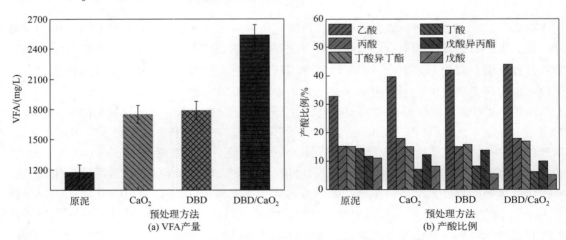

图 8-10　污泥厌氧消化 VFA 产量和产酸比例的变化情况

预处理污泥厌氧消化不仅会提高消化液中 VFA 的积累量，而且可对消化产酸的比例产生影响。由图 8-10(b) 可知，预处理污泥进行厌氧消化产酸对乙酸的影响较为明显，会提高乙酸在 VFA 中的占比。单独使用 CaO_2 和单独使用 DBD 预处理污泥，厌氧消化 7 天后，消化液中乙酸的占比分别为 39.7% 和 42.0%，比原泥高 7.0 和 9.3 个百分点；DBD/CaO_2 耦合预处理污泥，厌氧消化 7 天后，消化液中乙酸的占比为 44.0%，比原泥高 11.3 个百分点。DBD 和 CaO_2 预处理污泥都会产生 H_2O_2 对污泥进行作用，H_2O_2 在水中会再分解出 O_2，产生微氧环境。Lim 等人认为在污泥厌氧消化过程中通入一定量的空气能促进其他 VFA 转化为乙酸，而乙酸相比于其他几类酸有较高的利用率。因此预处理污泥进行厌氧消化，不仅会提高 VFA 的积累量，还会提高产酸的质量。

8.4　DBD/CaO_2 耦合预处理污泥的协同效应机制

通过前面的分析可知，DBD/CaO_2 耦合预处理污泥具有协同作用，本节主要对协同效应机制进行探究。通过相同的 CaO_2 投加量和放电功率对污泥进行预处理并对预处理后的污泥接种后进行厌氧消化，考察耦合过程中投加 CaO_2 导致 Ca^{2+}、$Ca(OH)_2$、H_2O_2 等因素变化对 DBD 效果的影响，DBD 产生的热、O_3、H_2O_2 对 CaO_2 效果的影响，以及 DBD/CaO_2 耦合预处理对污泥微生物群落的影响，从而探究 DBD/CaO_2 耦合促进污泥水解增溶和厌氧消化产酸的协同作用机制。

8.4.1　CaO_2 促进 DBD 污泥预处理效果的机制

将 CaO_2 与 DBD 耦合用于污泥预处理可通过多种机制产生协同作用，其中 CaO_2 可以在水中溶解产生 Ca^{2+}、$Ca(OH)_2$、H_2O_2 等物质对 DBD 效果产生影响，DBD 与 CaO_2 产生的不同因素耦合对污泥厌氧消化水解产酸各指标的影响如图 8-11 所示，其中用于厌氧消化的污泥为预处理后的污泥与原始污泥以 7:1 的比例混合均匀后的污泥。

Banaschik 等人认为 CaO_2 产生的 Ca^{2+} 可通过沉淀污泥上清液中的 CO_3^{2-}、PO_4^{3-} 和 SO_4^{2-} 等来提高电导率，促进 DBD 过程中强电场和等离子体通道的形成，提高·OH 等活性粒子的产量。而图中 8-11(a)～(c) 的结果表明，$CaCl_2$ 和 DBD 耦合预处理污泥经厌氧消化 7 天后，S_{VSS}、SCOD 和上清液的 NH_4^+-N 浓度与单独 DBD 预处理污泥相比没有太大的变化，这说明在此实验中 Ca^{2+} 并不是 CaO_2 与 DBD 耦合产生协同作用的原因。

由图 8-11(a)～图 8-11(d) 可知，$Ca(OH)_2$ 和 DBD 耦合预处理的污泥经厌氧消化 7 天后，S_{VSS}、SCOD、NH_4^+-N 和 VFA 积累量（以 COD 计）分别为 32.0%、2257.1 mg/L、380.5 mg/L、2137.9 mg/L，比单独 DBD 预处理的污泥分别提高了 2.0 个百分点、127.2 mg/L、59.6 mg/L、439.0 mg/L，这说明 $Ca(OH)_2$ 是本实验中 CaO_2 与 DBD 耦合产生协同作用的原因。CaO_2 溶于水生成的 $Ca(OH)_2$ 会使体系 pH 值上升，从而对 DBD 产生的 O_3 氧化起到碱催化的作用，更容易产生强氧化性的·OH。

CaO_2 溶解过程中 H_2O_2 的生成和·OH 的释放也会促进污泥水解，使污泥细胞破裂，促进溶解性有机物的释放。为了探究 CaO_2 促进 DBD 预处理效果的机制，使用 H_2O_2 和 DBD 耦合进行了实验。如图 8-11(a)～(c) 所示，H_2O_2 和 DBD 耦合预处理污泥厌氧消化 7 天后，S_{VSS}、SCOD 和 NH_4^+-N 分别达到 37.0%、2632.0 mg/L 和 450.3 mg/L，比单独 DBD 预处理污泥分别提高了 7.1 个百分点、502.0 mg/L 和 129.4 mg/L。CaO_2 溶于水生成

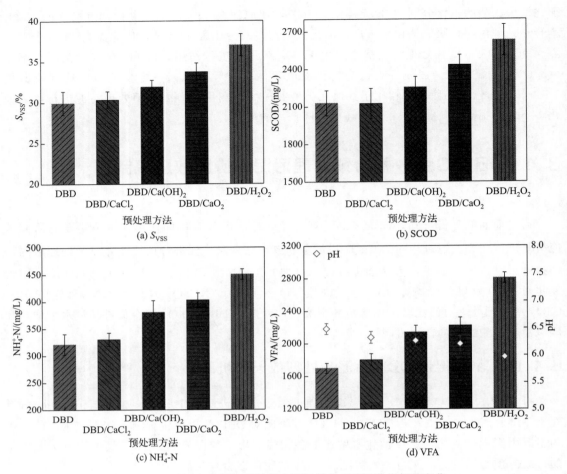

图 8-11　不同方法预处理污泥在厌氧消化 7 天后各指标的变化

的 H_2O_2 会再分解出 O_2 促进污泥的酸化，提高 VFA 的积累浓度。如图 8-11（d）所示，H_2O_2 和 DBD 耦合预处理污泥厌氧消化 7 天后，消化液中 VFA 的积累量为 2803.4 mg/L，约为单独 DBD 预处理的 1.7 倍。由此分析可知，H_2O_2 是本实验中 CaO_2 与 DBD 耦合产生协同作用的原因之一。实验中所添加的 H_2O_2 的量是按照 CaO_2 全部转化成 H_2O_2 来计算的，而实际上投加的 CaO_2 由于缓释 H_2O_2 造成实验中实际释放的 H_2O_2 量低于实验中所添加的 H_2O_2 量。因此实验中 H_2O_2 和 DBD 耦合预处理的效果优于 CaO_2 和 DBD 耦合。

8.4.2　DBD 促进 CaO_2 污泥预处理效果的机制

DBD 预处理污泥会产生热、O_3 和 H_2O_2 等，为了验证 DBD 促进 CaO_2 污泥预处理效果的机制，进行了 CaO_2 与 DBD 产生的不同因素耦合预处理污泥的实验，结果如图 8-12 所示。

DBD 在放电过程中会产生热量，Ma 等人利用处理的剩余污泥和经热碱预处理的污泥进行了消化，发现热碱预处理可以促进污泥消化产酸。而 DBD 和 CaO_2 耦合预处理会使污泥的温度升高至 56 ℃，为了验证温度对于 CaO_2 预处理污泥的影响，将加入 CaO_2 的污泥加热至 56 ℃，再厌氧消化 7 天。由图 8-12（a）、（b）可知，CaO_2 和热耦合预处理的污泥经厌氧消化 7 天后，S_{VSS}、SCOD 与单独 CaO_2 预处理的污泥基本一致；由图 8-12(d) 知，消化液中 VFA 的积累量（以 COD 计）为 1700 mg/L，比单独 CaO_2 预处理的污泥高 208 mg/L。这说明热和 CaO_2 耦合能促进污泥消化产酸，但对于污泥细胞的破壁水解没有太大影响。

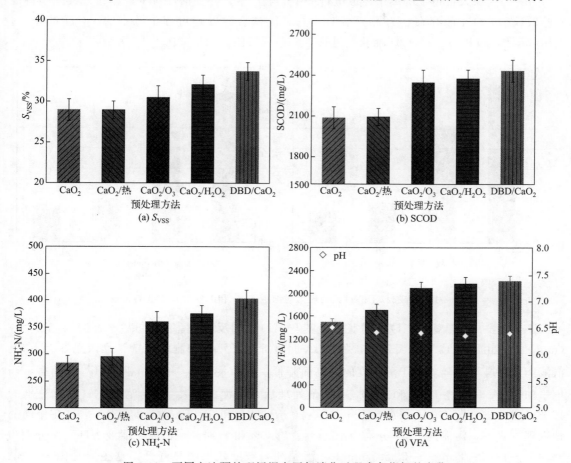

图 8-12　不同方法预处理污泥在厌氧消化过程中各指标的变化

DBD 在放电过程中也会产生大量的 O_3，而 O_3 可以与 CaO_2 产生的 H_2O_2 产生协同作用，促进 ·OH 的产生。为了验证 DBD 产生的 O_3 与 CaO_2 的协同作用，将 DBD 产生的 O_3 通入加有 CaO_2 的污泥中进行预处理。由图 8-12 可知，O_3 和 CaO_2 耦合预处理污泥经厌氧消化 7 天后，S_{VSS}、SCOD、NH_4^+-N、VFA 积累量分别为 30.5%、2347.2 mg/L、360.4 mg/L、2096.9 mg/L，与单独 CaO_2 预处理污泥相比提高了 1.6 个百分点、260.6 mg/L、77.0 mg/L、604.9 mg/L。这说明 DBD 产生的 O_3 是本实验中 DBD 和 CaO_2 耦合预处理污泥促进水解产酸的原因之一。

为了探究 DBD 过程中产生的 H_2O_2 和 CaO_2 的协同作用，对 DBD 过程中产生的 H_2O_2 进行了测定。在加有 CaO_2 的污泥中加入等量 DBD 产生的 H_2O_2 进行污泥预处理。结果表明，H_2O_2 和 CaO_2 耦合预处理污泥经厌氧消化 7 天后，S_{VSS}、SCOD、NH_4^+-N、VFA 积累量（以 COD 计）分别为 32.1%、2376.4 mg/L、375.1 mg/L、2175.1 mg/L，与单独 CaO_2 预处理污泥相比分别提高了 3.2 个百分点、289.8 mg/L、91.7 mg/L、683.1 mg/L。这说明 DBD 产生的 H_2O_2 是本实验中 DBD 和 CaO_2 耦合预处理污泥促进水解产酸的原因之一。

8.4.3 羟基自由基在 DBD/CaO$_2$ 耦合预处理污泥过程中的作用

Sun 等人深入报道了等离子体放电过程中能够产生紫外和活性粒子，并通过其光学特性实验验证了·OH 的存在。为了考察 DBD/CaO$_2$ 耦合预处理过程中产生的·OH 的作用，利用叔丁醇（TBA）为·OH 捕获剂进行了一系列实验，结果如图 8-13 所示。

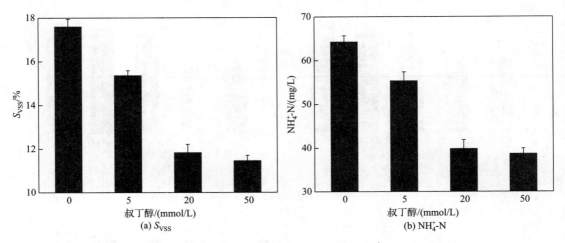

图 8-13   添加叔丁醇对预处理污泥细胞 S_{VSS} 和 NH$_4^+$-N 浓度的影响

TBA 是一种典型的·OH 捕获剂，其与·OH 的反应速率为 $(3.8 \sim 7.6) \times 10^{10}$ L/(mol·s)，由图 8-13 可以看出，添加 TBA 明显抑制了污泥细胞的破壁，且污泥 S_{VSS} 和上清液 NH$_4^+$-N 浓度随着叔丁醇浓度的升高而降低。对污泥 S_{VSS} 和上清液 NH$_4^+$-N 而言，当不添加 TBA 时，经 DBD 和 CaO$_2$ 耦合预处理后，污泥的 S_{VSS} 和上清液 NH$_4^+$-N 分别为 17.6% 和 64.3 mg/L；而添加 5 mmol/L、20 mmol/L 和 50 mmol/L 的 TBA 后，在相同的预处理方式下，污泥的 S_{VSS} 分别为 15.4%、11.8% 和 11.4%，污泥上清液 NH$_4^+$-N 分别为 55.4 mg/L、39.8 mg/L 和 38.7 mg/L，污泥细胞破壁效果明显降低。这主要是因为 TBA 可以快速和·OH 反应使·OH 不能作用于污泥细胞，从而导致预处理污泥的 S_{VSS} 和上清液 NH$_4^+$-N 浓度降低。同时这也从侧面证明了 DBD 和 CaO$_2$ 耦合预处理过程中·OH 的存在以及·OH 对于促进污泥细胞的破壁增溶具有一定的贡献。

8.4.4 DBD/CaO$_2$ 耦合预处理污泥对微生物的影响

8.4.4.1 微生物多样性分析

Shannon 指数是用来估算样本中微生物多样性的指数之一，Shannon 指数越大，说明种群多样性越好。图 8-14 给出了原泥、CaO$_2$ 预处理污泥、DBD 预处理污泥和 DBD/CaO$_2$ 耦合预处理污泥厌氧消化第 5 天的 Shannon 指数曲线。从图中可以看出，其 Shannon 指数分别为 5.27、4.88、5.08 和 4.00，预处理污泥会降低污泥的微生物多样性，其中 DBD/CaO$_2$ 耦合预处理污泥中微生物多样性最差。这是因为原始污泥本身包含大量微生物，在厌氧消化过程中，其中一些微生物仍然存活，其种群多样性和丰度最好，而预处理过程中污泥中的大多数微生物已经死亡，因此种群多样性和丰富度相对较差。

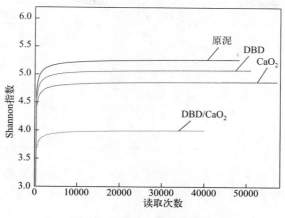

图 8-14 Shannon 指数曲线

8.4.4.2　微生物群落结构分析

表 8-4 所示的微生物群落结构信息从物种水平显示了 4 组样品中微生物的多样性分布，从表中可以看出，未处理污泥、CaO_2 预处理污泥、DBD 预处理污泥和 DBD/CaO_2 耦合预处理污泥厌氧消化 5 天后，污泥中的细菌主要为髌骨细菌门（Patescibacteria）、放线菌门（Actinobacteriota）、拟杆菌门（Bacteroidetes）、绿弯菌门（hloroflexi）、厚壁菌门（Firmicutes）和变形菌门（Proteobacteria）。

表 8-4　微生物群落结构分析　　　　　　　单位：%

处理方式	微生物群落结构名称	微生物群落结构含量
原泥-5	髌骨细菌门	8.97
	放线菌门	26.40
	拟杆菌门	13.20
	绿弯菌门	7.55
	厚壁菌门	9.88
	变形菌门	26.60
CaO_2-5	髌骨细菌门	5.43
	放线菌门	35.30
	拟杆菌门	15.00
	绿弯菌门	8.22
	厚壁菌门	16.20
	变形菌门	16.80
DBD-5	髌骨细菌门	10.50
	放线菌门	28.70
	拟杆菌门	14.60
	绿弯菌门	8.65
	厚壁菌门	13.60
	变形菌门	18.50

续表

处理方式	微生物群落结构名称	微生物群落结构含量
DBD/CaO₂-5	髌骨细菌门	18.50
	放线菌门	14.60
	拟杆菌门	28.30
	绿弯菌门	3.04
	厚壁菌门	26.50
	变形菌门	6.44

变形菌门在很多厌氧消化反应器中较常见，其中包括很多病原菌，如沙门菌、幽门螺杆菌、霍乱弧菌等著名的种类。从表 8-4 可以看出，未处理污泥、CaO₂ 预处理污泥、DBD 预处理污泥和 DBD/CaO₂ 耦合预处理污泥中变形菌门含量分别为 26.60%、16.80%、18.50% 和 6.44%。这说明预处理过程可以大规模地降低污泥中的病菌，且 DBD/CaO₂ 耦合预处理污泥具有协同效应。

厚壁菌门在厌氧消化反应器中大量存在，能够降解多糖，同时产生乙酸、丁酸等短链脂肪酸。从表 8-4 可以看出，未处理污泥中厚壁菌门含量很少（9.88%），CaO₂ 预处理污泥、DBD 预处理污泥和 DBD/CaO₂ 耦合预处理污泥中含量分别为 16.20%、13.60% 和 26.50%。预处理可以提高污泥中厚壁菌门的含量，其中 DBD/CaO₂ 耦合预处理污泥具有协同效应。这也从微生物的角度解释了 DBD/CaO₂ 耦合预处理污泥能够促进污泥厌氧消化产酸的原因。

DBD/CaO₂ 耦合预处理污泥进行厌氧消化还会提高拟杆菌门的含量，与原泥组相比，从 13.20% 提高至 28.30%。拟杆菌门主要存在于有机物丰富的地方，它们能够分解糖、氨基酸和有机酸，在膜生物反应器中大量存在。

图 8-15 为未处理污泥、CaO₂ 预处理污泥、DBD 预处理污泥和 DBD/CaO₂ 耦合预处理污泥厌氧消化第 5 天的微生物群落差异性分析。如图 8-15(a) 所示，四个反应器共有的操作分类单元（OTU）数只占 OTU 总数（1568）的 30.1%。四个反应器共有的 OTU 数分别占未处理污泥、CaO₂ 预处理污泥、DBD 预处理污泥和 DBD/CaO₂ 耦合预处理污泥中 OTU 总

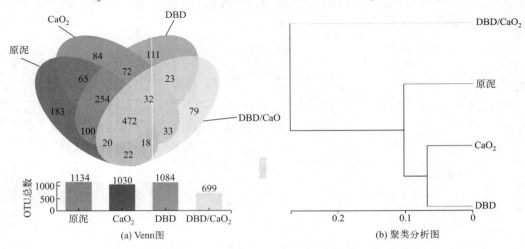

图 8-15 不同方法预处理污泥厌氧消化过程中微生物群落差异性分析

数的 41.6%、45.8%、43.5% 和 67.5%，可以看出 DBD/CaO$_2$ 耦合预处理污泥中微生物与其他三组的相似性很低。

基于 Weighted UniFrac 距离矩阵进行 beta 多样性分析，聚类分析结果如图 8-15（b）所示。可以很直观地看出，未处理污泥、CaO$_2$ 预处理污泥和 DBD 预处理污泥之间的相似度比 DBD/CaO$_2$ 耦合预处理污泥更高，说明 DBD/CaO$_2$ 耦合预处理污泥改变了微生物群落结构。共有 OTU 分析和聚类分析的结果与表 8-4 分析结果一致，DBD/CaO$_2$ 耦合预处理污泥中与 VFA 产生相关的微生物数量要比未处理污泥高得多，这也解释了 DBD/CaO$_2$ 耦合预处理污泥厌氧消化 VFA 的高生成量（图 8-10）。

图 8-16 显示了厌氧消化第 0 天、5 天和 12 天时，未处理污泥、CaO$_2$ 预处理污泥、DBD 预处理污泥和 DBD/CaO$_2$ 耦合预处理污泥四组体系中细菌种群的门水平和纲水平分布。由图 8-16（a）可知，在厌氧消化第 0 天时，四组体系中微生物群落在门水平上没有太大的变化；第 5 天时，与未处理污泥相比，经预处理的污泥厚壁菌门和拟杆菌门的丰富度得到了提升，并且 DBD/CaO$_2$ 耦合预处理污泥中厚壁菌门和拟杆菌门的丰富度提升最大，其中厚壁菌门由 10.2% 提升至 26.8%，拟杆菌门由 12.9% 提升至 27.9%；第 12 天时，厚壁菌

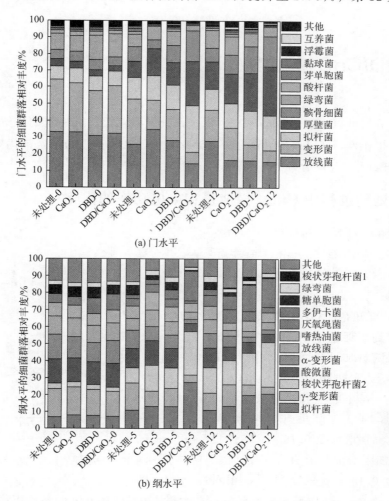

(a) 门水平

(b) 纲水平

彩图

图 8-16　污泥厌氧消化过程中门水平和纲水平的细菌群落相对丰度

门和拟杆菌门的丰富度与第 5 天相比波动不大。由此可知，DBD/CaO_2 耦合预处理污泥增加了厚壁菌门和拟杆菌门的丰富度，厚壁菌门微生物可产生蛋白酶、纤维素酶、脂酶以及其他一些胞外酶，并且与有机物的降解和酸的形成紧密相关。许多研究表明，厚壁菌门和拟杆菌门在污泥的水解和酸化过程中起到重要作用，并且在厌氧消化过程中大量存在。因此从微生物的角度分析，DBD/CaO_2 耦合预处理体系水解和酸化程度的提高主要是厚壁菌门和拟杆菌门微生物的作用。

由图 8-16(b) 可知，随着厌氧消化的进行，DBD/CaO_2 耦合预处理污泥中拟杆菌纲和梭状芽孢杆菌的丰富度逐渐增加。厌氧消化第 5 天时，DBD/CaO_2 耦合预处理污泥中拟杆菌纲和梭状芽孢杆菌分别为 27.5% 和 25.5%，是原泥的 2.55 倍和 2.87 倍；厌氧消化第 12 天时，DBD/CaO_2 耦合预处理污泥中拟杆菌纲和梭状芽孢杆菌分别为 20.8% 和 26.1%，是未处理污泥的 1.89 倍和 1.74 倍。在污泥的水解和酸化过程中，拟杆菌纲和梭状芽孢杆菌等水解菌分泌的纤维素酶、木聚糖酶和淀粉酶等能把碳水化合物降解成小分子有机物，然后产酸菌能把这些小分子有机物降解为乙酸、丙酸、丁酸等。拟杆菌纲具有乙酸型消化产酸能力，可以产生丁酸和乙酸，该细菌的增加是 DBD/CaO_2 耦合预处理污泥中乙酸所占比例增加的主要原因。

8.5　DBD/CaO_2 耦合预处理污泥的工艺优化

通过上述分析可以发现，CaO_2/DBD 耦合预处理对污泥具有一定的破解作用，有效提升了污泥的可生化性，还可以促进污泥厌氧消化的水解和产酸。为确定最优工艺参数条件，本节进行了 DBD/CaO_2 耦合预处理污泥的工艺优化研究。

8.5.1　预处理过程中 CaO_2 投加量和放电功率的优化

在改变 CaO_2 投加量和放电功率的条件下，对污泥预处理 30 min，考察了 CaO_2 投加量（以 VSS 计）和放电功率对污泥 S_{VSS} 的影响，结果如图 8-17 所示。

由图 8-17 可知，CaO_2 的投加对污泥细胞的破壁起到了促进作用，且在实验范围内促进效果随投加量的增加而增加。单独使用 CaO_2 预处理在 $0 \sim 0.10$ g/g 的 CaO_2 浓度下，S_{VSS} 的上升速率较快，而后再继续投加 CaO_2，其上升速率放缓；在 CaO_2 浓度由 0 增大至 0.10 g/g 的过程中，S_{VSS} 增加了 15.4 个百分点；而在 CaO_2 浓度为 0.15 g/g 的条件下，相对

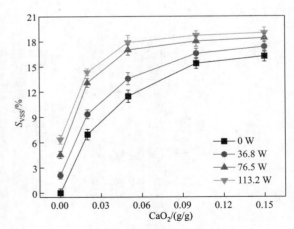

图 8-17　预处理后污泥增溶率的变化

0.10 g/g 体系的 S_{VSS} 增加了 0.8 个百分点，增幅较 $0 \sim 0.10$ g/g 的条件下明显减小。考虑原因是常温下 CaO_2 在水中的溶解度为 0.16 g/100 g，CaO_2 在污泥中饱和后，破解作用将

会变弱，后期由于碱性物质与细胞溶出物反应，致使 S_{VSS} 进一步升高，但升高趋势明显放缓。单独 DBD 预处理对污泥细胞的破壁也起到了促进作用，在实验范围内促进效果随放电功率的增加而增加，这是因为放电功率的增加使放电效果增强，产生的活性物质浓度升高，有效增强了污泥内部结构的破坏效果。单独 DBD 处理条件下，在放电功率为 36.8 W 时，污泥的 S_{VSS} 提高了 2.1 个百分点；放电功率为 76.5 W 时，污泥的 S_{VSS} 提高了 4.6 个百分点；放电功率为 113.2 W 时，污泥的 S_{VSS} 提高了 6.3 个百分点。DBD/CaO_2 耦合预处理对污泥细胞的破壁有着更强的促进作用，放电功率在 36.8～76.5 W、CaO_2 投加量在 0～0.05 g/g时，S_{VSS} 的上升速率较快，在此条件下再提高放电功率和 CaO_2 投加量，S_{VSS} 的上升速率放缓。放电功率为 76.5 W 和 CaO_2 投加量为 0.05 g/g 时污泥 S_{VSS} 增大了 17.0 个百分点，在此条件下 DBD/CaO_2 耦合预处理污泥具有协同作用，协同因子 SF=1.1。

利用 CaO_2 耦合 DBD 预处理污泥，考察了不同 CaO_2 投加量以及不同放电功率对处理后污泥中 SCOD 的影响，实验结果如图 8-18 所示。当 CaO_2 与 DBD 共同作用时，污泥破解显著，释放胞内的有机物，使污泥的 SCOD 上升；SCOD 的溶出量越多，表明污泥的破解程度越高，污泥的减量化越好，营养物质释放的量越多，在后续的消化中能够被利用的底物就越多。

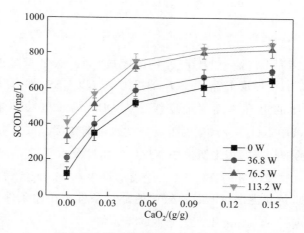

图 8-18　预处理后污泥 SCOD 的变化

从 CaO_2 投加量来看，在投加量不同的条件下，污泥均能被破解，CaO_2 投加量的增加能进一步促进破解，促进污泥中有机物的释放。不同放电功率的实验组在 CaO_2 投加量（以 VSS 计）为 0～0.05 g/g 的范围内，通过 DBD 和 CaO_2 的耦合作用，SCOD 的溶出量随着 CaO_2 投加量的增加而急剧上升，CaO_2 的投加量超过 0.05 g/g 后，SCOD 的溶出量的增幅会减小，因此采用耦合技术预处理污泥时，CaO_2 的投加量存在一个最佳值。

从 DBD 的放电功率来看，不同放电功率的条件下，污泥均能被破解，SCOD 的溶出量随着放电功率的增大而增加，在放电功率为 36.8 W、76.5 W 和 113.2 W 时，SCOD 的溶出量分别比原泥增加了 84.2 mg/L、206.7 mg/L 和 287.8 mg/L。不同 CaO_2 投加量的实验组在放电功率为 0～76.5 W 的范围内，通过 DBD 和 CaO_2 的耦合作用，SCOD 的溶出量随着放电功率增加而急剧上升，放电功率超过 76.5 W 后，SCOD 的溶出量的增幅会减小，因此采用耦合技术预处理污泥时，放电功率也存在一个最佳值。

从污泥的 SCOD 溶出量来看，CaO_2 投加量为 0.05 g/g 和放电功率为 76.5 W 是 DBD/

CaO_2 耦合预处理污泥的最佳条件，在此条件下预处理污泥的 SCOD 溶出量为 720.5 mg/L，是原泥的 5.9 倍。预处理之后污泥中增加的 SCOD 可以作为微生物发酵底物被利用，提高消化污泥的降解率。

污泥裂解破壁过程中，不仅会释放 SCOD，也会释放氮元素，导致污泥上清液中 NH_4^+-N 浓度升高，DBD/CaO_2 耦合预处理污泥对上清液中 NH_4^+-N 浓度的影响如图 8-19 所示。

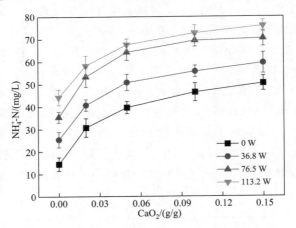

图 8-19   预处理后污泥上清液 NH_4^+-N 浓度的变化

由图 8-19 可知，污泥上清液中 NH_4^+-N 的浓度与 CaO_2 投加量呈正相关，与 DBD 功率也呈正相关。从 CaO_2 的投加量来看，CaO_2 的投加量（以 VSS 计）超过 0.05 g/g 后，污泥上清液中 NH_4^+-N 浓度的上升速度逐渐变缓；从 DBD 的放电功率来看，放电功率超过 76.5 W 后，污泥上清液中 NH_4^+-N 浓度的上升速度也逐渐变缓。虽然当放电功率为 113.2 W 时，随着 CaO_2 浓度的增加，污泥上清液中 NH_4^+-N 浓度要大于 76.5 W，但其增幅不明显。因此针对上清液中 NH_4^+-N 浓度的分析，CaO_2 投加量为 0.05 g/g 和放电功率为 76.5 W 是 DBD/CaO_2 耦合预处理污泥促进污泥细胞破壁的最佳条件，在此条件下进行预处理，污泥上清液中 NH_4^+-N 浓度为 64.3 mg/L，是原泥的 4.4 倍。

综上，通过对 DBD/CaO_2 耦合预处理污泥的污泥 S_{VSS}、SCOD 和上清液的 NH_4^+-N 浓度分析，CaO_2 投加量为 0.05 g/g 和放电功率为 76.5 W 是 DBD/CaO_2 耦合预处理促进污泥细胞破壁增溶的最优工艺参数条件。

8.5.2 厌氧消化过程中 CaO_2 投加量和放电功率的优化

在大多数的预处理消化实验中，无论是厌氧消化产气还是消化产酸，研究人员一般选择预处理结果最好的实验组进行接下来的实验。虽然预处理使接下来的消化实验获得了较多的底物，但忽略预处理之后消化环境的改变给消化实验带来的影响，预处理最佳的实验条件在后续的实验中不一定会有最好的消化效果，所以本节对厌氧消化过程中 CaO_2 投加量和放电功率的影响进行了探究。

水解阶段主要是污泥厌氧消化的限速阶段，通过促进污泥水解可以达到促进厌氧消化的目的。污泥厌氧消化过程中 S_{VSS} 的变化能很好地代表污泥的水解程度，在改变 CaO_2 投加量和放电功率的条件下，把预处理污泥与原泥以 7∶1 的比例混合均匀，厌氧消化 7

天，以此考察 CaO_2 投加量和放电功率对厌氧消化污泥 S_{VSS} 的影响，结果如图 8-20 所示。

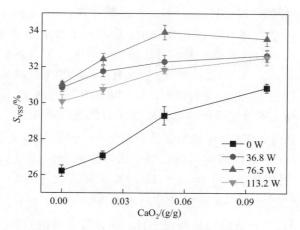

图 8-20　污泥厌氧消化增溶率的变化

由图 8-20 可知，DBD/CaO_2 耦合预处理污泥，能够提高污泥的 S_{VSS}。预处理污泥经厌氧消化 7 天后，在 CaO_2 投加量（以 VSS 计）为 $0 \sim 0.1$ g/g 的范围内，污泥 S_{VSS} 在放电功率小于 76.5 W 时与放电功率呈正相关，在放电功率大于 76.5 W 时与放电功率呈负相关，因此放电功率存在一个最佳值。在放电功率为 76.5 W、CaO_2 投加量为 $0 \sim 0.05$ g/g 时，消化污泥的 S_{VSS} 与 CaO_2 投加量呈正相关；在 CaO_2 投加量为 $0.05 \sim 0.1$ g/g 时，污泥的 S_{VSS} 与 CaO_2 投加量呈负相关。因此在放电功率为 76.5 W、CaO_2 投加量为 0.05 g/g 的条件下，DBD/CaO_2 耦合预处理污泥，经厌氧消化 7 天后，污泥的 S_{VSS} 最大，为 34.0%，是原泥的 1.3 倍。

SCOD 的变化是反映污泥消化产酸过程中有机成分变化的重要指标，预处理过程溶出的有机物为后续的消化提供了充足的反应底物，溶出 SCOD 的多少对消化产酸过程有很大的影响。图 8-21 是剩余污泥预处理后经厌氧消化 7 天，消化液中 SCOD 的变化趋势图。

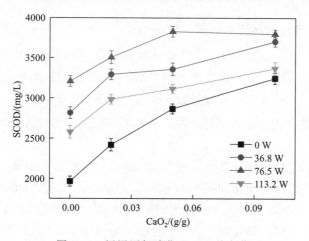

图 8-21　污泥厌氧消化 SCOD 的变化

从图中可以看出，单独使用 DBD 预处理污泥，经厌氧消化 7 天后，污泥消化液中 SCOD 的溶出量与原泥相比会增多。放电功率为 36.8 W、76.5 W 和 113.2 W 时，污泥消化液中 SCOD 浓度分别为 2818.6 mg/L、3209.3 mg/L 和 2580.1 mg/L，是原泥的 1.4 倍、1.6 倍和 1.3 倍。由此可知，DBD 的放电功率在 0～113.2 W 的范围内存在一个最佳值。

单独使用 CaO_2 预处理污泥，投加量（以 VSS 计）在 0～0.1 g/g 的范围内，预处理污泥经厌氧消化 7 天后，消化液中 SCOD 浓度与 CaO_2 投加量呈正相关。在放电功率为 76.5 W 时，DBD/CaO_2 耦合预处理污泥，对污泥厌氧消化 SCOD 的释放有更好的效果；当 CaO_2 投加量分别为 0.02 g/g、0.05 g/g 和 0.1 g/g 时，污泥 SCOD 浓度分别为 3506.7 mg/L、3829.7 mg/L 和 3799.2 mg/L。通过分析可知，放电功率为 76.5 W 和 CaO_2 投加量为 0.05 g/g 是 DBD/CaO_2 耦合处理促进污泥厌氧消化释放 SCOD 的最佳条件。

图 8-22 为不同放电功率和 CaO_2 投加量预处理污泥，经厌氧消化 7 天后 NH_4^+-N 的变化情况，从图中的释放规律也可以推断出消化液中蛋白质的降解情况。单独使用 0～0.1 g/g 的 CaO_2 预处理污泥，经厌氧消化 7 天后，NH_4^+-N 的释放量与 CaO_2 投加量呈正相关。但随着 CaO_2 投加量的增多，NH_4^+-N 浓度上升的趋势逐渐变缓，这可能是因为 CaO_2 投加量过多会抑制微生物对蛋白质的分解，从而使 NH_4^+-N 浓度上升的趋势变缓。

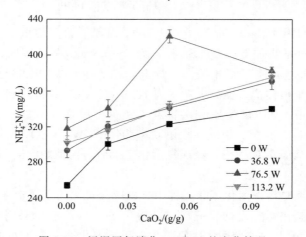

图 8-22　污泥厌氧消化 NH_4^+-N 的变化情况

DBD/CaO_2 耦合预处理污泥对于消化液中 NH_4^+-N 的释放具有协同作用，CaO_2 投加量（以 VSS 计）在 0～0.1 g/g 范围内，放电功率为 36.8 W 和 113.2 W 时，消化液中 NH_4^+-N 浓度的变化趋势相似，而此条件下消化液中 NH_4^+-N 浓度低于放电功率为 76.5 W 时的浓度。在放电功率为 76.5 W、CaO_2 投加量为 0.05 g/g 的条件下，DBD/CaO_2 耦合预处理污泥对厌氧消化 NH_4^+-N 的释放促进效果最好，在此条件下消化液中 NH_4^+-N 的浓度为 421.2 mg/L，是原泥的 1.7 倍。

将不同 CaO_2 投加量和不同放电功率预处理后的污泥厌氧消化产酸 7 天，消化液中 VFA 的积累量和乙酸比例的变化如图 8-23 所示。图 8-23(a) 表明 DBD/CaO_2 耦合预处理能够促进厌氧消化产酸。单独 CaO_2 预处理的消化液中 VFA 积累量与 CaO_2 投加量呈正相关，CaO_2 投加量为 0.1 g/g 时，消化液中 VFA 的积累量（以 COD 计）为 1811.7 mg/L，是原泥的 1.5 倍。从产酸结果来看，单独使用 DBD 预处理污泥，不同放电功率条件下的产酸能力为：76.5 W＞113.2 W＞36.8 W。消化液中 VFA 的积累量在单独 DBD 处理放电功率为 76.5 W 时浓度最高，为 1788.8 mg/L，是原泥的 1.5 倍。

当放电功率为 76.5 W 时，DBD 和 CaO_2 耦合预处理污泥促进厌氧消化产酸效果最好。在此放电功率条件下，CaO_2 投加量（以 VSS 计）为 0.05 g/g 时，DBD 和 CaO_2 耦合预处理污泥厌氧消化产酸效果最好，厌氧消化 7 天后消化液中 VFA 的积累量为 2537.8 mg/L，与原泥相比增加了 1361.2 mg/L。

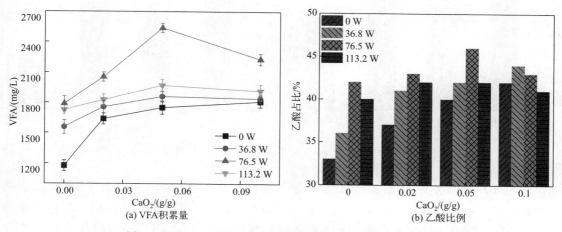

图 8-23　污泥厌氧消化 VFA 积累量和乙酸比例的变化情况

DBD 和 CaO_2 耦合预处理污泥不仅能提高污泥厌氧消化的 VFA 积累量，还可以提高 VFA 中乙酸的占比，如图 8-23（b）所示。经 DBD 和 CaO_2 耦合预处理的污泥在厌氧消化过程中乙酸的比例得到提高，当放电功率为 76.5 W、CaO_2 投加量为 0.05 g/g 时，预处理污泥经厌氧消化 7 天后，消化液中乙酸占比达到 46％，与原泥中相比提高了 13 个百分点。DBD/CaO_2 耦合预处理污泥能够提高 VFA 积累量和乙酸占比，主要是由于厌氧消化后预处理污泥中厚壁菌门、拟杆菌门和拟杆菌纲的相对丰度得到了提高（图 8-16），这些细菌能够促进 VFA 和乙酸的产生。

8.6　DBD/CaO_2 耦合预处理对污泥脱水减量、污染物去除及碳源回收的影响

8.6.1　预处理对污泥脱水的影响

剩余污泥含水率较高是污泥较难处理的重要原因之一，污泥预处理也应考虑对含水率的影响。在 DBD 和 CaO_2 预处理的最佳工艺条件下对污泥进行预处理，污泥的滤饼含水率变化如图 8-24 所示。经过 DBD 和 CaO_2 预处理后，污泥的滤饼含水率会降低。未经预处理的污泥滤饼含水率为 85.31％，经单独 CaO_2 和单独 DBD 预处理 30 min 后，污泥滤饼含水率分别降至 82.33％和 80.34％；相同条件下，经 DBD/CaO_2 耦合预处理污泥的滤饼含水率下降至 75.34％。DBD/CaO_2 耦合预处理会使污泥产生高效活性物质，破坏胞外聚合物并释放被束缚的水分，使污泥滤饼含水率呈现下降的趋势。

污泥沉降比能够间接反映污泥的活性系数，其变化还可以用来判断污泥减量的效果，在 DBD 和 CaO_2 预处理的最佳工艺条件下对污泥进行预处理，污泥沉降比的变化如图 8-25 所示。

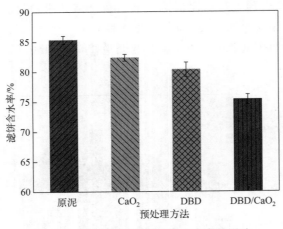

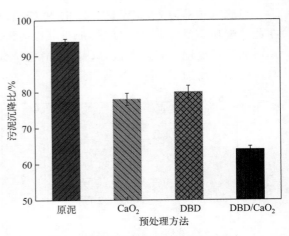

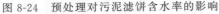

图 8-24 　预处理对污泥滤饼含水率的影响 　　　　图 8-25 　预处理对污泥沉降比的影响

由图 8-25 可以发现，DBD/CaO_2 耦合预处理污泥对污泥减量的效果十分显著，污泥明显被破解了。在相同的条件下，污泥沉降比经 DBD/CaO_2 耦合预处理达到了最低。单独 CaO_2 和单独 DBD 预处理后，污泥沉降比分别为 78% 和 80%，比原泥分别降低了 16 个百分点和 14 个百分点；DBD/CaO_2 耦合预处理后，污泥沉降比为 64%，比原泥降低了 30 个百分点。DBD/CaO_2 耦合能够产生更多的 ·OH 等活性物质，体系中也会产生更多的活化能，在这些耦合作用下，污泥体系中所含的丝状菌被杀死，污泥内部含水率也有所降低，所以才导致了污泥沉降比的下降，也提高了剩余污泥的减量效率。

8.6.2 　预处理对污泥中有机物和重金属的影响

污泥具有多孔结构，会吸附污水处理过程中的难降解有机物，成为有机物的主要载体。预处理过程中有机物会发生很多化学反应，转化过程复杂。色谱-质谱联用是一种气相色谱和质谱联用的技术，通过 GC-MS 对未处理污泥、CaO_2 预处理污泥、DBD 预处理污泥和 DBD/CaO_2 耦合预处理污泥进行定性分析，确定污泥预处理过程中有机物的变化，结果如图 8-26 所示。

从图 8-26(a) 可以看出，未处理污泥中可溶有机物较少，大部分被胶体、EPS 和细胞壁包裹。通过 DBD/CaO_2 耦合预处理后，图 8-26(d) 中吸收峰明显增多，说明有机物种类增多。对污泥中的有机物在色谱图中碎片面积积分超过 1% 的进行组分分析，分析结果如表 8-5～表 8-8 所示。

通过观察表 8-5 和表 8-8 可以看出未处理污泥中有机物种类较少，而经 DBD/CaO_2 耦合预处理后污泥中有机物种类变多。在未处理污泥、CaO_2 预处理污泥和 DBD 预处理污泥中都检测到了十甲基环五硅氧烷（$C_{10}H_{30}O_5Si_5$），而污泥经 DBD/CaO_2 耦合预处理后此有机物没被检测到。十甲基环五硅氧烷广泛适用于化妆品和人体护理产品，会对人和动物的生殖系统造成损害，和持久性有机污染物一样，在动物体内难以降解且具有集聚特性。

从表 8-8 中可以看出，污泥经过 DBD/CaO_2 耦合预处理后，出现了大量杂环化合物和芳香族化合物。这可能是因为预处理过程中，污泥结构发生变化，絮体解体，被固定在污泥中的难降解有机物和 EPS 经过 DBD/CaO_2 耦合预处理后也被分解，形成了新的有机物。

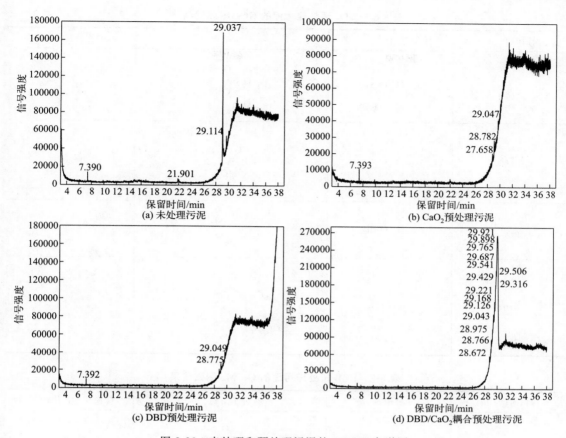

图 8-26　未处理和预处理污泥的 GC-MS 色谱图

表 8-5　未处理污泥的 GC-MS 测试结果

保留时间/min	分子式	分子结构	峰面积所占比例/%
7.390	$C_{10}H_{30}O_5Si_5$		5.19
21.901	S_8		6.05
29.037	$C_{24}H_{24}$		82.18
29.114	$C_{15}H_{13}N$		6.58

表 8-6　CaO₂ 预处理污泥的 GC-MS 测试结果

保留时间/min	分子式	分子结构	峰面积所占比例/%
7.393	$C_{10}H_{30}O_5Si_5$	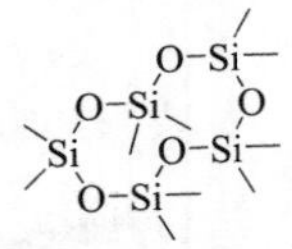	21.72
27.658	$C_{10}H_{28}O_4Si_3$	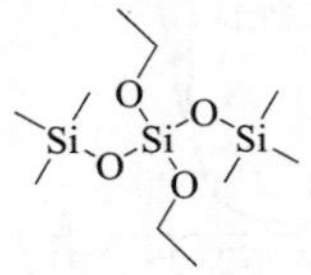	16.07
28.782	$C_6H_{18}O_3Si_3$	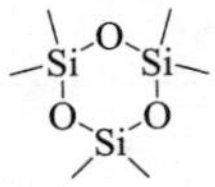	20.94
29.047	$C_{17}H_{14}O_4$	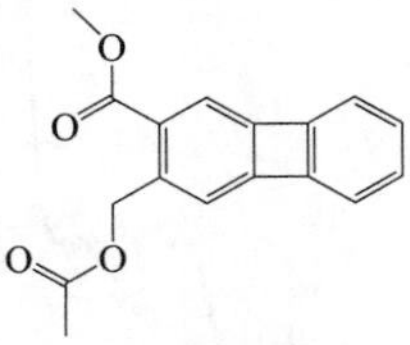	41.28

表 8-7　DBD 预处理污泥的 GC-MS 测试结果

保留时间/min	分子式	分子结构	峰面积所占比例/%
7.392	$C_{10}H_{30}O_5Si_5$	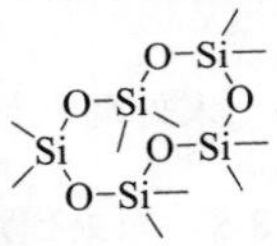	5.19
28.775	$C_{15}H_{13}N$	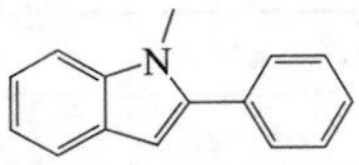	27.91
29.049	$C_{11}H_{16}O$	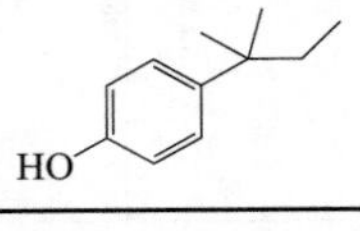	49.02

表 8-8　DBD/CaO₂ 耦合预处理污泥的 GC-MS 测试结果

保留时间/min	分子式	分子结构	峰面积所占比例/%
28.766	$C_4H_6O_5$	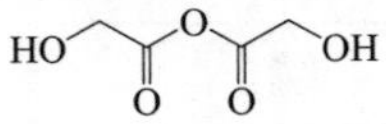	1.02
28.975	$C_{20}H_{27}F_3N_2O_3$	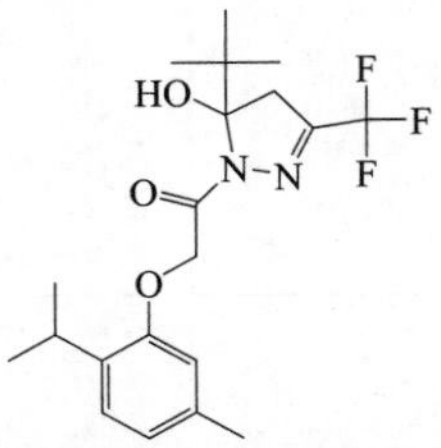	1.02

续表

保留时间/min	分子式	分子结构	峰面积所占比例/%
29.043	$C_{17}H_{20}O_2$		1.86
29.126	$C_{14}H_{32}Sn$		1.76
29.221	$C_{20}H_{28}O_4$		2.31
29.316	$C_{24}H_{24}N_2O_4$		1.71
29.429	$C_{26}H_{17}ClN_2O_5$		4.04
29.687	$C_{20}H_{15}N_3O_4$		9.72
29.898	$C_{19}H_{17}BrN_2O_2S$		15.77
29.921	$C_8H_{24}O_{12}Si_8$		5.44

　　剩余污泥中不仅含有较多难降解有机物和病原微生物等，还含有有毒重金属，其中有毒重金属是阻碍污泥资源化利用的最重要因素。因此，研究污泥预处理后重金属的变化对实现污泥的资源化利用有重大意义。预处理后污泥固相中重金属元素含量的变化如表 8-9 所示。

表 8-9   预处理后污泥固相中重金属元素含量的变化

重金属	未处理污泥 /(g/kg)	CaO$_2$ 预处理污泥 /(g/kg)	DBD 预处理污泥 /(g/kg)	DBD/CaO$_2$ 耦合预处理污泥 /(g/kg)
Cd	0.04	0.03	0.03	0.02
Cr	0.05	0.05	—	0.04
Cu	0.17	0.18	0.15	0.07
Fe	116.55	120.31	100.63	94.60
Pb	0.19	0.13	0.12	0.04
Ni	0.04	0.03	0.02	0.02
Zn	0.80	0.86	0.79	0.47
Sb	≤ 0.01	≤ 0.01	≤ 0.01	≤ 0.01

本实验所研究的是污泥固相中重金属含量的变化，由表 8-9 可知通过污泥预处理可以减少污泥固相中重金属的含量，对污泥固相中重金属的减量效果为：DBD/CaO$_2$ 耦合预处理＞单独 DBD 预处理＞单独 CaO$_2$ 预处理。剩余污泥经 DBD/CaO$_2$ 耦合预处理后，泥饼中 Cd、Cr、Cu、Fe、Pb、Ni、Zn 的含量分别为 0.02 g/kg、0.04 g/kg、0.07 g/kg、94.60 g/kg、0.04 g/kg、0.02 g/kg、0.47 g/kg，较空白组分别下降了 50.0%、20.0%、58.8%、18.8%、78.9%、50.0%、41.3%；重金属的去除效果为 Pb＞Cu＞Cd＝ Ni＞Zn＞Cr＞Fe。DBD/CaO$_2$ 耦合预处理污泥使污泥固相中重金属减少的过程与污泥破解过程相似，污泥细胞被 DBD/CaO$_2$ 耦合产生的活性物质破坏，内部大分子有机物分解成小分子有机物，破坏了重金属原本的结合位点，重金属被释放。大部分被释放的重金属不会以游离态离子形式存在，而是会与通过裂解作用生成的有机或无机配体重组形成络合物。

8.6.3 预处理对污泥厌氧消化过程减量及产酸的影响

污泥 S_{VSS} 可以用来衡量污泥减量化和稳定化程度，表征污泥厌氧消化程度。本研究将预处理污泥与原始污泥以 7:1 的接种比混合均匀后进行厌氧消化，过程中增溶率的变化如图 8-27 所示。从图 8-27 可以看出，经过 16 天厌氧消化后，原泥的 S_{VSS} 为 29.2%，而单独 CaO$_2$、单独 DBD 和 DBD/CaO$_2$ 耦合预处理的污泥的 S_{VSS} 分别可达到 32.1%、33.4% 和 37.0%。经预处理，在相同的厌氧消化时间内，污泥的 S_{VSS} 得到了提高，这主要是由于 DBD 和 CaO$_2$ 预处理污泥可以破坏污泥的细胞结构，有利于后续的有机物释放和降解，最终起到促进厌氧反应器中有机物分解的作用。

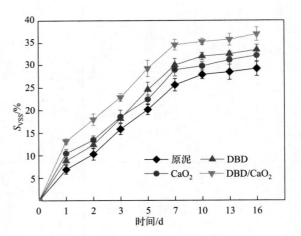

图 8-27   污泥厌氧消化过程中
增溶率的变化情况

SCOD 的变化是反应消化产酸过程中有机物成分变化的重要指标，污泥预处理过程中溶出的有机物为后续的消化提供了充足的反应底物，溶出 SCOD 的多少对消化产酸过程有很大的影响。图 8-28 是剩余污泥经预处理后在消化产酸过程中 SCOD 的变化趋势。

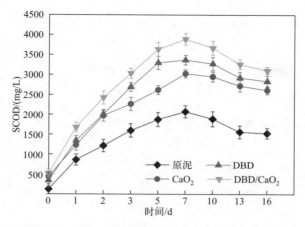

图 8-28　污泥厌氧消化过程中 SCOD 的变化情况

从图中可以看出，污泥预处理可以提高 SCOD 的起始浓度，其中起始浓度最高的是 DBD/CaO$_2$ 耦合预处理的实验组，其值为 515.8 mg/L。由于 DBD/CaO$_2$ 耦合预处理污泥具有协同作用，破解效果最好。厌氧消化前期 SCOD 处于上升趋势，在厌氧消化第 7 天达到了最大浓度 3888.6 mg/L，相较于初始值增加 3372.8 mg/L，随后进入下降阶段，在消化 16 天后 SCOD 为 3100.1 mg/L。单独 DBD 和单独 CaO$_2$ 预处理的实验组，也呈现出在一段消化时间内 SCOD 上升，在达到最大浓度后开始下降的趋势。经单独 CaO$_2$ 预处理的实验组，SCOD 初始值为 440.0 mg/L，消化的第 7 天达到最大浓度 3025.7 mg/L，实验结束时为 2614.1 mg/L；单独 DBD 预处理的实验组，SCOD 从初始的 342.7 mg/L 上升到第 7 天的 3365.3 mg/L 再下降到结束时的 2836.5 mg/L。

将三个实验组的 SCOD 变化曲线与原泥进行对比可以发现，预处理污泥在后续的消化产酸过程中 SCOD 都保持在较高的区间内，SCOD 的下降趋势比原泥缓慢，说明消化过程中在较长的一段时间内预处理对污泥的破解反应都存在于系统中。至于预处理污泥 SCOD 的变化与原泥的差异，主要是由于在预处理过程中污泥细胞发生破解，可生化性得到提高，厌氧消化前期产甲烷速率还不高，SCOD 的生成速率大于消耗速率，从而使消化液中 SCOD 上升；随后由于产甲烷速率上升，SCOD 的生成速率小于消耗速率，从而导致消化液中 SCOD 下降。

污泥厌氧消化过程中，非溶解性有机物会被产酸菌降解，转化成长链脂肪酸、糖类等物质，进而被转化为 VFA，进入产甲烷阶段。消化液中 VFA 的积累量能很好地表征污泥厌氧消化产酸的情况。图 8-29 为厌氧消化时间对预处理污泥消化液中 VFA 浓度（以 COD 计）的影响曲线。从图中可以看出，污泥消化液中 VFA 的累积量均随厌氧消化时间的增加呈现先增大后减小的趋势，且都在第 7 天达到最大值。未经预处理、CaO$_2$ 预处理、DBD 预处理和 DBD/CaO$_2$ 耦合预处理的最大 VFA 累积量分别为 1427.1 mg/L、1911.1 mg/L、2098.3 mg/L 和 2687.7 mg/L，并且在整个污泥厌氧消化水解产酸的过程中，DBD/CaO$_2$ 耦合预处理污泥的 VFA 累积量都是最大的。

污泥中 VFA 的累积量和水解酸化过程以及 VFA 的消耗过程有关。在污泥厌氧消化前 7 天，VFA 的累积量随着厌氧消化时间的增加而增加，主要是由于 VFA 的产生量大于产甲烷菌的消耗量。当产甲烷菌对 VFA 的消耗量大于 VFA 的产生量时，污泥中 VFA 的累积量将呈现下降的趋势。从图 8-29 中还可以看出，在 VFA 累积量下降阶段，DBD 预处理污泥

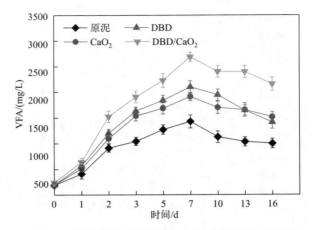

图 8-29 污泥厌氧消化过程中 VFA 产量的变化情况

VFA 累积量的下降趋势明显大于 CaO_2 预处理污泥。这主要是因为系统中存在产甲烷菌，产甲烷菌在碱性和微氧条件下会立即受到抑制，不能生长繁殖；而 CaO_2 溶于水会形成碱性-微氧环境，对产甲烷菌产生抑制，所以 CaO_2 预处理实验组中 VFA 的消耗速率低于 DBD 预处理实验组。

厌氧消化时间对消化液中不同酸浓度的影响如图 8-30 所示。从图中可以看出，在整个

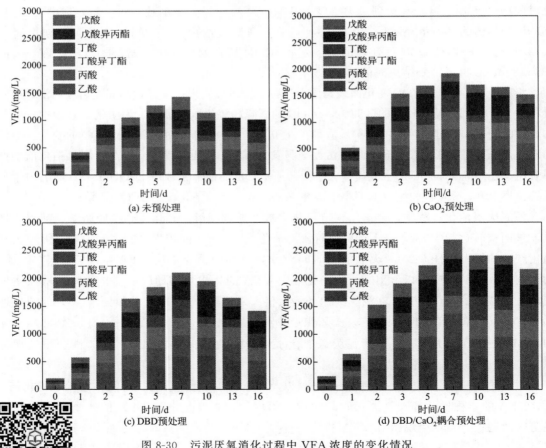

图 8-30 污泥厌氧消化过程中 VFA 浓度的变化情况

厌氧消化水解产酸过程中，预处理污泥消化液中含量最大的酸为乙酸，其他酸在 VFA 中的比例相对较小。各种条件下乙酸均在第 7 天达到最大，四组实验在厌氧消化第 7 天的 VFA 各组分占比如图 8-31 所示。由图 8-31 可知，厌氧消化进行到第 7 天时，未预处理组、CaO_2 预处理组、DBD 预处理组和 DBD/CaO_2 耦合预处理组，相应的乙酸浓度占当日 VFA 总累积量的 24.78%、25.11%、28.04% 和 29.72%。由图 8-30 和图 8-31 分析可知，DBD/CaO_2 耦合预处理不仅会促进污泥消化液中 VFA 的积累，还会提高 VFA 中乙酸的比例。

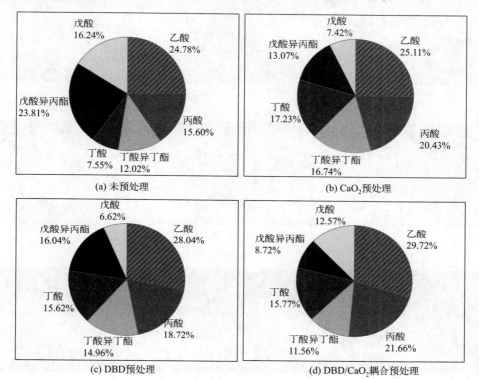

图 8-31　污泥厌氧消化第 7 天的 VFA 各组分占比

乙酸可以被产甲烷菌直接利用，所以，在厌氧消化过程中乙酸的浓度先升高后降低；而经过 7 天厌氧消化后，丙酸的浓度也逐渐增加，这是因为从热力学上分析，丙酸很难被降解生成乙酸，进而被产甲烷菌利用，所以浓度会逐渐升高。由图 8-31 可知，经过 7 天厌氧消化后，未预处理组、CaO_2 预处理组、DBD 预处理组和 DBD/CaO_2 耦合预处理组，相应的丙酸浓度占当日 VFA 总累积量的 15.60%、20.43%、18.72% 和 21.66%。

通过对厌氧消化过程中 DOM 的三维荧光光谱进行分析可以定性地反映预处理过程中污泥细胞的破解情况以及厌氧消化过程中消化液中有机物的变化情况。图 8-32(a)、(b)、(c)、(d) 分别为未预处理组、CaO_2 预处理组、DBD 预处理组和 DBD/CaO_2 耦合预处理组厌氧消化 0 天、5 天、13 天、16 天对应的 DOM 的三维荧光光谱图。区域 I 所代表的酪氨酸类蛋白质（$E_x/E_m = 200\sim250/200\sim330$）和区域 IV 所代表的可溶性微生物副产物类物质（$E_x/E_m = 250\sim350/200\sim380$）通常被认为是可生物降解的。

从图中可以看出，对污泥进行预处理后，区域 I 的荧光强度略微增加，而区域 IV 的荧光强度显著增加，其中 DBD/CaO_2 耦合预处理组区域 IV 的荧光强度增加最为明显，这也证明了 DBD/CaO_2 耦合预处理对促进污泥细胞破壁增溶释放有机物具有协同作用。在污泥厌氧消化的过程中，区域Ⅳ的荧光强度随着厌氧消化时间的增加呈现出先增强后减弱的趋势。这是由于随着厌氧消化的进行，污泥细胞不断地破壁溶解，蛋白质等可生物降解物质不断地溶出又被消耗。其中，DBD/CaO$_2$ 耦合预处理污泥区域Ⅳ的荧光强度变化最为明显，这也证明了 DBD/CaO$_2$ 耦合预处理对污泥厌氧消化水解产酸的促进作用。

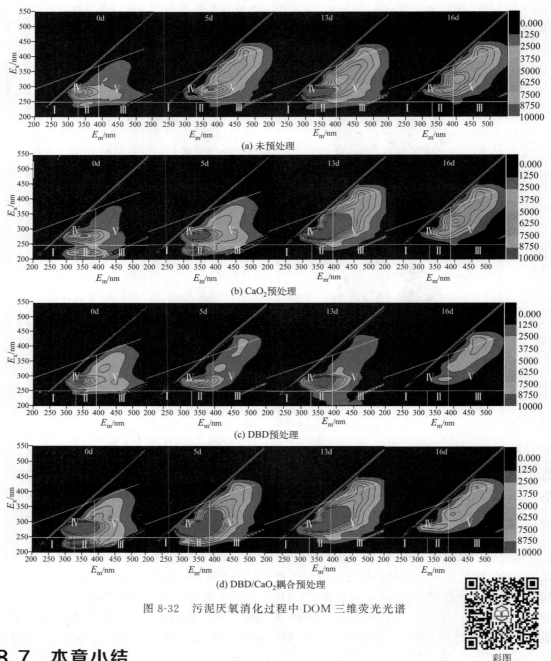

图 8-32　污泥厌氧消化过程中 DOM 三维荧光光谱

彩图

8.7　本章小结

　　本章从提高剩余污泥的破解效果及产酸效率出发，研究了 DBD 和 CaO$_2$ 污泥预处理技术对污泥破解及厌氧消化水解产酸的影响，同时也考虑了预处理技术对污泥中重金属和有机污染物的影响。通过实验得出 DBD 和 CaO_2 预处理破解污泥与促进厌氧消化水解产酸的最佳条件，并对其中的机理进行了分析。最终得出以下结论：

① DBD 和 CaO_2 预处理污泥能够促进污泥细胞的破壁增溶，并且 DBD/CaO_2 耦合预处理污泥具有协同作用。放电功率为 76.5 W 的 DBD 和 0.05 g/g 的 CaO_2（以 VSS 计）耦合预处理污泥后，其中 S_{VSS} 较空白组增长了 17 个百分点，SCOD 是原泥的 5.8 倍，上清液中氨氮浓度是原泥的 4.6 倍。

② DBD/CaO_2 耦合预处理污泥后再进行厌氧消化能够促进污泥的水解酸化。经厌氧消化 7 天后，污泥的 S_{VSS} 是原泥的 1.3 倍，SCOD 是原泥的 2 倍，上清液中的氨氮浓度是原泥的 1.7 倍，消化液中的 VFA 积累量是原泥的 2.2 倍，并且乙酸的比例提高了 11.3 个百分点。

③ CaO_2 溶于水产生的 $Ca(OH)_2$ 和 H_2O_2 以及 DBD 过程中产生的 O_3 和 H_2O_2 是 DBD/CaO_2 耦合预处理污泥协同促进水解产酸的原因。DBD/CaO_2 耦合预处理污泥过程中产生的 ·OH 对于促进污泥细胞的破壁增溶具有一定贡献。

④ 污泥预处理会改变污泥中微生物种群的多样性，其中 DBD/CaO_2 耦合预处理污泥厌氧消化会降低污泥中变形菌门的丰富度，提高污泥中厚壁菌门、拟杆菌门、拟杆菌纲和梭状芽孢杆菌的丰富度，从而减少污泥中的致病毒害性细菌和提高污泥的水解产酸效果。

⑤ 放电功率为 76.5 W 和 CaO_2 投加量为 0.05 g/g 是 DBD/CaO_2 耦合预处理污泥促进污泥细胞破壁增溶和水解产酸的最佳工艺条件。将耦合预处理污泥与原始污泥以 7：1 的比例混合均匀后，经厌氧消化 7 天，消化液中 VFA（以 COD 计）的积累量为 2537.8 mg/L，与原泥相比增加了 1361.2 mg/L，并且乙酸占比达到 46%，比原泥提高了 13 个百分点。

⑥ 剩余污泥预处理可以提高其脱水性能，其中 DBD/CaO_2 耦合预处理的效果最好，经 DBD/CaO_2 耦合预处理后，污泥滤饼含水率和沉降比分别比原泥下降 9.97 和 30 个百分点。DBD/CaO_2 耦合预处理可以破坏污泥中有机物的结构，减少污泥中的有毒有机物，还可以降低污泥固相中重金属的含量。

参考文献

［1］　Appels L，Baeyens J，Degrève J，et al. Principles and potential of the anaerobic digestion of waste-activated sludge ［J］. Progress in Energy and Combustion Science，2008，34（6）：755-781.

［2］　Appels L，Lauwers J，Gins G，et al. Reply to comment on "parameter identification and modeling of the biochemical methane potential of waste activated sludge" ［J］. Environmental Science & Technology，2011，45（17）：7598-7599.

［3］　Ariesyady H D，Ito T，Okabe S. Functional bacterial and archaeal community structures of major trophic groups in a full-scale anaerobic sludge digester ［J］. Water Research，2007，41（7）：1554-1568.

［4］　Ariunbaatar J，Panico A，Esposito G，et al. Pretreatment methods to enhance anaerobic digestion of organic solid waste ［J］. Applied Energy，2014，123：143-156.

［5］　Banaschik R，Lukes P，Jablonowski H，et al. Potential of pulsed corona discharges generated in water for the degradation of persistent pharmaceutical residues ［J］. Water Research，2015，84：127-135.

［6］　Barber W P. The effects of ultrasound on sludge digestion ［J］. Water and Environment Journal，2005，19（1）：2-7.

［7］ Bhattacharya R，Osburn C L. Spatial patterns in dissolved organic matter composition controlled by watershed characteristics in a coastal river network：The Neuse River Basin，USA ［J］. Water Research，2020，169：115248.

［8］ Boopathy R. Isolation and characterization of a methanogenic bacterium from swine manure ［J］. Bioresource Technology，1996，55 (3)：231-235.

［9］ Cai M L，Liu J X，Wei Y S. Enhanced biohydrogen production from sewage sludge with alkaline pretreatment ［J］. Environmental Science & Technology，2004，38 (11)：3195-3202.

［10］ Carrere H，Dumas C，Battimelli A，et al. Pretreatment methods to improve sludge anaerobic degradability：A review ［J］. Journal of Hazardous Materials，2010，183 (1/3)：1-15.

［11］ Chen W，Westerhoff P，Leenheer J A，et al. Fluorescence excitation-Emission matrix regional integration to quantify spectra for dissolved organic matter ［J］. Environmental Science & Technology，2003，37 (24)：5701-5710.

［12］ Chen Y，Cheng J J，Creamer K S. Inhibition of anaerobic digestion process：A review ［J］. Bioresource Technology，2008，99 (10)：4044-4064.

［13］ Chen Y G，Jiang S，Yuan H Y，et al. Hydrolysis and acidification of waste activated sludge at different pHs ［J］. Water Research，2007，41 (3)：683-689.

［14］ Cheon J，Hidaka T，Mori S，et al. Applicability of random cloning method to analyze microbial community in full-scale anaerobic digesters ［J］. Journal of Bioscience and Bioengineering，2008，106 (2)：134-140.

［15］ Choi H，Jeong S W，Chung Y J. Enhanced anaerobic gas production of waste activated sludge pretreated by pulse power technique ［J］. Bioresource Technology，2006，97 (2)：198-203.

［16］ Chu L B，Zhuan R，Chen D，et al. Degradation of macrolide antibiotic erythromycin and reduction of antimicrobial activity using persulfate activated by gamma radiation in different water matrices ［J］. Chemical Engineering Journal，2019，361：156-166.

［17］ Chuan M C，Liu J C. Release behavior of chromium from tannery sludge ［J］. Water Research，1996，30 (4)：932-938.

［18］ Cirne D G，Lehtomaki A，Bjornsson L，et al. Hydrolysis and microbial community analyses in two-stage anaerobic digestion of energy crops ［J］. Journal of Applied Microbiology，2007，103 (3)：516-527.

［19］ Climent M，Ferrer I，del Mar Baeza M，et al. Effects of thermal and mechanical pretreatments of secondary sludge on biogas production under thermophilic conditions ［J］. Chemical Engineering Journal，2007，133 (1/3)：335-342.

［20］ Davidsson A，Wawrzynczyk J，Norrlow O，et al. Strategies for enzyme dosing to enhance anaerobic digestion of sewage sludge ［J］. Journal of Residuals Science & Technology，2007，4 (1)：1-7.

［21］ Deng Y D，Gao Y，Men Y K，et al. Effect of DC corona on performance of pulsed electric field pretreatment on waste activated sludge ［C］//IEEE Conference on Electrical Insulation and Dielectric Phenomena (IEEE CEIDP). Toronto：Institute of Eletrical and Electronics Engineers，2016：747-750.

［22］ Dogan I，Sanin F D. Alkaline solubilization and microwave irradiation as a combined sludge disintegration and minimization method ［J］. Water Research，2009，43 (8)：2139-2148.

［23］ Dominguez M T，Alegre J M，Madejon P，et al. River banks and channels as hotspots of soil pollution after large-scale remediation of a river basin ［J］. Geoderma，2016，261：133-140.

［24］ Duncan S H，Scott K P，Ramsay A G，et al. Effects of alternative dietary substrates on competition between human colonic bacteria in an anaerobic fermentor system ［J］. Applied and Environmental Microbiology，2003，69 (2)：1136-1142.

[25]　Dursun D，Turkmen M，Abu-Orf M，et al. Enhanced sludge conditioning by enzyme pre-treatment：Comparison of laboratory and pilot scale dewatering results [J]. Water Science & Technology，2006，54 (5)：33-41.

[26]　Feng L Y，Chen Y G，Zheng X. Enhancement of waste activated sludge protein conversion and volatile fatty acids accumulation during waste activated sludge anaerobic fermentation by carbohydrate substrate addition：The effect of pH [J]. Environmental Science & Technology，2009，43 (12)：4373-4380.

[27]　Goel R，Tokutomi T，Yasui H. Anaerobic digestion of excess activated sludge with ozone pretreatment [J]. Water Science & Technology，2003，47 (12)：207-214.

[28]　Goel R，Tokutomi T，Yasui H，et al. Optimal process configuration for anaerobic digestion with ozonation [J]. Water Science & Technology，2003，48 (4)：85-96.

[29]　Heo N H，Park S C，Lee J S，et al. Solubilization of waste activated sludge by alkaline pretreatment and biochemical methane potential (BMP) tests for anaerobic co-digestion of municipal organic waste [J]. Water Science & Technology，2003，48 (8)：211-219.

[30]　Horii Y C，Kannan K. Survey of organosilicone compounds，including cyclic and linear siloxanes，in personal-care and household products [J]. Archives of Environmental Contamination and Toxicology，2008，55 (4)：701-710.

[31]　Huang L N，De Wever H，Diels L. Diverse and distinct bacterial communities induced biofilm fouling in membrane bioreactors operated under different conditions [J]. Environmental Science & Technology，2008，42 (22)：8360-8366.

[32]　Huber M，Welker A，Helmreich B. Critical review of heavy metal pollution of traffic area runoff：Occurrence，influencing factors，and partitioning [J]. Science of the Total Environment，2016，541：895-919.

[33]　Jaenicke S，Ander C，Bekel T，et al. Comparative and joint analysis of two metagenomic datasets from a biogas fermenter obtained by 454-pyrosequencing [J]. Plos One，2011，6 (1)：e14519.

[34]　Jang J H，Ahn J H. Effect of microwave pretreatment in presence of NaOH on mesophilic anaerobic digestion of thickened waste activated sludge [J]. Bioresource Technology，2013，131：437-442.

[35]　Jin Z Y，Chang F M，Meng F L，et al. Sustainable pyrolytic sludge-char preparation on improvement of closed-loop sewage sludge treatment：Characterization and combined in-situ application [J]. Chemosphere，2017，184：1043-1053.

[36]　Kalyuzhnyi S，Veeken A，Hamelers B. Two-particle model of anaerobic solid state fermentation [J]. Water Science & Technology，2000，41 (3)：43-50.

[37]　Kennedy K J，Thibault G，Droste R L. Microwave enhanced digestion of aerobic SBR sludge [J]. Water Sa，2007，33 (2)：261-270.

[38]　Ki D，Park J，Lee J，et al. Microbial diversity and population dynamics of activated sludge microbial communities participating in electricity generation in microbial fuel cells [J]. Water Science and Technology，2008，58 (11)：2195-2201.

[39]　Lehne G，Muller A，Schwedes J. Mechanical disintegration of sewage sludge [J]. Water Science & Technology，2001，43 (1)：19-26.

[40]　Leven L，Eriksson A R B，Schnurer A. Effect of process temperature on bacterial and archaeal communities in two methanogenic bioreactors treating organic household waste [J]. Fems Microbiology Ecology，2007，59 (3)：683-693.

[41]　Li X M，Liu Y，Xu Q X，et al. Enhanced methane production from waste activated sludge by combining calcium peroxide with ultrasonic：Performance，mechanism，and implication [J]. Bioresource Technology，2019，279：108-116.

[42] Li X Y，Yang S F. Influence of loosely bound extracellular polymeric substances（EPS）on the floccu-lation，sedimentation and dewaterability of activated sludge [J]. Water Research，2007，41（5）：1022-1030.

[43] Li Y M，Wang J，Zhang A，et al. Enhancing the quantity and quality of short-chain fatty acids pro-duction from waste activated sludge using CaO_2 as an additive [J]. Water Research，2015，83：84-93.

[44] Liao P H，Lo K V，Chan W I，et al. Sludge reduction and volatile fatty acid recovery using microwave advanced oxidation process [J]. Journal of Environmental Science and Health Part A：Toxic/Hazard-ous Substances & Environmental Engineering，2007，42（5）：633-639.

[45] Lim J W，Wang J Y. Enhanced hydrolysis and methane yield by applying microaeration pretreatment to the anaerobic co-digestion of brown water and food waste [J]. Waste Management，2013，33（4）：813-819.

[46] Liu X R，Xu Q X，Wang D B，et al. Enhanced short-chain fatty acids from waste activated sludge by heat-CaO_2 advanced thermal hydrolysis pretreatment：Parameter optimization，mechanisms，and im-plications [J]. ACS Sustainable Chemistry & Engineering，2019，7（3）：3544-3555.

[47] Ma H J，Chen X C，Liu H，et al. Improved volatile fatty acids anaerobic production from waste acti-vated sludge by pH regulation：Alkaline or neutral pH? [J]. Waste Management，2016，48：397-403.

[48] Maharaj I，Elefsiniotis P. The role of HRT and low temperature on the acid-phase anaerobic digestion of municipal and industrial wastewaters [J]. Bioresource Technology，2001，76（3）：191-197.

[49] Mohapatra D P，Brar S K，Tyagi R D，et al. Concomitant degradation of bisphenol A during ultrason-ication and Fenton oxidation and production of biofertilizer from wastewater sludge [J]. Ultrasonics Sonochemistry，2011，18（5）：1018-1027.

[50] Mohapatra D P，Brar S K，Tyagi R D，et al. Degradation of endocrine disrupting bisphenol A during pre-treatment and biotransformation of wastewater sludge [J]. Chemical Engineering Journal，2010，163（3）：273-283.

[51] Ndjou'ou A C，Cassidy D. Surfactant production accompanying the modified Fenton oxidation of hydro-carbons in soil [J]. Chemosphere，2006，65（9）：1610-1615.

[52] Popiel S，Nalepa T，Dzierzak D，et al. Rate of dibutylsulfide decomposition by ozonation and the O_3/H_2O_2 advanced oxidation process [J]. Journal of Hazardous Materials，2009，164（2/3）：1364-1371.

[53] Qian Y J，Zhou X F，Zhang Y L，et al. Performance and properties of nanoscale calcium peroxide for toluene removal [J]. Chemosphere，2013，91（5）：717-723.

[54] Rajan R V，Lin J G，Ray B T. Low-level chemical pretreatment for enhanced sludge solubilization [J]. Research Journal of the Water Pollution Control Federation，1989，61（11/12）：1678-1683.

[55] Remya N，Lin J G. Current status of microwave application in wastewater treatment—A review [J]. Chemical Engineering Journal，2011，166（3）：797-813.

[56] Roman H J，Burgess J E，Pletschke B I. Enzyme treatment to decrease solids and improve digestion of primary sewage sludge [J]. African Journal of Biotechnology，2006，5（10）：963-967.

[57] Schmidt J E，Ahring B K. Effects of hydrogen and formate on the degradation of propionate and buty-rate in thermophilic granules from an upflow anaerobic sludge blanket reactor [J]. Applied and Envi-ronmental Microbiology，1993，59（8）：2546-2551.

[58] Shao L M，Wang G Z，Xu H C，et al. Effects of ultrasonic pretreatment on sludge dewaterability and extracellular polymeric substances distribution in mesophilic anaerobic digestion [J]. Journal of Envi-ronmental Sciences，2010，22（3）：474-480.

[59] Song S，Xu X，Xu L J，et al. Mineralization of CI reactive yellow 145 in aqueous solution by ultravio-

let-enhanced ozonation [J]. Industrial & Engineering Chemistry Research, 2008, 47 (5): 1386-1391.

[60] Stylianou M A, Kollia D, Haralambous K J, et al. Effect of acid treatment on the removal of heavy metals from sewage sludge [J]. Desalination, 2007, 215 (1/3): 73-81.

[61] Sun B, Sato M, Harano A, et al. Non-uniform pulse discharge-induced radical production in distilled water [J]. Journal of Electrostatics, 1998, 43 (2): 115-126.

[62] Suslick K S. The chemical effects of ultrasound [J]. Scientific American, 1989, 260 (2): 80-86.

[63] Taylor M, Taufa L. Decontamination of kava (Piper methysticum) for in vitro propagation [J]. Acta Horticulturae, 1998 (461): 267-274.

[64] Tiehm A, Nickel K, Neis U. The use of ultrasound to accelerate the anaerobic digestion of sewage sludge [J]. Water Science & Technology, 1997, 36 (11): 121-128.

[65] Toteci I, Kennedy K J, Droste R L. Evaluation of continuous mesophilic anaerobic sludge digestion after high temperature microwave pretreatment [J]. Water Research, 2009, 43 (5): 1273-1284.

[66] Tyagi V K, Lo S L. Microwave irradiation: A sustainable way for sludge treatment and resource recovery [J]. Renewable & Sustainable Energy Reviews, 2013, 18: 288-305.

[67] Van de Moortel N, Van den Broeck R, Degreve J, et al. Comparing glow discharge plasma and ultrasound treatment for improving aerobic respiration of activated sludge [J]. Water Research, 2017, 122: 207-215.

[68] Vlyssides A G, Karlis P K. Thermal-alkaline solubilization of waste activated sludge as a pre-treatment stage for anaerobic digestion [J]. Bioresource Technology, 2004, 91 (2): 201-206.

[69] Wang D B, He D D, Liu X R, et al. The underlying mechanism of calcium peroxide pretreatment enhancing methane production from anaerobic digestion of waste activated sludge [J]. Water Research, 2019, 164: 114934.

[70] Wang D B, Zhang D, Xu Q X, et al. Calcium peroxide promotes hydrogen production from dark fermentation of waste activated sludge [J]. Chemical Engineering Journal, 2019, 355: 22-32.

[71] Wang J, Li Y M. Synergistic pretreatment of waste activated sludge using CaO_2 in combination with microwave irradiation to enhance methane production during anaerobic digestion [J]. Applied Energy, 2016, 183: 1123-1132.

[72] Wang R, Moody R P, Koniecki D, et al. Low molecular weight cyclic volatile methylsiloxanes in cosmetic products sold in Canada: Implication for dermal exposure [J]. Environment International, 2009, 35 (6): 900-904.

[73] Wang T C, Qu G Z, Sun Q H, et al. Evaluation of the potential of p-nitrophenol degradation in dredged sediment by pulsed discharge plasma [J]. Water Research, 2015, 84: 18-24.

[74] Weiland P. Biogas production: Current state and perspectives [J]. Applied Microbiology and Biotechnology, 2010, 85 (4): 849-860.

[75] Yang Q, Luo K, Li X M, et al. Enhanced efficiency of biological excess sludge hydrolysis under anaerobic digestion by additional enzymes [J]. Bioresource Technology, 2010, 101 (9): 2924-2930.

[76] Yu Y, Chan W I, Liao P H, et al. Disinfection and solubilization of sewage sludge using the microwave enhanced advanced oxidation process [J]. Journal of Hazardous Materials, 2010, 181 (1/3): 1143-1147.

[77] Yuan H Y, Chen Y G, Zhang H X, et al. Improved bioproduction of short-chain fatty acids (SCFAs) from excess sludge under alkaline conditions [J]. Environmental Science & Technology, 2006, 40 (6): 2025-2029.

[78] Zhang A, Wang J, Li Y M. Performance of calcium peroxide for removal of endocrine-disrupting com-

pounds in waste activated sludge and promotion of sludge solubilization [J]. Water Research，2015，71：125-139.

[79] Zhang D，Chen Y G，Zhao Y X，et al. New sludge pretreatment method to improve methane production in waste activated sludge digestion [J]. Environmental Science & Technology，2010，44 (12)：4802-4808.

[80] Zhang G M，Yang J，Liu H Z，et al. Sludge ozonation：Disintegration，supernatant changes and mechanisms [J]. Bioresource Technology，2009，100 (3)：1505-1509.

[81] Zheng G H，Li M N，Wang L，et al. Feasibility of 2,4,6-trichlorophenol and malonic acid as metabolic uncoupler for sludge reduction in the sequence batch reactor for treating organic wastewater [J]. Applied Biochemistry and Biotechnology，2008，144 (2)：101-109.

[82] Zheng M，Daniels K D，Park M，et al. Attenuation of pharmaceutically active compounds in aqueous solution by UV/CaO$_2$ process：Influencing factors，degradation mechanism and pathways [J]. Water Research，2019，164：114922.

[83] 曹颖，姜楠，段丽娟，等.脉冲弧光放电等离子体水解活性污泥 [J].环境工程学报，2018，12 (3)：956-965.

[84] 戴晓虎.我国城镇污泥处理处置现状及思考 [J].给水排水，2012，48 (2)：1-5.

[85] 董滨，高君，陈思思，等.我国剩余污泥厌氧消化的主要影响因素及强化 [J].环境科学，2020，41 (7)：3384-3391.

[86] 高连敬，杜尔登，崔旭峰，等.三维荧光结合荧光区域积分法评估净水厂有机物去除效果 [J].给水排水，48 (10)：51-56.

[87] 高宇，赵宁，门业堃，等.基于电晕放电的城市剩余污泥破解处理 [J].高电压技术，2017，43 (8)：2666-2672.

[88] 郝晓地，唐兴，李季，等.金属离子屏蔽腐殖酸对污泥厌氧消化抑制作用实验研究 [J].环境科学学报，2018，38 (9)：3539-3545.

[89] 郝晓地，蔡正清，甘一萍.剩余污泥预处理技术概览 [J].环境科学学报，2011，31 (1)：1-12.

[90] 胡亚冰，张超杰，张辰，等.碱解处理对剩余污泥融胞效果及厌氧消化产气效果 [J].四川环境，2009，28 (1)：1-4.

[91] 刘蔚.生态环境污染治理技术研讨会上专家答疑 [N].中国环境报，2020-09-24 (03).

[92] 任垠安.过氧化钙联合水热预处理强化剩余污泥发酵产酸研究 [D].成都：四川农业大学，2019.

[93] 万金保，吴声东，王嵘，等.臭氧对活性污泥性状的影响 [J].环境化学，2009，28 (2)：233-237.

[94] 王芬，刘亚飞，王拓，等.超声破解与发酵温度对剩余污泥产酸与组成的影响 [J].环境工程学报，2016，10 (10)：5867-5872.

[95] 王治军，王伟.热水解预处理改善污泥的厌氧消化性能 [J].环境科学与技术，2005，26 (1)：68-71.

[96] 吴朝阳，陈荷娟，芮延年，等.高压脉冲放电裂解带氏压榨活性污泥高干度脱水机制 [J].环境工程，2010，28 (2)：49-51.

[97] 张毅华，台明青，王芳.剩余污泥厌氧消化预处理技术研究进展 [J].中国资源综合利用，2010，28 (6)：24-28.